普通高等教育"十二五"机电类规划教材

U0133749

机械设计课程设计

刘建华　任义磊　主　编
丛晓霞　黄俊杰　副主编

电子工业出版社·

Publishing House of Electronics Industry

北京·BEIJING

内 容 简 介

本书根据"机械设计"和"机械设计基础"课程教学的基本要求编写而成,可供该课程理论学习和课程设计使用。

本书包括三部分,第一部分为机械设计课程设计基础知识(第1章至第9章),第二部分为机械设计课程设计常用标准和规范(第10章至第18章),第三部分为减速器参考图例(第19章、第20章)。为使学生在有限的课程设计时间内得到相关基本知识的综合运用与技能训练,本书以常用的齿轮、蜗轮减速器为设计对象,介绍了减速器的一般设计方法和设计步骤,汇集了机械设计课程设计所需的基本内容和资料,以便学生能迅速投入实质性的设计工作。

本书内容简明扼要,采用最新国家标准和规范,便于资料查阅,可供高等工科院校和高职高专院校的机械类和近机械类专业师生使用,也可供机械设计、机械制造和维修等相关工程技术人员学习和参考。

图书在版编目(CIP)数据

机械设计课程设计 / 刘建华,任义磊主编. —北京:电子工业出版社,2011.5

普通高等教育"十二五"机电类规划教材

ISBN 978-7-121-13490-6

Ⅰ. ①机… Ⅱ. ①刘… ②任… Ⅲ. ①机械设计－课程设计－高等学校－教材 Ⅳ. ①TH122-41

中国版本图书馆 CIP 数据核字(2011)第 084540 号

责任编辑:朱清江 特约编辑:史 涛

印　　刷:北京丰源印刷厂

装　　订:三河市鹏成印业有限公司

出版发行:电子工业出版社

　　　　　北京市海淀区万寿路 173 信箱　邮编 100036

开　　本:787×980　1/16　印张:20　字数:550 千字　黑插:2

印　　次:2011 年 5 月第 1 次印刷

定　　价:36.00 元

前　　言

　　"机械设计课程设计"是继"机械设计"或"机械设计基础"课程学习后设置的一个理论联系实际的非常重要的实践性教学环节，是使学生的基本知识得到综合运用，并得到基本技能训练的重要环节，也是学生迈向工程设计的一个出发点和转折点。为满足学生在课程设计时的需要，根据"机械设计（机械设计基础）课程教学基本要求"和"机械设计（机械设计基础）课程设计基本要求"的精神，在参考大量文献和资料的基础上，结合我们多年的教学经验编写了本书。

　　本书包括机械设计课程设计基础知识（第1章至第9章）、机械设计课程设计标准和规范（第10章至第18章）、减速器参考图例（第19章、第20章）三部分，以常用的齿轮、蜗轮减速器为设计对象，介绍了减速器的一般设计方法和设计步骤，汇集了机械设计课程设计所需的基本内容和资料，以便学生能迅速投入实质性的设计工作。本书具有如下特点。

　　（1）将机械设计课程设计指导、机械设计课程设计标准和规范、机械设计课程设计参考图例三部分汇集于一体，便于学生课程设计时查阅。

　　（2）采用最新国家标准，并收录了减速器设计中常用的附件及设计规范。

　　（3）内容按设计步骤安排，以圆柱齿轮减速器为主给出了详细的图例，便于学生使用。

　　（4）精选了典型减速器的装配工作图和主要零件工作图，以供学生参考。

　　参加本书编写的有新乡学院刘建华（第1章、第5章、第7章、第11章、第20章）、杜鑫（第3章、第4章、第8章、第14章）、肖淼鑫（第10章、第15章），南阳理工学院任义磊（第2章、第6章、第13章），河南科技学院丛晓霞（第17章、第18章、第19章），河南理工大学黄俊杰（第9章、第12章、第16章）。本书由新乡学院刘建华和南阳理工学院任义磊任主编，河南科技学院丛晓霞和河南理工大学黄俊杰任副主编。

　　兰州理工大学赵万勇教授精心细致地审阅了本书并提出了许多宝贵的意见和建议。另外在本书编写过程中参考了许多相关教材及著作，并得到新乡麒麟公司的大力帮助，在此表示衷心的感谢。

　　由于编者水平所限，疏漏和不妥之处在所难免，恳请专家学者、广大师生和读者批评指正，并将意见及时反馈给我们，以便修订和改进，使教材日臻完善。

编　者

目　　录

第一部分　机械设计课程设计基础知识

第1章 概　　述

1.1　课程设计的目的、内容和任务

1. 课程设计的目的

机械设计是高等工科院校机械类和近机类专业学生的主干课程,而机械设计课程设计是机械设计课程实践教学的一个十分重要的环节，是一次较全面的机械设计能力和技能的综合训练，其基本目的如下。

① 进一步加深所学的课本知识，掌握机械设计和其他先修课程（如机械制图、工程力学、高等数学、互换性与技术测量）的综合应用，进一步巩固、加深和拓宽所学的基本知识。

② 逐步培养正确的设计思路，熟悉和掌握机械设计的一般过程，培养独立分析和解决工程实际问题的能力，增强创新意识。

③ 通过课程设计，全面进行机械设计基本技能的训练，培养设计计算、绘图能力，熟习运用设计资料（如手册、标准与规范、图册等）及使用经验数据进行经验估算等多方面的能力。

2. 课程设计的内容和任务

机械设计课程设计一般选择通用机械的传动装置或简单机械作为设计题目,较常用的是以减速器为主体的机械传动装置,主要设计内容和环节如下。

① 传动方案的制定与分析。

② 电动机的选择。

③ 传动装置动力和运动参数的计算。

④ 传动零件和轴的设计与校核。

⑤ 轴承、连接件及联轴器的选择、校核。

⑥ 润滑与密封装置的设计。

⑦ 箱体零件及附件的设计。

⑧ 绘制零件图、装配图。

⑨ 编写设计计算书。

⑩ 设计答辩。

机械设计课程设计一般要求每个学生独立完成如下工作。

① 装配工作图一张（A0、A1 幅面）。

② 零件工作图 2～3 张（幅面视内容而定，一般为 A2、A3 幅面，具体有教师指定）。

③ 设计计算书一份（一般要求 5000～8000 字）。

1.2 课程设计的一般步骤

课程设计的具体步骤如下。

（1）设计准备。认真阅读设计任务书，明确设计要求、工作条件、设计内容；参阅有关资料或参观实物、模型，了解设计对象；准备设计工具，收集设计相关资料；拟订设计计划等。

（2）总体方案设计。根据设计要求，在对比分析的前提下确定总体方案，按照总体方案拟定驱动系统、传动系统、执行系统等的具体方案，按照满足执行系统要求的前提下设计传动系统和驱动系统。

（3）传动系统的总体设计。确定传动系统的传动方案；计算驱动系统的功率、转速、选择驱动机的类型、型号规格；确定总传动比和各级传动比；计算各轴的转速、功率、转矩等。

（4）传动零件的设计。计算各级传动零件的参数和主要尺寸，如减速器外传动零件（带、链等）和减速器内传动零件（齿轮、蜗杆等）。

（5）装配草图设计。绘制装配草图，确定个传动零件的装配关系，初步设计轴（包括强度计算和结构设计）；确定轴的支撑设计方式；初定润滑方法和选定密封装置。

（6）零件工作图设计。在装配草图确定的装配关系前提下，设计计算各个传动零件，并完成零件工作图的绘制。

（7）装配图设计。按照先前所确定的装配关系将各个零件装配起来，并完成装配图的其他内容，如尺寸标注、配合、技术要求、零件明细表和标题栏等。

（8）整理编写设计计算书。

（9）总结和答辩。

为帮助学生掌握好设计进度，表 1-1 给出了各阶段所占总工作量的份额。教师可根据学生能否按时完成各阶段的工作量来考核其设计能力，并作为成绩评定的依据之一。

表 1-1 设计进度及各阶段任务表

序 号	设 计 阶 段	设 计 任 务	占总设计工作量的份额（%）
1	设计准备	阅读任务书、明确设计任务 阅读课程设计指导书，了解工作内容，构思工作计划，准备设计资料	5
2	总体方案设计和传动系统的总体设计	拟定传动方案（传动系统运动简图） 选择原动机 总传动比的计算和各级传动比分配	5
3	传动零件的设计	各级传动件的设计	10
4	装配草图设计	绘制装配草图 轴系部件的结构设计 轴、轴承等零件的校核 箱体零件结构设计	30
5	零件工作图设计	绘制所要求零件的工作图	20
6	装配图设计	完成装配图绘制	10
7	整理编写设计计算书	整理编写设计计算书	15
8	总结和答辩	总结课程设计和答辩	5

1.3　课程设计中应正确对待的几个问题

机械设计课程设计是学生在校学习期间一次比较完整的机械设计综合训练，是培养学生初步设计能力的重要实践教学环节，所以，要求学生在课程设计中必须正确对待的如下问题。

① 与指导老师的关系。机械设计课程设计是学生在校学习期间独立完成的完整的机械设计综合训练，指导老师起指导和启发作用，学生在明白设计任务的前提下，独立拟订设计计划，掌握设计进度，提倡独立思考。

② 端正思想、树立严谨的学风。在设计过程中，提倡独立思考和深入钻研，进行主动、创造性的设计，要正确处理创造与继承的关系，反对走极端，要求学生设计态度严肃认真，反对敷衍塞责、容忍错误的存在。

③ 正确处理继承与创新的关系。前人的经验是提高设计质量的重要保证，优先采用标准化、系列化设计，力求做到技术先进、安全可靠、使用维护方便、经济合理；但不应该盲目机械地抄袭，课程设计过程中，学生要在深入分析设计题目的基础上，要通过比较分析并发挥自己的主观能动性，根据具体设计要求大胆创新。

④ 注意培养良好的设计习惯。随时翻阅教材等参考资料，并和同学、老师进行必要的交流沟通，学会从设计目的、要求出发，把本课程和先修课程贯穿起来系统地用于工程设计，学会设计思路、设计方法、设计过程等。

⑤ 正确使用课程设计的参考资料，贯彻标准和规范。标准、规范是前人经验的理论总结，是降低成本的首要原则，也是评价设计质量的一项指标，同时熟练掌握标准和规范的使用也是课程设计的目的之一。在选用标准件时，要尽可能减少其规格和材料牌号，减少标准件的品种规格，尽可能选用市场上能充分供应的通用规格，以达到便于使用维护、降低成本的目的。

⑥ 理论计算与工程实际相结合。零件的结构尺寸不完全由理论计算确定，还要结合工程实际，要考虑结构的工艺性、使用性和经济性，在整个设计过程中各阶段是相互联系的，往往需要多次反复才能得到满意的结果。后阶段要对前阶段的不合理的结构或尺寸进行必要的修改，因此，课程设计一般要通过边计算、边画图、边修改，即画图和计算交叉进行，直到达到满足设计要求为止。

第2章 机械传动系统的总体设计

传动系统的总体设计主要包括传动方案的制定、选择电动机、确定总传动比和分配各级传动比及计算传动装置的运动和动力参数。

2.1 拟定传动系统方案

机器通常由原动机（电动机、内燃机）、传动装置和工作机三部分组成。

根据工件机的要求，传动装置将原动机的动力和运动传递给工作机。实践表明，传动装置的设计是否合理，对整部机器的性能、成本及整体尺寸都有很大影响，因此，合理地设计传动装置是整部机器设计工作中的重要一环，而合理地拟定传动方案又是保证传动装置设计质量的基础。

在课程设计中，应根据设计任务书，拟定传动方案。如设计任务书中已给出传动方案，则应分析和了解所给方案的特点。

传动方案一般由运动简图表示，直观地反映了工件机、传动装置和原动机三者间的运动和力的传递关系。

传动方案首先应满足工作机的性能要求，适应工作条件、工作可靠。此外，还应结构简单、尺寸紧凑、成本低、传动效率高和操作维护方便等。要同时满足上述要求，往往比较困难，因此，应根据具体设计任务侧重地保证主要设计要求，选用比较合理的方案。例如，图2-1所示的带式运输机，可采用四种传动方案。图（a）选用V带传动和闭式齿轮传动，带传动布置于高速级，起到传动平稳、缓冲吸振和过载保护的作用。但此方案结构尺寸较大，带传动也不适用于繁重工作要求和恶劣的工作环境。图（b）结构紧凑，传动比比较大，但是蜗杆传动效率低，长期连续工作，不经济。图（c）采用二级闭式齿轮传动，能适应在繁重及恶劣的条件下长期工作，且使用维护方便。图（d）采用二级圆锥圆柱齿轮传动，适合布置在狭窄的通道中工作，但加工圆锥齿轮比圆柱齿轮困难，成本也较高。这几种方案各有其特点，适用于不同的工作场合。设计时要根据工作条件，综合比较，选取最适合的方案。

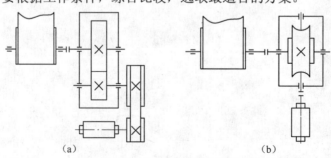

(a)   (b)

图2-1 带式运输机的传动系统方案

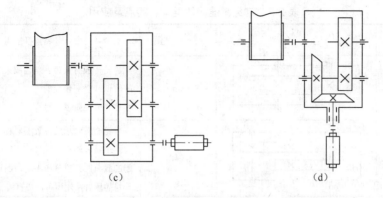

（c）　　　　　　　　　　　　（d）

图 2-1　带式运输机的传动系统方案（续）

由于减速器在传动装置中应用最广泛，为了便于合理选择减速器的类型，表 2-1 列出了常见传动装置的性能及适用范围，表 2-2 列出了常用减速器的类型、特点及应用，供选型时参考。

表 2-1　常用传动装置的性能及适用范围

传动类型 性能	平 带 传 动	V 带 传 动	圆柱摩擦轮传动	链 传 动	齿 轮 传 动	蜗 杆 传 动
常用功率（kW）	≤20	≤100	≤20	≤100	≤50000	≤50
单级传动比	2～4	2～4	2～4	2～5	2～5[1]	10～40
	≤5	≤7	≤5	≤6	≤5～8[1]	≤80
线速度推荐值（m/s）	≤25	≤25～30	≤15～25	≤40	≤18/36/100[2]	≤50
传动效率	中	中	较低	中	高	较低
外廓尺寸	大	较大	大	较大	小	小
传递运动	有滑差	有滑差	有滑差	有波动	传动比恒定	传动比恒定
工作平稳	好	好	好	差	较好	好

注：①锥齿轮推荐用小值；
②三值为 6 级精度直齿、非直齿和 5 级精度直齿推荐值。

另外，通常原动机的转速与工作机的输出转速相差较大，在它们之间常采用多级传动机构来减速，为了便于在多级传动中正确而合理选择有关的传动机构及其排列顺序，下列几点原则可供参考。

① 带传动承载能力较低，但传动平稳，缓冲吸振能力强，宜布置在高速级。

② 链传动运转不均匀，有冲击，宜布置在低速级。

③ 蜗杆传动效率低，但传动平稳，当与齿轮传动同时应用时，宜布置在高速级。

④ 当传动中有圆柱齿轮和圆锥齿轮传动时，圆锥齿轮传动宜布置在高速级，以减小圆锥齿轮的尺寸。

⑤ 开式齿轮传动由于工作环境较差，润滑不良，为减少磨损，宜布置在低速级。

⑥ 斜齿轮传动比较平稳，常布置在高速级。

课程设计要求从整体出发，对多种可行方案进行比较分析，了解其优缺点，并画出传动装置方案图。

表 2-2　常见减速器的类型、特点及应用

类　型		运 动 简 图	传动比范围	特点及应用
一级圆柱齿轮减速器			≤5	齿轮一般有直齿、斜齿或人字齿。直齿用于速度较低或载荷较轻的传动；斜齿或人字齿用于速度较高或载荷较重的传动
二级圆柱齿轮减速器	展开式		8～40	齿轮相对轴承的位置不对称，轴应具有较大刚度，以缓和轴在弯矩作用下产生的弯曲变形所引起的载荷沿齿宽分布不均匀的现象。用于载荷较平稳的场合，轮齿可做成直齿、斜齿或人字齿
	同轴式		8～40	减速器的长度较短，但轴向尺寸及质量较大，两对齿轮浸入油中的深度可大致相等。中间轴承润滑较难；中间轴较长，刚性较差
	分流式		8～40	高速级可做成对称斜齿，低速级做成直齿。结构较复杂，但齿轮相对于轴承对称布置，载荷沿齿宽分布均匀，轴承受载均匀。中间轴的转矩相当于轴所传递转矩的1/2。可用于大功率、变载荷的场合
一级锥齿轮减速器			≤3	用于输入轴和输出轴两轴线相交的传动，可做成卧式或立式。轮齿可做成直齿、斜齿或曲齿
二级圆锥-圆柱齿轮减速器			8～15	锥齿轮应布置在高速级，使其尺寸不致过大而造成加工困难。锥齿轮可做成直齿、斜齿或曲齿；圆柱齿轮可做成直齿或斜齿
蜗杆减速器	蜗杆下置式		10～40	蜗杆与蜗轮啮合处的冷却和润滑都较好，同时蜗杆轴承的润滑也较方便，但当蜗杆圆周速度过大时，搅油损失大。这种减速器一般用于蜗杆圆周速度 v≤4～5m/s 的场合
	蜗杆上置式		10～40	蜗杆的圆周速度允许高一些，但蜗杆轴承的润滑不太方便，需采取特殊的结构措施。这种减速器一般用于蜗杆圆周速度 v>4～5 m/s 的场合

2.2　原动机类型与参数的选择

　　机械装置的原动机应按照其工作环境、机器的结构以及相关的运动和动力参数要求选择。原动机的类型主要有内燃机、电动机、气压和液压作动件等，其中以电动机最为常用。

电动机是由专门工厂批量生产的标准部件,设计时要求根据工作机的工作特性、工作环境和工作载荷条件,选择电动机的类型、结构形式、容量和转速,并在产品目录中选出其具体型号和尺寸。

2.2.1 选择电动机的类型和结构形式

电动机分直流电动机和交流电动机两种。由于直流电动机需要直流电源,结构复杂,价格较高,维护不便,因此无特殊要求时不宜采用。工业上一般多采用三相交流电源,因此,无特殊要求时均应选用三相交流电动机。

Y 系列电动机是一般用途的全封闭自扇冷式三相异步电动机,具有效率高、性能好、噪声低、振动小等优点,适用于不易燃、不易爆、无腐蚀性气体和无特殊要求的机械上,如金属切削机床、风机、输送机、搅拌机、农业机械和食品机械等。

在经常启动、制动和反转的场合(如起重机),要求电动机具有转动惯量小和过载能力大,则应选用起重及冶金用三相异步电动机 YZ 型或 YZR 型。

2.2.2 选择电动机的容量

标准电动机的容量由额定功率表示。所选电动机的额定功率应等于或稍大于工作要求的功率。容量小于工作要求,则不能保证工作机正常工作,或使电动机长期过载、发热大而过早损坏;而容量选得过大,则电动机价格高,能力又不能充分利用,而且由于电动机经常不满载运行,其效率和功率因数都较低,增加电能消耗而造成能源的浪费。

确定电动机的功率时要考虑电动机的发热、过载能力和启动能力三方面因素,但一般情况下电动机的容量主要根据电动机运行时的发热条件而定。对于载荷不变或变化不大,且在常温下长期连续运转的电动机,只要电动机的负载不超过额定值,电动机便不会过热,通常不必校验发热和启动转矩。这类电动机的功率按下述步骤确定。

1. 工作机所需功率 P_W(kW)

$$P_w = F_w v_w / (1000 \eta_w) \qquad (2\text{-}1)$$

或
$$P_w = T_w n_w / (9550 \eta_w) \qquad (2\text{-}2)$$

式中,F_w 为工作机的阻力,N;v_w 为工作机的线速度,m/s;T_w 为工作机的阻力矩,N·m;n_w 为工作机轴的转速,r/min;η_w 为工作机的效率,带式输送机可取 $\eta_w = 0.96$,链板式输送机可取 $\eta_w = 0.95$。

2. 电动机至工作机的总效率 η

$$\eta = \eta_1 \eta_2 \eta_3 \cdots \eta_n \qquad (2\text{-}3)$$

式中,η_1,η_2,η_3,$\cdots$,η_n 为传动系统中各级传动机构、轴承及联轴器的效率。各类传动的效率见表 10-11。

3. 所需电动机的功率 P_d(kW)

所需电动机的功率由工作机所需和传动装置的总效率计算,即

$$P_d = P_w / \eta \qquad (2\text{-}4)$$

根据计算出的 P_d 可选定电动机的额定功率 P_{ed}，应使 P_{ed} 等于或稍大于 P_d。

2.2.3 确定电动机的转速

额定功率相同的同类型电动机，有几种不同的同步转速。例如，三相异步电动机有四种常用的同步转速，即 3000 r/min、1500r/min、1000 r/min 和 750 r/min，相应的电动机的转子的极数为 2、4、6、8。同步转速为由电流频率与极对数而定的磁场转速，电动机空载时才能达到同步转速，载荷达到额定功率时的电动机转速称为满载转速，负载时的转速都低于同步转速。电动机同步转速越高，磁极对数越少，外部尺寸和质量越小，价格越低，但是电动机转速越高，传动装置总传动比越大，会使传动装置外部尺寸和质量增加，提高制造成本；而同步转速低的电动机磁极多，外廓尺寸大、质量大、价格高，但可使传动系统的传动比和结构尺寸减小，从而降低了传动装置的制造成本。因此，确定电动机的转速时，应同时考虑电动机及传动系统的尺寸、质量和价格，使整个设计既合理又经济。

选择电动机转速时，可先根据工作机主动轴转速 n_w 和传动系统中各级传动的常用传动比范围，推算出电动机转速的可选范围，以供参照比较，即

$$n_d' = (i_1' i_2' \cdots i_n')n_w \tag{2-5}$$

式中，n_d' 为电动机转速可选范围；i_1'，$i_2' \cdots$，i_n' 为各级传动比范围，见表 2-1。

在本课程设计中，通常多选用同步转速为 1500r/min 或 1000 r/min 的电动机。如无特殊要求，一般不选用同步转速为 3000 r/min 和 750 r/min 的电动机。

设计传动装置时一般按工作实际需要的电动机输出功率 P_d 计算，转速则取满载转速。

2.3 机械传动系统的总传动比及各级传动比的分配

电动机选定后，根据电动机的满载转速 n_m 和工作机的转速 n_w，即可确定传动系统的总传动比 i，即

$$i = n_m / n_w \tag{2-6}$$

传动系统的总传动比 i 是各串联机构传动比的连乘积，即

$$i = i_1 i_2 i_3 \cdots i_n \tag{2-7}$$

式中，i_1，i_2，i_3，$\cdots$，i_n 为传动系统中各级传动机构的传动比。

合理分配传动比是传动系统设计中的一个重要问题，将直接影响到传动系统的外廓尺寸、质量、润滑及传动机构的中心距等很多方面，因此必须认真对待。

2.3.1 传动比分配的一般原则

（1）各种传动的每级传动比应在推荐值的范围内，以符合各种传动形式的特点，有利于发挥其性能，并使结构紧凑。表 2-1 列出了各种传动的每级传动比的推荐值。

（2）各级传动比应使传动装置尺寸协调、结构匀称、不发生干涉现象。例如，V 带的传动比选择过大，将使大带轮外圆半径大于减速器中心高，安装不便，如图 2-2 所示。又如在双级圆柱齿轮减速器中，若高速级传动比选得过大，就可能使高速级大齿轮的顶圆与低速轴相干涉。再如，在运输机械装置中，若开式齿轮的传动比选得过小，也会造成卷筒与开式小齿轮轴相干涉，如图 2-3 所示。

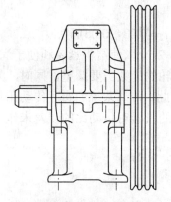

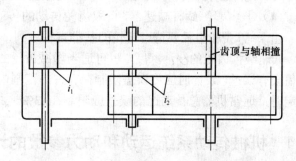

图 2-2　大带轮直径过大　　　　　　　　　图 2-3　大齿轮齿顶与轴相撞

（3）设计双级圆柱齿轮减速器时，应尽量使高速级和低速级的齿轮强度接近相等，即按等强度原则分配传动比。

（4）当减速器内的齿轮采用油池浸油润滑时，为使各级大齿轮浸油深度合理，各级大齿轮直径应相差不大，以避免低速级大齿轮浸油过深，而增加搅油损失。如图 2-4 所示为二级圆柱齿轮减速器，在相同的中心距和总传动比情况下，方案（b）具有较小的结构尺寸。

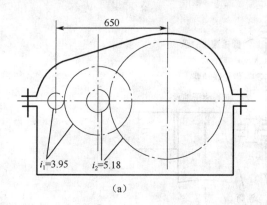

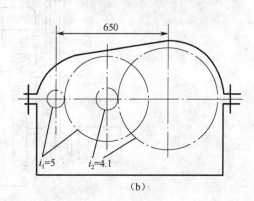

图 2-4　传动比分配对结构尺寸的影响

根据以上原则分配传动比，是一项繁杂的工作，往往要经过多次测算，拟定多种方案进行比较，最后确定一个比较合理的方案。

2.3.2　传动比分配的参考数据

（1）对于两级卧式圆柱齿轮减速器，为使两级的大齿轮有相近的浸油深度，高速级传动比 i_1 和低速级传动比 i_2 可按下列方法分配。

展开式和分流式为

$$i_1=(1.3\sim1.5)\,i_2$$

同轴式为

$$i_1=i_2$$

（2）对于锥齿轮-圆柱齿轮减速器，高速级圆锥齿轮传动比可取 $i_1\approx0.25i$，且 $i_1\leqslant3$（此处 i 为减速器总传动比），以使大锥齿轮直径不致过大，从而便于加工。当希望两级传动的大齿轮浸油深度相近时，允许 $i_1 \leqslant 4$。

（3）对于蜗杆-齿轮减速器，可取低速级圆柱齿轮传动比 $i_2 = (0.03 \sim 0.06)i$。

（4）对于齿轮-蜗杆减速器，可取齿轮传动的传动比 $i_1 \leqslant 2 \sim 2.5$，以使结构紧凑和便于润滑。

由于 V 带轮直径要符合带轮的基准直径系列，齿轮和链轮的齿数需要圆整。同时，为了高、低速级大齿轮的浸油深度，也可适当增减齿轮的齿数。因此，传动系统的实际传动比与原数值会有误差，设计时应将误差限制在容许的范围内。所设计的机器对传动比的误差未作明确规定时，通常机器总传动比的误差应限制在 ±3% ～ ±5% 以内。

2.4 机械传动系统运动和动力参数的计算

选定了电动机的型号，分配了传动比之后，为了进行传动零件和轴的设计计算，应将传动装置中各轴的转速、功率和转矩计算出来。计算时可先将各轴从高速轴至低速轴依次编号，如 Ⅰ 轴、Ⅱ 轴、Ⅲ 轴……，再按顺序逐步计算。现以图 2-5 所示的两级圆柱齿轮减速传动装置为例，当已知电动机功率 P_d、满载转速 n_m、各级传动比及传动效率后，即可计算各轴的转速、功率和转矩。

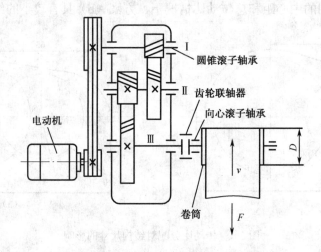

图 2-5　带式输送机减速传动系统

1. 计算各轴转速 n(r/min)

$$n_{\mathrm{I}} = \frac{n_m}{i_0} \quad (\mathrm{r/min})$$

$$n_{\mathrm{II}} = \frac{n_{\mathrm{I}}}{i_1} = \frac{n_m}{i_0 i_1} \quad (\mathrm{r/min})$$

$$n_{\mathrm{III}} = \frac{n_{\mathrm{II}}}{i_2} = \frac{n_m}{i_0 i_1 i_2} \quad (\mathrm{r/min})$$

$$n_{\mathrm{IV}} = \frac{n_{\mathrm{III}}}{i_3} = \frac{n_m}{i_0 i_1 i_2 i_3} \quad (\mathrm{r/min})$$

式中，n_m 为电动机的满载转速，r/min；n_{I}、n_{II}、n_{III}、n_{IV} 为 Ⅰ 轴、Ⅱ 轴、Ⅲ 轴、卷筒轴的转

速，r/min；i_0、i_1、i_2、i_3 为依次为电动机与Ⅰ轴、Ⅰ轴与Ⅱ轴、Ⅱ轴与Ⅲ轴、Ⅲ轴和卷筒之间的传动比。

2．计算各轴的输入功率 P(kW)

$$P_{\mathrm{I}} = P_d \eta_{01} \quad (\mathrm{kW})$$
$$P_{\mathrm{II}} = P_{\mathrm{I}} \eta_{12} = P_d \eta_{01} \eta_{12} \quad (\mathrm{kW})$$
$$P_{\mathrm{III}} = P_{\mathrm{II}} \eta_{23} = P_d \eta_{01} \eta_{12} \eta_{23} \quad (\mathrm{kW})$$
$$P_{\mathrm{IV}} = P_{\mathrm{III}} \eta_{24} = P_d \eta_{01} \eta_{12} \eta_{23} \eta_{24} \quad (\mathrm{kW})$$

式中，P_d 为电动机输出功率，kW；P_{I}、P_{II}、P_{III}、P_{IV} 分别为Ⅰ轴、Ⅱ轴、Ⅲ轴、卷筒轴的输入功率，kW；η_{01}、η_{12}、η_{23}、η_{24} 依次为电动机轴与Ⅰ轴，Ⅰ轴与Ⅱ轴，Ⅱ轴与Ⅲ轴、Ⅲ轴与卷筒之间的传动效率。

3．计算各轴的输入转矩 T(N·m)

$$T_{\mathrm{I}} = 9550 \frac{P_{\mathrm{I}}}{n_{\mathrm{I}}} \quad (\mathrm{N \cdot m})$$

$$T_{\mathrm{II}} = 9550 \frac{P_{\mathrm{II}}}{n_{\mathrm{II}}} \quad (\mathrm{N \cdot m})$$

$$T_{\mathrm{III}} = 9550 \frac{P_{\mathrm{III}}}{n_{\mathrm{III}}} \quad (\mathrm{N \cdot m})$$

式中，T_{I}、T_{II}、T_{III} 分别为Ⅰ轴、Ⅱ轴、Ⅲ轴的输入转矩。

2.5　机械传动系统的总体设计示例

例题 2-1　如图 2-6 所示为带式输送机传动装置的运动简图。已知卷筒直径 D=550mm，运输带的有效拉力 F=4800 N，输送带速度 v=1.2 m/s，在室内常温下长期连续工作，环境有少量灰尘，电源电压 380 V，要求对该带式输送机减速传动系统进行总体设计。

解：

1．电动机的选择

（1）选择电动机的类型和结构形式

根据减速装置工作条件和工作要求，选用三相笼型异步电动机，Y 型，采用封闭结构。

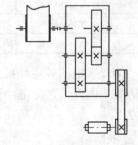

图 2-6　带式输送机传动装置

（2）选择电动机的功率

工作机的输出功率为

$$P_W = \frac{Fv}{1000} = \frac{4800 \times 1.2}{1000} = 5.76 \quad (\mathrm{kW})$$

电动机的工作功率为

$$P_d = \frac{P_W}{\eta}$$

电动机到输送带的总效率为

$$\eta = \eta_1 \eta_2{}^4 \eta_3{}^2 \eta_4 \eta_5$$

根据表 2-1 得，V 带传动效率 $\eta_1 = 0.96$；滚动轴承 $\eta_2 = 0.98$（三对齿轮轴承与一对卷筒轴承）；齿轮副效率 $\eta_3 = 0.97$（齿轮精度为 8 级）；齿轮联轴器效率 $\eta_4 = 0.99$；卷筒效率 $\eta_5 = 0.96$，则

$$\eta = 0.96 \times 0.98^4 \times 0.97^2 \times 0.99 \times 0.96 = 0.79$$

$$P_d = \frac{P_W}{\eta} = \frac{5.76}{0.79} = 7.29 \quad (\text{kW})$$

查表 2-3，选电动机额定功率为 7.5 kW。

（3）确定电动机的转速

卷筒轴的工作转速为

$$n_w = \frac{60 \times 1000 v}{\pi D} = \frac{60 \times 1000 \times 1.2}{\pi \times 550} = 41.69 \quad (\text{r/min})$$

按表 2-1 推荐的传动比合理的范围，V 带传动常用传动比范围为 $i_0 = 2 \sim 4$，二级圆柱齿轮适宜的传动比范围为 $i' = 8 \sim 40$，则电动机转速可选范围为

$$n_d' = i_0 i' n_w = (2 \sim 4) \times (8 \sim 40) \times 41.69 = 667.04 \sim 6670.4 \quad (\text{r/min})$$

电动机同步转速符合这范围的有 750 r/min，1000 r/min、1500r/min 和 3000 r/min 四种方案，见表 2-3。

表 2-3 电动机的参数

方案	电动机型号	额定功率（kW）	电动机转速（r · min⁻¹）		电动机质量（kg）	参考价格
			同步转速	满载转速		
1	Y132S2 - 2	7.5	3000	2900	70	330
2	Y132M - 4	7.5	1500	1440	81	510
3	Y160M - 6	7.5	1000	970	119	760
4	Y160L - 8	7.5	750	720	147	920

表 2-3 中四种电动机方案，综合考虑减轻电动机及传动系统的质量、节约资金，选用第二种方案。因此，选定电动机型号为 Y132M-4，主要性能见表 2-4，主要外形尺寸和安装尺寸见表 2-5。

表 2-4 电动机主要性能参数

电动机型号	额定功率（kW）	同步转速（r · min⁻¹）	满载转速（r · min⁻¹）	堵转转矩／额定转矩	最大转矩／额定转矩
Y132M-4	7.5	1500	1440	2.2	2.2

表 2-5 电动机主要外形尺寸和安装尺寸

单位：mm

中心高 H	外形尺寸 $L \times HD$	低脚安装尺寸 $A \times B$	轴伸尺寸 $D \times E$	平键尺寸 $F \times G$
132	515×315	216×178	38×80	10×33

2. 计算总传动比和分配各级传动比

（1）总传动比

$$i = \frac{n_m}{n_W} = \frac{1440}{41.69} = 34.54$$

式中，n_m、n_W 分别为电动机的满载转速、卷筒轴的工作转速，r/min。

（2）传动系统的传动比

$$i = i_0 i'$$

式中，i_0、i' 分别为 V 带传动、二级圆柱齿轮减速器的传动比。

为使 V 带传动外廓尺寸不要太大，初步选 i_0=2.6，则二级减速器传动比为

$$i' = \frac{i}{i_0} = \frac{34.54}{2.6} = 13.28$$

所得减速器的传动比符合二级圆柱齿轮减速器传动比的范围。

（3）分配减速器的各级传动比

按展开式布置方式，考虑润滑条件，取高速级传动比 $i_1 = 1.3i_2$，而 $i' = i_1 i_2 = 1.3 i_2^2$，所以

$$i_2 = \sqrt{\frac{i}{1.3}} = \sqrt{\frac{13.28}{1.3}} = 3.2$$

$$i_1 = \frac{i'}{i_2} = \frac{13.28}{3.2} = 4.15$$

3. 计算传动装置的运动和动力参数

（1）各轴的输入功率

电动机轴　$P_d = P_{ed} = 7.5$（kW）

Ⅰ轴　$P_I = P_d \eta_{01} = P_{ed} \eta_1 = 7.5 \times 0.96 = 7.2$（kW）

Ⅱ轴　$P_{II} = P_I \eta_{12} = P_I \eta_1 \eta_2 = 7.2 \times 0.98 \times 0.97 = 6.84$（kW）

Ⅲ轴　$P_{III} = P_{II} \eta_{23} = P_{II} \eta_2 \eta_3 = 6.84 \times 0.98 \times 0.97 = 6.5$（kW）

卷筒轴　$P_{IV} = P_{III} \eta_2 \eta_4 = 6.5 \times 0.98 \times 0.99 = 6.31$（kW）

（2）各轴的转速

Ⅰ轴　$n_I = \frac{n_m}{i_0} = \frac{1440}{2.6} = 553.85$（r/min）

Ⅱ轴　$n_{II} = \frac{n_I}{i_1} = \frac{553.85}{4.15} = 133.46$（r/min）

Ⅲ轴　$n_{III} = \frac{n_{II}}{i_2} = \frac{133.46}{3.2} = 41.71$（r/min）

卷筒轴　$n_{IV} = n_{III} = 41.71$（r/min）

（3）各轴的转矩

电动机轴　　　$T_0 = 9550 \dfrac{P_d}{n_m} = 9550 \dfrac{7.5}{1440} = 49.74$（N·m）

Ⅰ轴　　　$T_{\mathrm{I}} = 9550 \dfrac{P_{\mathrm{I}}}{n_{\mathrm{I}}} = 9550 \dfrac{7.2}{553.85} = 124.15$（N·m）

Ⅱ轴　　　$T_{\mathrm{II}} = 9550 \dfrac{P_{\mathrm{II}}}{n_{\mathrm{II}}} = 9550 \dfrac{6.84}{133.46} = 489.45$（N·m）

Ⅲ轴　　　$T_{\mathrm{III}} = 9550 \dfrac{P_{\mathrm{III}}}{n_{\mathrm{III}}} = 9550 \dfrac{6.5}{41.71} = 1488.25$（N·m）

卷筒轴　　　$T_{\mathrm{IV}} = 9550 \dfrac{P_{\mathrm{IV}}}{n_{\mathrm{IV}}} = 9550 \dfrac{6.31}{41.71} = 1444.75$（N·m）

最后，将运动和动力参数计算结果进行整理，见表 2-6。

表 2-6　运动和动力参数计算结果

轴　名	功率 P（kW）		转矩 T（N·m）		转速（r/min）	传动比	效率（%）
	输入	输出	输入	输出			
电动机轴	—	7.5	—	49.74	1440	2.6	0.96
Ⅰ轴	7.2	—	124.15	—	553.85	4.15	0.95
Ⅱ轴	6.84	—	489.45	—	133.46	3.2	0.95
Ⅲ轴	6.5	—	1488.25	—	41.71	1	0.97
卷筒轴	6.31	—	1444.75	—	41.71	—	—

第3章　减速器的构造、润滑及密封

3.1　减速器的类型、特点及应用

　　减速器是应用于原动机和工作机之间的独立传动装置，主要功能是降低转速，增大转矩，以便带动大转矩的工作机。在特殊场合也用来增加转速，则称为增速器。

　　减速器的种类很多，按照传动类型可分为齿轮减速器、蜗杆减速器和行星减速器以及它们互相组合而成的减速器；按照传动的级数可分为单级和多级减速器；按照传动的布置形式又可分为展开式、分流式和同轴式减速器。常用减速器的类型、特点及应用见表3-1。

表3-1　常见减速器的类型、特点及应用

类　　型		结 构 简 图	传 动 比	特 点 及 应 用
单级圆柱齿轮减速器			$i \leqslant 8 \sim 10$ 常用直齿 $i \leqslant 4$ 斜齿 $i \leqslant 6$	轮齿可制成直齿、斜齿和人字齿。传动轴线平行，结构简单，精度容易保证。直齿用于速度较低($v \leqslant 8m$)、轻载荷传动。斜齿轮用于速度较高的传动($v=25 \sim 50m$)，人字齿轮用于载荷较重的传动中
两级圆柱齿轮减速器	展开式		$8 \sim 40$	结构简单、但齿轮相对于轴承的位置不对称，因此要求轴有较大的刚度。高速级齿轮分布在远离转矩输入端，使得轴在转矩作用下产生的扭转变形和轴在转矩作用下产生的弯曲变形可部分地互相抵消，以减缓沿齿宽载荷分布不均匀的现象。用于载荷比较平稳的场合。高速级一般采用斜齿，低速级也可采用直齿
	同轴式		$8 \sim 40$	减速器长度尺寸较小，横向尺寸较大。中间轴较长、刚度差，载荷沿齿宽分布不均匀。高速轴的承载能力难以充分利用。当传动比分配适当时，二级大齿轮浸油深度大致相同
	分流式		$8 \sim 40$	结构复杂，与展开式相比，齿轮与轴承对称布置。因此，载荷沿齿宽分布均匀，轴承受载也较均匀。中间轴危险截面上的转矩只相当于轴所传递转矩的1/2。适用于变载荷的场合。高速级一般用斜齿，低速级可用直齿或人字齿

类　　型		结　构　简　图	传　动　比	特　点　及　应　用
两级圆柱齿轮减速器	同轴分流式		8～40	啮合轮齿仅传递全部载荷的1/2，输入和输出轴只受转矩。中间轴只受全部载荷的1/2，故与传递同样功率的其他减速器相比，轴径尺寸可以缩小
三级圆柱齿轮减速器	展开式		40～400	同二级展开式
	分流式		40～400	同二级分流式
单级圆锥齿轮减速器			直齿 $i \leqslant 5$ 曲齿、斜齿 $i \leqslant 8$ 常用 $i \leqslant 3$	轮齿可做成直齿、斜齿或曲线齿。可用于两轴垂直相交或成一定角度的传动中。由于制造、安装复杂，成本高，所以仅在设备布置需要时才采用。为便于制造，传动比不宜选则过大
两级圆锥—圆柱齿轮减速器			8～40	特点与同单级圆锥齿轮减速器相似。圆锥齿轮应在高速级，以使齿轮尺寸不宜太大，否则加工困难。圆柱齿轮可制成直齿或斜齿
三级圆锥—圆柱齿轮减速器			20～160	同两级圆锥-圆柱齿轮减速器
单级蜗杆减速器	下置式		10～80	蜗杆在蜗轮下方，啮合处的冷却和润滑都较好，蜗杆轴承润滑也方便，但当蜗杆圆周速度较高时，搅油损耗大。一般用于蜗杆圆周速度 $v < 5\text{m/s}$ 的场合
	上置式		10～80	蜗杆在蜗轮上边，装卸方便，蜗杆圆周速度可高些，而且金属屑等杂物掉入啮合处机会少。当蜗杆圆周速度 $v > 4\sim 5\text{m/s}$ 时，最好采用此结构
	侧置式		10～80	蜗杆放在蜗轮侧面，蜗轮轴处于竖直位置。对蜗轮输出轴处密封要求高。一般用于水平旋转机构的传动

续表

类　型	结构简图	传动比	特点及应用
两级蜗杆减速器	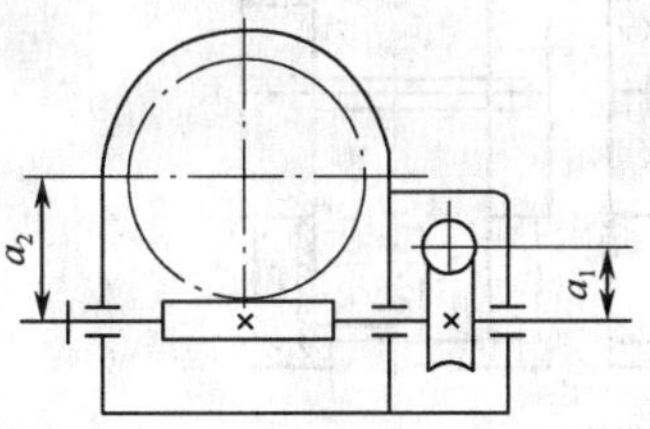	43～3600	传动比大，结构紧凑，但效率较低。为使高速级和低速级传动浸入油中深度大致相等，应使高速级中心距约为低速级中心距的 1/2 左右
两级齿轮—蜗杆减速器	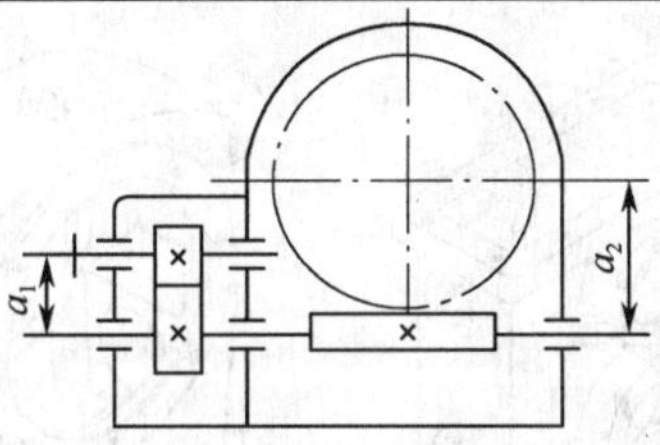	15～480	有齿轮传动在高速级和蜗杆传动在高速级两种形式。前者结构紧凑，而后者传动效率高
行星轮减速器（单级 NGW）	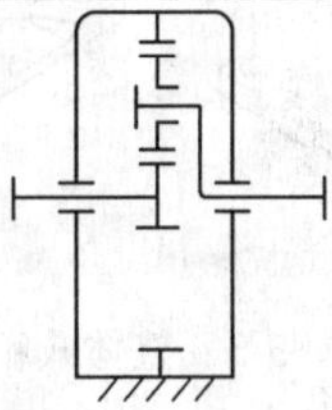	2.8～12.5	与普通圆柱齿轮减速器相比，尺寸小，质量轻，但结构较复杂，制造精度要求较高。广泛应用于要求结构紧凑的动力传动中

　　某些类型的减速器已经有行业系列标准，并由专业工厂生产。一般情况下，应该优先选用标准减速器。当传动布置、传动比、功率等有特殊要求时，标准减速器无法选出，才需自行设计。本课程出于培养设计能力的目的，不允许直接选用相关标准减速器，而需学生独立设计。

3.2　减速器的结构

减速器的箱体结构

　　减速器箱体是支撑轴系部件、保证传动零件啮合精度、良好润滑和密封的重要零件，其质量约整体质量的 50%。因此，箱体结构对减速器的工作性能、制造工艺、质量等有较大的影响，设计时必须全面考虑。

　　减速器箱体可根据材料分为焊接箱体（图 3-1）和铸造箱体（图 3-4、图 3-5、图 3-6）。铸造箱体，多采用灰铸铁材料（如 HT150 或 HT200），该材料具有铸造性好、便于切削、承压和减振能力好等特点；重型传动箱体，为提高强度，也可以采用铸钢材料（ZG200-400、ZG230-450）。铸造箱体工艺复杂，制造周期长，质量大，适合成批生产。焊接箱体采用型材焊接而成，其质量小、生产周期短、多用于单件、小批量生产；焊接箱体在焊接时易产生热变形，要求较高的焊接技术，成型后常选择退火处理或时效处理。

　　箱体也采用剖分式结构和整体式结构。剖分式结构常以传动零件轴线所在平面，设置 1～2 个剖面，以方便制造安装，如图 3-2 所示。整体式质量轻、零件少，装拆比较复杂，如图 3-3 所示。

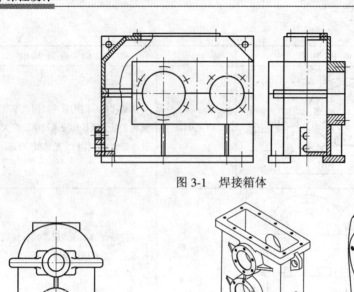

图 3-1　焊接箱体

图 3-2　剖分式箱体

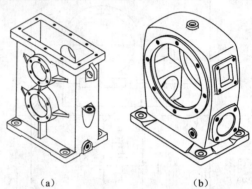

（a）　　　　　　　　（b）

图 3-3　整体式箱体

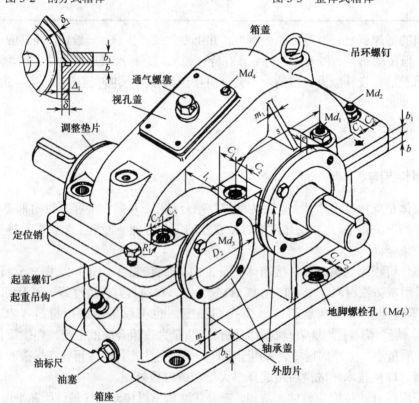

（a）减速器结构外形

图 3-4　圆柱齿轮减速器

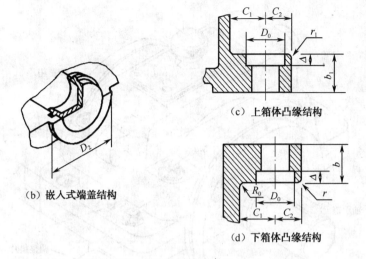

（b）嵌入式端盖结构

（c）上箱体凸缘结构

（d）下箱体凸缘结构

图 3-4　圆柱齿轮减速器（续）

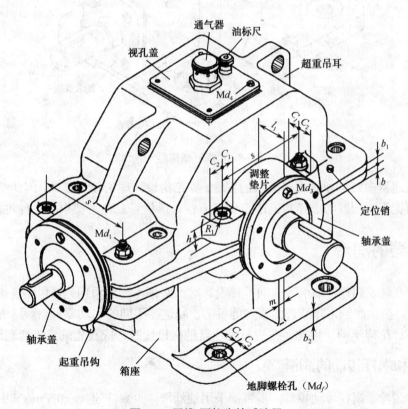

图 3-5　圆锥-圆柱齿轮减速器

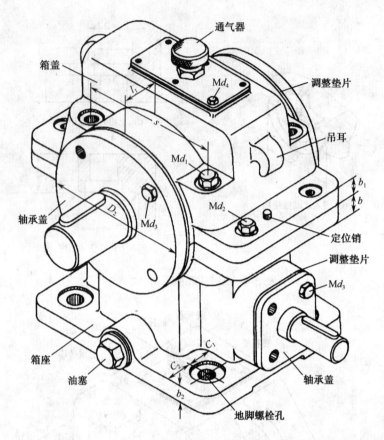

图 3-6 蜗杆减速器

箱体是减速器中结构和受力最复杂的零件，其结构设计理论较为复杂，因此都是在满足强度、刚度的前提下，同时考虑结构紧凑、制造方便、质量轻及使用要求等条件进行经验设计。

3.3 减速器的润滑

减速器中齿轮、蜗杆、轴承等传动零件设计时都必须考虑润滑问题，以实现减小摩擦、磨损，提高效率，防止腐蚀，降低表面温度等目的。减速器不同的传动零件，润滑方式不同，会导致相应的设计结构不同。因此，在进行减速器结构设计时，应首先确定其合理润滑方式。

3.3.1 齿轮和蜗杆传动的润滑

减速器的齿轮、蜗杆传动零件，多数都采用油润滑，少数低速（$v<0.5$ m/s）小型结构可以采用脂润滑。其主要润滑方式为油浴润滑；高速传动时，则为压力喷油润滑。

1. 油浴润滑

油浴润滑是将传动零件浸入油中，利用其回转运动、把粘在零件上面的油液带至啮合面进行润滑；同时，油池中的油也被甩上箱壁，可以散热。该方式主要适用于齿轮圆周速度 $v \leqslant 12$m/s，蜗杆圆周速度 $v \leqslant 10$m/s 的场合。

油浴润滑时，箱体内要有足够的润滑油，如图 3-7 所示。为了避免搅油损失过大，零件的浸油深度不宜过深。因此，为保证传动零件充分润滑，应合理地设计浸油深度，见表 3-2。为避免搅动油池底部的沉渣泛起，大齿轮齿顶圆到油池底部的距离一般大于 30～50mm。

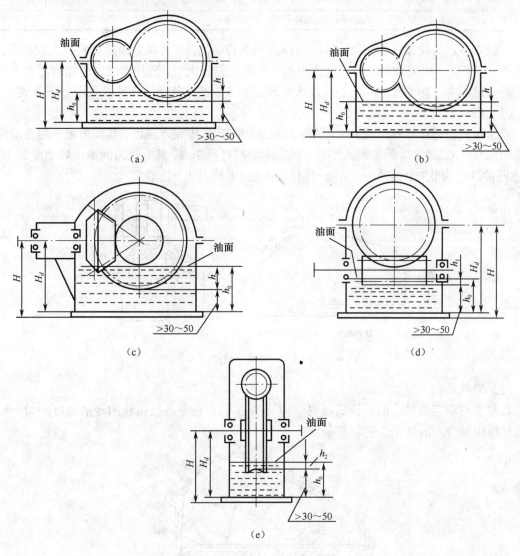

图 3-7　油浴润滑及浸油深度

表 3-2　油浴润滑时的浸油深度推荐值

减速器类型	传动件的浸油深度
单级圆柱齿轮减速器	$m<20$ 时，h 约为 1 个齿高，但不小于 10mm $m\geqslant20$ 时，h 约为 0.5 个齿高（m 为齿轮模数）
二级或多级圆柱齿轮减速器	高速级：h_f 约为 0.7 个齿高，但不小于 10mm 低速级：h_s 按圆周速度大小而定，速度大者取小值 当 $v=0.8\sim12$m/s 时，约 1 个齿高（不小于 10mm）到 1/6 个齿轮半径 当 $v\leqslant0.5\sim0.8$m/s 时，$h_s\leqslant$（1/3～1/6）个齿轮半径

续表

减速器类型		传动件的浸油深度
圆锥齿轮减速器		整个齿宽浸入油中（至少半个齿宽）
蜗杆减 速器	蜗杆上置式	$h_1=(0.75\sim1)h$，h 为蜗杆尺高，但油面不应高于蜗杆轴承最低一个滚动体中心
	蜗杆下置式	h_2 同低速级圆柱大齿轮浸油深度

二级或多级齿轮减速器，设计时应选择合适的传动比，使各级大齿轮的直径大致相等，以便浸油深度相近。如果当高速级与低速级的大齿轮相差较大时，要使两级大齿轮同时浸入油池中，则低速级大齿轮的浸油深度有可能大大超过表 3-2 推荐范围，则可以采用如下方式。

（1）溅油轮

低速级大齿轮按推荐值浸入油池中，而高速级大齿轮不浸入油池，其润滑可采用溅油轮辅助结构来实现（图 3-8）。溅油轮为惰轮，常采用塑料材料制成，其宽度为润滑齿轮宽度的 1/3～1/2，浸油深度为 0.7 个齿高，但不小于 10mm（也可按表 3-2 选取）。

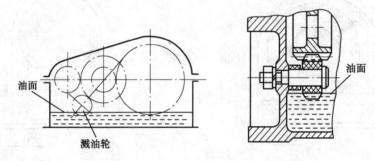

图 3-8　带油轮润滑

（2）倾斜结构

将箱盖与箱座的结合面设计成倾斜结构（图 3-9），以使各级齿轮的浸油深度均匀一致，而这种结构结合面的加工工艺较复杂。

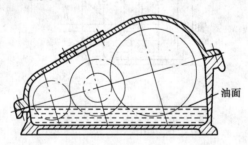

图 3-9　倾斜结构

蜗杆减速器，当蜗杆圆周速度 $v<4\sim5$m/s 时，一般选用下置式蜗杆结构；当 $v>5$m/s 时，则选上置式蜗杆结构；当 $v>10$m/s 时，为保证充分的润滑和散热，则必须采用压力喷油润滑。

2．喷油润滑

当齿轮圆周速度 $v>12$m/s 或蜗杆圆周速度 $v>10$m/s 时，则不易采用油浴润滑，而应选用喷油润滑。因为粘在轮齿上的油在离心力的作用下被甩掉，啮合区得不到可靠供油；而且搅油过甚，使油温升高、产生泡沫和氧化，使润滑效果减弱。此外，由于过度搅动，使油池底部金属污物被代入啮合处，加速齿轮的磨损。

喷油润滑利用油泵（压力为 0.05～0.3MPa）将冷却和过滤后的润滑油从喷嘴直喷到轮齿啮合面，如图 3-10 所示。当 $v \leqslant 20$m/s 时，喷嘴位于轮齿啮出或啮入一边皆可；当 $v > 20$m/s 时，喷嘴应位于轮齿啮出的一边，以借润滑油冷却、润滑刚啮合过的轮齿，同时也减小冲击损失。

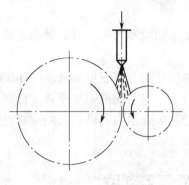

图 3-10　喷油润滑

喷油润滑也适用于速度不高但工作繁重的重型减速器，或需要用大量润滑油进行冷却的重要减速器。

3.3.2　滚动轴承的润滑

减速器中，当浸油齿轮的圆周速度 $v < 2$m/s，滚动轴承多采用脂润滑；当浸油齿轮的圆周速度 $v \geqslant 2$m/s，滚动轴承多采用油润滑。

1．脂润滑

滚动轴承采用脂润滑，需满足其内径（d）和转速（n）的乘积 $dn \leqslant 2 \times 10^5$（mm·r/min）。脂润滑方式易于密封、结构简单、维护方便。但由于高温时易变稀流失，所以脂润滑只用于轴承转速不高的场合。

安装时，为达到预期的润滑效果，润滑脂每隔半年补充更换一次，其添加量一般以能够填充轴承空隙的 1/3～1/2 为宜。为防止箱内润滑油侵入，导致润滑脂的稀释流出，通常在箱体内侧设置封油盘，如图 3-11 所示。

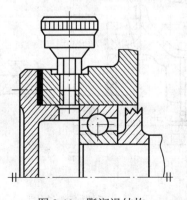

图 3-11　脂润滑结构

2．油润滑

采用油润滑的滚动轴承，其设计结构较脂润滑复杂。结构设计时，应考虑润滑油能够流入全部滚动轴承，以达到润滑的目的。常见的滚动轴承的润滑方式有以下几种。

（1）油浴润滑

下置式蜗杆轴承，由于位置较低，可以利用箱内油池中的润滑油直接润滑，但油面不应高于轴承最低滚动体的中心，以免增加搅油损失，导致轴承发热。

（2）飞溅润滑

当减速器内只要有一个浸油齿轮的圆周速度 $v \geqslant 1.5 \sim 2\text{m/s}$ 时，则可采用飞溅润滑。并利用该齿轮的旋转将油甩到箱体内壁上，然后使油顺着箱体上特制的输油沟流入轴承内进行润滑。为便于润滑油流入油沟，应在箱盖接合面与内壁相接的边缘处制出斜棱，如图 3-12 所示。

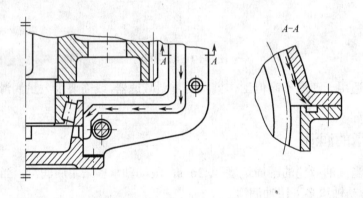

图 3-12　飞溅润滑的油沟

（3）刮板润滑

当齿轮的圆周速度较低 $v < 1.5 \sim 2\text{m/s}$ 或轴承位置过高，飞溅的油难以达到润滑，则选用刮板润滑。刮板润滑是利用在箱体内壁加装刮油板，以接纳转动零件从油池中带出的润滑油，并导入轴承中进行润滑，如图 3-13 所示。

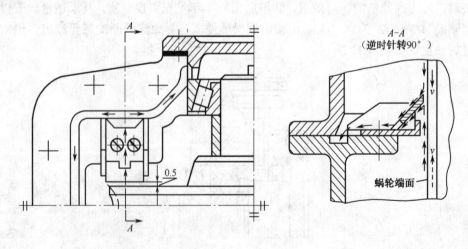

图 3-13　刮板润滑结构

选择轴承润滑方式时，可以参考表 3-3 各种润滑方式给出的 dn 范围，进行选择。

表 3-3 滚动轴承在不同润滑方式下的 dn 允许值

轴承类型	脂润滑	油润滑			
		油浴、飞溅润滑	滴油润滑	喷油润滑	油雾润滑
深沟轴承、调心轴承、角接触轴承、圆柱滚子轴承	<180 000	250 000	400 000	600 000	>600 000
圆锥滚子轴承	100 000	160 000	230 000	300 000	—
推力轴承	40 000	60 000	120 000	150 000	—

注：d—轴承内径，mm；n—转速，r/min。

3.4 减速器的密封

减速器加装密封装置，可以阻止润滑剂流失、防止外界灰尘、水分及其他杂物渗入。根据不同的设计结构特点，应合理的设置密封结构。

3.4.1 轴端的密封

在减速器输入轴或输出轴外伸处，为避免轴承加速磨损或腐蚀，应该设置密封装置。常见密封形式可分为接触式密封和非接触式密封，毡圈密封与橡胶圈密封属于接触式密封，油沟密封与迷宫密封属于非接触式密封。

1. 毡圈密封

毡圈密封是将矩形截面的毡圈嵌入梯形槽中来压紧轴以达到密封效果。该密封结构简单、价格低廉、尺寸紧凑。但接触面处的磨损量大，寿命短，主要适用于脂润滑，若与其他密封形式组合使用也可用于油润滑。

当轴的最大圆周速度为 3m/s、5m/s 和 7m/s 时，可分别采用粗羊毛毡圈、半粗羊毛毡圈及航空用毛毡圈。工作温度 $t \leqslant 90℃$。

2. 橡胶圈密封

橡胶圈密封是由耐油橡胶圈和弹簧圈组成，利用密封圈唇形结构部分的弹性和弹簧圈的扣紧力，使唇形部分紧密贴在轴表面而进行密封。唇形结构具有自紧作用，与轴扣得越紧，密封效果越好。

橡胶圈密封防尘、防漏效果好，工作可靠，可用于油润滑和脂润滑。一般要求安装在接合面速度 $v < 7m/s$ 的场合。其密封圈已经标准化，有的具有金属外壳，可精确的安装在槽内，故装卸方便、更换迅速。

3. 油沟密封

油沟式密封是利用环形沟槽或充满润滑脂的环形间隙来实现密封。主要适用于脂润滑、油润滑且工作环境清洁的轴承。因环形沟槽与轴表面没有直接接触，所以，可用于轴的转速较高的场合，但不能防止灰尘或污物的浸入，为保证密封效果，沟槽数目不应少于3个，环形间隙可取0.2~0.5mm。

4. 迷宫密封

迷宫密封是利用转动元件与轴承盖间构成的曲折、狭小的缝隙来实现密封。缝隙中填入润滑脂，可以提高密封效果。根据结构形式分为径向和轴向两种，但常用径向式密封。

迷宫密封防尘、防漏效果好，无摩擦磨损，工作可靠，但结构复杂，制造和安装均有所不便。一般不受轴表面圆周速度的限制，当$v>5\text{m/s}$时，应合理选择较小缝隙，以避免油脂从缝隙中甩出。

3.4.2 轴承室内侧的密封

轴承室内侧常用封油环和挡油环两种密封形式。

1. 封油环

当轴承采用脂润滑时，为避免油脂泄进箱内及箱内润滑油溅入轴承室而使油脂稀释流失，常用封油环把轴承室与箱体内部隔开，如图3-14所示。

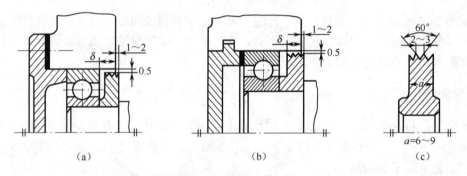

轴承采用脂润滑$\delta=10~12\text{mm}$，油润滑$\delta=3~5\text{mm}$

图3-14 封油圈结构

2. 挡油环

当轴承采用油润滑时，为了防止经啮合处挤压出来的过多的润滑油及其中可能带有的金属磨屑流入到轴承室，可加挡油环，如图3-15所示。

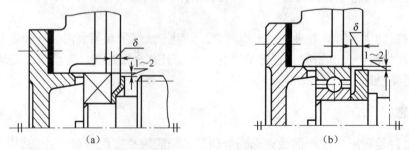

轴承采用脂润滑$\delta=10~12\text{mm}$，油润滑$\delta=3~5\text{mm}$

图3-15 挡油圈结构

3.4.3　其他处的密封

闭式齿轮传动，在箱盖与箱座接合面可采用液体尼龙密封胶（水玻璃）等来进行密封。为了密封可靠，可在接合面上开回油沟，使渗入接合面之间的油重新流回箱体内部。

轴承盖、观察孔和放油孔等与箱盖、箱座接合面间一般要加纸封油垫或皮封油圈，以加强密封效果。少数也有在接合面开槽，并利用嵌入槽内的耐油橡胶皮条进行密封。

3.5　减速器的附件

在减速箱体上设置某些装置和零件，以保证减速器具有较为完善的性能，如注油、排油、通气、吊运、观察齿轮啮合情况、检测油面高度和便于装卸等。这些装置、零件以及箱体上的局部结构统称减速器的附件。常见的减速器附件有如下几种。

1．窥视孔和窥视孔盖

为便于观察箱体内传动零件的啮合情况以及向箱体内注入润滑油,在减速器箱体的箱盖顶部设置窥视孔。窥视孔要便于观察，可以检测到齿侧间隙和齿面接触斑点。为防止污物进入箱体内和润滑油飞溅出来，应在窥视孔上设置窥视孔盖。平时孔盖应通过螺钉固定在窥视孔上。

2．通气器

闭式齿轮减速器工作时，由于摩擦发热，箱体内温度升高，气体膨胀，压力增大。为使箱内热胀空气能自由排出，以保持箱内外压力平衡，不致使润滑油沿分箱面、轴伸处间隙等其他缝隙渗漏，常在箱盖顶部或窥视孔盖装设通气器。

3．启盖螺钉

在分箱面上涂以水玻璃或密封胶，因而拆卸时往往因胶结紧密难以开盖。为便于开启箱盖，在箱盖侧边的凸缘上装 1～2 个启盖螺钉。启盖螺钉的螺纹段要高出箱盖凸缘厚度。启箱螺钉采用的圆柱端或平端，大小可同于凸缘连接螺栓。开启箱盖时，拧动启盖螺钉，便可将上箱盖顶起。尺寸较小的减速器，可不装启盖螺钉。

4．定位销

为了保证箱体轴承座孔加工制造精度和装配精度，需在箱盖与箱座的连接凸缘上配装定位销。采用两个定位圆锥销，应安置在箱体长度方向两侧连接凸缘上，对称箱体应采用非对称布置，以保证精度。定位销孔应在箱盖和箱座紧固后钻、铰（其位置应便于钻、铰和装拆）；装拆时不应与邻近箱壁和螺钉相碰，留出足够的工具拆装空间。

5．调整垫片

调整垫片由多片很薄的软金属制成，以调整轴承的安装间隙。有的垫片还要调整蜗杆、圆锥齿轮等传动零件。设计时，应与橡胶垫片形成区别。

6. 轴承端盖

为固定轴承的轴向位置并承受轴向载荷，轴承座孔两端采用轴承端盖。轴承端盖有凸缘式和嵌入式两种。凸缘式轴承盖，利用六角螺栓固定在箱体上，外伸轴处的轴承端盖是通孔，其中装有密封装置。嵌入式轴承端盖具有结构简单、调整间隙能力差的特点。凸缘式轴承端盖则具有拆装简单，调整轴承间隙方便，密封性好的优点，被广泛采用。嵌入式则用于不经常拆装的减速器结构。

7. 放油螺塞

为了便于换油、排出清洗箱体的污油，应在箱座底部、油池的最低位置处设置放油孔，平时用螺塞将放油孔堵住。放油螺塞和箱体接合面间，应安装垫圈（封油圈），以防止漏油。

8. 油标

油标是用来指示减速器内油池的高度，保持油池内有适量的润滑油，以保证传动零件的润滑。一般在箱体便于观察、油面较稳定的部位，装设油标（或油标尺）。由于油标尺安装结构简单，减速器中多被采用。

9. 起吊装置

当减速器质量超过 25kg 时，为便于搬运，多采用起吊装置。常见的起吊装置包括吊环螺钉、吊耳和吊钩等。吊环螺钉（或吊耳）设在箱盖上，通常用于吊运或拆卸箱盖；吊钩则铸在箱座两端连接凸缘下方，便于搬运减速器或箱座。

第4章 传动零件设计计算

在减速器设计中，传动零件的设计关系到工作性能、结构布置及尺寸大小，是主要设计环节。一般在传动方案确定之后，根据设计任务计算出相关的运动和动力参数，再设计、计算传动零件，并确定其结构、尺寸、材料和参数。然后，根据传动零件的要求来设计相关的支撑零件和连接零件，以方便减速器装配草图的绘制。

减速器传动零件按箱体内外可分为外传动零件和内传动零件。通常根据传动顺序，先从电动机输出轴开始外传动零件的设计。下面仅就传动零件设计计算的要求和应注意的问题作简要说明。

4.1 外传动零件设计

外传动零件指减速器从外界接受或输出能量或动力，又必须安装在减速器输入轴上的零（部）件，如联轴器、带传动、链传动、开式齿轮。这些零件连接着动力系统和传动系统，设计时应充分考虑整体机械的结构紧凑性、运行的安全可靠性、经济性和使用维护的方便性等性能要求。也可根据具体工作要求（如载荷大小、传动速度、传动比要求、工作环境、抗冲击能力）进行合理选择。例如，有传动比要求时，优先考虑带传动、链传动、开式齿轮等零件；反之无传动比要求时，则优先考虑联轴器。

课程设计时，对外部传动零件重点确定其主要参数和尺寸，对结构设计可根据设计时间合理安排。

1. 联轴器

联轴器的主要功能是连接两轴并传递运动，除此之外，还具有补偿两轴因制造和安装误差而造成的轴线偏移的功能，以及具有缓冲、吸振、安全保护等功能。在选择联轴器时，首先应确定其类型，再确定其相应的结构尺寸及型号。

联轴器的类型应根据传动装置的工作要求来选定。在选取电动机轴与减速器高速轴连接用的联轴器时，由于电动机机轴的转速较高，为减小启动载荷与缓和冲击，一般选用具有较小的转动惯量和具有弹性元件的挠性联轴器，如弹性套柱销联轴器等；在选取减速器输出轴与工作机之间连接用的联轴器时，由于轴的转速较低，传递转矩较大，又因为减速器与工作机常不在同一机座上，要求有较大的轴线偏移补偿，因此常选用承载能力较高的无弹性元件的挠性联轴器，如鼓形齿式联轴器等；若工作机有振动冲击，为了缓和冲击，以免振动影响减速器内传动件的正常工作，则可选用弹性联轴器，如弹性柱销联轴器等。若对中性良好的两轴间，不需要考虑缓冲、吸振时，则可选用刚性联轴器，如凸缘联轴器等。

联轴器大部分已经标准化，其型号选取可计算转矩、轴的转速和轴径来选择，要求所选联轴器的许用转矩大于计算转矩。此外，还需注意联轴器毂孔直径标准范围应与所连接两轴的直径大小相适应。若不适应，则应重选联轴器的型号或改变轴径。

2. 带传动

在确定减速器传动方案中，常选取普通 V 带传动。设计时可根据传动的已知条件，如原动机类型、传动功率、转速、传动比、对外轮廓尺寸、位置要求等，来确定 V 带传动相关设计参数。其主要设计参数包括：带的型号、选择大小带轮的直径、中心距、带的长度、带的根数、初拉力 F_0 及作用在轴上的力 F_Q、V 带轮的主要结构尺寸等。设计计算时应注意以下几个方面的问题。

（1）应注意检查带轮尺寸与传动装置外廓尺寸是否相互协调，如图 4-1 所示。例如，小带轮外圆半径是否与电动机的中心高相称，大带轮半径是否过大而造成带轮与机器底座相碰撞、带轮轴孔尺寸是否与电动机（减速器输入轴）的轴径、长度相对应。

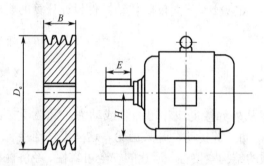

图 4-1　带轮尺寸与电动机尺寸不协调

（2）带速是否满足在 5m/s≤v≤25m/s 的范围内。带速过大、过小，都会使带的使用寿命降低、带的传动效率下降。

（3）为保证 V 带具有一定的传递能力，在设计中一般要求小带轮上包角 α≥120°；并计算初拉力，以便检查张紧要求及布置张紧方式。

（4）为使每根 V 带所受载尽量均匀，V 带的根数一般不宜选取过多，通常选取 3～6 根，最多不超过 8 根。

（5）带轮的最小直径应大于或等于该型号带轮所规定的最小直径，且为直径系列值。带轮直径确定后，可根据该直径和滑动率计算带传动的实际传动比和从动带轮转速，并修正减速器要求的传动比。

（6）轴孔直径一般应符合标准规定，带轮的长度 l 可根据轴孔直径 d 确定，一般取 l=（1.5～2）d；而轮缘长度可根据带的型号和根数选取。

3. 链传动

在确定减速器传动方案中，常选取滚子链传动。设计时可根据传动的已知条件，如载荷特性、工作环境、功率、转速、外轮廓尺寸、位置要求等，确定相关设计参数。其主要的设计参数包括：链的型号、节距、链节数、排数；链轮齿数、直径、中心距；作用在轴上力、张紧装置及润滑方式。

设计计算时需注意与带传动类似的问题。

（1）考虑链轮的外廓尺寸、安装尺寸是否与电动机（减速器）相协调。例如，为避免链轮尺寸过大，可修改传动比或链轮结构，来控制传动的外廓尺寸，防止与机座（减速器底座）相碰撞；以及链轮轴孔尺寸是否与电动机（减速器输入轴）的轴径、长度相对应。

（2）大、小链轮的齿数最好为奇数或不能整除链节数的数，常选定 $17 \leqslant z \leqslant 120$ 的范围。大链轮齿数过多，则容易造成链条因磨损而掉链；小链轮齿数过少，则容易造成链条速度波动加剧而掉链。选定链轮齿数后，应计算实际传动比和从动轮的转速，并根据条件修正减速器所要求的传动比和输入转矩。

（3）当采用单排链传动设计出的链尺寸过大时，可改用双排链或多排链，以减小链节距。为避免使用过渡链节，链节数最好取偶数。

（4）链传动设计时还应考虑润滑和维护，选定润滑方式和润滑油牌号。

（5）滚子链端面齿形已标准化，有专门的刀具，结构图中则不必画出具体齿形。

4．开式齿轮传动

开式齿轮作为外传动零件，设计时可根据已知条件，如传递转矩、转速、传动比、工作条件、尺寸限制等，来确定齿轮材料和热处理方式、齿轮的齿数、模数、分度圆直径、齿宽、中心距及作用在轴上的作用力等主要设计参数。设计计算时应注意以下几个方面的问题。

（1）开式齿轮传动一般只需进行弯曲强度设计，考虑到轮齿磨损量大，通常将求得的模数再加大 10%～20%，并取标准值。

（2）一般开式齿轮传动布置在低速级，常采用直齿齿轮。由于工作环境差、粉尘大、润滑不良，应选择具有较好减摩性和耐磨性的材料。

（3）由于开式齿轮传动的支撑刚度较小，为减轻齿轮的偏载程度，应选择较小的齿宽系数，一般取 $\phi_a = 0.1 \sim 0.3$，以减轻轮齿上的载荷集中。

（4）检查齿轮的外廓尺寸与工作机是否相协调，如有与工作机发生干涉或碰撞等现象，应重新计算齿轮结构参数，或修改减速器传动比大小。

4.2　内传动零件设计计算

在进行减速器内部传动零件设计之前，首先修正并确定外部传动零件传动比、运动与动力参数等数据，然后进行内传动零件的设计计算。内传动零件的设计方法及结构设计均可参考教材或设计手册。

1．圆柱齿轮传动

圆柱齿轮传动设计时可根据已知条件，如传递转矩、转速、传动比、工作条件、尺寸限制等，来确定齿轮材料和热处理方式、齿轮的结构参数和几何尺寸、作用在轴上的作用力等主要设计参数。圆柱齿轮传动的设计计算过程基本与开式齿轮相同，包括材料和热处理方式的选择、强度计算、确定结构参数及几何尺寸。设计计算时应注意以下几个方面的问题。

（1）轮齿材料及热处理的选择

齿轮材料及热处理的选择应根据具体的工作要求和制造方法。

一般对工作要求不高的,齿轮多采用普通碳钢或铸铁材料,采用正火或调质等热处理方式;而当传递功率较大,且尺寸要求紧凑时,应选用材料较好的合金钢,并可采用表面淬火或渗碳淬火、碳氮共渗等热处理方式。同一减速器中各级小齿轮(或大齿轮)的材料应尽可能相同、以减少材料品种和降低制造成本。

当齿轮尺寸较小及齿顶圆直径 $d_a \leqslant 500$mm 时,多采用锻造毛坯;当齿轮尺寸较大及齿顶圆直径 $d_a > 500$mm 时,多采用铸造毛坯;当齿轮齿根圆直径与键槽底部距离 $x \leqslant (2 \sim 2.5)m_n$ 时,通常将齿轮和轴要制成一体,以省去键槽,从而提高齿轮轴的强度和刚度。

（2）齿轮强度计算

齿面根据是否小于 350HBS 或 38HRC,可分为软齿面和硬齿面,并确定相应强度设计准则。此外,为使大小齿轮的寿命尽量相同,软齿面应使小齿轮齿面硬度大于大齿轮 30~50HBS;而硬齿面则大、小齿轮齿面硬度相同 $HRC_1 \approx HRC_2$。

齿轮强度计算公式中,常见齿宽系数表达有三种:$\phi_d = b/d_1$,$\phi_a = b/a$,$\phi_m = b/m$。它们之间相互联系,并满足 $\phi_a = 2\phi_d/(1+i)$,$\phi_m = z_1\phi_d$。为了补偿齿轮轴向安装误差和节约材料,一般可使小齿轮的齿宽大于大齿轮的齿宽 5~10mm;而大齿轮齿宽为轮齿啮合宽度。

啮合的大小齿轮强度设计计算时,其公式中的转矩、齿数或齿轮直径都应按小齿轮的齿数、小齿轮分度圆直径、小齿轮的输入转矩代入公式。

（3）齿轮的结构设计

结构设计时,其相应的参数和尺寸有严格要求:模数必须标准化;中心距和齿宽应该圆整;分度圆、齿顶圆、齿根圆直径、变位系数则不能圆整,应精确到以毫米为单位小数点后三位。螺旋角应精确到秒。若中心距圆整为 0 或 5 的尾数,对于直齿圆柱齿轮传动,可以通过调整模数 m 和齿轮 z 或采用变位传动;对于斜齿圆柱齿轮齿轮,还可以通过调整螺旋角 β 满足要求。

齿轮的结构尺寸最好为整数,以便于制造和测量。如轮毂直径和长度、轮辐厚度和孔径、轮缘长度和内径等,按设计资料给定的经验公式计算后,都应尽量取整。检查总传动比,使其满足设计要求,否则应重新进行齿轮结构参数修正。

（4）强度校核

齿轮几何参数初定后应按照相关的强度设计准则进行校核。若不满足强度要求,应适当修正齿轮材料及热处理方式或重新修正结构参数。

（5）数据整理

齿轮结构参数和几何尺寸计算完成后,应及时整理,以表格形式（表 4-1）列出计算结果;同时绘制齿轮的零件草图。

表 4-1　斜齿圆柱齿轮传动参数

名　称	符　号	小 齿 轮	大 齿 轮	单　位
中心距	a			mm
传动比	i			
模数	m_n			mm
端面压力角	α_t			(°)
啮合角	α'_t			(°)
螺旋角	β			(°)

续表

名　　　称	符　号	小 齿 轮	大 齿 轮	单　位
螺旋角方向				
齿数	z			
分度圆直径	d			mm
齿顶圆直径	d_a			mm
齿根圆直径	d_f			mm
齿宽	B			mm
材料及齿面硬度				
分度圆分离系数	Y			
总变位系数	$x_n\Sigma$			
齿顶高变动系数	σ			
变位系数	x_n			
节圆直径	d'			mm

例题 4-1　已知在减速器中其中一对斜齿轮，根据强度计算可得小齿轮分度圆直径 $d_1 \geq$ 105mm，传动比 $i=4.1$，载荷平稳，$\phi_d=1.2$。选择计算该齿轮传动的大、小齿轮结构参数及几何尺寸？

解：

（1）中心距 a

$$a \geq d_1(1+i)/2 = 105 \times (1+4.1)/2 = 267.75 \quad (\text{mm})$$

对 a 尽量圆整为 0 或 5 的尾数，以便于制造和测量，所以初定 $a=270$mm（也可以取 $a=265$mm）。

（2）选定结构参数

$$a = \frac{m_n}{2\cos\beta}(z_1 + z_2)$$

一般小齿轮齿数在 $z_1=17\sim30$，$\beta=8°\sim20°$。初选 $z_1=21$，$\beta=14°$，则 $z_2=i\,z_1=4.1\times21\approx86$。代入上式得

$$m_n = \frac{2a\cos\beta}{z_1+z_2} = \frac{2\times270\times\cos14°}{21+86} \approx 4.897$$

由标准取 $m_n=5$mm，则

$$z_1 + z_2 = \frac{2a\cos\beta}{m_n} = \frac{2\times270\times\cos14°}{5} = 104.792 \approx 105$$

又根据

$$z_1 = \frac{z_1+z_2}{1+i} = \frac{105}{1+4.1} = 20.588$$

由于大、小齿轮的齿数均为整数，取 $z_1=21$、$z_2=105-z_1=105-21=84$。则中心距圆整后传动比 $i'=\dfrac{84}{21}\approx4$。与设计要求 $i=4.1$ 相比，误差为 2.44% <5%，可用。则

$$\beta = \arccos^{-1} \frac{m_n(z_1+z_2)}{2a} = \arccos^{-1} \frac{5 \times (21+84)}{2 \times 270} \approx 13.536° = 13°32'10''$$

满足要求。确定齿轮结构参数如下：

$$a=270mm, \quad m_n=5mm, \quad z_1=21, \quad z_2=84, \quad \beta=13°32'10''$$

（3）计算齿轮几何尺寸

小齿轮分度圆直径　　　$d_1 = m_n z_1 / \cos\beta = 5 \times 21 / \cos 13.536° \approx 108.00$（mm）

大齿轮分度圆直径　　　$d_2 = m_n z_2 / \cos\beta = 5 \times 84 / \cos 13.536° \approx 432.00$（mm）

齿轮工作齿宽　　　　　$b = \phi_d d_1 = 1.2 \times 108 = 129.6 \approx 130$（mm）

小齿轮齿宽　　　　　　$b_1 = b + (5\sim10) = 130 + 10 = 140$（mm）

大齿轮齿宽　　　　　　$b_2 = b = 130$（mm）

（4）强度校核

根据强度设计准则，修正计算结果。（略）

（5）整理计算结果

将计算结果整理后填入表，绘制零件草图。（略）

2. 圆锥齿轮传动

圆锥齿轮与圆柱齿轮设计相类似，同样满足齿轮强度设计准则。设计计算时应注意以下几点。

（1）为方便测量，减小计算时的相对误差，通常以直齿圆锥齿轮大端的参数作为标准值。并计算直齿圆锥齿轮传动的锥距 R、分度圆直径 d（大端）等几何尺寸。且计算精确到小数点后 3 位，不得圆整。

（2）在设计计算中，一般推荐小锥齿轮的齿数为 $z_1=17\sim25$。若为软齿面传动则取大值；反之，若为硬齿面传动或开式齿轮传动则取小值。大锥齿轮的齿数则可按经验公式确定，即

$$z_2 = c \sqrt[5]{i^2} \sqrt[6]{d_2} \qquad (4\text{-}1)$$

式（4-1）中，大圆锥齿轮的分度圆直径 d_2 单位为 mm。当两齿轮的齿面硬度都大于 350HBS 时，取 $c=11.2$；当大齿轮齿面硬度小于等于 350HBS 时，c 取 14；当两齿轮的齿面硬度都小于 350HBS 时，c 取 18。

（3）两轴交角为 90° 时，分度圆锥角 δ_1 和 δ_2 可以由齿数比 $u=z_2/z_1$ 算出，其中 u 值的计算应达到小数点后第 4 位，δ 值的计算应精确到秒。

（4）在设计轮齿结构时，大、小齿轮的齿宽 b 应相等。另外为了便于切齿，齿宽 b 不能太大，按照齿宽系数 $\phi_R = b/R$，一般取 $\phi_R = 0.25\sim0.35$，常取 $\phi_R = 0.3$。

例题 4-2　直齿圆锥齿轮传动，根据齿面接触强度计算小齿轮大端分度圆半径分度圆直径 $d_1 \geqslant 56.8mm$，要求传动比 $i=1.8$，齿宽系数 $\phi_R = 0.3$，大、小齿轮齿面硬度均小于 350HBS，试计算大小齿轮结构参数及几何尺寸。

解：

（1）齿数

已知

$$d_2 = id_1 = 1.8 \times 56.8 = 102.24$（mm）$$

大齿轮齿数，根据两齿轮的齿面硬度都小于 350HBS，c 取 18，代入式（4-1）得

$$z_2 = c \sqrt[5]{i^2} \sqrt[6]{d_2} = 18 \times \sqrt[5]{1.8^2} \times \sqrt[6]{102.24} = 49.24$$

取 $z_2 = 49$，则 $z_1 = z_2 / i = 49 / 1.8 = 27.222$，取 $z_1 = 27$，$i' = u = z_2 / z_1 = 49 / 27 = 1.815$，则

$$\Delta i = \left| \frac{i - i'}{i} \right| = \left| \frac{1.8 - 1.815}{1.8} \right| = 0.83\% < 5\%$$

故满足传动比设计要求，所以 $z_1 = 27$，$z_2 = 49$。

（2）选定结构参数

大端模数为

$$m = \frac{d_1}{z_1} = \frac{56.8}{27} = 2.104 \ （\text{mm}），取标准模数 m=2.5\text{mm}。$$

（3）计算齿轮几何尺寸

① 大端分度圆直径

$$d_1 = mz_1 = 2.5 \times 27 = 67.5 > 56.8 \ （\text{mm}）$$

$$d_2 = mz_2 = 2.5 \times 49 = 122.5 \ （\text{mm}）$$

② 节锥顶距为

$$R = \frac{mz_1}{2} \sqrt{1 +} = \frac{2.5 \times 27}{2} \sqrt{1 + \left(\frac{49}{27} \right)^2} = 69.933 \ （\text{mm}）（不能圆整）$$

③ 节圆锥角为

$$\delta_1 = \arctan \frac{1}{u} = \arctan \frac{1}{1.815} = 28.853° = 28°51'11''$$

$$\delta_2 = 90° - 28.853° = 61.147° = 61°8'49''$$

④ 大端齿顶圆直径如下：

小齿轮 $\quad d_{a1} = d_1 + 2m\cos\delta_1 = 67.5 + 2 \times 2.5 \times \cos 28.853° = 71.879 \ （\text{mm}）$

大齿轮 $\quad d_{a2} = d_2 + 2m\cos\delta_2 = 122.5 + 2 \times 2.5 \times \cos 61.147° = 124.913 \ （\text{mm}）$

齿宽 $\quad b = \phi_R R = 0.3 \times 69.933 = 20.98 \ （\text{mm}）$

$$b_1 = b_2 = 25 \ \text{mm}$$

根据强度设计准则，修正计算结果并列表。（略）

3. 蜗杆传动

蜗杆传动与圆柱齿轮传动相似。此外，设计计算还需注意以下几点。

（1）由于蜗杆传动的滑动速度大，摩擦和发热剧烈，因此，要求蜗杆蜗轮副材料具有较好的耐磨性和抗胶合能力。一般是根据初步估计的滑动速度来选择材料。蜗杆副上相对滑动速度为

$$v_s = 5.2 \times 10^{-4} n_1 \sqrt[3]{T_2} \tag{4-2}$$

式中，n_1 为蜗杆转速，r/min；T_2 为蜗轮轴转矩，N·m。

在蜗杆几何尺寸确定后、应校核其滑动速度和传动效率，如与假设相差较大，应给予修正。

（2）为提高蜗杆传动的平稳性，蜗轮齿数选取应控制在 28～80 的范围，优先选取 32～63 的范围。蜗轮齿数越多要求啮合蜗杆的长度越长，蜗杆刚度就会减小，在传动过程中易产生过大的弯曲变形。

（3）为方便加工，蜗杆和蜗轮螺旋线方向最好采用右旋。蜗杆分度圆圆周速度决定其布置方式。当 $v \leqslant 4 \sim 5$m/s 时，常采用蜗杆下置式；当 $v > 4 \sim 5$m/s 时，则常采用蜗杆上置式。

（4）蜗杆模数 m 和分度圆直径 d_1 应取标准值，并与直径系数 q 三者相匹配。中心距 a 圆整为 0、5 结尾的数字，为此，常将蜗轮作变位处理，蜗杆尺寸不变；变位系数应在 $1 > x > -1$ 之间，如不相符，则调整 q 或改变蜗轮 $1 \sim 2$ 个齿。

（5）蜗杆强度、刚度验算以及热平衡计算，应安排在装配草图蜗杆支点距离和箱体轮廓尺寸确定后进行，并合理布置散热结构。

例题 4-3　一蜗杆传动，根据齿面强度计算求得中心距 $a \geqslant 204$mm，要求传动比 $i=22$，预选蜗杆特性系数 $q=9$，试计算蜗轮蜗杆结构参数及几何尺寸。

解：

（1）蜗轮齿数与蜗杆头数

试取蜗杆头数 $z_1 = 2$，则 $z_2 = iz_1 = 22 \times 2 = 44$。

（2）选定结构参数

① 模数 m 与蜗杆特性系数 q

$$m = \frac{2a}{z_2 + q} = \frac{2 \times 204}{44 + 9} = 7.698 \ （\text{mm}）$$

由标准选取 $m = 8$，则相对应 q 标准值为 8 或 11。取 $q = 8$，与预选值不同，在几何尺寸确定后重新计算参数。

② 中心距 a 与变位系数 x

$$a = \frac{m}{2}(z_2 + q) = \frac{8}{2} \times (44 + 8) = 208 \ （\text{mm}）$$

圆整中心距，取 $a_w = 210$ mm，则变位系数为

$$x = \frac{a_w - a}{m} = \frac{210 - 208}{8} = 0.25$$

符合变位系数范围，对蜗轮进行变位，而蜗杆不变。

（3）计算齿轮几何尺寸

① 蜗杆尺寸

分度圆直径　$d_1 = mq = 8 \times 8 = 64$ （mm）

齿顶圆直径　$d_{a1} = d_1 + 2h_{a1} = d_1 + 2m = 64 + 2 \times 8 = 80$ （mm）

齿根圆直径　$d_{a1} = d_1 - 2h_{f1} = d_1 - 2 \times 1.2m = 64 - 2 \times 1.2 \times 8 = 44.8$ （mm）

节圆直径　$d_{w1} = m(q + 2x) = 8 \times (8 + 2 \times 0.25) = 68$ （mm）

② 蜗轮尺寸

分度圆直径　$d_2 = mz_2 = 8 \times 44 = 352$ （mm）

齿顶圆直径　$d_{a2} = d_2 + 2h_{a2} = d_1 + 2m(1 + x) = 352 + 2 \times 8 \times (1 + 0.25) = 372$ （mm）

齿根圆直径　$d_{a2} = d_2 - 2h_{f2} = d_2 - 2m \times (1.2 - x) = 352 - 2 \times 8 \times (1.2 - 0.25) = 336.8$ （mm）

节圆直径　$d_{w2} = d_2 = 352$ （mm）

外圆直径　$D_w = d_{a2} + 1.5m = 372 + 1.5 \times 8 = 384$ （mm）

蜗轮齿宽　$B = 0.75d_{a1} = 0.75 \times 80 = 60$ （mm）（齿宽选取应根据相应变位系数，参考设计手册查表）

根据强度设计准则，修正计算结果并列表。（略）

4．初选轴的直径

轴的直径可根据扭转强度设计公式初步估算，以便联轴器和滚动轴承的安装。在进行课程设计计算时，应注意以下几点。

（1）估算取出的直径值，考虑轴上传动零件的安装固定需圆整成标准直径，并作为轴的最小直径。

（2）为弥补键槽对轴强度的影响，一个键槽的轴应将其求得的最小轴径增大 3%～5%；如有两个键槽应增大 7%～10%。

（3）与电动机相连时，外伸轴直径与电动机轴直径相差不大，并满足联轴器毂孔规定的范围。若超出该范围，则重选联轴器或改变轴径。此时外伸段轴径（d）多采用电动机轴直径（D）估算，$d=(0.8～1.2)D$。

5．初选滚动轴承

滚动轴承的类型可按照其所受载荷的大小和方向、轴的转速及其工作要求等进行选择。若只承受径向载荷，则选择深沟球轴承或圆柱滚子轴承；若承受径向载荷较大而轴向载荷相对较小，轴的转速较高，则选择深沟球轴承。若轴承同时承受较大的径向载荷和轴向载荷或需要调整传动件（如锥齿轮、蜗轮、蜗杆等）的轴向位置，则应选择角接触球轴承或圆锥滚子轴承。由于圆锥滚子轴承可承受双向载荷，价格较低，装拆调整方便，故结构设计时优先考虑。

根据初算轴径，考虑轴上零件的轴向定位和固定，估计出装轴承处的轴径，并根据轴上零件载荷特点和轴的转速，这样可初步定出滚动轴承类型与型号。至于选择得是否合适，则结合装配草图设计并求出当量载荷进行寿命验算后再行确定。

第5章 减速器装配草图的设计

5.1 减速器装配工作图设计概述

装配图是用来表达机械的工作原理、结构、轮廓形状、零件之间的相互关系、尺寸的，是绘制零件工作图的基础，又是机器组装、调试、维护等方面的重要技术依据，所以，装配图的绘制是设计过程的重要环节，设计装配图时必须综合考虑各方面的影响因素（如工作要求、安装要求、制造、拆卸与维护要求、经济性要求等），并用合理的视图将整个机械的外形和内部结构表达清楚。

绘制装配图涉及内容很多，装配图的设计过程一般遵循如下过程：设计装配图的准备阶段、装配草图的设计阶段、零件工作图的设计阶段、装配工作图的设计完成阶段。往往需要边绘图、边修改、边计算，直到最后完成装配图。设计装配图的准备阶段的主要工作内容如下。

（1）作减速器的装拆试验，观看减速器的实物（或模型）的结构，了解减速器各个零部件的相互关系、位置状况及作用；认真阅读且要读懂一些典型减速器装配工作图。

（2）根据工作条件并参照减速器的图册初步确定减速器箱体结构，通常齿轮减速器箱体采用沿齿轮轴线水平剖分式结构，对蜗杆减速器也可采用整体式箱体结构，常见的箱体结构参见图 3-1、图 3-2、图 5-17 和图 5-18。

（3）有关设计数据的准备，包括各传动零件的主要尺寸（如齿轮、链轮、带轮的几何尺寸等），电动机的型号规格及主要的安装尺寸（如轴伸尺寸、中心高等），联轴器的型号及主要尺寸，传动件的密封及润滑要求、方法。

（4）选择合适的图样比例及合理布置图面，可以根据减速器那传动零件的尺寸，参考类似结构的减速器，估算所设计减速器的轮廓尺寸，同时要考虑到标题栏、明细表、技术要求等的位置，做到图面的合理布置，如图 5-1 所示。视图的大小可按表 5-1 进行估算。

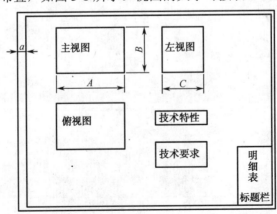

图 5-1 视图布置参考图

表 5-1　视图大小估算

项　目	A	B	C
单级圆柱齿轮减速器	$3a$	$2a$	$2a$
二级圆柱齿轮减速器	$4a$	$2a$	$2a$
圆锥-圆柱齿轮减速器	$4a$	$2a$	$2a$
单级蜗杆减速器	$2a$	$2a$	$2a$

5.2　初绘减速器装配草图

　　装配草图反映设计者整体机械设计构思和方案思想的文件,装配图的设计通常是在装配草图的基础上完成的。装配草图的设计应在对减速器初步了解基础上,参考参数、结构与所设计的减速器参数相近的装配图来绘制,装配草图中应反映装配零件的类型、主要零件的相对位置和大致结构、主要零件之间的装配关系、转子部件的支撑方式、零件的润滑方式,所以,在绘制装配草图之前应首先对传动方案和传动零件进行设计。

　　在绘制减速器的装配草图阶段应主要完成:减速器的主要结构拟定,传动方案制定,箱体的初步结构形式,各传动件的初步结构、位置、尺寸,轴承的型号、规格,轴的强度及轴承的寿命校核,完成轴系零件的结构设计。

　　这里以圆柱齿轮减速器为例说明装配草图的绘制步骤。

1.　确定合理的视图布置

可以参考 5.1 节的介绍,不再赘述。

2.　绘制主视图

（1）确定箱内传动件轮廓及相对位置

　　根据传动件的传动关系画出箱内传动件的中心线、齿顶圆、节圆;对双级齿轮减速器一般从中间轴开始,然后再画高速级或低速级齿轮。

（2）确定箱体的内壁位置

　　在主视图上箱盖部分:距大齿轮齿顶圆 $\Delta_1 \geqslant 1.2\delta_1$ 的距离画出箱体的内壁线,式中 δ_1 为壁厚,画部分外壁线作为外廓尺寸;小齿轮和中间齿轮齿顶圆到箱体的内壁线的距离先按 Δ_1 绘制,然后按保证内壁线形状简单、易于制造的要求进行修改,一般用切线连接大小齿轮处的内壁线圆弧,最后按小齿轮轴承座孔径来调整小齿轮处的内壁线圆弧,最好保证小齿轮轴承座孔凸台在圆弧以内。

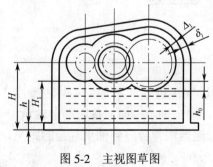

图 5-2　主视图草图

　　在主视图上箱座部分（图 5-2）:箱座腔体部分通常设计成长方体或正方体形状,所在主视图中内壁线通常为在垂直方向上箱体的内壁线的切线;腔体高度 H_1 按润滑油需用量或经验值来确定,按经验值确定时要保证大齿轮齿顶圆到油池底面的距离大于 30～50mm;按润滑油需用量时,首先按照浸油深度确定最低油面,各传动件的浸油深度见表 5-2。

表 5-2　传动件的浸油深度

减速器类型		传动件浸油深度 h_0
单级圆柱齿轮减速器		$m<20mm$ 时，h_0 约为 1 个齿高，但不小于 10mm $m>20mm$ 时，h_0 约为 1/2 倍齿高
二级或多级圆柱齿轮减速器		高速级大齿轮 h_0 约为 0.7 倍齿高，但不小于 10mm；低速级大齿轮 h_0 按圆周速度确定，速度大取小值，$v=0.8\sim1.2m/s$ 时，约为 1 倍齿高（但不小于 10mm）～1/6 齿轮半径；$v<0.5\sim0.8m/s$ 时，不大于 1/6～1/3 齿轮半径
圆锥齿轮减速器		整个齿宽浸入油中（至少半个齿宽）
蜗杆减速器	蜗杆上置	蜗轮的浸油深度与低速级圆柱大齿轮的相同
	蜗杆下置	$h_0=(0.75\sim1)h$，h 为蜗杆齿高，但油面不应高于蜗杆轴承最低一个滚动体中心

其次考虑油的损耗。估算出一个最高油面位置，一般中小型减速器至少要高出最低油面 5～10mm；油面确定后，按减速器的储油量 V 应满足 $V \geqslant [V]$ 确定腔体高度 H_1，对单级减速器，每传递 1kW 功率，需油量 0.35～0.7L（油的黏度低时取小值，油的黏度高时取大值），对多级减速器，按级数成比例增加；箱座底凸缘厚度 h 按 $h=2.5\delta_1$ 确定。

3．俯视图草图绘制

（1）画出传动零件的中心线及齿轮轮廓简图

主要画出俯视图中各级轴的轴线。在俯视图中画出齿轮的齿顶圆和齿轮宽；对双级齿轮减速器一般从中间轴开始，中间轴上两齿轮端面间距为 C_3，然后再画高速级或低速级齿轮，如图 5-3 所示。

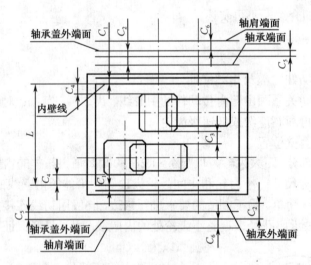

图 5-3　俯视图草图 1

（2）确定减速器的宽度方向的轮廓尺寸

如图 5-3 所示，对应主视图草图，按齿轮端面到箱体内壁线距离 C_4、Δ_1 绘制箱体内壁线；根据滚动轴承的润滑方法确定轴承端面到内壁线的距离 C_1，确定轴承端面；按所选定轴承型号的具体规格确定轴承的外端面；确定轴承端盖端面；确定减速器轴伸台肩到轴承端盖的距离，详细尺寸取值见表 5-3。

表 5-3　减速器宽度方向位置尺寸

名　称	尺　寸　值
箱体内壁线到轴承端面距离 C_1	对脂润滑 $C_1=10\sim15mm$，对稀油润滑 $C_1=5\sim8mm$
轴承端面到轴承盖外端面的距离 C_2	$C_2=\delta+(7\sim10)mm$，δ 为轴承盖的厚度
两齿轮端面间的距离 C_3	$C_3=8\sim15mm$
齿轮到内壁线的距离 C_3	一般取 $C_3\geqslant10mm$
轴承盖厚度 C_3	依轴承盖结构定，一般不小于 8mm
轴承盖外端面到轴伸台肩的距离	由外传动零件结构定，保证外传动零件与定子有一定的间隙，并满足外传动零件的装拆要求
输入轴中心到轴承中心距离 A_1	与外传动零件结构有关
输入轴承中心到齿轮中心距离 A_2	$A_2=L+C_1+B/2$，B 为轴承宽度
输入轴齿轮中心到轴承中心距离 A_3	$A_3=C_4+C_1+B/2$，B 为轴承宽度，B_1 为输入齿轮宽度
中间轴小齿轮中心到轴承中心距离 A_4	$A_4=C_4+C_1+B/2$，B 为轴承宽度，B_2 为中间轴小齿轮宽度
中间轴两齿轮中心距离 A_5	$A_5=B_3/2+B_2/2+(8\sim15)$，$B_3$ 为中间轴大齿轮宽度，B_2 为中间轴小齿轮
中间轴大齿轮中心到轴承中心距离 A_6	$A_6=C_4+C_1+B/2+B_3/2$，B 为轴承宽度，B_3 为中间轴大齿轮宽度
输出轴齿轮中心到轴承中心距离 A_7	$A_7=C_4+C_1+B/2+B_4/2$，B 为轴承宽度，B_4 为输出齿轮宽度
输出轴轴承中心到齿轮距离 A_8	$A_8=C_4+C_1+C_3+B/2+B_3/2$，$B$ 为轴承宽度，B_3 为中间轴大齿轮宽度
输出轴轴承中心到轴伸中心距离 A_9	与外传动零件结构有关

4．轴的结构设计

轴的结构主要取决于轴上零件、轴承布置、润滑与密封，同时要满足轴上零件定位正确、固定可靠、装拆方便、易于加工等条件，一般设计为阶梯轴，如图 5-4 所示，齿轮与轴做成一体的结构即齿轮轴结构。轴的结构设计步骤如下。

（1）估算轴的最小直径

进行轴的结构设计前，应先估算轴的直径，一般按扭转强度估算轴的直径，即

$$d\geqslant C\sqrt[3]{P/n}\quad(mm)$$

式中，P 为轴所传递的功率，kW；n 为轴的转速，r/min；C 为由轴的许用切应力所确定的系数，具体数值可查有关资料。

对于利用上式所估算的轴径，在结构设计时应作如下处理。

① 对外伸轴，计算值常作为轴的最小直径（轴伸直径），此时应取较小的 C 值；对非外伸轴，估算值常作为常作为安装齿轮处的轴径，此时应取较大的 C 值。

② 计算轴径处有键槽时，应适当放大轴径以补偿键槽对轴强度的削弱。

③ 外伸轴通过联轴器与电动机相连时，则估算轴径必须与电机轴和联轴器孔相匹配，必要时适当调整轴伸处轴径的尺寸。

轴结构设计的目的是确定合理的阶梯轴形状和结构尺寸，其设计基础是估算的轴径，所设计出的阶梯轴必须满足轴上零件的紧固和定位要求以及轴上零件的拆装、轴的加工要求。

（2）设计计算轴的各段轴径

阶梯轴各段的轴径是根据轴上受力、安装、加工、固定要求，而确定的各段轴径。

① 安装齿轮、带轮和联轴器处的轴径，图 5-4 中所示的 d 和 d_3 应取标准值；安装密封元件、滚动轴承、传动件等轴段的直径应取相应的标准值，如图 5-4 中的 d_1、d_2、d_5；同一根轴上的两个支点处的轴承应尽量选用相同的型号规格，以便于轴承座孔的加工。

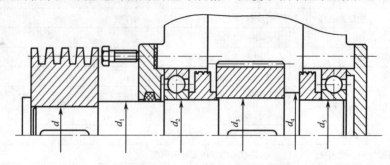

图 5-4　轴的结构设计

② 轴上零件用轴间定位的相邻轴径直径一般相差 5～10mm，如图 5-4 中的 d-d_1、d_3-d_4-d_5 之间形成的轴肩，用作滚动轴承定位的轴肩直径由滚动轴承手册中查取。

③ 若相邻轴段直径变化仅为轴上零件加工需要或便于装拆，相邻轴段直径一般相差 1～5mm，如图 5-4 中直径 d_1-d_2、d_2-d_3；

④ 为降低应力集中，轴肩处的过渡圆角不宜过小；用作零件定位的轴肩，零件轮毂孔的倒角（或圆角半径）应大于轴肩处过渡圆角半径，以保证定位可靠，安装滚动轴承处的过渡圆角半径应安轴承的安装要求选取，如图 5-5 所示。

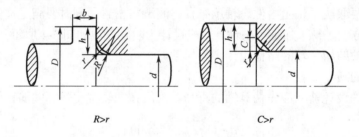

图 5-5　轴肩和零件孔的圆角、倒角

⑤ 对需磨削或车制螺纹的轴段，应设计有砂轮越程槽或螺纹退刀槽。砂轮越程槽或螺纹退刀槽的尺寸可查相关手册；为便于加工，直径相近的轴段，其过渡圆角、越程槽、退刀槽等尺寸应一致。

⑥ 直径相近的轴段的键槽，其剖面尺寸也应一致。

（3）轴的各段轴向尺寸

各轴段的长度主要取决于轴上零件（如齿轮、带轮和轴承等）的宽度，以及相关零件（如箱体轴承座、轴承盖等）的轴向位置和结构尺寸。

① 安装齿轮、带轮等盘类零件的轴段，为保证盘类零件的端面能与轴向固定零件（如套筒、挡圈等）接触可靠与固定，该轴段的长度应略短于与之相配的轮毂的宽度，如图 5-6 所示，c=1～3mm。

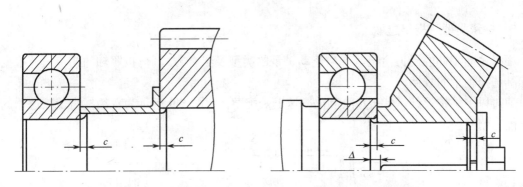

图 5-6　轴段长度略大于轮毂宽度

② 在装键的轴段，应使键槽靠近直径变化处，以便于安装时键于键槽对准，如图 5-6 所示；若零件通过过盈配合固定时，为便于装配，直径变化可用锥面过渡，锥面大端应在键槽直线部分，如图 5-7 所示。

③ 轴的外伸长度与外接零件及轴承端盖的结构有关。若轴端装有联轴器，则必须留有足够的装配尺寸，例如弹性套柱销联轴器，就要求有装配尺寸 A，如图 5-8 所示。采用不同的轴承端盖结构，也将影响轴外伸的长度。例如，当采用凸缘式端盖时，轴外伸长度必须考虑拆卸端盖螺钉所需的足够长度，以便在不拆卸联轴器的情况下，可以打开减速器机盖。

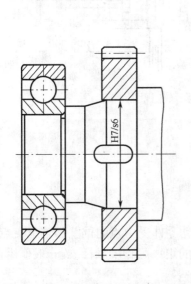

图 5-7　用于过盈配合的锥面与键槽

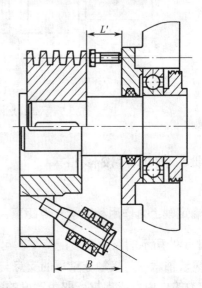

图 5-8　轴上外装零件与端盖间距离

④ 当轴承位于整个轴的一端时，轴的外侧一般与轴承的外侧对齐，如图 5-6、图 5-7 所示。

5. 确定轴承座孔宽度 L_1

轴承座孔宽度 L_1 一般取决于轴承旁连接螺栓 Md_1 所需的扳手空间尺寸，C_7、C_8、C_7+C_8 即为凸台宽度，轴承座孔外端面需要加工，为减少加工面，凸台需凸出 5～8mm，所以，轴承座孔的总宽度 $L_1=[C_7+C_8+\delta_1+(5～8)]$mm，如图 5-9 所示。

6．轴承类型、规格选取

根据传动零件的受力情况等选取滚动轴承的类型及组合方式,再按照轴的初步设计根据轴承标准选择轴承的规格。

通过以上结构设计,可初步绘制出减速器装配草图,图 5-9 所示为双级挂齿轮减速器的装配草图(俯视图)。

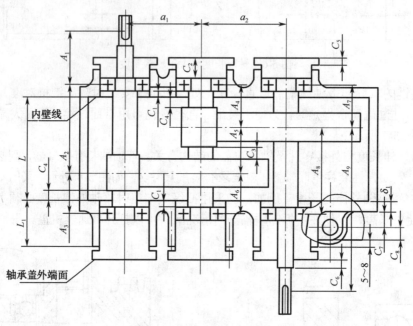

图 5-9　双级减速器初绘装配草图(俯视图)

5.3　轴、轴承的校核计算

1．确定轴上力作用和轴承支点距离

由图 5-9 所示的减速器装配草图,可确定轴上传动零件受力点的位置和轴承支点间的距离,圆锥滚子轴承和角接触球轴承的支点与轴承端面间的距离可查轴承标准。一般作用在零件、轴承处的力的作用点或支撑点取为宽度的中点。

2．轴强度的校核计算

在确定了轴承支点距离及零件的力作用点后,即可绘制轴的受力计算简图,并绘制弯矩图、转矩图和当量弯矩图,然后根据轴各处所受力、力矩大小及应力集中情况,确定 2～3 个危险截面进行轴的强度校核验算。轴强度校核计算按照教材中介绍的方法进行。若强度不够应增加轴径,对结构进行修改或改变轴的材料;若强度够,且算出的安全系数或计算应力与许用值相差不大,那么初步设计的轴结构正确;若安全系数过大或计算应力与许用值远小于许用应力,先不要急于减小轴径,可待轴承寿命及键连接等的强度校核后,再综合考虑修改轴的结构或尺寸。

3．滚动轴承寿命的校核计算

滚动轴承的寿命最好与减速器的寿命大致相符，如达不到至少应达到减速器的检修期（2～3 年）的要求；若计算出的寿命达不到要求，可考虑选其他系列的轴承，其次考虑改换轴承类型或轴径；若计算寿命太长，可考虑选用较小系列轴承或采取减少轴径等措施。

4．键连接强度的校核计算

对键连接的强度校核，应校核轮毂、轴、键三者挤压强度的弱者，若键连接的强度不够时，应采取必要的修改措施，如增加键长，改用双键、花键等，必要时也可以增加轴径以满足键的强度要求。

根据校核计算的结果，对初绘的减速器的装配草图进行修改，完成初绘减速器的装配草图。

5.4　完成减速器装配草图设计

在完成初绘减速器的装配草图后，还应该设计传动零件、轴上其他零件、轴的支撑等的具体结构，以完成减速器的装配草图绘制。

1．齿轮的结构设计

齿轮的结构设计与齿轮的几何形状、毛坯类型、材料、加工方法、使用要求、经济性等因素有关，设计时必须充分考虑以上诸因素，参照教材、有关图例和设计资料，确定齿轮的结构。

对于直径很小的钢制齿轮，如图 5-10 所示，当圆柱齿轮的齿根圆至键槽底部的距离（图 5-10（a））$x \leqslant (2 \sim 2.5) \, m_n$，（$m_n$ 为法面模数），或当圆锥齿轮小端的齿根圆至键槽底部的距离（图 5-10（b））$x \leqslant (1.6 \sim 2) \, m$，（$m$ 为大端模数）时，将齿轮与轴制成一体，即齿轮轴，如图 5-11 所示。

（a）　　　　　　　　　　　　　　　（b）

图 5-10　实体式齿轮

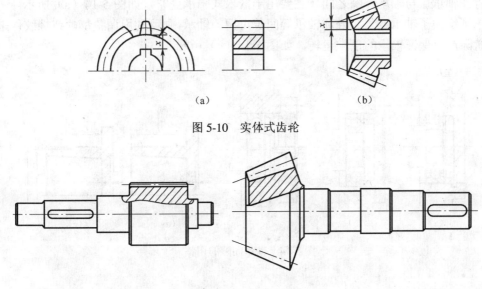

图 5-11　齿轮轴

当 x 较大时，齿轮与轴分开制造，此时，若齿顶圆直径 $d_a \leqslant 200mm$，可采用实体式结构，如图 5-10 所示；若 $d_a=200\sim500mm$，常采用腹板式结构，并在腹板上加工（铸造或钻削）孔，如图 5-12 所示，圆孔的数量按结构尺寸的大小及需要而定；若 $d_a>500mm$，可采用轮辐式结构，如图 5-13 所示。齿轮轮毂宽度与轴直径有关，可大于或等于轮缘宽度，一般常等于轮缘宽度。

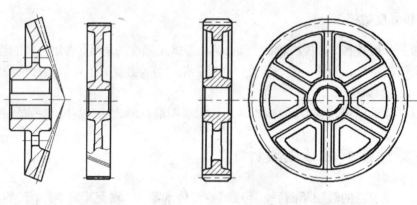

图 5-12　腹板式齿轮　　　　　　　　　图 5-13　轮辐式齿轮

2. 画出滚动轴承的结构

绘制滚动轴承的结构，主要任务之一是滚动轴承的组合设计。对普通圆柱齿轮减速器，由于轴的支撑跨距较小，故常采用两端固定的支撑形式，轴承内圈在轴上可用轴肩或套筒座轴向定位，轴承外圈用轴承端盖作轴向固定。

采用两端固定的支撑时，应留出适当的轴向间隙，以补偿工作时轴的热伸长量，同时应有适当的间隙调整方法。对于固定间隙的深沟球轴承等，装配时可通过调整垫片来控制轴向间隙，调整垫片可设置在轴承盖与箱体轴承座之间（主要用于凸缘式轴承盖），如图 5-14（b）所示，也可放置在轴承盖与轴承外圈之间（主要用于嵌入式轴承盖），如图 5-14（a）所示。

对于圆锥滚子轴承或角接触球轴承等间隙可调的轴承，则可利用调整垫片或螺纹件来调整轴承的游隙，以保证轴承的正常运转，如图 5-14（c）所示。

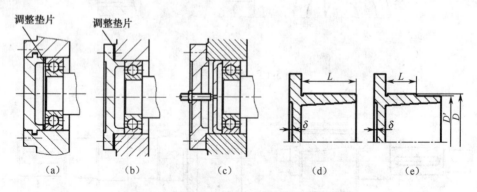

图 5-14　轴承间隙的调整

3．画出轴承盖

轴承盖用于固定轴承、承受轴向力及调整轴承游隙。轴承盖分为嵌入式和凸缘式，如图5-14（a）、（b）所示，轴承盖处通常采用垫密封、O 形圈密封或毡圈密封结构。

当轴承的宽度 L 较大时，可在端部铸出一段小一些的直径 D'，但必须保留有足够的长度 L 以免在拧紧螺钉时造成端盖倾斜，一般可取 $L=0.1D$，为减少加工量，可在端面铸出凹面，取 $\delta=1\sim 2\text{mm}$，如图 5-14（d）、（e）所示。

4．画套筒或轴端挡圈的结构

根据要求画出套筒或轴端挡圈的结构。

5．画出封油盘或挡油盘

当滚动轴承采用脂润滑时，为防止轴承中的润滑脂被箱内齿轮啮合时挤出的油冲刷、稀释而流失，需在轴承内侧设置封油盘，如图 5-15 所示。

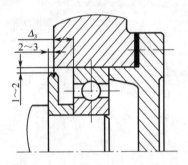

图 5-15　封油盘

采用脂润滑时，若靠近轴承处的小齿轮的齿顶圆小于轴承的外径，为防止齿轮啮合时所挤出的油冲向轴承内部（特别在斜齿轮啮合传动和高速传动情况下），常设置挡油盘，如图 5-16（a）、（b）所示，挡油盘可用钢板冲压、圆钢车制或铸造成型。

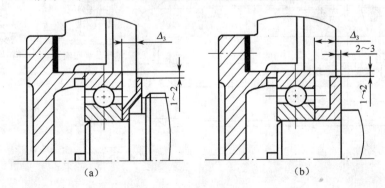

图 5-16　挡油盘

6. 画出密封件

根据密封处的轴表面的圆周速度、润滑剂种类、密封要求、工作温度，环境条件等来选择密封件。轴承盖处的密封在轴承盖设计时画出，在输入轴和输出轴的轴伸处也必须有适当的密封，以防止润滑剂外漏和外界灰尘、水汽或其他杂质进入减速器箱体内。对轴伸处的密封，当 $v<4\sim5\text{m/s}$ 时，较清洁的地方用毡圈密封。当 $v<4\sim10\text{m/s}$，且环境有灰时，可用 J 形密封；速度高时，用非接触式密封（如沟槽密封、迷宫密封、螺旋密封等）。

7. 画出减速器箱体的结构草图

（1）箱体壁厚及结构尺寸的确定

铸造箱体相关尺寸由表 5-4 确定。焊接箱体壁厚约为铸造壁厚的 0.7～0.8，且不小于 4mm，其他各部分结构尺寸由图 5-17、图 5-18 确定。

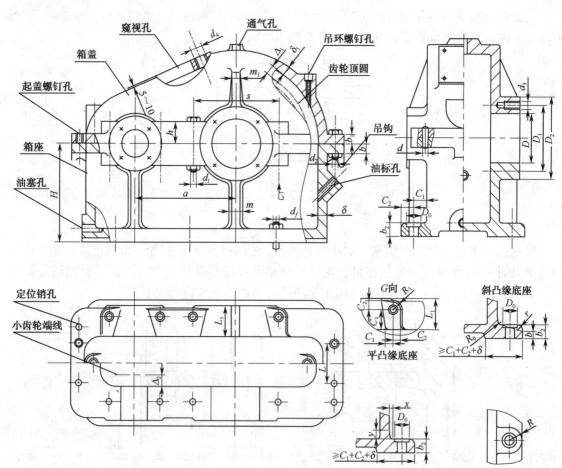

图 5-17　齿轮减速器铸造箱体结构尺寸

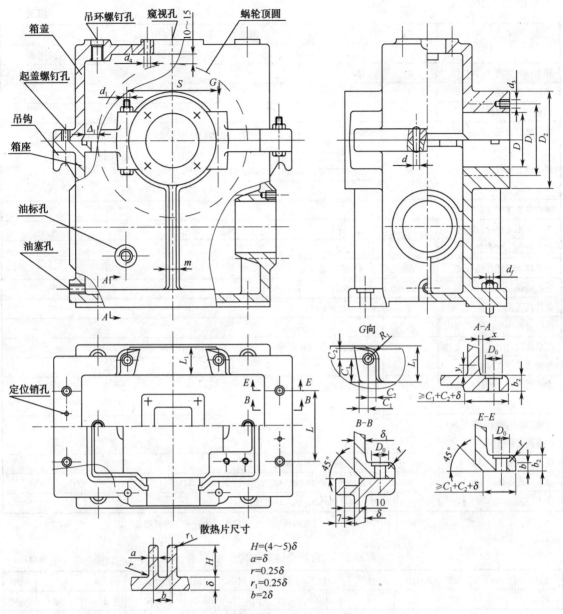

图 5-18 蜗杆减速器铸造箱体结构尺寸

表 5-4 减速器铸造箱体主要结构尺寸

名 称	符 号		减速器形式及尺寸关系（mm）		
			圆柱齿轮减速器	锥齿轮减速器	蜗杆减速器
箱座壁厚	δ	单级	$0.025a+1\geq8$	$0.01（d_1+d_2）+1\geq8$ d_1、d_2—大小锥齿轮的大端直径	$0.04a+3\geq8$
		二级	$0.025a+3\geq8$		
		三级	$0.025a+5\geq8$		
箱盖壁厚	δ_1	单级	$0.02a+1\geq8$	$0.0085（d_1+d_2）+1\geq8$	蜗杆在上：$\approx\delta$ 蜗杆在下：$=0.85\delta\geq8$
		二级	$0.02a+3\geq8$		
		三级	$0.02a+5\geq8$		

名　　称	符　号	减速器形式及尺寸关系（mm）		
		圆柱齿轮减速器	锥齿轮减速器	蜗杆减速器
箱盖凸缘厚度	b_1	1.5δ		
箱座凸缘厚度	b	1.5δ		
箱座底凸缘厚度	b_2	2.5δ		
地脚螺钉直径	d_f	$0.036a+12$	$0.015（d_1+d_2）+1\geq12$	$0.036a+12$
地脚螺钉数目	n	$a\leq250$ 时，$n=4$ $a>250\sim500$ 时，$n=6$ $a>500$ 时，$n=8$	$n=$底凸缘周长的半/（$200\sim300$）≥4	4
轴承旁连接螺栓直径	d_1	$0.75\,d_f$		
盖与座连接螺栓直径	d_2	（$0.5\sim0.6$）d_f		
连接螺栓 d_2 的间距	L	$150\sim200$		
轴承端盖螺钉直径	d_3	（$0.4\sim0.5$）d_f		
视孔盖螺钉直径	d_4	（$0.3\sim0.4$）d_f		
定位销直径	d	（$0.7\sim0.8$）d_2		
轴承旁凸台半径	R_1	C_2		
凸台高度	h	根据低速级轴承座外径大小确定，以满足扳手空间为准		
外箱壁到轴承座端面距	L_1	C_1+C_2+（$5\sim10$）		
大齿轮顶圆（蜗轮外圆）到内箱壁距	Δ_1	$\Delta_1>1.2\,\delta$		
齿轮（锥齿轮或蜗轮轮毂）端面到内箱壁距	Δ_2	$\Delta_2>\delta$		
箱盖（箱座）加强筋厚	m_1、m_2	$m_1\approx0.85\delta_1$、$m_2\approx0.85\delta$		
轴承旁连接螺栓距离	S	尽量靠近，以 Md_1、Md_3 为准，一般可取 $S=D_2$		
轴承外径	D_2	$D_2=D+$（$5\sim5.5$）d_3，D 为轴承外径		

注：多级传动时，a 取低速级中心距；对圆锥—圆柱齿轮传动中心距按圆柱齿轮传动中心距选取。

表 5-5　凸台及凸缘的结构尺寸　　　　　　　　　单位：mm

螺栓	M6	M8	M10	M12	M14	M16	M18	M20	M22	M24	M27	M30
C_{1min}	12	14	16	18	20	22	24	26	30	34	38	40
C_{2min}	10	12	14	16	18	20	22	24	26	28	32	35
D_0	13	18	22	26	30	33	36	40	43	48	53	61
R_{0max}	5						8			10		
r_{max}	3						5			8		

（2）轴承旁连接螺栓凸台结构尺寸的确定

　　为增加轴承处的连接刚度轴承旁连接螺栓距离应尽量小，但不能与轴承盖连接螺钉相干涉，一般取 $S=D_2$，D_2 为轴承盖外径，如图 5-17、图 5-18 所示。对嵌入式轴承盖，D_2 为轴承座凸缘的外径，两轴承座孔之间装不下两个螺栓时，可在两轴承座孔间距的中间位置安装一个螺栓，其高度应保证安装时有足够的扳手空间，如图 5-19 所示。

（3）加强筋的设计

箱体除有足够的强度外还应有足够的刚度，若刚度不够，会使轴和轴承再外力作用下产生偏斜，引起传动零件啮合精度下降，使减速器不能正常工作，再箱体设计中，除有足够的壁厚外还需设置刚性加强筋，以提高轴承座附近箱体的刚度。加强筋的设置主要考虑制造工艺和美观的要求，加强筋通常有外筋和内筋两种结构，外筋工艺简单，但有可能影响箱体的美观效果。内筋外表光滑美观，但工艺复杂。

（4）箱盖外轮廓设计

箱盖顶部外轮廓通常由圆弧和直线组成，大齿轮所在侧的箱盖外表面圆弧一般与大齿轮成同心圆，内壁到齿顶圆的距离和壁厚按表 5-4 选取，通常轴承座旁螺栓凸台应处于箱盖圆弧内侧。

由于高速轴上齿轮较小，所以高速轴一侧的箱盖外表面不是按齿顶到箱体内壁距离和壁厚确定，通常是根据轴承座凸台的结构尺寸来确定。一般可使高速轴的轴承座旁螺栓凸台位于箱盖圆弧内侧。首先确定轴承座螺栓凸台的位置与高度，再取箱盖的内轮廓半径 R 大于齿轮中心到凸台的最远距离 R'，以齿轮中心为圆心画出小齿轮侧箱盖圆弧，如图 5-20 所示。画出小齿轮、大齿轮两侧圆弧尺寸后，作两圆弧的切线，以确定箱盖顶部轮廓。

当主视图上确定了箱盖基本外廓后，便可在三个视图上详细画出箱盖的结构。

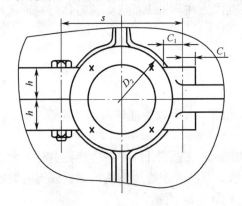

图 5-19　轴承座凸台结构尺寸

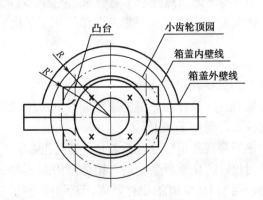

图 5-20　箱盖轮廓结构尺寸

（5）箱体凸缘与底座结构设计

箱盖与箱座连接凸缘、箱底座凸缘要有一定宽度，可参照表 5-4、表 5-5 确定。箱座底凸缘的宽度应超过箱体内壁。

轴承座外端应向外凸出 5～10mm，如图 5-17、图 5-18 所示，以便切削加工。箱体凸缘连接螺栓应合理布置，螺栓间距不宜过大，一般减速器不大于 150～200mm，大型减速器可再大些。

（6）箱座高度 H 和油面的确定

按照减速器初绘草图的方法确定。

（7）输油沟的形式及尺寸

当轴承采用飞溅润滑时，通常在箱座的凸缘面上设置输油沟，使飞溅到箱盖内壁上的油经输油沟进入轴承。输油沟尺寸如图 5-21 所示，可以铸造成型（图 5-22（a）），也可以铣制（图 5-22（b）、图 5-22（c）），铣制油沟油流阻力小、加工方便，应用较广。

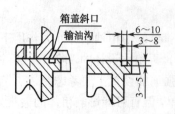

图 5-21　输油沟尺寸　　　　　　　　　图 5-22　输油沟的形式

（8）箱体结构设计中应考虑的问题

箱体设计中应考虑箱体结构的工艺性，主要包括铸造工艺和机械加工工艺性等。

箱体的铸造工艺性：力求外形简单、壁厚均匀、过渡平缓，同时应考虑铸造圆角、最小壁厚以及拔模斜度。

箱体的机械加工工艺性：尽量减少机械加工面以提高生产效率，在箱体上任意处加工表面要与非加工表面分开，不要使它们在同一表面上，加工表面采用凸出还是凹入结构视加工方法确定，减速器中通常轴承座孔端面、通气器、吊环螺钉、油塞等处均应凸起 3～8mm，支撑螺栓头部或螺母的支持面多采用凹入结构。箱座底面也应铸出凹入部分，以减少加工面。

箱体设计时应尽量减少加工时工件和刀具的调整次数，如在同一轴线上的轴承座孔的直径、精度和表面粗糙度应尽量一致，各轴承座的外端面应在同一平面上，且箱体两侧轴承座孔端面应与箱体中心平面对称，以便于加工与检验。

8．减速器附件设计

（1）窥视孔和视孔盖

窥视孔应设计在箱盖的顶部能看到齿轮啮合的位置，大小以手能伸入箱体检查为宜，同时窥视孔凸台要便于加工。

平时窥视孔用窥视孔盖盖住，窥视孔盖应牢靠的固定在凸台上，并在窥视孔盖与凸台之间加密封垫以防止外界杂物进入箱体，如图 5-23 所示，窥视孔盖可用铸铁、钢板或有机玻璃等制造，用 M5～M10 的螺钉紧固，其常用结构形式如图 5-24 所示。

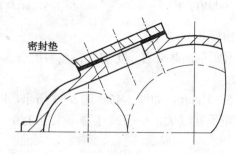

图 5-23　窥视孔结构

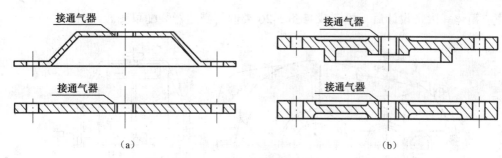

（a）　　　　　　　　　　　　　（b）

图 5-24　窥视孔盖常用结构形式

（2）通气器

通气器通常装在箱盖顶部或视孔盖上。简易的通气器用带孔螺钉制成，为防止灰尘进入，通气孔不要直通顶部，这种通气器不具有防尘功能，一般用于较清洁的场合；完善的通气器内部做成各种曲路，且有防尘金属网，可防止吸入空气中的灰尘进入箱体内；选择通气器类型时应考虑其对环境的适应性，规格尺寸应与减速器的大小相适应。

（3）起吊装置

包括吊耳或吊环螺钉和吊钩。吊耳和吊环螺钉设置在箱盖上，吊钩设置在箱座上，其具体结构和尺寸见第 6 章。

（4）启盖螺钉

启盖螺钉是用来拆卸减速器的，其螺纹长度要大于箱盖连接凸缘的厚度，钉杆端部应做成圆柱形、大倒角或半圆形，以免顶坏螺纹。

（5）油面指示器

游标一般设置在便于观察油面处。常用的游标有杆式游标（游标尺）、圆形游标、长形游标和管状游标等，其中游标尺结构简单，在难以观察油面的地方常用，所以在减速器中常采用，游标上刻有最高和最低油面的标线；装有游标隔套的游标尺，可以减轻油搅动的影响，常用于长期运转的减速器；对于间断运转的减速器可用不带游标隔套的游标。

游标尺安装位置不宜太低，以免油溢出游标尺座孔，箱座上游标尺座孔的倾斜位置应便于加工和使用。游标尺的尺寸见第 17 章。

（6）定位销

为保证剖分式箱体轴承座孔的加工精度及重复装配精度在箱体连接凸缘的长度方向的对角位置各设置一个定位销，两销的距离尽量远一些，且距对称线距离不等，以提高定位精度；同时应使定位销装拆时与其他零件不干涉，定位销的长度应稍大于箱盖、箱座连接凸缘总厚度，以便于拆卸，定位销多用圆锥定位销，其结构尺寸见表 5-4。

（7）放油孔和螺塞

放油孔应设置在箱座内底面最低处，以保证能将油放尽，减速器工作时，放油孔用螺塞堵住，安装时应加封油垫片，如图 5-25 所示，放油孔的结构尺寸见图 5-17、图 5-18。

垫片

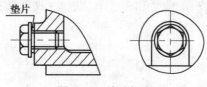

图 5-25　放油螺塞

完成箱体和附件设计后，可完成与图 5-26 类似的减速器装配草图。

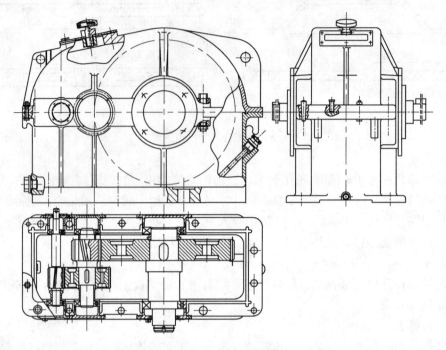

图 5-26　减速器装配草图

9．减速器装配草图的检查和修改

减速器装配草图完成后，应进行检查，一般先从箱内零件开始，然后扩展到箱外零件、附件；先从齿轮、轴、轴承及箱盖、箱座等主要零件检查，然后对其余零件进行检查，检查时，应把三个视图对照进行。应检查如下内容。

① 所绘制的装配图是否符合总的传动方案。

② 传动件、轴系部件的结构设计是否正确、合理。

③ 各个零部件是否能满足加工、装配、润滑、密封等各方面的要求。

④ 视图选择是否合理，是否有必要再增加视图或调整视图，是否符合国家机械制图标准。

通过检查，再对装配草图进行适当的修改。

10．锥齿轮减速器装配草图的设计特点

锥齿轮减速器装配草图的设计内容及步骤与圆柱齿轮减速器大致相同，但还具有自身的特点，设计时应注意。下面以单级锥齿轮减速器为例说明其设计特点和步骤。

（1）锥齿轮减速器箱体设计

设计锥齿轮减速器时，参考图 5-27 和表 5-4、表 5-5 选取铸造箱体的有关尺寸。

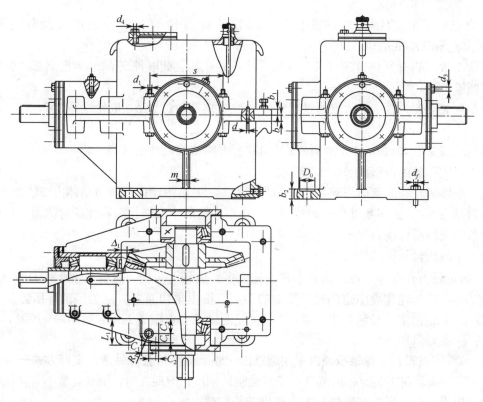

图 5-27　单级圆锥齿轮减速器的结构图

（2）布置大小锥齿轮的位置（图 5-28）

首先在俯视图上画出两锥齿轮正交的中心线，其交点为两分度圆锥的重合点。

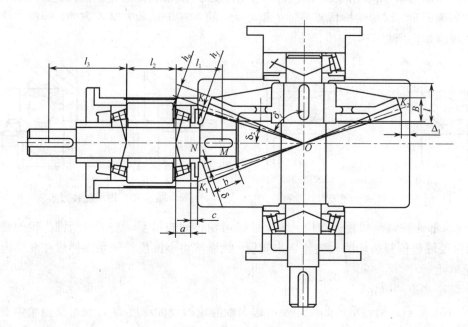

图 5-28　圆锥齿轮减速器初绘装配草图

根据已计算出的锥齿轮的几何尺寸画出两锥齿轮的分度圆锥母线及分度圆直径 $KK_1(KK_1=d_1)$ 和 $KK_2(KK_2=d_2)$。

过 K_1、K、K_2 分别作分度圆锥母线的垂线，并在其上截取顶高 h_a 和齿根高 h_f，做出齿顶和齿根圆锥母线。

分别从 K_1、K、K_2 点的分度圆锥母线向 O 点方向截取齿宽 b，取轮缘厚度 $\delta=（3\sim4）m\geqslant10mm$。

初估轮毂宽度 $l=(1.6\sim1.8)B$，待轴径确定后再按结构尺寸公式修正。

（3）确定箱体的内壁线（图 5-28）

大、小锥齿轮轮毂端面与箱体内壁的距离为 Δ_2，大锥齿轮齿顶圆与箱体内壁的距离为 Δ_1，Δ_1、Δ_2 值见表 5-4，大多数锥齿轮减速器，以小锥齿轮的中心线作为箱体的对称面，这样，箱体的四条内壁线都可确定下来。

（4）小锥齿轮轴的部件设计

① 确定悬臂长度和支撑距离。小锥齿轮大多做成悬臂结构，悬臂长度 $l_1=\overline{MN}+\Delta_{2+c+a}$。式中 $\overline{MN}$ 为小锥齿轮宽度中点到轮毂端面的距离，根据结构而定，c_1 为挡油环所需尺寸，取 10~15mm，a 值由滚动轴承标准查取；小锥齿轮两轴承支点距离 l_2 不宜过小，一般取 $l_2=（2\sim2.5）l_1$。

② 轴承的布置。支撑轴承通常采用圆锥滚子轴承或角接触球轴承，支撑方式一般为两端固定，一般轴承采用正装时轴的刚度小于反装轴的刚度，但反装时，轴承安装不方便，轴承游隙调整也较为麻烦，所以多数情况下，采用轴承正装方案。

图 5-29 所示为轴承正装方案，轴承的内、外圈都只固定一个端面，即内圈靠轴肩固定，外圈靠腔体固定，采用这种结构时，轴承安装方便。图 5-30 所示为轴承反装方案，轴承固定和游隙调整方法与轴和齿轮的结构关系有关，两轴承外圈都利用腔体端面固定，内圈均是利用螺母和轴肩来固定，这种结构优点是轴的刚度大，缺点在于轴承安装不方便，轴承游隙靠圆螺母调整也很麻烦，所以应用较少。

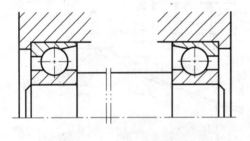

图 5-29　轴承正装方案

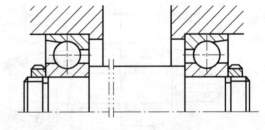

图 5-30　轴承反装方案

③ 轴承部件的调整和套杯结构。为保证锥齿轮传动的精度，装配时两锥齿轮的锥顶必须重合，所以要通过调整齿轮的轴向位置来实现，故通常将小锥齿轮轴系部件放在套杯内设计成独立装配单元。

（5）箱座高度的确定

如图 5-31 所示，确定箱座高度，要考虑大锥齿轮的浸油深度 H_2，通常将整个齿宽（至少 70%的齿宽）浸入油中。齿顶离箱体内底面的距离 H_1 不应小于 30~50mm，箱座高度为

$$H = d_{a2}/2 + H_1 + \delta + (3 \sim 5)\text{（mm）}$$

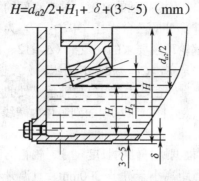

图 5-31　锥齿轮减速器的箱座高度

11. 蜗杆减速器装配草图的设计

蜗杆减速器装配草图的设计方法与步骤和齿轮减速器基本相同，由于蜗杆、蜗轮的轴线呈空间交错，画装配草图时应将主视图和俯视图同时绘制，以绘制出蜗杆轴和蜗轮轴的结构，现就单级蜗杆减速器的设计来说明设计特点与步骤。

（1）初绘减速器装配草图（图 5-32）

① 确定箱体的结构尺寸。如图 5-18 所示，按表 5-4 确定箱体的尺寸，若为两级传动，则以低速级的中心距作为计算有关尺寸的依据。

② 确定蜗杆的布置方式。一般根据蜗杆的圆周速度确定蜗杆传动的布置方式。蜗杆圆周速度小于 $4 \sim 5\text{m/s}$ 时，通常采用蜗杆下置式结构（将蜗杆布置在蜗轮的下方），蜗杆轴承利用油池中的润滑油润滑，蜗杆轴线到箱底距离 $H_1 \approx a$；蜗杆圆周速度大于 $4 \sim 5\text{m/s}$ 时，为减少搅油损失通常采用蜗杆上置式结构（将蜗杆布置在蜗轮的上方），此时蜗轮顶园到箱底距离取为 $30 \sim 50\text{mm}$。

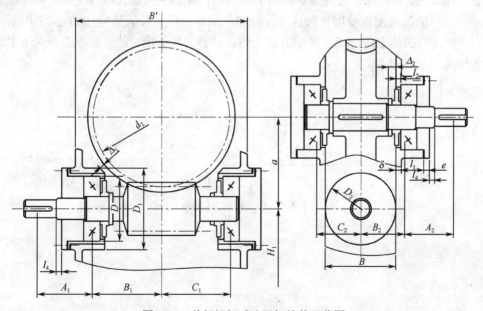

图 5-32　单级蜗杆减速器初绘装配草图

③ 确定蜗杆轴的支点距离。为提高轴的刚度，轴支点间的距离应尽量缩短，所以轴承座体常伸到箱体内部，一般取内伸部分的凸台直径 $D_1=D_2$、D_2 为蜗杆轴的凸缘轴承盖的外径，轴承座内端面设计时，应保证蜗轮顶圆要求的间隙Δ_1（$\Delta_1 \geqslant 12 \sim 15\text{mm}$），同时为提高轴承座的刚度，内伸部分应有支撑筋，可取 $B_1=C_1=d_2/2$，d_2 为蜗轮分度圆直径。

④ 确定蜗轮轴的支点距离。蜗轮支点的距离与轴承座处的箱体宽度有关，箱体宽度一般取为 $B \approx D_2$ 以确定箱体内壁线，然后根据轴承端面到箱体内壁线的间隙 l_2 来确定轴承位置。

（2）蜗杆轴系部件的设计

① 轴承组合方式的确定。根据蜗杆轴的长度尺寸、轴箱力的大小及转速高低来确定轴承的组合方式。对于蜗杆轴的支点距离小于等于 300mm，且温升不高的，或者尽管蜗杆轴的支点距离大于等于 300mm，但间歇工作、温升不高的，常采用两端固定的结构；对于蜗杆轴的支点距离较大，且温升高的，常采用一端固定、一端游动的组合方式，其中固定端一般放在轴的非外伸端，并采用套杯结构，以便于调整蜗杆轴的轴向位置，为便于装配，套杯的外径应大于蜗杆的外径。

② 轴承间隙和轴系部件轴向位置的调整。通过调整轴承座、轴承盖、套杯之间的垫片来实现。

③ 轴伸处密封方式。根据轴的圆周速度、工作温度及减速器的结构形式等选择。对于蜗杆下置式的，蜗杆轴应采用较为可靠的密封装置。

（3）蜗杆轴和蜗轮轴的支点及受力点确定

在主视图上确定蜗杆轴的支点及受力点间的距离 A_1、B_1、C_1，在左视图或右视图上确定蜗轮轴的支点及受力点间的距离 A_2、B_2、C_2。

（4）箱体结构方案的确定

同齿轮减速器一样，大多数蜗杆减速器采用沿蜗轮轴线平面剖分的箱体结构，和齿轮减速器箱体设计相比，蜗杆减速器箱体设计中要充分考虑减速器的散热，若不能满足散热计算要求时，应增大箱体的散热面积或增设散热片、安装风扇等，散热片的结构如图 5-33 所示，采用散热片时，要使散热片方向与空气流动方向一致，对于发热量较大的，可考虑在油池中设置冷却水管等措施以加强散热。

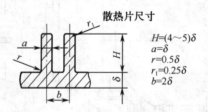

图 5-33　散热片结构

第6章 减速器零件工作图设计

6.1 零件工作图的基本要求

1. 零件图的设计要求

零件图是制造、检验和制定工艺规程的依据,它由装配图拆绘设计而成,零件图既要反映其功能要求,明确表达零件的详细结构,又要考虑加工装配的可能性和合理性,一张完整的零件图要能全面、正确清晰地表达零件结构,制造和检验所需的全部尺寸和技术要求,如零件的结构图形、尺寸及其偏差、几何公差和表面粗糙度,对材料和热处理的说明及其他技术要求、标题栏等。零件图的设计质量对减少废品、降低成本、提高生产率和产品的力学性能等至关重要。

完整的工程图样,包括装配图及其明细表所列自制零件的工作图,在课程设计中,绘制零件图主要是培养学生掌握零件的设计内容、要求和绘制方法,提高工艺设计能力和技能。根据教学要求,只需要绘制1~3个典型零件的工作图。

2. 零件图的设计要点

(1) 视图选择和布置

每个零件的视图应布置在一个标准图幅内,采用合适的比例。根据零件表达的需要,采用1个或多个视图,再配以适当的断面图、剖视图和局部视图。

零件图应能完全、正确、清楚地表明零件的结构形状和相对位置,并注意与装配图的一致性。视图数量要适当,合理利用图幅,细部结构要表达清楚,必要时可采用局部放大或缩小视图或用文字说明。

(2) 尺寸标注

零件图上的尺寸是加工检验的依据。图上标注尺寸,必须做到正确、完整、书写清楚,配合尺寸要标注准确尺寸及其极限偏差。按标准加工的尺寸(如中心孔等),可按国家标准规定的格式标注。

零件图的几何公差,是评定零件加工质量的重要指标,应根据设计要求按经济加工精度选取,并由标准查取,并标注。

零件的所有加工表面和非加工表面都要注明表面粗糙度。当较多表面具有同一表面粗糙度时,可在图幅右上角集中标注,并加标"其余"字样。

对所有倒角、圆角都应标注或在技术要求中说明。

（3）技术要求

零件在制造过程或检验时所必须保证的设计要求和条件，不便用图形或符号表示时，应在零件图技术要求中出，如热处理方法，硬度要求等。一些在零件图中多次出现，且具有相同几何特征的局部结构尺寸（如倒角、圆角半径等），也可在技术要求中列出。

对于齿轮、蜗轮和蜗杆等传动零件，还应列出其主要几何参数、精度等级和检验面目及其偏差等。

（4）标题栏

标题栏按国家标准格式设置在图纸的右下角，其主要内容有零件的名称、图号、材料、比例。标题栏的格式参见图 10-2 所示的装配图或零件图标题栏格式。

6.2 轴零件工作图设计

1. 视图选择

轴类零件为回转体，如轴、套筒等，一般按轴线水平布置主视图，在有键槽和孔的地方，增加断面图或剖视图来辅助表达。对轴的细部结构，如螺纹退刀槽、砂轮越程槽、中心孔等，必要时可画出局部放大图。

2. 尺寸标注与偏差

轴类零件几何尺寸主要有：各轴段的直径和长度尺寸，键槽尺寸和位置，其他细部结构尺寸（如退刀槽、砂轮越程槽、倒角、圆角）等。

标注直径尺寸时，凡有配合要求处，应标注尺寸及偏差值。

标注长度尺寸时，应根据设计及工艺要求确定尺寸基准，合理标注，不允许出现封闭尺寸链；长度尺寸精度要求较高的轴段应直接标注，取加工误差不影响装配要求的轴段作为封闭环，其长度尺寸不标注。

3. 几何公差和表面粗糙度标注

轴类零件图上应标注相应的几何公差，以保证零件的加工精度和装配质量，如图 6-1 所示。表 6-1 列出了在轴上应标注的几何公差项目，供设计时参考。

表 6-1　轴的几何公差等级

类　别	项　目	等　级	作　用
形状公差	与轴承配合表面的圆度或圆柱度	6～7	影响轴承与轴配合的松紧和对中性
	与传动件轴孔配合表面的圆度或圆柱度	7～8	影响传动件与轴配合的松紧和对中性
位置公差	与轴承配合表面对轴线的圆跳动	6～8	影响传动件及轴承的运转偏心
	轴承定位端面对轴线的圆跳动	6～8	影响轴承定位及受载均匀性
	与传动轴孔配合表面对轴线的圆跳动	6～8	影响齿轮等传动件的正常运转
	与传动件定位端面对轴线的圆跳动	6～8	影响齿轮等传动件的定位及受载均匀性
	键槽对轴线的对称度	7～9	影响键受载的均匀性及拆装的难易程度

　　零件表面应标注表面粗糙度，轴的表面粗糙度可按表面的作用查阅手册或根据推荐表选择。在满足性能要求的前提下，尽可能选取经济加工方法所能达到的表面粗糙度。轴的表面粗糙度推荐值见表 6-2。

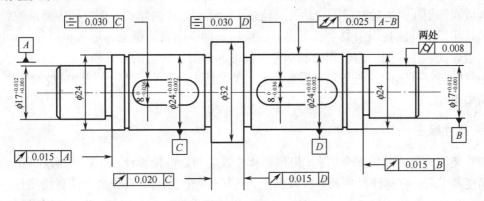

图 6-1　轴的公差标注示例

表 6-2　轴的表面粗糙度 *Ra* 推荐值　　　　　　　　　　　μm

加　工　表　面	*Ra*	
与传动零件、联轴器配合的表面	3.2～0.8	
传动件及联轴器的定位面	6.3～3.2	
与普通精度级滚动轴承配合的表面	1.0（轴承内径≤80mm）	1.6（轴承内径>80mm）
普通精度级滚动轴承的定位端面	2.0（轴承内径≤80mm）	2.5（轴承内径>80mm）
平键键槽	3.2（键槽侧面）	6.3（键槽底面）

密封处表面	毡圈	橡胶密封圈		油沟、迷宫式
	密封处圆周速度（m/s）			
	≤3	3～5	5～10	3.2～1.6
	1.6～0.8	0.8～0.4	0.4～0.2	

4. 技术要求

　　轴类零件图上应提出的技术要求一般包括以下几项内容。

　　① 对材料的力学性能和化学成分的要求，允许的代用材料等。

　　② 材料的热处理方法及处理后达到的硬度范围值。

　　③ 对图上未注明倒角和圆角的说明。

　　④ 对未注公差尺寸的公差等级要求。

　　⑤ 其他必要的说明，例如，是否要保留中心孔，若要保留中心孔，应在零件图上画出或按国标加以说明。

6.3　齿轮类零件工作图设计

　　齿轮类零件包括齿轮、蜗轮和蜗杆。此类零件工作图除轴类零件工作图的上述要求外，还应有供加工和检验用的啮合特性表。

1. 视图的安排

齿轮类零件的零件图一般用两个视图表示，轴线水平布置。主视图通常采用通过齿轮轴线的全剖或局部剖（斜齿轮）视图表达孔、轮毂、轮辐和轮缘的结构；侧视图主要反映毂孔、键槽的形状和尺寸，侧视图中要全部画出，也可用局部视图表达键槽的形状和尺寸。

对组合式蜗轮结构，需分别绘制蜗轮组件图和齿圈、轮毂的零件图。

齿轮轴与蜗杆轴的视图与轴类零件相似。视图表达齿形的有关特征及参数，必要时应绘出局部断面图。

2. 尺寸标注

齿轮类零件与安装轴配合的孔、齿顶圆和轮毂端面是齿轮设计、加工、检验和装配的基准，尺寸精度要求高，应标注尺寸及其极限偏差、几何公差。分度圆直径虽不能直接测量，但作为基本设计尺寸，必须在图上标注。齿根圆是按齿轮参数切齿后形成的，按规定在图上不标注。另外，还应标注键槽尺寸。

锥齿轮的锥距和锥角是保证啮合的重要尺寸。标注时，对锥距应精确到 0.01mm，对锥角应精确到分。

轴孔是加工、测量和装配的重要基准，尺寸精度要求高，要标出尺寸偏差。圆柱齿轮常以齿顶圆作为齿面加工时定位找正的工艺基准或作为检验齿厚的测量基准，应标注齿轮顶圆尺寸公差和位置公差。几何公差的标注可参考表 6-3。

表 6-3　齿轮几何公差推荐表

内　　容	项　　目	符　号	精 度 等 级	对工作性能的影响
形状公差	与轴配合的孔的圆柱度	⌀	7～8	影响传动零件与轴配合的松紧及对中性
位置公差	圆柱齿轮以顶圆为工艺基准时，顶圆的径向圆跳动	↗	按齿轮、蜗杆、蜗轮和锥齿轮的精度等级确定	影响齿厚的测量精度，并在切齿时产生的齿圈径向跳动误差，使零件加工中心位置与设计位置不一致，引起分齿不均，同时会引起齿向误差；影响齿面载荷分布及齿轮副间隙的均匀性
	锥齿轮顶锥的径向圆跳动			
	蜗轮顶圆的径向跳动			
	蜗杆顶圆的径向跳动			
	基准端面对轴线的端面圆跳动			
	键槽对孔轴线的对称度	＝	8～9	影响键与键槽受载的均匀性及装折难易

在齿轮类零件工作图上还应标注各加工表面的表面粗糙度，标注时可参考表 6-6。

3. 啮合特性

齿轮类零件的主要参数和误差检验项目，应在齿轮（蜗轮）啮合特性表中列出。特性表一般布置在图幅的右上角。齿轮（蜗轮）的精度等级和相应的误差检验项目的极限偏差或公差值见第 16 章（公差配合、几何公差、表面粗糙度）和第 17 章（齿轮、蜗杆传动精度）。啮合特性表的格式见第 20 章的零件图例。

4. 齿坯几何公差的标注

齿坯几何公差查阅手册或参考表 6-4 按推荐值标注。

表 6-4　齿坯几何公差的推荐值

类　别	项　目	等　级	作　用
形状公差	轴孔配合的圆度或圆柱度	6~8	影响轴孔的配合性能及对中性
位置公差	圆柱齿轮齿顶圆对轴线的径向圆跳动 圆锥齿轮的齿顶圆锥的径向跳动 蜗轮外圆的径向圆跳动 蜗杆外圆的径向圆跳动	按齿轮及蜗轮（蜗杆）的精度等级	在齿形加工后引起的运动误差、齿向误差影响传动精度及载荷分布的均匀
	齿轮基准端面对轴线的端面圆跳动		
	轮毂键槽对孔轴线的对称度	7~9	影响键侧面受载的均匀及装拆的难易程度

5. 技术要求

（1）对铸件、锻件及其他类型毛坯的要求。

（2）对材料力学性能和化学成分的要求。

（3）对热处理方法，热处理后硬度的要求。

（4）对未注明的圆角半径、倒角的说明及铸造或锻造斜度要求等。

（5）对未注明公差尺寸的公差等级的要求及表面粗糙度的说明等。

（6）对大型齿轮或高速齿轮的平衡试验要求等。

6.4　箱体零件工作图设计

1. 视图安排

箱体类零件的结构比较复杂，一般需用用三个视图来表达，且常需要增加一些局部的视图、剖视图和放大图。主视图的选择可与箱体实际放置位置一致。

2. 尺寸标注

箱体零件的尺寸标注远较轴类零件和齿轮类零件复杂，形状多样，尺寸繁多。标注时要认清形状特征，综合考虑设计、制造和测量的要求，着重注意以下几点。

（1）根据箱体结构，确定尺寸基准。最好使设计、加工和装配基准统一，以便于加工和检验。如箱盖或箱座的高度方向尺寸最好以剖分面为基准；箱体宽度方向尺寸应以宽度的对称中心线作为基准，如图 6-2（a）所示。箱体长度方向尺寸可取轴承孔中心线作为基准，如图 6-2（b）所示。

（2）箱体尺寸分为形状尺寸和定位尺寸。形状尺寸是箱体各部分形状大小的尺寸，如壁厚、箱体的长、宽、高等，应直接标出。定位尺寸是确定箱体各部分相对于基准的位置尺寸，如孔的中心线、油尺的中心位置等，应从基准直接标出。

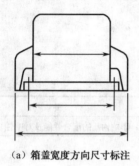 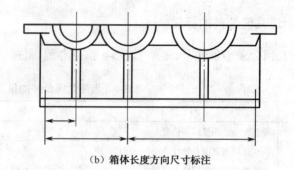

(a) 箱盖宽度方向尺寸标注　　　　　　　(b) 箱体长度方向尺寸标注

图 6-2　箱体零件的尺寸标注

（3）影响机器工作性能的尺寸。影响机器工作性能的尺寸，如轴孔中心及偏差，以及影响零部件装置性能的尺寸，应直接标出，以保证加工准确性。如箱体孔的中心距及其偏差等。

（4）考虑箱体制造工艺特点，标注尺寸要便于制作。

（5）配合零件的偏差标注。各配合尺寸均应标出偏差。标注尺寸时避免出现封闭尺寸链。

（6）其他标注。铸造箱体上所有圆角、倒角和起模斜度等都必须标注或在技术要求中说明。

3. 几何公差和表面粗糙度的标注

箱体的几何公差可参照表 6-5 选择标注。箱体的表面粗糙度可参照表 6-6 标注。

表 6-5　箱体几何公差的等级

类　别	项　　目	符　号	等　级	作　用
形状 公差	轴承座孔的圆柱度	⌀	6～7	影响箱体与轴承的配合性能及对中性
	剖分面的平面度	▱	7～8	影响剖分面的密合性及防渗漏性能
位置 公差	轴承座孔中心线间的平行度	//	6～7	影响齿面接触斑点及传动的平稳性
	两轴承座孔中心线的同轴度	◎	6～8	影响轴系安装及齿面载荷分布的均匀性
	轴承座孔端面对中心线的垂直度	⊥	7～8	影响轴承固定及轴向受载的均匀性
	轴承座孔端面中心对剖分面的位置度	⌖	<0.3	影响孔系精度及轴系装配
	两轴承孔中心线间的垂直度	⊥	7～8	影响传动精度及载荷分布的均匀性

表 6-6　箱体零件的工作表面粗糙度

加　工　表　面	Ra（μm）	加　工　表　面	Ra（μm）
减速器剖分面	3.2～1.6	减速器底面	12.5～6.3
轴承座孔面	3.2～1.6	轴承座孔端面	6.3～3.2
圆锥孔面	3.2～1.6	螺栓孔座面	12.5～6.3
嵌入端盖凸缘槽面	6.3～3.2	油塞孔座面	12.5～6.3
视孔盖接触面	12.5	其他表面	>12.5

4. 技术要求

箱体零件图的主要技术要求如下。

① 铸件的清砂、去毛刺和失效处理等要求。

② 剖分面上的定位销孔应将箱座和箱盖固定后配钻、配铰。

③ 箱座和箱盖轴承孔的加工，应在箱座和箱盖用螺栓连接，并装入定位销后进行。

④ 箱体内表面需用煤油清洗后涂防锈漆。

⑤ 图中未注的铸造斜度及圆角半径。

⑥ 对铸件质量的要求，如铸件不能有裂纹和砂眼等。

5. 箱体的结构设计

箱体的主要用于支撑轴系、保证传动零件和轴系正常运转。在已确定箱体结构形式（如剖分式或整体式）和箱体毛坯制造方法（如铸造或焊接），以及进行的装配工作草图的设计基础上，可全面的进行箱体的结构设计。

（1）箱体高度确定

箱体高度 H 通常按照润滑的要求进行设计。采用浸油润滑方式的减速器，为避免搅起油池底部的沉积物，要求大齿轮齿顶圆到油池底面的距离大于 $30\sim50$mm（图 6-3），并初步确定箱体高度，即

$$H \geqslant \frac{d_{a2}}{2} + (30 \sim 50) + \Delta \qquad (6-1)$$

式中，d_{a2} 为大齿轮齿顶圆直径；Δ 为箱体底面到箱体油池底面的距离；箱体高度 H 圆整为整数。

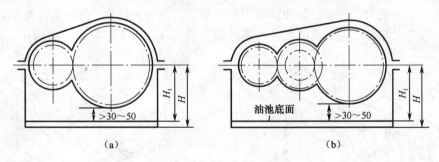

图 6-3　箱体高度的确定

箱体必须容纳一定量的润滑油。如果箱体容积不能满足散热要求，可以适当增加箱体高度，以增加储油量，保证散热与润滑。

（2）箱体的刚度

① 箱体的壁厚。箱体要有合理的壁厚。轴承座、箱体底座等处承受的载荷较大，其壁厚相应增加。铸造箱体的壁厚应满足铸造壁厚的最小要求，同时壁厚应尽可能一致。箱座、箱盖、轴承座、底座凸缘等处的壁厚，可参考表 5-4 确定，也可以通过经验公式来进行设计：

$$\delta = 2 \times \sqrt[4]{0.1T} \geqslant 8 （mm） \qquad (6-2)$$

式中，T 为低速轴的转矩，N·m。

在相同壁厚的情况下，增加箱体的底面面积或箱体轮廓尺寸，可以增加抗弯矩和扭矩的能力，有利于提高箱体的整体高度。在箱体轴承孔或箱体底面接合处，由于承受较大的集中应力，则可以适当增加该处的壁厚，以保证局部的刚度。

② 轴承旁连接螺栓凸台结构设计。为增加轴承处的连接刚度轴承旁连接螺栓距离应尽量小，但不能与轴承盖连接螺钉相干涉，一般取 $S=D_2$，D_2 为轴承盖外径，如图 6-4 所示；对嵌入式轴承盖，D_2 为轴承座凸缘的外径；两轴承座孔之间装不下两个螺栓时，可在两轴承座孔间距的中间位置安装一个螺栓。其高度应保证安装时有足够的扳手空间。

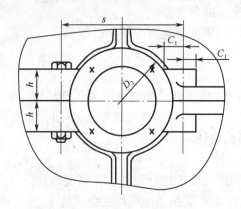

图 6-4 轴承座凸台结构尺寸

③ 加强筋的设计。箱体除有足够的强度外还应有足够的刚度。若刚度不够，会使轴和轴承再外力作用下产生偏斜，引起传动零件啮合精度下降，使减速器不能正常工作。在箱体设计中，除有足够的壁厚外还需设置刚性加强筋，以提高轴承座附近箱体的刚度，加强筋的设置主要考虑制造工艺和美观的要求。加强筋通常有外筋和内筋两种结构，外筋工艺简单，但有可能影响箱体的美观效果，如图 6-5 所示；内筋外表光滑美观，但工艺复杂，如图 6-6 所示。

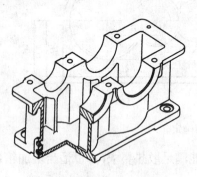

图 6-5 内肋结构

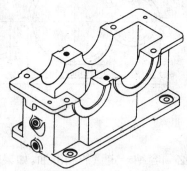

图 6-6 大刚度外肋结构

（3）箱盖外轮廓设计

箱盖顶部外轮廓通常以圆弧和直线组成，大齿轮所在侧的箱盖外表面圆弧一般与大齿轮成同心圆，内壁到齿顶圆的距离和壁厚按表 5-4 选取，通常轴承座旁螺栓凸台应处于箱盖圆弧内侧。

由于高速轴上齿轮较小，所以高速轴一侧的箱盖外表面不是按齿顶到箱体内壁距离和壁厚确定，通常是根据轴承座凸台的结构尺寸来确定。一般可使高速轴的轴承座旁螺栓凸台位于箱盖圆弧内侧，如图 6-7 所示。首先确定轴承座螺栓凸台的位置与高度，再取箱盖的内轮廓半径 R 大于齿轮中心到凸台的最远距离 R'，以齿轮中心为圆心画出小齿轮侧箱盖圆弧，如图 6-8 所示；画出小齿轮、大齿轮两侧圆弧尺寸后，作两圆弧的切线，以确定箱盖顶部轮廓。另外，轴承凸台有多种结构形式，如图 6-9 所示。

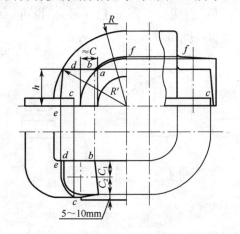

图 6-7　高速轴一侧箱盖的外轮廓设计

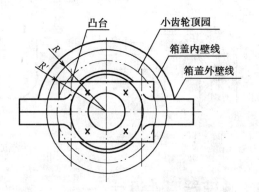

图 6-8　箱盖轮廓结构尺寸

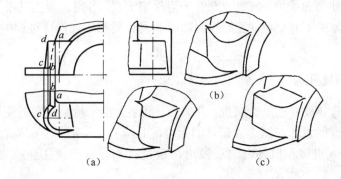

图 6-9　轴承座凸台的结构形式

当主视图上确定了箱盖基本外廓后，便可在三个视图上详细画出箱盖的结构。

（4）箱体凸缘与底座设计

箱盖与箱座连接凸缘、箱底座凸缘要有一定宽度，可根据表 5-3、表 5-4 确定。箱座底凸缘的宽度应超过箱体内壁。正确的设计结构如图 6-10（a）所示，而图 6-10（b）所示结构不正确。

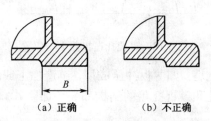

（a）正确　　　　（b）不正确

图 6-10　箱座底凸缘结构设计

轴承座外端应向外凸出 5～10mm，如图 6-7 所示，以便切削加工。箱体凸缘连接螺栓应合理布置，螺栓间距不宜过大，一般减速器不大于 150～200mm，大型减速器可再大些。

（5）导油沟设计

当轴承采用飞溅润滑时，通常在箱座的凸缘面上设置输油沟，使飞溅到箱盖内壁上的油经输油沟进入轴承。输油沟尺寸如图 6-11 所示，可以铸造成型（图 6-12（a）），也可以铣制（图 6-12（b）、（c）），铣制油沟油流阻力小、加工方便，应用较广。

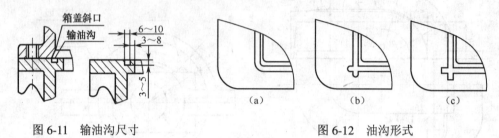

图 6-11　输油沟尺寸　　　　　　　　　　图 6-12　油沟形式

6.5　减速器附件设计

减速器的正常使用和维护，需要依靠若干附件来实现，各附件根据其不同的工作要求和结构特点设置于减速器的不同部位。各附件的功用和设计要点应在设计过程中进一步明确，并做出合理的设计。

1. 窥视孔和窥视孔盖

窥视孔用于检查传动件的啮合情况，并兼做注油孔。由于检测时常需使用相应的工具并需观察，所以窥视孔一般设计在减速器箱体的上方，且应有足够的尺寸，以便观察和操作。

为防止杂质进入机体和机体内油液溢出，窥视孔上设有窥视孔盖及密封垫，如图 6-13 所示。

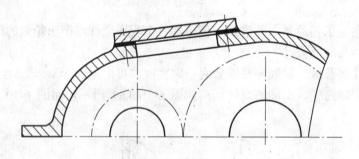

图 6-13　窥视孔在机盖上的位置

窥视孔盖可用不同材料制造，如薄板冲压成型，铸造加工或用钢板加工，窥视孔盖常用螺栓直接连接于机体上。窥视孔和窥视孔盖的结构和尺寸如图 6-14 所示。

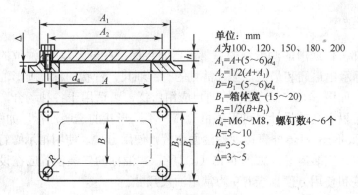

单位：mm

A 为 100、120、150、180、200

$A_1 = A + (5～6)d_4$

$A_2 = 1/2(A + A_1)$

$B = B_1 - (5～6)d_4$

$B_1 = 箱体宽 - (15～20)$

$B_2 = 1/2(B + B_1)$

$d_4 = M6～M8$，螺钉数 4～6 个

$R = 5～10$

$h = 3～5$

$\Delta = 3～5$

图 6-14　窥视孔盖与窥视孔的结构和尺寸

2. 通气器

机器工作时，其内部温度会随之升高，机内气体膨胀，如无通气管道则油气混合气体会从减速器周边密封处溢出，为此应在机体上方设置通气器，使机器运转升温时气体通畅逸出，停机后机器冷却时气体由此吸入。为避免停机时吸入粉尘，通常使用带有过滤网的通气器。表 6-7 所示的通气器，结构简单，价格低，无过滤装置，常用于环境要求低的场合；表 6-8 所示为一设计为曲路且带有过滤网的通气器，工作性能较优。

表 6-7　简易式通气器　　　　　　　　　　　　　　　　　　　单位：mm

d	M12×1.25	M16×1.5	M20×1.5	M22×1.5	M27×1.5
D	18	22	30	32	38
D_1	16.5	19.5	25.4	25.4	31.2
S	14	17	22	22	27
L	19	23	28	29	34
L	10	12	15	15	18
a	2	2	4	4	4
d_1	4	5	6	7	8

表 6-8　有过滤网式通气器　　　　　　　　　　　　　　　　　单位：mm

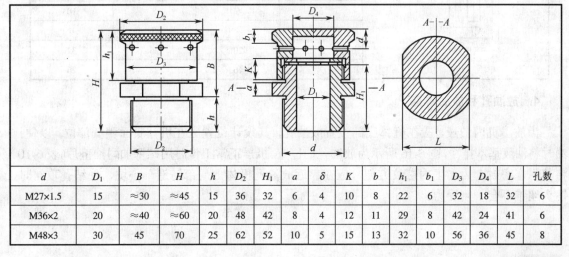

d	D_1	B	H	h	D_2	H_1	a	δ	K	b	h_1	b_1	D_3	D_4	L	孔数
M27×1.5	15	≈30	≈45	15	36	32	6	4	10	8	22	6	32	18	32	6
M36×2	20	≈40	≈60	20	48	42	8	4	12	11	29	8	42	24	41	6
M48×3	30	45	70	25	62	52	10	5	15	13	32	10	56	36	45	8

3. 油位测量装置

供减速器内部机件润滑的润滑油的总量需要始终保持在一定范围，油位的高低一般用油标观测，油标上需标示出最高和最低油面，常见的有：油尺，管状油标，圆形油标和长形油标及油面指示螺钉等。如图 6-15（a）所示的油尺应用广泛，可适用于各种场合，但测油时需取出油尺观察，采用带隔离套的设计时可不停机检查。不同形状的透明油标，如图 6-15（b）所示的圆形、管状油标，可从机体外直接观察油面位置，使用方便。使用指示螺钉时，易有油液流出，但其结构简单，安装容易，如图 6-15（c）所示。油标的安装位置应在设计中合理选择，以保证加工、安装和使用方便。表 6-9 为常用油尺尺寸。

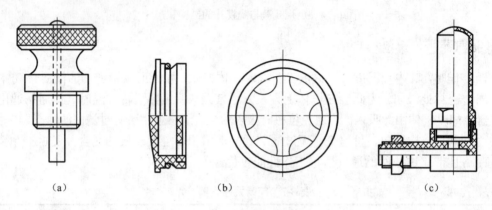

（a）　　　　　　　　　（b）　　　　　　　　　（c）

图 6-15　各种油面指示器

表 6-9　常用油尺尺寸

单位：mm

d	M12	M16	M20
d_1	4	4	6
d_2	12	16	20
d_3	6	6	8
h	28	35	42
a	10	12	15
b	6	8	10
c	4	5	6
D	20	26	32
D_1	16	22	26

4. 放油孔和放油螺塞

为放出机内油液，应在机体底部设置放油孔，其设计位置应在机体底面稍低部位，以便排油时将油液基本排净，图 6-16 所示为放油孔的位置。机器正常工作时用螺塞加耐油垫片（表 6-10）将其阻塞密封，为加工内螺纹方便，应在靠近放油孔机体上局部铸造一小坑，使钻孔攻丝时，钻头丝锥不会一侧受力。

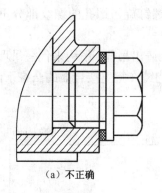
（a）不正确

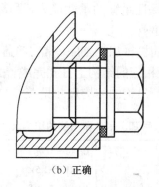
（b）正确

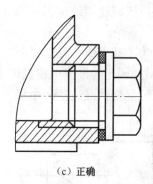
（c）正确

图 6-16　放油孔的位置

表 6-10　螺塞和封油垫片　　　　　　单位：mm

d	D_0	L	l	a	D	s	d_1	H
M14×1.5	22	22	12	3	19.6	17	15	2
M16×1.5	26	23	12	3	19.6	17	17	2
M20×1.5	30	28	15	4	25.4	22	22	2
M24×2	34	31	16	4	25.4	22	26	2.5
M27×2	38	34	18	4	31.2	27	29	2.5

5. 定位销

当机体由多个零件连接而成，而各部分又需在加工装配时保持精确位置时，应采用定位销定位。如剖分式箱体由机盖和机座组成，其上轴承孔的加工具有较高的精度要求，因此在设计时，应在剖分面上设置两个机距较远的定位销，以保证其加工装配精度。定位销有圆柱销和圆锥销。前者加工简单；后者在经过多次装拆后仍能保证定位可靠，较多使用。

6. 启盖螺钉

启盖螺钉由普通螺栓经端头倒圆或加工成凸台制成。减速器各剖分面为保证其密封要求，常在装配时涂以密封胶，在开启时常用附件启盖螺钉作为辅助开启手段，其下端工作时受力大，因而常加工成圆形或圆柱形，其螺纹段长度应大于机盖厚度。

7. 吊环螺钉、吊耳及吊钩

为方便减速器的搬运，应在机座机盖上直接加工或安装供起运的吊钩吊环，吊环螺钉为标

准件，按减速器的质量选取。为了保证足够的承载能力，吊环螺钉旋入螺孔的螺纹部分不应太短。

为了减少螺孔及支撑面等部位的机械加工工序，常在箱盖上铸出吊耳、吊钩来代替吊环螺钉；吊耳环孔的设置可在机体上铸造相应的结构上打孔完成。吊钩铸在箱座接合面的凸缘下面，用来吊运整台减速器。吊耳、吊环、吊钩的结构尺寸见表 6-11。

表 6-11　吊耳、吊环和吊钩的结构尺寸　　　　　　　　单位：mm

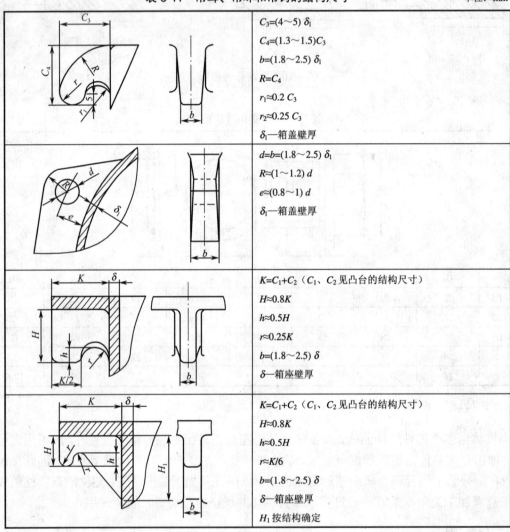

	$C_3=(4\sim5)\,\delta_1$ $C_4=(1.3\sim1.5)C_3$ $b=(1.8\sim2.5)\,\delta_1$ $R=C_4$ $r_1\approx0.2\,C_3$ $r_2\approx0.25\,C_3$ δ_1—箱盖壁厚
	$d=b=(1.8\sim2.5)\,\delta_1$ $R\approx(1\sim1.2)\,d$ $e\approx(0.8\sim1)\,d$ δ_1—箱盖壁厚
	$K=C_1+C_2$（C_1、C_2见凸台的结构尺寸） $H\approx0.8K$ $h\approx0.5H$ $r\approx0.25K$ $b=(1.8\sim2.5)\,\delta$ δ—箱座壁厚
	$K=C_1+C_2$（C_1、C_2见凸台的结构尺寸） $H\approx0.8K$ $h\approx0.5H$ $r\approx K/6$ $b=(1.8\sim2.5)\,\delta$ δ—箱座壁厚 H_1 按结构确定

第7章 减速器装配工作图设计

减速器的装配图用来表达减速器的工作原理以及零部件间的装配、连接关系，是设计和生产中的重要技术文件之一，一般先画出装配草图，由装配草图整理成装配图，然后再根据装配图进行零件设计并画出零件图；在减速器制造中，装配图是制定装配工艺规程，进行装配和检验的技术依据；在使用和维修时，也需要通过装配图来了解机器的工作原理和构造。

装配工作图可以根据装配草图和零件工作图重新绘制，也可以在装配草图上进一步修改完善。

7.1 对减速器装配工作图视图的要求

减速器的装配图用来表达减速器的工作原理以及零部件间的装配关系、连接关系等，这就必然要求视图完整、清晰，并能准确地表达出减速器的工作原理、各零件的相对位置及装配关系、连接方式和重要零件的形状结构。

视图绘制时，尽量将减速器的工作原理和主要装配关系在一个基本视图上表达出来，尽可能避免出现虚线，要表达出内部结构时，可以采用局部剖视图或向视图表达；视图绘制应符合国家制图标准的规定画法或简化画法。在画剖面线时，相邻的不同零件的剖面线最好采用不同的剖面线方向，若仅用方向实在无法区分零件不同时，可采用不同的剖面线间距来区分，同一零件的在各视图上的剖面线方向和间距应一致。对于很薄的零件可以采用涂黑的方法表示。

在视图上，各线型必须有明显的区别。和零部件间的装配关系、连接关系等无关的零件的细节结构尺寸在装配图中可以不表示出。

7.2 减速器装配图内容

完整的装配图，必须具有下列内容。

（1）一组视图

用一组视图完整、清晰、准确地表达出减速器的工作原理、各零件的相对位置及装配关系、连接方式和重要零件的形状结构。

（2）必要的尺寸

装配图上要有表示机器或部件的规格、装配、检验和安装时所需要的一些尺寸。

（3）技术要求

技术要求就是说明机器或部件的性能和装配、调整、试验等所必须满足的技术条件。

（4）零件的序号、明细栏和标题栏

装配图中的零件编号、明细栏用于说明每个零件的名称、代号、数量和材料等。标题栏包括零部件名称、比例、绘图及审核人员的签名等。

1. 标注尺寸

（1）外形尺寸

减速器的外形尺寸主要是减速器的总长、总宽、总高等反映减速器所占空间位置的尺寸，供用户进行安装布置及装箱运输时参考。

（2）特性尺寸

反映减速器的主要特性的尺寸，以区别同类型减速器的不同型号，主要指传动零件的中心距及其偏差。

（3）安装尺寸

用于表示减速器安装的尺寸要求，主要指箱体底面尺寸（包括长、宽、厚）、地脚螺栓孔的定位尺寸、地脚螺栓孔直径及螺栓孔的间距、减速器的中心高、主动轴和从动轴外伸端的配合长度、直径及公差等级、轴外伸端与减速器某基准轴线的距离。

（4）配合尺寸

指反映减速器各零件之间装配关系的尺寸及相应的配合,在装配图中主要零件的配合处均应标出几何尺寸、配合性质及精度等级，比如传动零件与轴、轴承内圈与轴、轴承外圈与轴承座孔等配合处。

配合性质和精度的选择对减速器的工作性能、加工工艺以及制造成本等有很大的影响，应根据手册中有关资料认真确定；配合精度选择过高，会过多增加零件的加工费用，配合精度选择过低，不能满足设计要求时，会影响减速器的工作性能；配合性质和精度会影响减速器的装配、拆卸和维修的难易程度。表 7-1 给出了减速器主要零件的荐用配合，供设计时参考。

表 7-1　减速器主要零件的荐用配合

配合零件	荐用配合	装拆方法	适用特性
一般齿轮、蜗轮、带轮、联轴器与轴的配合	H7/r6	用压力机（中等压力的配合）	所受转矩及冲击、振动不大；多数情况下不需承受轴向载荷的附加装置
大、中型减速器内的低速级齿轮（蜗轮）与轴的配合，轮缘与轮心的配合	H7/s6，H7/r6	用压力机装配	受重载、冲压载荷及大的轴向力，使用期间内需保持配合零件的相对位置
要求对中良好的齿（蜗）轮传动	H7/n6	用压力机或手锤打入	受冲压、振动时能保证精确地对中；很少装拆相配的零件
圆锥小齿轮与轴、或较常装拆的齿轮、连轴器与轴的配合	H7/m6，H7/k6		较常拆卸装配的零件
轴套、挡油环、溅油轮等与轴的配合	D11/k6，F9/k6 F9/m6，F8/h7	用手锤或徒手装配	较常拆卸装配的零件，且工具难于达到
滚动轴承内圈与轴的配合	轻载荷（$P \leqslant 0.07C$）jh6，k6	用压力机或温差法装配	不常拆卸装配的零件
	正常载荷($0.07C < P \leqslant 0.15C$)k5、m5、m6		

续表

配合零件	荐用配合	装拆方法	适用特性
滚动轴承外圈与轴承座孔的配合	H7, J7, G7		较常拆卸装配的零件
轴承套杯与箱体孔的配合	H7/h6, H7/jh6	用手锤或徒手装配	较常拆卸装配的零件
轴承套与箱体孔（或套杯孔）的配合	H7/h8, H7/f6		较常拆卸装配的零件
嵌入式轴承盖与箱体孔槽的配合	H11/h11		配合较松

注：滚动轴承于轴和轴承座孔的配合也可查阅滚动轴承手册，表中 C 为额定载荷。

标注尺寸时，应使尺寸布置整齐清晰，多数尺寸应布置在视图外面，并尽量集中在反映主要结构的视图上。

2. 编写技术要求

装配工作图的技术要求是用文字说明在视图上无法表达的有关装配、调整、润滑、检验、维护等方面的内容。正确制定技术要求将保证减速器的各种特性，技术要求包括以下几方面的主要内容。

（1）对零件的要求

装配前，应按图纸检验零件的尺寸，合格零件才能装配，对零件要进行清洁处理（如用煤油或汽油清洗零件），清除箱体内任何杂物等，箱体内壁应涂上防蚀涂料，箱体不加工表面应涂防锈漆。

（2）对润滑剂的要求

润滑剂对减少运动副间的摩擦、降低磨损和散热、冷却起重要作用，所以在技术要求中应注明传动件及轴承的润滑剂的牌号、用量、补充及更换时间。

选择润滑剂时应综合考虑传动类型、载荷性质、大小及运转速度。一般对重载、高速、频繁启动等情况下的减速器，应选用黏度高、油性和极压性好的润滑油；对轻载、间歇运动的传动件可选择黏度较低的润滑油；对蜗杆传动由于不利于形成油膜，宜选用油性和极压性好的润滑油；对于圆周速度 $v<2m/s$ 的开式齿轮和滚动轴承常采用润滑脂，圆周速度 $v>2m/s$ 的开式齿轮传动可选用耐磨蚀、抗氧化及减磨性能好的润滑油。

当传动件与轴承采用同一润滑剂时，应优先满足传动件的要求并适当兼顾轴承的要求；对多级传动，应按高速级和低速级对润滑剂黏度要求的平均值选取。

传动件和轴承的所用润滑剂的选择方法参阅机械设计教材和手册等，润滑油的需用量的计算参见箱体结构设计部分。换油时间取决于油中杂质的多少及氧化、被污染的程度，一般为半年左右；当轴承采用润滑脂润滑时，轴承空隙内润滑脂的填入量与速度有关，当轴承转速 $n<1500r/min$ 时，润滑脂填入量不得超过轴承空隙体积的 2/3；当轴承转速 $n>1500r/min$ 时，润滑脂填入量不得超过轴承空隙体积的 1/3～1/2。

（3）减速器的密封要求

箱体的剖分面、各接触面及密封处均不允许出现漏油和渗油现象，剖分面上不允许塞入填料和任何垫片，但可以涂密封胶或水玻璃，在拧紧螺栓前，应用 0.05mm 的塞尺检查其密封性。

（4）对传动侧隙和接触斑点的要求

齿轮和蜗杆传动的传动件啮合时，非工作面间应有侧隙，传动侧隙的大小与传动中心距有关，其值可以计算也可以查取相应的表，下面给出圆柱齿轮减速器的最小侧隙（表 7-2）。

表 7-2　最小法向侧隙 $j_{n\min}$（摘自 JB/T 8853－2001）　　　　单位：mm

中心距 a	≤80	>80～125	>125～180	>180～250	>250～315
最小侧隙 $j_{n\min}$	0.120	0.140	0.160	0.185	0.210
中心距 a	>315～400	>400～500	>500～630	>630～800	
最小侧隙 $j_{n\min}$	0.230	0.250	0.280	0.320	

注：分度圆直径 $d<125$mm 时，齿厚极限偏差为 JL，125mm$<d<1600$mm 时，齿厚极限偏差为 KM。

检查侧隙可用塞尺或铅丝测量，对于多级减速器，各级的要求不同时，应分别在技术要求中注明。

接触斑点的要求由传动件的精度确定，具体数据见第 17 章齿轮、蜗杆传动精度及公差相关内容，检查斑点的方法是，在主动件齿面上涂色，并将其转动，观察从动件齿面着色情况，由此分析接触区的位置及接触面积的大小。

当侧隙及接触点不符合要求时，可对齿面进行刮研、跑合或调整传动件的啮合位置。对锥齿轮减速器，可通过垫片调整大、小锥齿轮位置，使两锥顶重合；对于蜗杆减速器，可调整蜗轮轴承盖与箱体轴承座之间的垫片，使蜗轮中间平面与蜗杆中心面重合。

（5）滚动轴承轴向游隙及其调整方法

安装调整滚动轴承时必须保证一定的轴向游隙，游隙的大小会影响轴承的正常工作；游隙过大使滚动体受载不均匀、轴系部件窜动；游隙过小则会妨碍轴系部件的发热伸长，增加轴承阻力，甚至造成轴承卡死。轴承跨度大、运转温升大时，应取较大的游隙，因此，在技术要求中应对轴承游隙的大小提出要求。

对于可调游隙的轴承（如角接触球轴承、圆锥滚子轴承），应在技术要求中标出轴承游隙数值；对于游隙不可调的轴承（如深沟球轴承），则要注明轴承盖与轴承外圈端面之间应保留一定的轴向间隙（通常为 0.25～0.4mm）。

（6）减速器的试验要求

减速器装配后，应做空载试验和负载试验；空载试验是在额定转速下进行，正、反转各 1～2h，要求运转平稳、噪声小、连接不松动、不存在漏油和渗油现象等；负载试验是在额定转速和额定功率下进行，要求油池内润滑油的温升不超过 35℃，轴承温升不超过 40℃。

（7）其他要求

必要时可对减速器的外观、包装、运输等提出要求，如运输和装卸时不可倒置等。

3. 写出减速器的技术特性

应在装配图的适当位置写出减速器的技术特性，技术特性主要包括输入功率、输入转速、效率、总传动比以及各级传动比、传动特性。下面以二级圆柱齿轮减速器为例给出其具体内容及格式，见表 7-3。

表 7-3　二级圆柱齿轮减速器的技术特性

输入功率 （kW）	输入转速 （r/min）	总传动比 i	效率 η	传动参数							
				第一级				第二级			
				m_n	z_2/z_1	β	精度等级	m_n	z_2/z_1	β	精度等级

4．完成明细表及标题栏

（1）对零件进行编号

在装配图上，必须对全部零件进行编号。注意：零件编号要齐全且不重复，对相同零件和独立部件只能有一个编号。零件编号方法由两种：一种是区分标准件和非标准件，分别进行编号；另一种是不区分标准件和非标准件，统一进行编号；课程设计的编号方法推荐采用不区分标准件和非标准件的统一编号方法。

编号应用引线引出到视图外边，并沿水平方向及垂直方向按顺时针或逆时针顺序排列整齐，编号引线及数字写法按国家制图标准规定，课程设计中推荐采用如图 7-1 示的引线及数字写法。

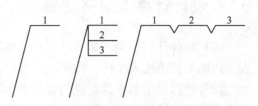

图 7-1　零件编号引线及数字写法

注意： 编号引线相互不能相交，一般不与剖面线平行，编号引线允许折弯一次，对于装配关系清楚的零件组（如螺栓、螺母、垫圈）可以用公共引线编号。

（2）编制零件明细表和标题栏

明细表是减速器所有零部件的详细目录，对每一个编号的零件都应在明细表中列出，应注明各零部件的编号、名称、数量、材料、标准规格等，在编制时应考虑节省材料、减少标准件的品种和规格；对于标准件，需按照规定标记完整地写出零件的名称、材料、规格及标准代号；对传动零件还应注明模数 m、齿数 z、螺旋角 β、导程角 γ 等主要参数；材料应注明牌号；明细表应自下而上按顺序填写，零件数较多时，可采用多列。

标题栏应布置在图纸右下角，用来说明减速器的名称、视图比例、质量、数量、图号、设计（校核或审核）人员、设计日期等；课程设计用标题栏和明细表的格式参见常用设计数据和一般设计标准部分。

5．检查装配图

前面几项完成后，装配图的绘制就基本完成，最后还应对图纸进行认真的检查看是否存在不正确或遗漏的地方，检查的主要内容如下：

① 视图的数量是否足够清楚表达减速器的装配关系和工作原理；

② 各零部件的结构是否正确合理，加工、装配、拆卸、维护、调整、润滑是否方便合理；

③ 尺寸标注是否正确、配合和精度选择是否适当；

④ 技术要求、技术特性是否完善、正确；

⑤ 零件编号是否齐全、标题栏和明细表是否符合要求，有无多余或遗漏；

⑥ 图样、数字和文字是否符合国家制图标准。

图纸经检查并修改后待画完零件工作图后在加深。

第8章　设计计算说明书编写及答辩

8.1　设计计算说明书的要求

课程设计计算说明书是设计计算的整理和总结，是图纸设计的理论依据，也是审核设计合理与否的重要的技术文件。因此，编写设计计算说明书是整个设计工作的重要组成部分。

设计计算说明书应简要说明设计中所考虑的主要问题和全部计算项目，要求思路清晰，设计步骤明了，计算正确，论述简练、语言通顺。书写中应注意以下几点。

（1）计算部分参考书写格式示例（表 8-1）。可以只列出计算公式，代入有关数据，略去计算过程，直接得出计算结果，对计算结果应标明单位。对计算结果，应有简短的结论。若计算结果与实际所选数据之间偏差较大，计算完成后应有简短的分析，说明计算合理与否。

（2）对所引用的公式和数据，应标明来源：参考资料的编号和页次。对所选用的主要参数、尺寸和规格及计算结果等，可写在每页的"结果"栏中，或采用表格的形式列出，或采用集中书写的方式写在相应的计算之中。

（3）为了清楚地说明计算内容，应附必要的插图和简图（如传动方案简图，轴的结构，受力、弯矩和扭矩图及轴承组合形式简图等）。在简图中，对主要零件应统一编号，以便在计算中称呼或做脚注之用。

（4）全部计算中所使用的参量符号和脚注，必须前后一致，不能混乱；各参量的数值应标明单位，且要统一，写法一致，避免混淆不清。

（5）对每一个自成单元的内容，都应有大小标题或相应的编写序号，使整个编写过程条理清晰。标题排序按内容，可依次采用：1、2、…；1.1、1.2、…；1.1.1、1.1.2、…；（1）、（2）、…。

（6）计算部分也可以采用校核形式书写。

（7）计算说明书不得用铅笔或除蓝、黑以外的其他彩色笔书写。一般采用 16 开或 A4 大小的纸张书写。书写要工整、清晰，包括标号，页次，最后加封面装订成册。

8.2　设计计算说明书的内容

设计说明书在完成设计计算说明书的内容根据设计任务而定，对于以减速器为主的传动装置设计，主要内容包括以下几个方面。

（1）目录（标题、页次）。

（2）设计任务书。

（3）传动方案的分析与拟定（简要分析，附传动方案简图）。

（4）电动机的选择。

（5）传动装置运动与动力参数计算。

（6）传动零件的设计计算。

（7）轴的设计计算。

（8）滚动轴承的选择与计算。

（9）键连接的选择与计算。

（10）联轴器的选择。

（11）箱体与减速器附件的设计。

（12）润滑与密封的选择（润滑与密封方式、润滑剂的选择）。

（13）设计小结（课程设计的体会，设计的优缺点，改进意见等）。

（14）参考文献（资料编号，主要作者，书名，版本，出版地：出版单位与出版年月）。

8.3　设计计算说明书的书写格式

设计计算说明书书写示例见表 8-1。

表 8-1　设计计算说明书书写示例

计　算　项　目	计 算 及 说 明	结　　果
6　传动零件设计		
6.2　高速级齿轮设计计算		
6.2.1 选择参数		
（1）选择齿轮精度	参考 95 页，表 5 - 9； 运输机为一般工程机械，故选 8 级 ……	8 级精度
6.2.2 齿面接触强度设计 确定式中各参数值	按式（5-35），设计计算 $d_1 \geqslant \sqrt[3]{\dfrac{2KT_1}{\phi_d}\dfrac{u+1}{u}\left(\dfrac{Z_H Z_E}{[\sigma_H]}\right)^2}$	
（1）初选载荷系数	……	
（2）小齿轮传递转矩 T_1	$T_1 = 9.55 \times 10^6 \dfrac{P_1}{n_1} = 9.55 \times 10^6 \dfrac{5}{960} = 49\,739.6$　（N·mm）	$T_1 = 49739.6$ N·mm
	……	
6.2.4 校核齿根弯曲强度	……	
	满足齿根弯曲强度要求	满足强度要求
	……	

计 算 项 目	计 算 及 说 明	结　果
7　轴的设计		
7.1 高速轴的计算	……	
7.2 中间轴的计算	轴间长度,齿轮位置以及轴的受力如图（a）所示:	
7.2.1 轮齿的作用力		
（1）转矩		
（2）圆周力	$F_{t2}=F_{t1}=2\,T_1/d_1=2\times 82900/50=3316$（N）	$F_{t2}=6632$ N
	……	
7.2.2 求轴承支反力	……	
7.2.3 轴的危险面判断		
（1）轴的弯矩	xAy 平面（垂直面）	
	C 断面 $M_{Cz}=F_{Ay}\times 50=1320\times 50=6.60\times 10^4$（N·mm）	
	xAz 平面（水平面）	
	C 断面 $M_{Cz}=F_{Ay}\times 50=84\times 50=4.20\times 10^3$（N·mm）	
	合成弯矩	
	C 断面 $M_C=\sqrt{M_{Cz}{}^2+M_{Cy}{}^2}=\sqrt{(6.6\times 10^4)^2+(4.2\times 10^3)^2}$ $\qquad =6.61\times 10^4$（N·mm）	$M_C=6.61\times 10^4$ N·mm
	D 断面：……	
（2）轴的转矩	$T_2=9.55\times 10^6 P_2/n_2=9.55\times 10^6\times 24/245.6=9.33\times 10^5$（N·mm）	$T_2=9.33\times 10^5$ N·mm
（3）轴的当量弯矩		
C 断面左侧 （转矩为零）：	$M_{Ce}=M_C=6.61\times 10^4$（N·mm）	
C 断面右侧 （转矩不为零）：	$M_{Ce}=\sqrt{M_C{}^2+(\alpha T_2)^2}=\sqrt{(6.61\times 10^4)^2+(0.6\times 9.33\times 10^5)^2}$ $\qquad =5.63\times 10^5$（N·mm）	$M_{Ce}=5.63\times 10^5$ N·mm

计 算 项 目	计 算 及 说 明	结 果

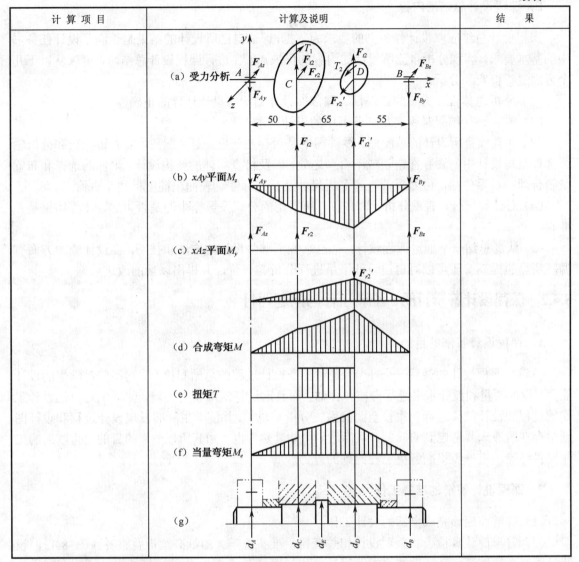

注：该图根据二级圆柱直齿轮减速器。

8.4 课程设计答辩

8.4.1 课程设计总结

1. 课程设计总结的目的

课程设计总结主要是对设计过程进行系统全面的分析，自我检查和评价。对课程设计中的优缺点进行进行总结，对存在的问题进行剖析，并提出改进的设想。通过总结，可以使设计者进一步熟悉和掌握机械设计的一般步骤和方法，从而提高分析问题和解决问题的能力。

2. 课程设计总结的内容

课程设计总结应以设计任务书的要求为依据,评估自己所设计的结果是否满足设计任务书中的基本要求,客观分析自己所设计的内容的优缺点。在进行课程设计总结时,可以从以下几个方面进行检查和分析。

(1)分析总体设计方案的合理性、零部件设计结构与设计计算的正确性。

(2)检查设计结果是否满足任务书中的设计要求。

(3)认真检查所设计的装配图、零件图中是否存在问题。对装配图,要着重检查和分析轴系部件结构设计中是否存在错误或不合理之处,以及检查箱体的结构设计、附件的选择和布置是否合理;对零件图,应着重检查和分析尺寸及公差标注、表面粗糙度标注是否恰当。

(4)对计算部分,着重分析计算依据,所采用的公式及数据来源是否可靠,计算结果是否准确。

(5)认真总结一下通过课程设计,自己掌握了哪些设计的方法和技巧,在设计能力方面有哪些明显的提高。还可以对自己设计不足进行分析与评价,并提出以后的改进措施。

8.4.2 课程设计答辩目的、准备工作与问题题目

1. 课程设计答辩的目的

答辩是课程设计的最后一个环节,是对整个设计过程的总结和检查。它不仅对学生的设计能力、设计质量和设计水平进行考核和评估,而且通过答辩准备与答辩,使学生对自己设计工作的过程和设计结果进行一次较全面的系统分析与总结,并使学生能够发现设计过程和设计图纸中存在的或未曾考虑到的问题,从而达到"知其然"也"知其所以然"的目的,为以后的工作提供经验,进一步提高解决工程问题的能力。

2. 课程设计答辩的准备工作

(1)答辩前应该完成全部的设计工作。

(2)答辩前认真检查和整理设计相关资料,准备答辩。图纸必须折叠整齐(图 8-1),设计说明书必须按序装订,并按要求编写目录和封页(图 8-2),将整理好的设计说明书和设计图纸放到档案袋中。

(3)答辩前应做好全面、系统的总结和回顾,搞清楚设计中的计算、图纸上相关数据的选择,巩固提高所学知识。

3. 课程设计答辩的问题题目

(1)机械设计时需要考虑哪些设计基本要求?常见设计准则有哪些?

(2)根据减速器的设计过程,简述一般机械的设计过程。

(3)设计中,在哪些方面考虑了设计任务书中给出的"设计数据与要求"?

(4)实现设计任务的可选机械装置有哪些,各有什么优缺点?你的设计方案有哪些特点?

(5)传动装置的总体设计包括哪些内容?

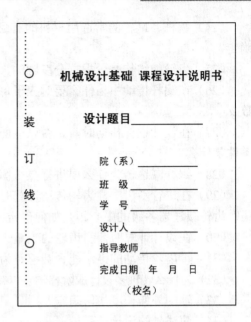

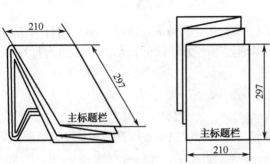

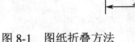

图 8-1　图纸折叠方法　　　　图 8-2　计算说明书封页格式

（6）传动装置总体设计方案有哪些，各种传动形式有哪些优缺点？适用范围如何？你所设计中采用哪些传动装置？

（7）圆柱齿轮传动（圆锥齿轮传动、蜗杆传动）有什么特点？

（8）电动机的类型有哪些，电动机的型号是如何确定的？电动机的转速是如何确定？

（9）电动机转速的高低对设计方案有何影响？

（10）传动装置的总效率是如何计算？

（11）同一轴的输入功率和输出功率是否相同？

（12）在传动系统中，各级的传动比的分配要考虑哪些原则？

（13）为什么带传动多布置在高速级，链传动多布置在低速级？

（14）零部件的结构设计除要考虑强度设计以外，还要考虑哪些内容？

（15）齿轮传动中，轮齿常见失效形式有哪些？齿面失效形式有哪些？试说出之间的联系？

（16）结合设计说明书，针对齿轮传动（圆锥齿轮传龙或蜗杆传动）主要失效形式，你采用设计准则是什么？

（17）开式齿轮的设计要点有哪些？

（18）斜齿轮与直齿轮相比有哪些优点？斜齿轮的螺旋角采用的范围是多少，你是如何确定的？

（19）齿轮传动中心距是如何圆整？还有几种圆整方法？

（20）大、小齿轮的齿宽如何确定？大、小齿轮的齿面硬度有何要求？

（21）你所设计的齿轮减速器的模数和齿数是如何确定的?低速级齿轮的模数是否大于高速级齿轮的模数，为什么？

（22）在蜗杆传动设计中如何选择蜗杆的头数 z_1？为什么蜗轮的齿数不应小于 z_{2min}，最好不大于 80？

（23）HRC=43 的齿面属于硬齿面还是软齿面？

（24）蜗杆、蜗轮的常选用材料的有哪些，你是如何选择的？其许用接触强度$[\sigma_H]$是如何确定？

（25）齿轮的结构是否根据分度圆的大小所决定？并作解释。

（26）在蜗杆传动中为什么要对应于每个模数 m，规定一定的蜗杆分度圆直径 d_1（直径系数 q）？

（27）在设计蜗杆传动时，是否以端面的参数和尺寸作为计算基准？蜗杆传动的正确啮合条件是什么？

（28）蜗杆减速器为什么要进行热平衡计算？当热平衡不满足要求时，应采用什么措施？

（29）在进行斜齿圆柱齿轮传动计算时，可以通过哪些方法保证传动的中心距为标准中心距？齿轮减速器各级的中心距是如何确定的？

（30）在设计计算时，斜齿轮的当量齿数是否需要圆整？

（31）锥齿轮传动的锥距能否圆整？为什么？

（32）为什么转轴多设计成阶梯轴？以减速器输入轴为例，说明各段直径和长度如何确定的。

（33）轴的外伸长度如何确定？

（34）简述轴的设计过程。

（35）设计轴时，对轴肩（或轴环）高度及圆角半径有什么要求？为什么？

（36）轴上中心孔的功用是什么？如何选择和标注？

（37）如何选择联轴器？你采用哪种联轴器？联轴器中两孔的直径是否必须相等？

（38）在二级圆柱齿轮减速器中间轴上，键的类型是如何选择？两齿轮对应的键的布置有何要求？键长 L 如何确定？

（40）设计中为什么选用标准件？并结合减速器装配图指出哪些是标准件。减速器是否是标准件？

（41）装配图上的技术要求主要包括哪些内容？

（42）标注尺寸时如何选择基准？

（43）结合装配图，介绍轴上零件是如何轴向定位的。

（44）轴的表面粗糙度和几何公差对轴的加工精度和装配质量有何影响？

（45）如何选择齿轮类零件的误差检验项目，与齿轮精度的关系如何？

（46）标注箱体零件的尺寸应注意哪些问题？箱体孔的中心距及其极限偏差如何标注？箱体各项几何公差对减速器工作性能的影响有哪些？

（47）齿轮的零件图包括哪些项目？

（48）为什么要标注齿轮的毛坯公差？包括哪些项目？

（49）在蜗杆轴轴承部件设计中，采用"两端固定式"和"一端固定，一端游动式"支脚结构的条件有何不同？在结构设计上有何不同？

（50）你是如何考虑和解决轴承润滑问题的？其相应的设计结构包括哪些？

（51）结合设计说明书，如何选择轴承的类型和安装方式？试分析轴承上的当量载荷是如何计算的。

（52）结合设计说明书，滚动轴承的内径是如何确定的？并解释你选取的轴承代号。滚动轴承的设计寿命如何选取和确定？

（53）滚动轴承在安装时为什么要留有轴向游隙？该游隙应如何调整？

（54）轴承端盖起什么作用？有哪些形式？各有什么特点？你采用轴承端盖如何安装？

（55）密封的作用是什么？指出减速器装配图中密封装置的位置，并说明其用途。

（56）如何选取齿轮和轴承的润滑剂？

（57）在设计中，保证箱体刚度可采取哪些措施？你是如何设计的？

（58）轴承旁的挡油板起什么作用，结构设计有何要求？

（59）结合图纸，谈谈轴和箱体的表面粗糙度是如何确定的，以及相应的加工基准是如何选取的。

（60）闭式齿轮传动，对润滑油的深度有何要求？如何确定？

（61）油沟的用途是什么？结合图纸，谈谈你所采用的加工方法。

（62）机体上螺栓孔、沉头座孔如何加工？为什么要加工出沉头座孔？

（63）减速器机体壁厚如何确定？为什么铸造机体壁厚 $\delta \geqslant 8mm$？箱体常用加工方法有哪些？

（64）窥视孔和定位销的作用是什么？如何确定其设计位置？

（65）通气器、油标、螺塞的用途是什么？有哪些结构形式？

第 9 章　设计题目

9.1　设计带式输送机的动力和传动装置部分

题目 1

已知：某带式输送机工作环境为室内有灰尘，输送机连续单向运转，载荷变化不大，两班制工作，工作年限 6 年，工作机转速的允许误差为 5%，小批量生产。试设计该带式输送机的传动装置部分。原始数据见表 9-1，带式输送机的结构示意图如图 9-1 所示。

表 9-1　带式输送机的原始数据

题　号	1.1	1.2	1.3	1.4	1.5	1.6	1.7	1.8	1.9	1.10
运输带拉力 F（N）	1500	1600	1700	1800	1900	2000	2100	2200	2300	2400
运输带工作速度 v（m·s^{-1}）	1.2	1.3	1.3	1.5	1.5	1.6	1.6	1.8	1.8	2.0
卷筒直径 D（mm）	260	270	290	300	310	320	310	285	270	260

题目 2

已知：某带式输送机工作环境为室内有灰尘，输送机连续单向运转，中等冲击载荷，两班制工作，工作年限 8 年，工作机转速的允许误差为 5%，小批量生产，试设计该带式输送机的传动装置部分。原始数据见表 9-2，带式输送机的结构示意图如图 9-2 所示。

表 9-2　带式输送机的原始数据

题　号	2.1	2.2	2.3	2.4	2.5	2.6	2.7	2.8	2.9	2.10
运输带拉力 F（N）	2500	2600	2700	2800	2900	3000	3100	3200	3300	3400
运输带工作速度 v（m·s^{-1}）	1.6	1.65	1.7	1.75	1.8	1.85	1.5	1.55	1.4	1.45
卷筒直径 D（mm）	320	325	330	335	340	345	300	305	310	315

题目 3

已知：某带式输送机工作环境为室内有灰尘，输送机连续单向运转，中等冲击载荷，两班制工作，工作年限 10 年，工作机转速的允许误差为 5%，小批量生产，试设计该带式输送机的传动装置部分。原始数据见表 9-3，带式输送机的结构示意图如图 9-3 所示。

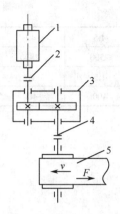

图 9-1　带式输送机传动示意图

1-电动机；2-联轴器；3-单级闭式圆柱齿轮减速器；

4-联轴器；5-输送带

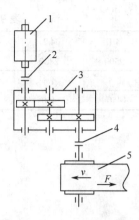

图 9-2　带式输送机传动示意图

1-电动机；2-联轴器；3-两级闭式圆柱齿轮减速器；

4-联轴器；5-输送带

表 9-3　带式输送机的原始数据

题　号	3.1	3.2	3.3	3.4	3.5	3.6	3.7	3.8	3.9	3.10
运输带拉力 F（N）	5000	5500	6000	6500	7000	7500	8000	8500	9000	9500
运输带工作速度 v（m · s^{-1}）	0.95	0.9	0.85	0.8	0.75	0.7	0.65	0.6	0.55	0.5
卷筒直径 D（mm）	450	455	460	465	470	475	480	485	490	495

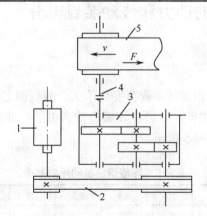

图 9-3　带式输送机传动示意图

1-电动机；2-带传动；3-两级闭式圆柱齿轮减速器；4-联轴器；5-输送带

题目 4

已知：带式输送机在常温下连续工作、单向运转；空载启动，工作载荷较平稳；输送带工作速度 v 的允许误差为 ±5%；三班制（每天工作 8h），要求减速器设计寿命为 8 年，大修期为 3 年，中批量生产；三相交流电源的电压为 380/220V，试设计该带式输送机的传动装置部分。原始数据见表 9-4，带式输送机的结构示意图如图 9-4 所示。

表 9-4　带式输送机的原始数据

题　号	4.1	4.2	4.3	4.4	4.5	4.6	4.7
F（N）	2500	2800	2700	2600	2500	2800	2600
v（m/s）	1.5	1.4	1.5	1.8	1.5	1.7	1.5
D（mm）	450	450	450	400	400	400	400

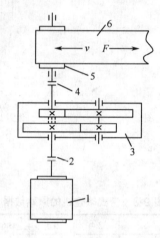

图 9-4　带式输送机传动系统简图

1-电动机；2-联轴器；3-两级圆柱齿轮减速器；4-联轴器；5-卷筒；6-输送带

9.2　设计螺旋输送机的动力和传动装置部分

题目 5

已知：某螺旋输送连续单向运转，载荷变化不大，两班制工作，工作年限 6 年，工作机转速的允许误差为 5%，小批量生产，试设计该螺旋输送机的传动装置部分。原始数据见表 9-5，螺旋输送机的结构示意图如图 9-5 所示。

表 9-5　螺旋输送机的原始数据

数据编号	5.1	5.2	5.3	5.4	5.5	5.6	5.7	5.8	5.9	5.10
运输机工作轴转矩 T（N·m）	500	520	550	580	600	620	650	680	700	750
运输机工作轴转速 n（r·min^{-1}）	160	155	150	145	140	135	130	125	120	120

题目 6

已知：某螺旋输送机连续单向运转，中等冲击载荷，两班制工作，工作年限 8 年，工作机转速的允许误差为 5%，大批量生产，试设计该螺旋输送机的传动装置部分。原始数据见表 9-6，螺旋输送机的结构示意图如图 9-6 所示。

表9-6 螺旋输送机的原始数据

数据编号	6.1	6.2	6.3	6.4	6.5	6.6	6.7	6.8	6.9	6.10
运输机工作轴转矩 T（N·m）	900	950	1000	1050	1100	1150	1200	1250	1300	1350
运输机工作轴转速 n（r·min^{-1}）	210	220	230	240	250	260	270	280	290	300

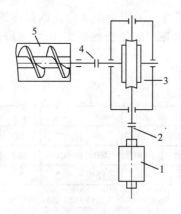

图9-5 螺旋输送机传动示意图

1-电动机；2、4-联轴器；

3-单级蜗轮蜗杆减速器；5-输送机本体

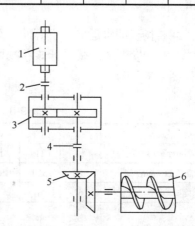

图9-6 螺旋输送机传动示意图

1-电动机；2、4-联轴器；3-单级闭式圆柱齿轮减速器；

5-圆锥齿轮传动；6-输送机本体

题目7

已知：某螺旋输送机连续单向运转，较大冲击载荷，两班制工作，工作年限10年，工作机转速的允许误差为5%，小批量生产，试设计该螺旋输送机的传动装置部分。原始数据见表9-7，螺旋输送机的结构示意图如图9-7所示。

表9-7 螺旋输送机的原始数据

数据编号	7.1	7.2	7.3	7.4	7.5	7.6	7.7	7.8	7.9	7.10
运输机工作轴转矩 T（N·m）	1500	1550	1600	1650	1700	1750	1800	1850	1900	1950
运输机工作轴转速 n（r·min^{-1}）	120	120	125	130	140	135	145	150	155	160

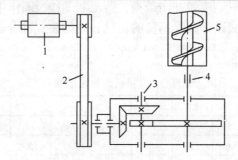

图9-7 螺旋输送机传动示意图

1-电动机；2-带传动；3-两级闭式圆锥齿轮减速器；4-联轴器；5-输送机本体

9.3 设计卷扬机的动力和传动装置部分

题目8

已知：某卷扬机间歇运转，中等冲击载荷，两班制工作，工作年限8年，钢丝绳速度允许误差为5%，大批量生产，试设计该卷扬机的传动装置部分。原始数据见表9-8，卷扬机的结构示意图如图9-8所示。

表9-8 卷扬机的原始数据

题号	8.1	8.2	8.3	8.4	8.5	8.6	8.7	8.8	8.9	8.10
钢丝绳拉力 F（kN）	10	11	12	13	14	15	16	17	18	20
卷筒直径 D（mm）	500	550	600	650	580	450	400	420	480	520
钢丝绳速度 v（m·min^{-1}）	6	6	8	8	10	10	12	12	6	10

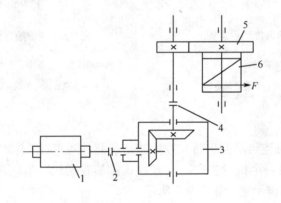

图 9-8 卷扬机传动示意图

1-电动机；2、4-联轴器；3-单级闭式圆锥减速器；5-单级开式齿轮传动；6-卷筒

题目9

已知：某卷扬机间歇运转，中等冲击载荷，两班制工作，工作年限6年，钢丝绳速度允许误差为5%，小批量生产，试设计该卷扬机的传动和动力装置部分。原始数据见表9-9，卷扬机的结构示意图如图9-9所示。

表9-9 卷扬机的原始数据

题　号	9.1	9.2	9.3	9.4	9.5	9.6	9.7	9.8	9.9	9.10
钢丝绳拉力 F（kN）	15	16	17	18	19	12	14	15	18	20
卷筒直径 D（mm）	300	310	320	330	340	350	360	370	380	390
钢丝绳速度 v（m·min^{-1}）	6	6	8	8	10	10	12	12	6	10

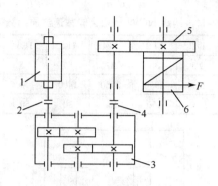

图 9-9 卷扬机传动示意图

1-电动机；2、4-联轴器；3-两级闭式圆柱齿轮减速器；5-开式齿轮传动；6-卷筒

9.4 设计 NGW 行星齿轮减速器

题目 10

试设计单级 NGW 行星齿轮减速器。其原始数据见表 9-10，其示意图如图 9-10 所示。

表 9-10 单级 NGW 行星齿轮减速器原始数据

题 号	10.1	10.2	10.3	10.4	10.5	10.6	10.7	10.8	10.9	10.10
电动机功率 P（kW）	45	30	4	4.5	1.1	0.75	5.5	7.5	22	30
输入轴转速 n_i（r·min^{-1}）	980	980	960	960	910	910	720	720	740	740
输出轴转速 n_o（r·min^{-1}）	98	100	90	110	105	115	80	90	84	96

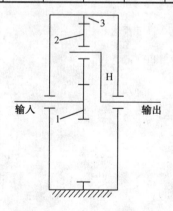

图 9-10 单级 NGW 行星齿轮减速器示意图

1-太阳轮；2-行星轮；3-内齿轮；H-系杆

题目 11

试设计两级 NGW 行星齿轮减速器。其原始数据见表 9-11，其示意图如图 9-11 所示。

表 9-11　两级 NGW 行星齿轮减速器原始数据

题号	11.1	11.2	11.3	11.4	11.5	11.6	11.7	11.8	11.9	11.10
电动机功率 P（kW）	5.5	7.5	30	37	1.1	1.5	5.5	7.5	45	55
输入轴转速 n_i（r·min^{-1}）	2900	2900	2950	2950	1400	1400	1440	1440	1480	1480
输出轴转速 n_o（r·min^{-1}）	100	120	150	180	30	50	60	80	20	40

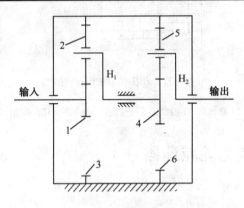

图 9-11　两级 NGW 行星齿轮减速器示意图

1、4-太阳轮；2、5-行星轮；3、6-内齿轮；H_1、H_2-系杆

第 10 章　常用数据和一般标准

10.1　常用数据

10.1.1　常用材料的密度（表 10-1）

表 10-1　常用材料的密度

材料名称	密度 （g/cm³）（t/m³）	材料名称	密度 （g/cm³）（t/m³）	材料名称	密度 （g/cm³）（t/m³）
碳钢	7.3～7.85	铅	11.37	酚醛层压板	1.3～1.45
铸钢	7.8	锡	7.29	尼龙 6	1.13～1.14
高速钢（含 w_w9%）	8.3	金	19.32	尼龙 66	1.14～1.15
高速钢（含 w_w18%）	8.7	银	10.5	尼龙 1010	1.04～1.06
合金钢	7.9	汞	13.55	橡胶夹布传送带	0.3～1.2
镍铬钢	7.9	镁合金	1.74	木材	0.4～0.75
灰铸铁	7.0	硅钢片	7.55～7.8	石灰石	2.4～2.6
白口铸铁	7.55	锡基轴承合金	7.34～7.75	花岗石	2.6～3.0
可锻铸铁	7.3	铅基轴承合金	9.33～10.67	砌砖	1.9～2.3
纯铜	8.9	硬质合金（钨钴）	14.4～14.9	混凝土	1.8～2.45
黄铜	8.4～8.85	硬质合金（钨钴钛）	9.5～12.4	生石灰	1.1
铸造黄铜	8.62	胶木板、纤维板	1.3～1.4	熟石灰、水泥	1.2
锡青铜	8.7～8.9	纯橡胶	0.93	黏土耐火砖	2.10
无锡青铜	7.5～8.2	皮革	0.4～1.2	硅质耐火砖	1.8～1.9
轧制磷青铜、冷拉青铜	8.8	聚氯乙烯	1.35～1.40	镁质耐火砖	2.6
工业用铝、铝镍合金	2.7	聚苯乙烯	0.91	镁铬质耐火砖	2.8
可铸铝合金	2.7	有机玻璃	1.18～1.19	高铬质耐火砖	2.2～2.5
镍	8.9	无填料的电木	1.2	碳化硅	3.10
轧锌	7.1	赛璐珞	1.4		

10.1.2 常用材料的弹性模量及泊松比（表10-2）

表10-2 常用材料的弹性模量及泊松比

名称	弹性模量 E （GPa）	切变模量 G （GPa）	泊松比 μ	名称	弹性模量 E （GPa）	切变模量 G （GPa）	泊松比 μ
灰铸铁	118～126	44.3	0.3	硬铝合金	70	26.5	0.3
球墨铸铁	173	—	0.3	轧制锌	82	31.4	0.27
碳钢、合金钢	206	79.4	0.3	铅	16	6.8	0.42
铸钢	202	—	0.3	玻璃	55	1.96	0.25
轧制纯铜	108	39.2	0.31～0.34	有机玻璃	2.35～29.42	—	—
冷拔纯铜	127	48.0	—	橡胶	0.0078	—	0.47
轧制磷锡青铜	113	41.2	0.32～0.35	电木	1.96～2.94	0.69～2.06	0.35～0.38
冷拔黄铜	89～97	34.3～36.3	0.32～0.42	夹布酚醛塑料	3.92～8.83	—	—
轧制锰青铜	108	39.2	0.35	赛璐珞	1.71～1.89	0.69～0.98	0.4
轧制铝	68	25.5～26.5	0.32～0.36	尼龙1010	1.07	—	—
拔制铝线	69	—	—	硬聚氯乙烯	3.14～3.92	—	0.34～0.35
铸铝青铜	103	11.1	0.3	聚四氟乙烯	1.14～1.42	—	—
铸锡青铜	103	—	0.3	混凝土	13.73～39.2	4.9～15.69	0.1～0.18

10.1.3 金属材料熔点、热导率及比热容（表10-3）

表10-3 金属材料熔点、热导率及比热容

名称	熔点（℃）	热导率（导热系数） [W/（m·K）]	比热容 [J/（kg·K）]	名称	熔点（℃）	热导率（导热系数） [W/（m·K）]	比热容 [J/（kg·K）]
灰铸铁	1200	46.4～92.3	544.3	铝	658	203	904.3
铸钢	1425	—	489.9	铅	327	34.8	129.8
软钢	1400～1500	46.4	502.4	锡	232	62.6	234.5
黄铜	950	92.8	393.6	锌	419	110	393.6
青铜	995	63.8	385.2	镍	1452	59.2	452.2
纯铜	1083	392	376.9				

10.1.4 常用材料的线膨胀系数（表10-4）

表10-4 常用材料的线膨胀系数 α （$\times10^{-6}$℃$^{-1}$）

材料名称	温度范围（℃）							
	20	20～100	20～200	20～300	20～400	20～600	20～700	20～900
工程用铜	—	16.6～17.1	17.1～17.2	17.6	18～18.1	18.6		
黄铜	—	17.8	18.8	20.9	—			
青铜	—	17.6	17.9	18.2				
铸铝合金	18.44～24.5	—	—	—				

材料名称	温度范围（℃）							
	20	20～100	20～200	20～300	20～400	20～600	20～700	20～900
铝合金	—	22.0～24.0	23.4～24.8	24.0～25.9	—	—	—	—
碳钢	—	10.6～12.2	11.3～13	12.1～13.5	12.9～13.9	13.5～14.3	14.7～15	—
铬钢	—	11.2	11.8	12.4	13	13.6	—	—
3Cr13	—	10.2	11.1	11.6	11.9	12.3	12.8	—
1Cr18Ni9Ti	—	16.6	17	17.2	17.5	17.9	18.6	19.3
铸铁	—	8.7～11.1	8.5～11.6	10.1～12.1	11.5～12.7	12.9～13.2	—	—
镍铬合金	—	14.5	—	—	—	—	—	—
砖	9.5	—	—	—	—	—	—	—
水泥、混凝土	10～14	—	—	—	—	—	—	—
胶木、硬胶皮	64～77	—	—	—	—	—	—	—
玻璃	—	4～11.5	—	—	—	—	—	—
有机玻璃	—	130	—	—	—	—	—	—

10.1.5 常用材料极限强度的近似关系（表 10-5）

表 10-5 常用材料极限强度的近似关系

材料名称	极限强度（MPa）					
	对称应力疲劳极限			脉动应力疲劳极限		
	拉伸疲劳极限 σ_{-1t}	弯曲疲劳极限 σ_{-1}	扭转疲劳极限 τ_{-1}	抗拉脉动疲劳极限 σ_{0t}	弯曲脉动疲劳极限 σ_0	扭转脉动疲劳极限 τ_0
结构钢	$\approx 0.3\sigma_b$	$\approx 0.43\sigma_b$	$\approx 0.25\sigma_b$	$\approx 1.42\sigma_{-1t}$	$\approx 1.33\sigma_{-1}$	$\approx 1.5\tau_{-1}$
铸铁	$\approx 0.225\sigma_b$	$\approx 0.45\sigma_b$	$\approx 0.36\sigma_b$	$\approx 1.42\sigma_{-1t}$	$\approx 1.35\sigma_{-1}$	$\approx 1.35\tau_{-1}$
铝合金	$\approx \dfrac{\sigma_b}{6}+73.5\text{MPa}$	$\approx \dfrac{\sigma_b}{6}+73.5\text{MPa}$	$\approx (0.55-0.58)\sigma_{-1}$	$\approx 1.5\sigma_{-1t}$	—	—

10.1.6 硬度值对照表（表 10-6）

表 10-6 硬度值对照表

洛氏 HRC	维氏 HV	布氏 $30D^2$		洛氏 HRC	维氏 HV	布氏 $30D^2$		洛氏 HRC	维氏 HV	布氏 $30D^2$		洛氏 HRC	维氏 HV	布氏 $30D^2$	
		HBS	d_{10} $2d_5$ $4d_{2.5}$			HBS	d_{10} $2d_5$ $4d_{2.5}$			HBS	d_{10} $2d_5$ $4d_{2.5}$			HBS	d_{10} $2d_5$ $4d_{2.5}$
70	1037	—	—	56	620	—	—	42	399	391	3.087	28	274	269	3.701
69	997	—	—	55	599	—	—	41	388	380	3.130	27	268	263	3.741
68	959	—	—	54	579	—	—	40	377	370	3.171	26	261	257	3.783
67	923	—	—	53	561	—	—	39	367	360	3.214	25	255	251	3.826
66	889	—	—	52	543	—	—	38	357	350	3.258	24	249	245	3.871
65	856	—	—	51	525	—	—	37	347	341	3.299	23	243	240	3.909

| 洛氏 HRC | 维氏 HV | 布氏 30D^2 | | 洛氏 HRC | 维氏 HV | 布氏 30D^2 | | 洛氏 HRC | 维氏 HV | 布氏 30D^2 | | 洛氏 HRC | 维氏 HV | 布氏 30D^2 | |
		HBS	d_{10} $2d_5$ $4d_{2.5}$			HBS	d_{10} $2d_5$ $4d_{2.5}$			HBS	d_{10} $2d_5$ $4d_{2.5}$			HBS	d_{10} $2d_5$ $4d_{2.5}$
64	825	—	—	50	509	—	—	36	338	332	3.343	22	237	234	3.957
63	795	—	—	49	493	—	—	35	329	323	3.388	21	231	229	3.998
62	766	—	—	48	478	—	—	34	320	314	3.434	20	226	225	4.11
61	739	—	—	47	463	449	2.886	33	312	306	3.477	19	221	220	4.157
60	713	—	—	46	449	436	2.927	32	304	298	3.522	18	216	216	4.111
59	688	—	—	45	436	424	2.967	31	296	291	3.563	17	211	211	4.157
58	664	—	—	44	423	413	3.006	30	289	283	3.611	16	—	—	—
57	642	—	—	43	411	401	3.049	29	281	276	3.655	15	—	—	—

注：30D^2—试验载荷，kgf；D—钢球直径；d_{10}、$2d_5$、$4d_{2.5}$—分别为钢珠直径10mm、2×钢球直径5mm、4×钢球直径2.5mm 时的压痕直径，mm。

10.1.7 常用标准代号（表 10-7）

表 10-7 常用标准代号

国内代号	名称	国外代号	名称
GB	国家标准	ISO	国际标准化组织标准
GJB	国家军用标准	ISA	国际标准化协会标准
ZB	国家专业标准	ANSI	美国国家标准
JJC	国家计量局标准	ASME	美国机械工程师协会标准
JB	机械行业标准	AISI	美国钢铁学会标准
JB/ZQ	重型机械企业标准	BS	英国标准
GC	金属切削机床标准	DIN	德国工业标准
QC	汽车行业标准	JIS	日本工业标准
NJ	农业机械标准	NF	法国国家标准
GJ	工程机械标准	UNI	意大利国家标准
		CSA	加拿大标准协会标准

10.1.8 常用法定计量单位及换算（表 10-8）

表 10-8 常用法定计量单位及换算

| 量的名称 | 法定计量单位 | | 非法定计量单位 | | 换算关系 |
	名称	符号	名称	符号	
长度	米	m	埃	Å	1 Å=0.1nm=10^{-10} m
			英寸	in	1 in=0.0254m=25.4 mm
			英尺	ft	1 ft=0.3048m=304.8mm
			英里	mile	1 mile = 1609.344 m

量的名称	法定计量单位		非法定计量单位		换算关系
	名称	符号	名称	符号	
面积	平方米	m^2	公顷	ha	$1\ ha=10^4 m^2$
体积、容积	立方米 升	m^3 L	立方英尺 加仑（英） 加仑（美） 夸脱（美）	ft^3 gal（英） gal（美） qt	$1\ ft^3=0.0283168m^3=28.3168dm^3$ $1\ gal（英）=4.54609\ dm^3$ $1\ gal（美）=3.78541\ dm^3$ $1\ qt(美国夸脱)=0.94636L$
质量	千克（公斤） 吨	kg t	磅 长吨 短吨	lb ton sh ton	$1\ lb=0.45359237\ kg$ $1\ ton=1016.05kg$ $1\ sh\ ton=907.185kg$
密度	千克每立方米	kg/m^3	磅每立方英尺	lb/ft^3	$1\ lb/ft^3=16.0185kg/m^3$
力、重力	牛[顿]	N	达因 千克力 吨力	dyn kgf tf	$1\ dyn=10^{-5}\ N$ $1\ kgf=9.80665N$ $1\ tf=9.80665\times10^3\ N$
力矩	牛[顿]米	N·m	千克力米	kgf·m	$1\ kgf·m=9.80665N·m$
压力、压强	帕[斯卡]	Pa	巴 标准大气压 约定毫米汞柱 工程大气压	bar atm mmHg at(kgf/cm²)	$1\ bar=0.1MPa=10^5\ Pa$ $1\ atm=101325Pa$ $1\ mmHg=133.3224Pa$ $1\ at=1\ kgf/cm^2=9.8066\times10^4\ Pa$
应力			千克力每平方毫米	kgf/mm²	$1\ kgf/mm^2=9.80665\times10^6\ Pa$
动力黏度	帕[斯卡]秒	Pa·s	泊	P	$1\ P=0.1Pa·s$
运动黏度	二次方米每秒	m^2/s	斯[托克斯]	St	$1\ St=1\ cm^2/s=10^{-4}\ m^2/s$
能[量]、功、热量	焦[耳]	J	千克力米 尔格 热化学卡	kgf·m erg cal_{th}	$1\ kgf·m=9.80665\ J$ $1\ erg=10^{-7}\ J$ $1\ cal_{th}=4.1840\ J$
功率	瓦（特）	W	[米制]马力	P_S	$1\ [米制]马力=735.49875W$
比热容	焦[耳]每千克开[尔文]	J/(kg·K)	千卡每千克开[尔文]	kcal/(kg·K)	$1\ kcal/(kg·K)=4186.8\ J/(kg·K)$
传热系数	瓦[特]每平方米开[尔文]	W/(m²·K)	—	—	—
热导率（导热系数）	瓦（特）每米开[尔文]	W/(m·K)	—	—	—

10.1.9　常用材料的摩擦系数（表10-9，表10-10）

表 10-9　常用材料的摩擦系数

材料名称	摩擦系数 f				材料名称	摩擦系数 f			
	静摩擦		滑动摩擦			静摩擦		滑动摩擦	
	无润滑剂	有润滑剂	无润滑剂	有润滑剂		无润滑剂	有润滑剂	无润滑剂	有润滑剂
钢-钢	0.15	0.1～0.12	0.15	0.05～0.1	钢-夹布胶木	—	—	0.22	—

续表

材料名称	摩擦系数 f				材料名称	摩擦系数 f			
	静摩擦		滑动摩擦			静摩擦		滑动摩擦	
	无润滑剂	有润滑剂	无润滑剂	有润滑剂		无润滑剂	有润滑剂	无润滑剂	有润滑剂
钢-低碳钢	—	—	0.2	0.1～0.2	青铜-夹布胶木	—	—	0.23	—
钢-铸铁	0.3	—	0.18	0.05～0.15	纯铝-钢	—	—	0.17	0.02
钢-青铜	0.15	0.1～0.15	0.15	0.1～0.15	青铜-酚醛塑料	—	—	0.24	—
低碳钢-铸铁	0.2	—	0.18	0.05～0.15	淬火钢-尼龙9	—	—	0.43	0.023
低碳钢-青铜	0.2	—	0.18	0.07～0.15	淬火钢-尼龙1010	—	—	—	0.03395
铸铁-铸铁	—	0.18	0.15	0.07～0.12	淬火钢-聚碳酸酯	—	—	0.30	0.031
铸铁-青铜	—	—	0.15～0.2	0.07～0.15	淬火钢-聚甲醛	—	—	0.46	0.016
皮革-铸铁	0.3～0.5	0.15	0.6	0.15	粉末冶金-钢	—	—	0.4	0.1
橡胶-铸铁	—	—	0.8	0.5	粉末冶金-铸铁	—	—	0.4	0.1

表 10-10　物体的摩擦系数

名称		摩擦系数 f	名称		摩擦系数 f
滚动轴承	深沟球轴承	0.002～0.004	滑动轴承	液体摩擦	0.001～0.008
	调心球轴承	0.0015		半液体摩擦	0.008～0.08
	圆柱滚子轴承	0.002		半干摩擦	0.1～0.5
	调心滚子轴承	0.004	密封软填料盒中填料与轴的摩擦		0.2
	角接触球轴承	0.003～0.005	制动器普通石棉制动带（无润滑） p=0.2～0.6 MPa		0.35～0.48
	圆锥滚子轴承	0.008～0.02			
	推力球轴承	0.003	离合器装有黄铜丝的压制石棉 p=0.2～1.2 MPa		0.43～0.40
	滚针轴承	0.008			

10.1.10　机械传动和轴承的效率概略值和传动比范围（表 10-11，表 10-12）

表 10-11　机械传动和轴承效率概略值

种类		效率 η	种类		效率 η
圆柱齿轮传动	经过跑和的6级精度和7级精度齿轮传动（油润滑）	0.98～0.99	滑动轴承	润滑不良	0.94（一对）
				润滑正常	0.97（一对）
	8级精度的一般齿轮传动（油润滑）	0.97		润滑很好(压力润滑)	0.98（一对）
	9级精度的齿轮传动（油润滑）	0.96		液体摩擦	0.99（一对）
	加工齿的开式齿轮传动（脂润滑）	0.94～0.96	滚动轴承	球轴承	0.99（一对）
	铸造齿的开式齿轮传动	0.90～0.93		滚子轴承	0.99（一对）
锥齿轮传动	经过跑和的6级精度和7级精度齿轮传动（油润滑）	0.97～0.98	丝杠传动	滑动丝杠	0.30～0.60
				滚动丝杠	0.85～0.95
	8级精度的一般齿轮传动（油润滑）	0.94～0.97	复滑轮组	滑动轴承（i=2～6）	0.90～0.98
	加工齿的开式齿轮传动（脂润滑）	0.92～0.95		滚动轴承（i=2～6）	0.95～0.99
	铸造齿的开式齿轮传动	0.88～0.92	油池内油的飞溅和密封润滑		0.95～0.99

种类		效率η	种类	效率η
蜗杆传动	自锁蜗杆（油润滑）	0.40～0.45	弹性联轴器	0.99～0.995
	单头蜗杆（油润滑）	0.70～0.75	金属滑块联轴器	0.97～0.99
	双头蜗杆（油润滑）	0.75～0.82	齿轮联轴器	0.99
	三头和四头蜗杆（油润滑）	0.80～0.92	万向联轴器	0.95～0.98
	圆弧面蜗杆（油润滑）	0.85～0.95	单级圆柱齿轮减速器	0.97～0.98
带传动	平带无压紧轮的开式传动	0.98	双级圆柱齿轮减速器	0.95～0.96
	平带有压紧轮的开式传动	0.97	单级行星圆柱减速器	0.95～0.98
	平带交叉传动	0.90	单级圆锥齿轮减速器	0.95～0.96
	V 带传动	0.96	双级圆锥-圆柱齿轮减速器	0.94～0.95
	同步齿形带传动	0.96～0.98	无级变速器	0.92～0.95
链传动	滚子链	0.96	摆线-针轮减速器	0.90～0.97
	齿形链	0.97	轧机主减速器	0.93～0.96
	焊接链	0.93	平摩擦传动	0.85～0.92
	片式关节链	0.95	槽摩擦传动	0.88～0.90
卷筒	—	0.96	卷绳轮	0.95

注：减（变）速器中滚动轴承的损耗考虑在内。

表 10-12　机械传动的传动比范围

传动类型	传动比	传动类型	传动比
平带传动	≤5	锥齿轮传动	
V 带传动	≤7	（1）开式	≤5
圆柱齿轮传动		（2）单级减速器	≤3
（1）开式	≤8	蜗杆传动	
（2）单级减速器	≤4～9	（1）开式	15～60
（3）单级外啮合和内啮合行星减速器	3～9	（2）单级减速器	10～40
链传动	≤6	摩擦轮传动	≤5

10.1.11　希腊字母（表 10-13）

表 10-13　希腊字母

大写	小写	英文名称（国际音标）	大写	小写	英文名称（国际音标）
A	α	Alpha[′æifə]	N	ν	nu[nju:]
B	β	Beta[′bi:tə]	Ξ	ξ	xi[ksai]
Γ	γ	gamma[′gæmə]	O	o	omicron[ou′maikrən]
Δ	δ	delta[′deltə]	Π	π	pi[pai]
E	ε	epsilon[′epsilən]	P	ρ	rho[rou]
Z	ξ	zeta[′zi:tə]	Σ	σ	sigma[′sigmə]
H	η	eta[′i:tə]	T	τ	tau[tau]
Θ	θ, ϑ	theta[′θi:tə]	Y	υ	upsilon[′ju:psilən]
I	ι	iota[ai′outə]	Φ	φ, φ	phi[fai]

大写	小写	英文名称（国际音标）	大写	小写	英文名称（国际音标）
K	κ	kappa['gæmə]	X	χ	chi[kai]
Λ	λ	lambda['læmdə]	Ψ	ψ	psi[psi:]
M	μ	mu[mju:]	Ω	ω	omega['oumiga]

10.2　一般标准

10.2.1　图样比例、幅面及格式（表10-14，表10-15）

表10-14　图样比例（GB/T 14690—1993）

种类	比例					
	优先选取			必要时，允许选取		
原值比例	1:1					
缩小比例	1:2　　1:5　　1:10			1:1.5　　1:2.5　　1:3　　1:4　　1:6		
	$1:2 \times 10^n$　$1:5 \times 10^n$　$1:1 \times 10^n$			$1:1.5 \times 10^n$　$1:2.5 \times 10^n$　$1:3 \times 10^n$　$1:4 \times 10^n$　$1:6 \times 10^n$		
放大比例	5:1　　2:1			4:1　　2.5:1		
	$5 \times 10^n:1$　$2 \times 10^n:1$　$1 \times 10^n:1$			$4:1 \times 10^n$　$2.5:1 \times 10^n$		

表10-15　图纸幅面（GB/T 14689—2008）　　　　单位：mm

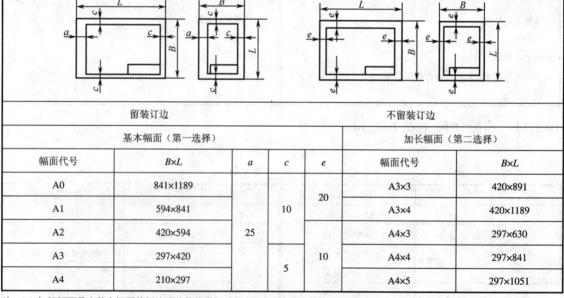

留装订边				不留装订边	
基本幅面（第一选择）				加长幅面（第二选择）	
幅面代号	$B \times L$	a	c	e	幅面代号	$B \times L$
A0	841×1189	25	10	20	A3×3	420×891
A1	594×841	25	10	20	A3×4	420×1189
A2	420×594	25	10	20	A4×3	297×630
A3	297×420	25	5	10	A4×4	297×841
A4	210×297	25	5	10	A4×5	297×1051

注：1. 加长幅面是由基本幅面的短边成整数倍增加后得出。加长幅面（第三选择）的尺寸见GB/T 14689—2008。

　　2. 加长幅面的图框尺寸，按选用的基本幅面大一号的图框尺寸确定。例如，A3×4的图框尺寸，按 A2 的图框尺寸确定，即 e 为 10mm（或 c 为 10mm）。

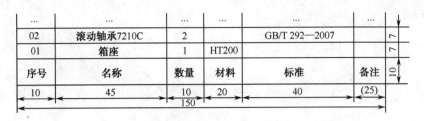

序号	名称	数量	材料	标准	备注
...	...	...	...	...	...
02	滚动轴承7210C	2		GB/T 292—2007	
01	箱座	1	HT200		
序号	名称	数量	材料	标准	备注

图 10-1　装配图明细表格式（推荐）

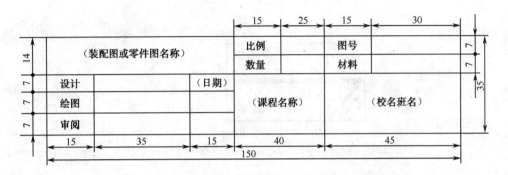

图 10-2　装配图或零件图标题栏格式（推荐）

10.2.2　装配图中零部件序号及编排方法

1. 序号表示的三种方法

① 在指引线的水平线（细实线）上或圆（细实线）内注写序号，序号字高比装配图中所注尺寸数字高度大一号，如图 10-3（a）所示。

② 同①，但序号字高比该装配图中所注尺寸数字高度大两号，如图 10-3（b）所示。

③ 在指引线附近注写序号，序号字高比该装配图中所注尺寸数字高度大两号，如图 10-3（c）所示。

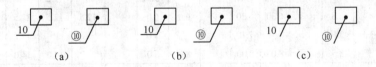

图 10-3　序号的表示方法

注：1. 在同一装配图中编著序号的形式应一致。
　　2. 相同零、部件用一个序号，一般只标注一次。
　　3. 装配图中序号应按水平或垂直方向，顺时针或逆时针方向顺序排列。

2. 指引线的表示方法

① 一组紧固件以及装配关系清楚的零件组，可以采用公共指引线，如图 10-4 所示。

② 若指引线所指部分（很薄的零件或涂黑的剖面）内不便画圆点时，可在指引线的末端画箭头，并指向该部分的轮廓，如图 10-5 所示。

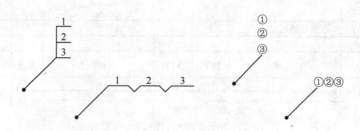

图 10-4 常用指引线的表示方法

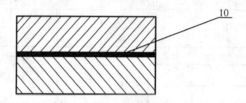

图 10-5 较薄的零件及涂黑的剖面的指引线的表示方法

注：1. 指引线应自所指部分的可见轮廓内引出，并在末端画一圆点。
　　2. 指引线相互不能交叉，当通过有剖面线的区域时，不能与剖面线平行。
　　3. 指引线可以画成折线，但只可曲折一次。

10.2.3 优先数系和标准尺寸（表10-16）

表 10-16 优先数系和标准尺寸（直径、长度、高度等）（GB/T 2822—2005）　　单位：mm

R			R′			R			R′			R			R′		
R10	R20	R40	R′10	R′20	R′40	R10	R20	R40	R′10	R′20	R′40	R10	R20	R40	R′10	R′20	R′40
1.0～10.0						4.00	4.00		4.0	4.0		9.00			9.0		
1.00	1.00		1.0	1.0			4.50			4.5		10～100					
	1.12			1.1		5.00	5.00		5.0	5.0		10.0	10.0		10.0	10.0	
2.50	2.50		2.5	2.5			5.60			5.5			11.2			11	
	2.80			2.8		6.30	6.30		6.0	6.0		12.5	12.5	12.5	12	12	12
3.15	3.15		3.0	3.0			7.10			7.0				13.2			13
	3.55			3.5		8.00	8.00		8.0	8.0			14.0	14.0		14	14
		15.0			15	80.0	80.0	80.0	80	80	80	400	400	400	400	400	400
16.0	16.0	16.0	16	16	16			85.0			85			425			420
		17.0			17		90.0	90.0		90	90		450	450		450	450
	18.0	18.0		18	18			95.0			95			475			475
		19.0			19	100～1000						500	500	500	500	500	500
20.0	20.0	20.0	20	20	20	100	100	100	100	100	100			530			530
		21.2			21			106			105			560	560		560	560
	22.4	22.4		22	22		112	112		110	110			600			600
		23.6			24			118			120	630	630	630	630	630	630

续表

R			R'			R			R'			R			R'		
R10	R20	R40	R'10	R'20	R'40	R10	R20	R40	R'10	R'20	R'40	R10	R20	R40	R'10	R'20	R'40
25.0	25.0	25.0	25	25	25	125	125	125	125	125	125			670			670
		26.5			26			132			130		710	710		710	710
	28.0	28.0		28	28		140	140			140			750			750
		30.0			30			150			150	800	800	800	800	800	800
31.5	31.5	31.5	32	32	32	160	160	160	160	160	160			850			850
		33.5			34			170			170		900	900		900	900
	35.5	35.5			36		180	180			180			950			950
		37.5			38			190			190	1000~1600					
40.0	40.0	40.0	40	40	40	200	200	200	200	200	200	1000	1000	1000	1000	1000	1000
		42.5			42			212			210			1060			
	45.0	45.0		45	45		224	224			220		1120	1120			
		47.5			48			236			240			1180			
50.0	50.0	50.0	50	50	50	250	250	250	250	250	250	1250	1250	1250			
		53.0			53			265			265			1320			
	56.0	56.0		56	56		280	280			280		1400	1400			
		60.0			60			300			300			1500			
63.0	63.0	63.0	63	63	63	315	315	315	320	320	320	1600	1600	1600			
		67.0			67			335			340			1700			
	71.0	71.0		71	71		355	355			360		1800	1800			
		75.0			75			375			380			1900			

注：1. 本标准适用于有互换性或系列化要求的主要尺寸，其他结构尺寸也尽量采用。对已有专用标准规定的尺寸，可按专用标准选择。本标准不适用于由主要尺寸导出的因变量尺寸和工艺上工序间的尺寸和已有专用标准规定的尺寸。

　　2. 选择系列及单个尺寸时，应首先在优先数系 R 系列按照 R10、R20、R40 的顺序选用。如必须将数值圆整，可在相应的 R' 系列中选用标准尺寸，其选用顺序为 R'10、R'20、R'40。

10.2.4　中心孔（表10-17，表10-18）

表 10-17　中心孔（GB/T 145—2001）

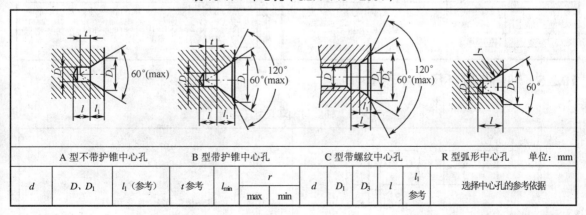

A 型不带护锥中心孔			B 型带护锥中心孔				C 型带螺纹中心孔					R 型弧形中心孔　　单位：mm
d	D、D₁	l₁（参考）	t 参考	l_min	r max	r min	d	D₁	D₃	l	l₁ 参考	选择中心孔的参考依据

续表

A、B、R型	A、R型	B型	A型	B型	A、B型	R型			C型					原料端部最小直径 D_0	轴状原料最大直径 D_c	工件最大质量 (t)
1.00	2.12	3.15	0.97	1.27	0.9	2.3	3.15	2.50	—	—	—	—	—	—	—	—
(1.25)	2.65	4.00	1.21	1.60	1.1	2.8	4.00	3.15	—	—	—	—	—	—	—	—
1.60	3.35	5.00	1.52	1.99	1.4	3.5	5.00	4.00	—	—	—	—	—	—	—	—
2.00	4.25	6.30	1.95	2.54	1.8	4.4	6.30	5.00	—	—	—	—	—	8	>10~18	0.12
2.50	5.30	8.00	2.42	3.20	2.2	5.5	8.00	6.30	—	—	—	—	—	10	>18~30	0.2
3.15	6.70	10.00	3.07	4.03	2.8	7.0	10.00	8.00	M3	3.2	5.8	2.6	1.8	12	>30~50	0.5
4.00	8.50	12.50	3.90	5.05	3.5	8.9	12.50	10.00	M4	4.3	7.4	3.2	2.1	15	>50~80	0.8
(5.00)	10.60	16.00	4.85	6.41	4.4	11.2	16.00	12.50	M5	5.3	8.8	4.0	2.4	20	>80~120	1
6.30	13.20	18.00	5.98	7.36	5.5	14.0	20.00	16.00	M6	6.4	10.5	5.0	2.8	25	>120~180	1.5
(8.00)	17.00	22.40	7.70	9.36	7.0	17.9	25.00	20.00	M8	8.4	13.2	6.0	3.3	30	>180~220	2
10.0	21.20	28.00	9.70	11.66	8.7	22.5	31.5	25.00	M10	10.5	16.3	7.5	3.8	35	>180~220	2.5
—	—	—	—	—	—	—	—	—	M12	13.0	19.8	9.5	4.4	42	>220~260	3
—	—	—	—	—	—	—	—	—	M16	17.0	25.3	12.0	5.2	50	>260~300	5
—	—	—	—	—	—	—	—	—	M20	21.0	31.3	15.0	6.4	60	>300~360	7
—	—	—	—	—	—	—	—	—	M24	25.0	33.0	18.0	8.0	70	>360	10

注：1. 对于质量大的轴，须选定中心孔尺寸和表面粗糙度，并在零件图上画出。

2. 中心孔的表面粗糙度按其用途由设计者选定。

3. C型孔的 l_1 固定螺钉决定，但不得小于表中 l_1 的数值。

4. 不要求保留中心孔的零件采用 A 型，要求保留中心孔的零件采用 B 型，将零件固定在轴上的中心孔采用 C 型。

5. 括号内尺寸尽量不用。

表 10-18　标准中心孔在图样上标注（GB/T 4459.5—1999）

标注示例	解释	标注示例	解释
◄ B3.15/10	B 型中心孔 $d=3.15$，$D_1=10$ 成品零件保留中心孔	◄ A4/8.5	A 型中心孔 $d=4$，$D=8.5$ 成品零件不保留中心孔
A4/8.5	A 型中心孔 $d=4$，$D=8.5$ 成品零件无是否保留中心孔要求	◄ 2×B3.15/10	同一轴的两端中心孔相同，可只在其一端标注，并注出数量

10.2.5　轴肩与轴环尺寸（表 10-19）

表 10-19　轴肩与轴环尺寸（推荐）

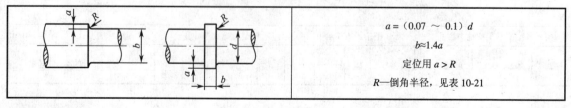

$a = （0.07 \sim 0.1）d$

$b \approx 1.4a$

定位用 $a > R$

R—倒角半径，见表 10-21

10.2.6　零件倒圆与倒角（表 10-20）

表 10-20　零件倒圆与倒角（GB/T 6403.4—2008）

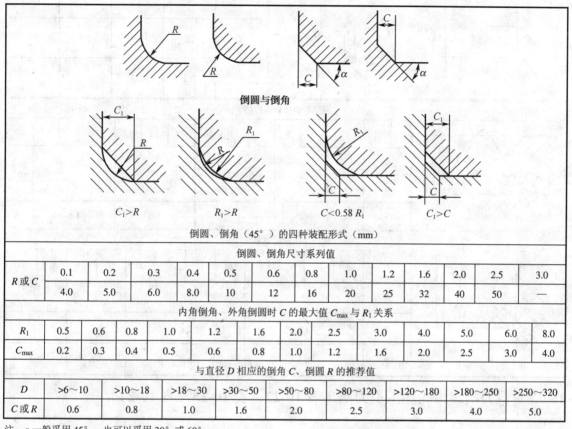

倒圆与倒角

$C_1 > R$	$R_1 > R$	$C < 0.58 R_1$	$C_1 > C$

倒圆、倒角（45°）的四种装配形式（mm）

倒圆、倒角尺寸系列值												
R 或 C	0.1	0.2	0.3	0.4	0.5	0.6	0.8	1.0	1.2	1.6	2.0	2.5	3.0
	4.0	5.0	6.0	8.0	10	12	16	20	25	32	40	50	—

内角倒角、外角倒圆时 C 的最大值 C_{max} 与 R_1 关系												
R_1	0.5	0.6	0.8	1.0	1.2	1.6	2.0	2.5	3.0	4.0	5.0	6.0	8.0
C_{max}	0.2	0.3	0.4	0.5	0.6	0.8	1.0	1.2	1.6	2.0	2.5	3.0	4.0

与直径 D 相应的倒角 C、倒圆 R 的推荐值									
D	>6～10	>10～18	>18～30	>30～50	>50～80	>80～120	>120～180	>180～250	>250～320
C 或 R	0.6	0.8	1.0	1.6	2.0	2.5	3.0	4.0	5.0

注：α 一般采用 45°，也可以采用 30° 或 60°。

10.2.7　砂轮越程槽（表 10-21）

表 10-21　砂轮越程槽（GB/T 6403.5—2008）　　　　　单位：mm

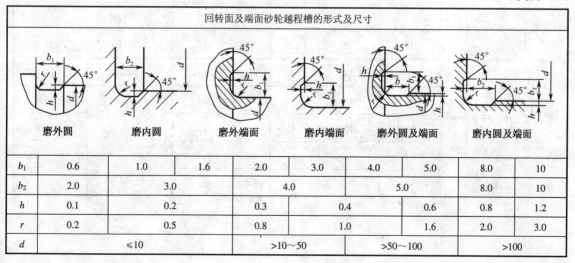

回转面及端面砂轮越程槽的形式及尺寸								
磨外圆		磨内圆		磨外端面		磨内端面	磨外圆及端面	磨内圆及端面
b_1	0.6	1.0	1.6	2.0	3.0	4.0	5.0	8.0	10
b_2	2.0		3.0		4.0		5.0	8.0	10
h	0.1		0.2		0.3		0.4	0.6	0.8	1.2
r	0.2		0.5		0.8		1.0	1.6	2.0	3.0
d		≤10			>10～50		>50～100		>100

平面砂轮及 V 形砂轮越程槽					
	b	2	3	4	5
	h	1.6	2.0	2.5	3.0
	r	0.5	1.0	1.2	1.6

燕尾导轨砂轮越程槽													
	H	≤5	6	8	10	12	16	20	25	32	40	50	63	80
	b	1		2		3			4			5		6
	h													
	r	0.5		0.5		1.0			1.6			1.6		2.0

矩形导轨砂轮越程槽												
	H	8	10	12	16	20	25	32	40	50	63	80	100
	b		2				3			5		8	
	h		1.6				2.0			3.0		5.0	
	r		0.5				1.0			1.6		2.0	

10.2.8 退刀槽、齿轮加工退刀槽（表 10-22，表 10-23，表 10-24）

表 10-22 A、B 型退刀槽尺寸（JB/ZQ 4238—2006）　　　　　　单位：mm

	r_1	$t_1^{+0.5}_{\ 0}$	f_1	$g\approx$	$t_2^{+0.05}_{\ 0}$	推荐的配合直径 d_1	
						用在一般载荷	用在交变载荷
	0.6	0.2	2	1.4	0.1	>10～18	
	0.6	0.3	2.5	2.1	0.2	>18～80	—
	1	0.4	4	3.2	0.3	>80	
	1	0.2	2.5	1.8	0.1		>18～50
	1.6	0.3	4	3.1	0.2		>50～80
	2.5	0.4	5	4.8	0.3	—	>80～125
	4	0.5	7	6.4	0.3		>125

表 10-23　公称直径相同具有不同配合的退刀槽（JB/ZQ 4238—2006）　　　　单位：mm

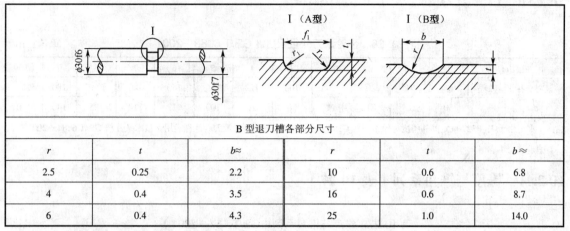

B 型退刀槽各部分尺寸					
r	t	$b\approx$	r	t	$b\approx$
2.5	0.25	2.2	10	0.6	6.8
4	0.4	3.5	16	0.6	8.7
6	0.4	4.3	25	1.0	14.0

注：1. A 型退刀槽各部分尺寸根据直径 d_1 的大小按表 10-22 选取。

　　2. B 型退刀槽长度可按本表选取。

表 10-24　齿轮加工退刀槽（JB/ZQ 4238—2006）　　　　单位：mm

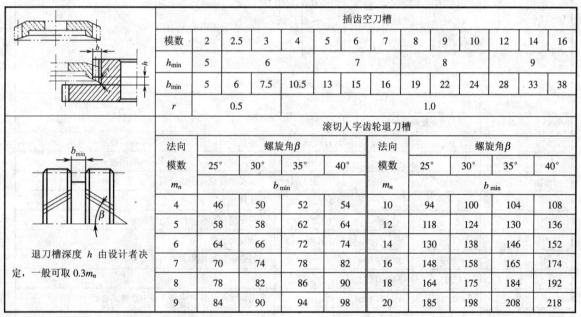

						插齿空刀槽								
模数	2	2.5	3	4	5	6	7	8	9	10	12	14	16
h_{min}	5		6				7			8			9
b_{min}	5	6	7.5	10.5	13	15	16	19	22	24	28	33	38
r		0.5					1.0						

	滚切人字齿轮退刀槽								
法向	螺旋角β				法向	螺旋角β			
模数	25°	30°	35°	40°	模数	25°	30°	35°	40°
m_n	b_{min}				m_n	b_{min}			
4	46	50	52	54	10	94	100	104	108
5	58	58	62	64	12	118	124	130	136
6	64	66	72	74	14	130	138	146	152
7	70	74	78	82	16	148	158	165	174
8	78	82	86	90	18	164	175	184	192
9	84	90	94	98	20	185	198	208	218

退刀槽深度 h 由设计者决定，一般可取 $0.3m_n$

10.2.9　刨削、插削越程槽（表 10-25）

表 10-25　刨削、插削越程槽　　　　单位：mm

机床名称	刨削、插削越程
龙门刨	$a+b=100\sim200$
牛头刨、立刨床	$a+b=50\sim75$
大插床	$50\sim100$
小插床	$10\sim12$

10.2.10 齿轮滚刀外径尺寸（表10-26）

表10-26 齿轮滚刀外径尺寸（GB/T 6083—2001）　　　　单位：mm

模数 m		1	1.5	2	2.5	3	4	5	6	7	8	9	10
滚刀外径 d_e	Ⅰ型	63	71	80	90	100	112	125	140	140	160	180	200
	Ⅱ型	50	63	71	71	80	90	100	112	118	125	140	150

注：Ⅰ型适用于 JB 3327 规定的高精度齿轮滚刀及 GB/T 6084—2001 的 AA 级滚刀。Ⅱ型适用于技术条件按 GB/T 6084—2001 的齿轮滚刀。

10.2.11 锥度与锥角系列（表10-27）

表10-27 锥度与锥角系列（GB/T 157—2001）

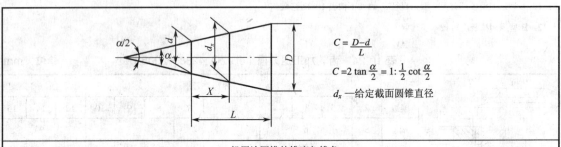

$$C = \frac{D-d}{L}$$

$$C = 2\tan\frac{\alpha}{2} = 1 : \frac{1}{2}\cot\frac{\alpha}{2}$$

d_x —给定截面圆锥直径

一般用途圆锥的锥度与锥角				
基本值		推算值		备　　注
系列1	系列2	圆锥角 α	锥度 C	
120°	—	—	1:0.288 675	螺纹孔内倒角，填料盒内填料的锥度
90°	—	—	1:0.500 000	沉头螺钉头，螺纹倒角，轴的倒角
	75°	—	1:0.651 613	沉头带榫螺栓的螺栓头
60°	—	—	1:0.866 025	车床顶尖，中心孔
45°	—	—	1:1.207 107	用于轻型螺纹管接口的锥形密合
30°	—	—	1:1.866 025	摩擦离合器
1:3		18°55′28.7″	18.924 644°	—	具有极限转矩的摩擦圆锥离合器
	1:4	14°15′0.1″	14.250 033°	—	
1:5		11°25′16.3″	11.421 186°	—	易拆零件的锥形连接，锥形摩擦离合器
	1:6	9°31′38.2″	9.527 283°	—	
	1:7	8°10′16.4″	8.171 234°	—	重型机床顶尖，旋塞
	1:8	7°9′9.6″	7.152 669°	—	联轴器和轴的圆锥面连接
1:10		5°43′29.3″	5.724 810°	—	受轴向力及横向力的锥形零件的接合面，电机及其他机械的锥形轴端
	1:12	4°46′18.8″	4.771 888°	—	固定球及滚子轴承的衬套
	1:15	3°49′5.9″	3.818 305°	—	受轴向力的锥形零件的接合面，活塞与其杆的连接
1:20		2°51′51.1″	2.864 192°	—	机床主轴的锥度，刀具尾柄，米制锥度铰刀，圆锥螺栓
1:30		1°54′34.9″	1.909 683°	—	装柄的铰刀及扩孔钻

续表

一般用途圆锥的锥度与锥角				
基本值		推 算 值		备　　　注
系列 1	系列 2	圆锥角 α	锥度 C	
1:50		1°8′45.2″	1.145 877°	—	圆锥销，定位销，圆锥销孔的铰刀
1:100		0°34′22.6″	0.572 953°	—	承受陡振及静、变载荷的不需拆开的连接零件，楔键
1:200		0°17′11.3″	0.286 478°	—	承受陡振及冲击变载荷的需拆开的连接零件，圆锥螺栓
特殊用途圆锥的锥度与锥角				
7:24		16°35′39.4″	16.594 290°	1:3.428 571	机床主轴，工具配合
6:100		3°26′12.2″	3.436 716°	—	医疗设备
1:19.002		3°0′52.4″	3.014 544°	—	莫氏锥度 No.5
1:19.180		2°59′11.7″	2.986 591°	—	No.6
1:19.212		2°58′53.8″	2.981 618°	—	No.0
1:19.254		2°58′30.4″	2.975 117°	—	No.4
1:19.922		2°52′31.4″	2.875 402°	—	No.3
1:20.020		2°51′40.8″	2.861 332°	—	No.2
1:20.047		2°51′26.9″	2.857 480°	—	No.1

注：优选选用第一系列，当不能满足需要时选用第二系列。

10.2.12　机器轴高和轴伸（表 10-28～表 10-31）

表 10-28　机器轴高（摘自 GB/T 12217—2005）　　　单位：mm

轴高 h 基本尺寸系列				轴高 h 基本尺寸系列				轴高 h 基本尺寸系列				轴高 h 基本尺寸系列			
I	II	III	IV	I	II	III	IV	I	II	III	IV	I	II	III	IV
25	25	25	25				75			225	225				670
			26		80	80	80				236			710	710
		28	28				85	250	250	250	250				750
			30			90	90				265		800	800	800
	32	32	32				95			280	280				850
			34	100	100	100	100				300			900	900
		36	36				105		315	315	315				950
			38			112	112				335	1000	1000	1000	1000
40	40	40	40				118			355	355				1060
			42			125	125				375			1120	1120
		45	45				132	400	400	400	400				1180
			48			140	140				425		1250	1250	1250
	50	50	50				150			450	450				1320
			53	160	160	160	160				475			1400	1400
		56	56				170		500	500	500				1500
			60			180	180				530	1600	1600	1600	1600
63	63	63	63				190			560	560				

轴高 h 基本尺寸系列				轴高 h 基本尺寸系列				轴高 h 基本尺寸系列				轴高 h 基本尺寸系列			
I	II	III	IV	I	II	III	IV	I	II	III	IV	I	II	III	IV
		67		200	200	200				600					
	71	71					212	630	630	630	630				

轴高 h	轴高的极限偏差		平行度公差		
	电动机、从动机、减速器等	除电动机以外的主动机器	$L<2.5h$	$2.5h \leq L \leq 4h$	$L>4h$
25~50	0 / −0.4	+0.4 / 0	0.2	0.3	0.4
>50~250	0 / −0.5	+0.5 / 0	0.25	0.4	0.5
>250~630	0 / −1.0	+1.0 / 0	0.5	0.75	1.0
>630~1000	0 / −1.5	+1.5 / 0	0.75	1.0	1.5
>1000	0 / −2.0	+2.0 / 0	1.0	1.5	2.0

注：1. 机器轴高优先选用第 I 系列数值，若不能满足需要时，可选用 II 系列值，尽量不采用第 IV 系列数值。

2. h 不包含安装所用的垫片在内，如果机器需配备绝缘垫片时，其垫片厚度应包含在内。L 为轴全长。

3. 对于支撑平面不在底部的机器，应按轴伸线到机器底部的距离选取极限偏差及平行度公差。

表 10-29　圆柱形轴伸（摘自 GB/T 1569—2005）　　　　单位：mm

d		L	
基本尺寸	极限偏差	长系列	短系列
6,7	j6	16	—
8,9		20	—
10,11		23	20
12,14		30	25
16,18,19		40	28
20,22,24		50	36
25,28		60	42
30		80	58
32,35,38	k6	80	58
40,42,45,48,50		110	82
55,56		110	82
60,63,65,70,71,75	m6	140	105
80,85,90,95		170	130
100,110,120,125		210	165
130,140,150		250	200
160,170,180		300	240
190,200,220		350	280
240,250,260		410	330

续表

		d		L	
		基本尺寸	极限偏差	长系列	短系列
		280,300,320		470	380
		340,360,380		550	450
		400,420,440,450,480,500		650	540
		530,560,600,630		800	680

表 10-30　圆锥形轴伸（摘自 GB/T 1570—2005）　　　　单位：mm

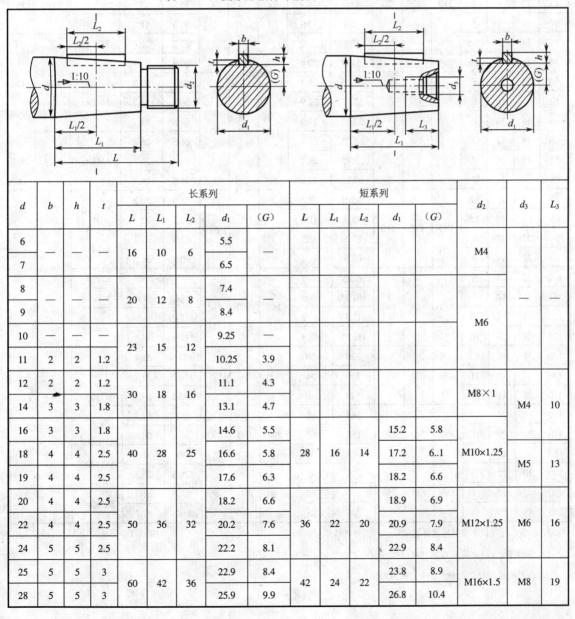

d	b	h	t	长系列					短系列					d_2	d_3	L_3
				L	L_1	L_2	d_1	(G)	L	L_1	L_2	d_1	(G)			
6	—	—	—	16	10	6	5.5	—						M4		
7							6.5									
8				20	12	8	7.4							M6	—	
9							8.4									
10	—	—	—	23	15	12	9.25	—								
11	2	2	1.2				10.25	3.9								
12	2	2	1.2	30	18	16	11.1	4.3						M8×1		
14	3	3	1.8				13.1	4.7							M4	10
16	3	3	1.8				14.6	5.5					15.2	5.8			
18	4	4	2.5	40	28	25	16.6	5.8	28	16	14	17.2	6..1	M10×1.25	M5	13
19	4	4	2.5				17.6	6.3				18.2	6.6			
20	4	4	2.5				18.2	6.6				18.9	6.9			
22	4	4	2.5	50	36	32	20.2	7.6	36	22	20	20.9	7.9	M12×1.25	M6	16
24	5	5	2.5				22.2	8.1				22.9	8.4			
25	5	5	3	60	42	36	22.9	8.4	42	24	22	23.8	8.9	M16×1.5	M8	19
28	5	5	3				25.9	9.9				26.8	10.4			

d	b	h	t	长系列					短系列					d_2	d_3	L_3
				L	L_1	L_2	d_1	(G)	L	L_1	L_2	d_1	(G)			
30	5	5	3	80	58	50	27.1	10.5	58	36	32	28.2	11.1	M20×1.5	M10	22
32	6	6	3.5				29.1	11.0				30.2	11.6			
35	6	6	3.5				32.1	12.5				33.2	13.1			
38	6	6	3.5				35.1	14.0				36.2	14.6	M24×2	M12	28
40	10	8	5	110	82	70	35.9	12.9	82	54	50	37.3	13.6			
42	10	8	5				37.9	13.9				39.3	14.6			
45	12	8	5				40.9	15.4				42.3	16.1	M30×2	M16	36
48	12	8	5				43.9	16.9				45.3	17.6			
50	12	8	5				45.9	17.9				47.3	18.6			
55	14	9	5.5				50.9	19.9				52.3	20.6	M36×3		
56	14	9	5.5				51.9	20.4				53.3	21.1			
60	16	10	6	140	105	100	54.75	21.4	105	70	63	56.5	22.2	M42×3	M20	42
63	16	10	6				57.75	22.9				59.5	23.7			
65	16	10	6				59.75	23.9				61.5	24.7			
70	18	11	7				64.75	25.4				66.5	26.2	M48×3	M24	50
71	18	11	7				65.75	25.9				67.5	26.7			
75	18	11	7				69.75	27.9				71.5	28.7			
80	20	12	7.5	170	130	110	73.5	29.2	130	90	80	75.5	30.2	M56×4		
85	20	12	7.5				78.5	31.7				80.5	32.7			
90	22	14	9				83.5	32.7				85.5	33.7	M64×4		
95	22	14	9				88.5	35.2				90.5	36.2			
100	25	14	9	210	165	140	91.75	36.9	165	120	110	94	38	M72×4		
110	25	14	9				101.75	41.9				104	43	M80×4		
120	28	16	10				111.75	45.9				114	47	M90×4		
125	28	16	10				116.75	48.3				119	49.5			
130	28	16	10	250	200	180	120	50	200	150	125	122.5	51.2	M100×4	—	—
140	32	18	11				130	54				132.5	55.2			
150	32	18	11				140	59				142.5	60.2	M110×4		
160	36	20	12	300	240	220	148	62	240	180	160	151	63.5	M125×4		
170	36	20	12				158	67				161	68.5			
180	40	22	13				168	71				171	72.5	M140×6		
190	40	22	13				176	75				179.5	76.7			
200	40	22	13	350	280	250	186	80	280	210	180	189.5	81.7	M160×6		
220	45	25	15				206	88				209.5	89.7			

注: 1. φ220mm 及以下的圆锥轴伸键槽底面与圆锥轴线平行。

2. 键槽深度 t 可由测量 G 来代替或按表 10-32 的规定，测量 t_2。

3. L_2 可根据需要选取小于表中的数值。

表 10-31 圆锥形轴伸圆锥角公差（GB/T 1570—2005） 单位：mm

直径 d	6～10	11～18	19～30	32～50	55～80	85～120	125～180	190～220
L_1 的轴向极限偏差	0 −0.22	0 −0.27	0 −0.33	0 −0.39	0 −0.46	0 −0.54	0 −0.63	0 −0.72
基本直径 d 公差	IT8							
1:10 圆锥角公差	AT6							

注：用圆锥环规检验时，研合的轴向力为 100N，涂层厚度当圆锥长度 L_1=10～40mm 时为 0.5μm；当圆锥长度 L_1>40～100mm 时为 1 μm；当圆锥长度 L_1>100～250mm 时为 1.5 μm；当圆锥长度 L_1>250～630mm 时为 2.5 μm；在检验中接触率应不小于 70%。

表 10-32 圆锥形轴伸大端处键槽深度尺寸（GB/T 1570—2005） 单位：mm

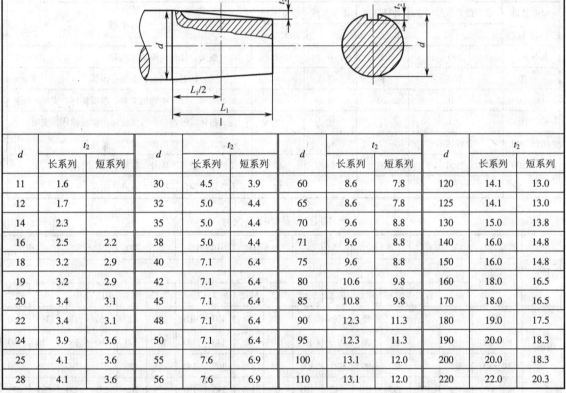

d	t_2 长系列	t_2 短系列	d	t_2 长系列	t_2 短系列	d	t_2 长系列	t_2 短系列	d	t_2 长系列	t_2 短系列
11	1.6		30	4.5	3.9	60	8.6	7.8	120	14.1	13.0
12	1.7		32	5.0	4.4	65	8.6	7.8	125	14.1	13.0
14	2.3		35	5.0	4.4	70	9.6	8.8	130	15.0	13.8
16	2.5	2.2	38	5.0	4.4	71	9.6	8.8	140	16.0	14.8
18	3.2	2.9	40	7.1	6.4	75	9.6	8.8	150	16.0	14.8
19	3.2	2.9	42	7.1	6.4	80	10.6	9.8	160	18.0	16.5
20	3.4	3.1	45	7.1	6.4	85	10.8	9.8	170	18.0	16.5
22	3.4	3.1	48	7.1	6.4	90	12.3	11.3	180	19.0	17.5
24	3.9	3.6	50	7.1	6.4	95	12.3	11.3	190	20.0	18.3
25	4.1	3.6	55	7.6	6.9	100	13.1	12.0	200	20.0	18.3
28	4.1	3.6	56	7.6	6.9	110	13.1	12.0	220	22.0	20.3

注：对键槽底面平行于轴线的键槽，当按照轴伸大端直径来检验键槽深度时，其数值应符合本表中 t_2 的规定，t_2 的极限偏差与 t 的极限偏差相同，此时表 10-30 中的 t 作为参考尺寸。

10.2.13 铸件最小壁厚和最小铸孔尺寸（表 10-33，表 10-34，表 10-35）

表 10-33 铸件最小壁厚 单位：mm

铸造方法	铸件尺寸	铸钢	灰铸铁	球墨铸铁	可锻铸铁	铝合金	镁合金	铜合金
砂型	～200×200	8	～6	6	5	3	3	3～5
	>200×200 ～ 500×500	10～12	>6～10	12	8	4	—	6～8
	>500×500	15～20	15～20	—		6	—	—

铸造方法	铸件尺寸	铸钢	灰铸铁	球墨铸铁	可锻铸铁	铝合金	镁合金	铜合金
金属型	～70×70	5	4	—	2.5～3.5	2～3	—	3
	70×70～150×150	—	5	—	—	4	2.5	4～5
	>150×150	10	6	—	—	5	—	6～8

注：1. 一般铸造条件下，各种灰铸铁的最小允许壁厚δ（mm）：HT100，HT150，$\delta=4～6$；HT200，$\delta=6～8$；HT250，$\delta=6～8$；HT300，HT350，$\delta=15$；HT400，$\delta \geqslant 20$。

  2. 如有特殊要求，在改善铸造条件下，灰铸铁最小壁厚可达 3mm，可锻铸铁可小于 3mm。

表 10-34 外壁、内壁与肋的厚度

零件质量（kg）	零件最大外形尺寸 单位：mm	外壁厚度	内壁厚度	肋的厚度	零件举例
～5	300	7	6	5	盖、拨叉、杠杆、端盖、轴套
6～10	500	8	7	5	盖、门、轴套、挡板、支架、箱体
11～60	750	10	8	6	盖、箱体、罩、电动机支架、溜板箱体、支架、托架
61～100	1250	12	10	8	盖、箱体、镗模架、液压缸体、溜板箱体、支架
101～500	1700	14	12	8	油盘、盖、床鞍箱体、带轮、镗模架
501～800	2500	16	14	10	镗模架、箱体、床身、轮缘、盖、滑座
801～1200	3000	18	16	12	小立柱、箱体、滑座、床身、床鞍、油盘

表 10-35 最小铸孔尺寸　　　　　　　　　　　单位：mm

材料	孔壁厚度 孔的深度	<25		26～50		51～75		76～100		101～150		151～200		201～300		≥301	
		\multicolumn{16}{最小孔径}
		加工	铸造	加工	铸造	加工	铸造	加工	铸造	加工	铸造	加工	铸造	加工	铸造	加工	铸造
碳钢与一般合金钢	≤100	75	55	75	55	90	70	100	80	120	100	140	120	160	140	180	160
	101～200	75	55	90	70	100	80	110	90	140	120	160	140	180	160	210	190
	201～400	105	80	115	90	125	100	135	110	165	140	195	170	215	190	255	230
	401～600	125	100	135	110	145	120	165	140	195	170	225	200	255	230	295	270
	601～1000	150	120	160	130	180	150	200	170	230	200	260	230	300	270	340	310
高锰钢	孔壁厚度	<50				51～100						≥101					
	最小孔径	20				30						40					
灰铸铁	大量生产：12～15，成批生产：15～30，小批、单件生产：30～50																

注：1. 不透圆孔最小容许铸造孔直径比表中值大 20%，矩形或方形孔其短边要大于表中值的 20%，而不透矩形或方形孔则要大 40%。

  2. 难加工的金属，如高锰钢铸件等的孔应尽量铸出，而其中需要加工的孔，常用镶铸碳素钢的方法，待铸出后，再在镶铸的碳素钢部分进行加工。

10.2.14　铸造过度斜度与铸造斜度（表 10-36，表 10-37）

表 10-36　铸造过度斜度（JB/ZQ 4254—2006）　　　单位：mm

铸铁和铸钢件的壁厚δ	K	h	R	铸铁和铸钢件的壁厚δ	K	h	R
10～15	3	15	5	>45～50	10	50	10
>15～20	4	20	5	>50～55	11	55	10
>20～25	5	25	5	>55～60	12	60	15
>25～30	6	30	8	>60～65	13	65	15
>30～35	7	35	8	>65～70	14	70	15
>35～40	8	40	10	>70～75	15	75	15
>40～45	9	45	10				

适用于减速器、连接管汽缸及其他各种连接法兰等铸件的过度部分

表 10-37　铸造斜度（结构斜度）（JB/ZQ 4257—1997）

图例	斜度 b:h	角度 β	应用范围
斜度 b:h	1:5	11°30′	H<25 mm 时钢和铁的铸件
	1:10	5°30′	h=25～500 mm 时钢和铁的铸件
	1:20	3°	
	1:50	1°	h>500 mm 时钢和铁的铸件
	1:100	30′	非铁合金铸件

注：当设计不同壁厚的铸件时，在转折点处的斜角最大还可增大到30°～45°。

10.2.15　铸造内圆角（表 10-38）

表 10-38　铸造内圆角（JB/ZQ 4255—2006）　　　单位：mm

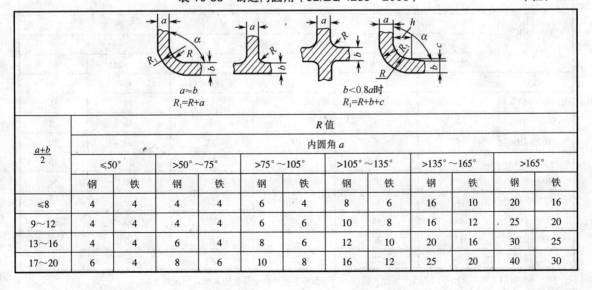

$a≈b$　$R_1=R+a$　　$b<0.8a$时　$R_1=R+b+c$

$\frac{a+b}{2}$	\multicolumn{12}{c}{R 值 内圆角 a}											
	≤50°		>50°～75°		>75°～105°		>105°～135°		>135°～165°		>165°	
	钢	铁	钢	铁	钢	铁	钢	铁	钢	铁	钢	铁
≤8	4	4	4	4	6	4	8	6	16	10	20	16
9～12	4	4	4	4	6	6	10	8	16	12	25	20
13～16	4	4	6	4	8	6	12	10	20	16	30	25
17～20	6	4	8	6	10	8	16	12	25	20	40	30

	钢	铁	钢	铁	钢	铁	钢	铁	钢	铁	钢	铁
21～27	6	6	10	8	12	10	20	16	30	25	50	40
28～35	8	6	12	10	16	12	25	20	40	30	60	50
36～45	10	8	16	12	20	16	30	25	50	40	80	60
46～60	12	10	20	16	25	20	35	30	60	50	100	80
61～80	16	12	25	20	30	25	40	35	80	60	120	100
81～110	20	16	25	20	35	30	50	40	100	80	160	120
111～150	20	16	30	25	40	35	60	50	100	80	160	120
151～200	25	20	40	30	50	40	80	60	120	100	200	160
201～250	30	25	50	40	60	50	100	80	160	120	250	200
251～300	40	30	60	50	80	60	120	100	200	160	300	250
>300	50	40	80	60	100	80	160	120	250	200	400	300

过渡尺寸 c 和 h 值					
$b:a$		≤0.4	>0.4～0.65	>0.65～0.80	>0.8
≈c		0.7（$a-b$）	0.8（$a-b$）	$a-b$	—
≈h	钢	$8c$			
	铁	$9c$			

10.2.16　铸造外圆角（表10-39）

表10-39　铸造外圆角（JB/ZQ 4256—2006）　　　　　　　单位：mm

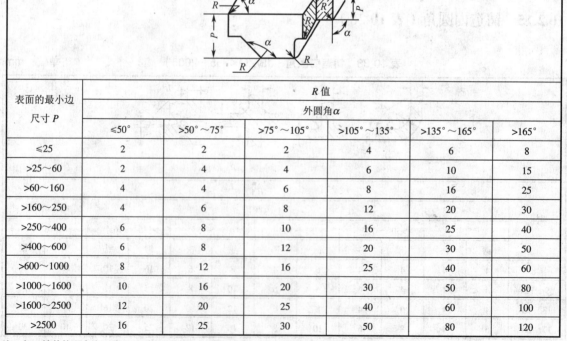

表面的最小边尺寸 P	R 值					
	外圆角α					
	≤50°	>50°～75°	>75°～105°	>105°～135°	>135°～165°	>165°
≤25	2	2	2	4	6	8
>25～60	2	4	4	6	10	15
>60～160	4	4	6	8	16	25
>160～250	4	6	8	12	20	30
>250～400	6	8	10	16	25	40
>400～600	6	8	12	20	30	50
>600～1000	8	12	16	25	40	60
>1000～1600	10	16	20	30	50	80
>1600～2500	12	20	25	40	60	100
>2500	16	25	30	50	80	120

注：如一铸件按照上表可选出不同的圆角半径 R 时，应尽量减少或只取一适当的 R 值，以求统一。

10.2.17 焊接符号及应用示例（表 10-40，表 10-41）

表 10-40 焊接符号表示法（GB/T 324—2008）

		基本符号			
名称	示意图	符号	名称	示意图	符号
卷边焊缝（卷边完全融化）	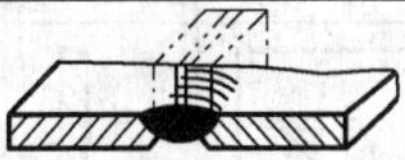	 八	封底焊缝		▽
I 形焊缝		 ‖	角焊缝	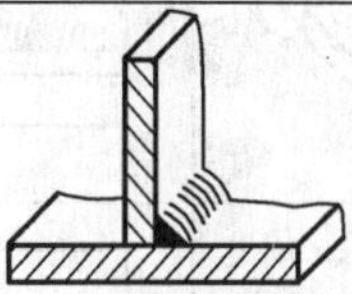	△
V 形焊缝		V	塞焊缝或槽焊缝	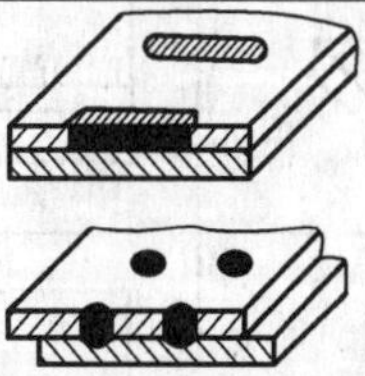	⊓
单边 V 形焊缝		 V			
带钝边 V 形焊缝		Y	点焊缝	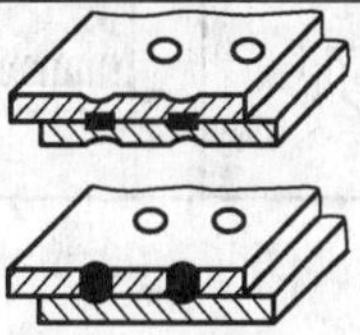	○
带钝边单边 V 形焊缝		Y			
带钝边 U 形焊缝		 Y	缝焊缝	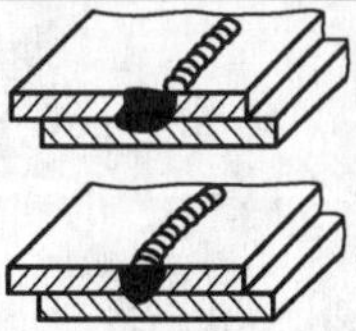	 ⊖
带钝边 J 形焊缝		 Y			

表 10-41 焊缝基本符号的应用示例（GB/T 324—2008）

示意图	图示法	标注方法

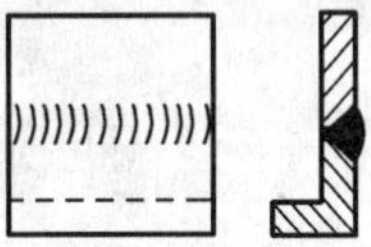

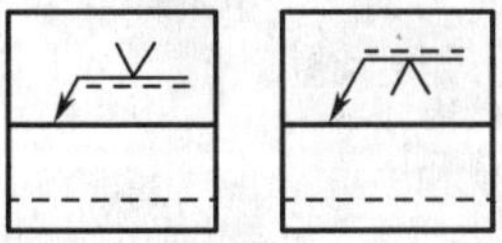

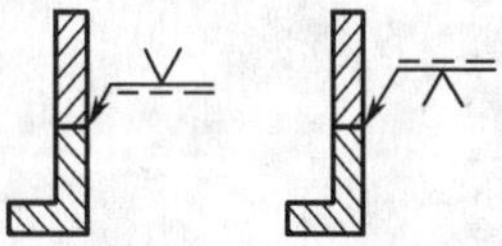

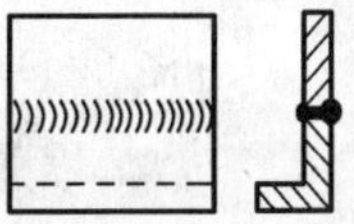

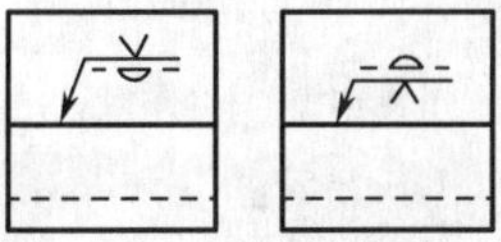

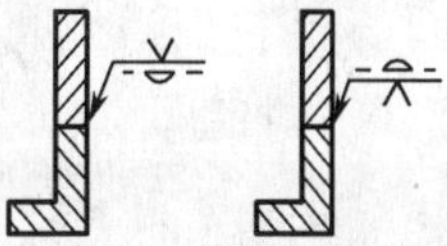

续表

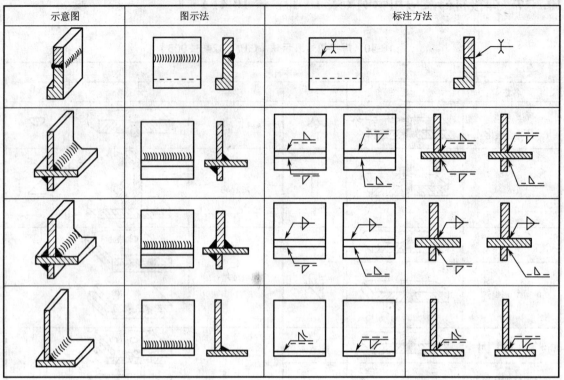

第 11 章 机械工程材料

11.1 黑色金属材料

11.1.1 灰铸铁（表 11-1）

表 11-1 灰铸铁牌号、力学性能及特性（GB/T 9439—1988）

牌号	铸件能达到抗拉强度的参考值			附铸试棒（块）的力学性能						特性和用途（非标准所列，供参考）
	铸件壁厚（mm）		$\sigma_b\geq$ （MPa）	铸件壁厚（mm）		$\sigma_b\geq$（MPa）				
						附铸试棒		附铸试块	铸件	
	>	≤				$\phi30$ mm	$\phi50$ mm	$R15$ mm	$R25$ mm	（参考值）	
HT100	2.5	10	130								外罩、手把、手轮、底板、重锤等形状简单、对强度无要求的零件 铸造应力小，不用人工时效处理，减振性优良，铸造性能好
	10	20	100								
	20	30	90								
	30	50	80								
HT150	2.5	10	175	20	40	130	[120]			120	用于强度要求不高的一般铸件，如端盖、汽轮泵体、轴承座、阀壳、管子及管路附件、手轮；一般机床底座、床身及其他复杂零件、滑座、工作台等；圆周速度为 6～12m/s 的皮带轮。不用人工时效，有良好的减振性，铸造性能好
	10	20	145	40	80	115	[115]	110		105	
	20	30	130	80	150		105		100	90	
	30	50	120	150	300		100		90	80	
HT200	2.5	10	220	20	40	180	[155]	[170]		165	可承受较大弯曲应力用于强度、耐磨性要求较高的较重要的零件和要求保持气密性的铸件，如汽缸、齿轮、底架，机体、飞轮、齿条、衬筒；一般机床铸有导轨的机身及中等压力（800N/cm^2 以下）液压筒、液压泵和阀的壳体等；圆周速度大于 12～20m/s 的带轮。有较好的耐热性和良好的减振性，铸造性良好，需进行人工时效处理
	10	20	195	40	80	160	[155]	150		145	
	20	30	170	80	150		145		140	130	
	30	50	160	150	300		135		130	120	
HT250	4	10	270	20	40	220		[210]		205	基本性能同 HT200，但强度较高，用于阀壳、油缸、气缸、联轴器、机体、齿轮、齿轮箱外壳、飞轮、衬筒、凸轮、轴承座等
	10	20	240	40	80	200	[190]	190		180	
	20	30	220	80	150		180		170	165	
	30	50	200	150	300		165		160	150	

牌号	铸件能达到抗拉强度的参考值			附铸试棒（块）的力学性能						特性和用途（非标准所列，供参考）
	铸件壁厚（mm）		$\sigma_b \geq$（MPa）	铸件壁厚（mm）		$\sigma_b \geq$（MPa）				
	>	≤		>	≤	附铸试棒		附铸试块	铸件（参考值）	
						$\Phi30$ mm	$\Phi50$ mm	$R15$ mm	$R25m$ m	
HT300	10	20	290	20	40	260		[250]	245	可承受高弯曲应力，用于要求高强度，高耐磨性的重要铸件和要求保持高气密性铸件，如齿轮、凸轮、车床卡盘、剪床、压力机身；导板、六角、自行车床及其他重载荷机床铸有导轨的床身；高压液压筒、液压泵和滑阀的壳体等；圆周速度大于20～25m/s 的带轮
	20	30	250	40	80	235	[230]	225	215	
	30	50	230	80	150	210		200	195	
				150	300	195		185	180	白口倾向大，铸造性差，需进行人工时效处理和孕育处理
HT350	10	20	340	20	40	300		[290]	285	齿轮、凸轮、车床卡盘、剪床、压力机的机身；导板、六角、自动车床及其他重载荷机床；高压液压筒、液压泵和滑阀的壳体等
	20	30	290	40	80	270	[265]	260	255	
	30	50	260	80	150	240		230	225	
				150	300	215		210	205	

注：1. 本标准适用于砂型或导热性与砂型相当的铸型铸造的灰铸铁件。

2. 力学性能系铸态情况下的力学性能。

11.1.2　球墨铸铁（表 11-2）

表 11-2　球墨铸铁牌号、力学性能及特性（GB/T 1348—2009）

材料牌号	抗拉强度 R_m（MPa）	屈服强度 $R_{\sigma_{0.2}}$（MPa）	伸长率 A（%）	布氏硬度 HBW	主要基体组织	特性和用途（非标准所列，供参考）
QT350-22L	350	220	22	≤160	铁素体	有较好的塑性与韧性，焊接性与切削性也较好，常温冲击韧性高。用于制造农机具、犁铧、收割机、割草机等；汽车、拖拉机的轮毂、驱动桥壳体、离合器壳、差速器壳等；1.6～6.5MPa 阀门的阀体、阀盖、压缩机气缸、铁路钢轨垫板、电动机机壳、齿轮箱等
QT350-22R						
QT350-22						
QT400-18L	400	240	18	120～175		
QT400-18R						
QT400-18		250				
QT400-15			15	120～180		
QT450-10	450	310	10	160～210		焊接性与切削性均好，塑性略低于 QT400-18，强度与小能量冲击力优于 QT400-18，用途同上
QT500-7	500	320	7	170～230	铁素体+珠光体	强度与塑性中等，切削性尚好。用于制造内燃机油泵齿轮、汽轮机中温汽缸隔板、机车车辆轴瓦、飞轮等
QT550-5	550	350	5	180～250		

续表

材料牌号	抗拉强度 R_m（MPa）	屈服强度 $R_{\sigma_{0.2}}$（MPa）	伸长率 A（%）	布氏硬度 HBW	主要基体组织	特性和用途（非标准所列，供参考）
QT600-3	600	370	3	190～270	珠光体+铁素体	强度和耐磨性性好，塑性韧性较低。用于制造内燃机的曲轴、凸轮轴、连杆等；农机具轻负荷齿轮等；部分磨床、铣床、车床的主轴；空压机、冷冻机、制氧机、泵的曲轴、缸体、缸套等；球磨机齿轮、各种车轮、滚轮、小型水轮机主轴等；球磨机齿轴、矿车等
QT700-2	700	420	2	225～305	珠光体	
QT800-2	800	480	2	245～335	珠光体或索氏体	
QT900-2	900	600	2	280～360	屈氏体或回火马氏体+索氏体	有高的强度和耐磨性，较高的弯曲疲劳强度，接触疲劳强度和一定的韧性。用于内燃机曲轴，凸轮轴，汽车上的圆锥齿轮、转向节、传动轴，拖拉机的减速齿轮和农机具

注：1. 字母"L"表示该牌号有低温（−20℃或−40℃）下的冲击性能要求；字母"R"表示该牌号有室温（23℃）下的冲击性能要求。

2. 球墨铸铁件的力学性能以抗拉强度和伸长率两个指标为验收指标。除特殊情况外，一般不做屈服强度试验。

3. 表中所列的力学性能为从单铸试样测出的力学性能。

11.1.3 铸钢（表 11-3）

表 11-3 一般工程用铸造碳钢件牌号、力学性能及特性（GB/T 11352—2009）

牌号	屈服强度 R_{eH}（$R_{\sigma_{0.2}}$）（MPa）	抗拉强度 R_m（MPa）	伸长率 A_5（%）	根据合同选择			特性和用途
				断面收缩率 Z（%）	冲击吸收功 A_{kV}（J）	冲击吸收功 A_{kU}（J）	
ZG200-400	200	400	25	40	30	47	有良好的塑性、韧性和焊接性，用于机座、变速箱壳等
ZG230-450	230	450	22	32	25	35	有一定的强度和较好的塑性、韧性，可切削性尚好，用于机座、机盖、箱盖、箱体、底板、阀体、锤轮等
ZG270-500	270	500	18	25	22	27	有较高的强度和较好的塑性，铸造性良好，焊接性尚可，可切削性好，用于飞轮、轧钢机架、蒸汽锤、桩锤、联轴器、连杆、箱体、曲拐、水压机工作缸、横梁等
ZG310-570	310	570	15	21	15	24	强度和切削性良好，塑性、韧性较低，硬度和耐磨性较高，焊接性差、流动性好，裂纹敏感性较大，用于载荷较大的零件，各种形状的机件，如联轴器、轮、气缸、齿轮、齿轮圈、棘轮及重载荷机架
ZG340-640	340	640	10	18	10	16	有较高强度、硬度和耐磨性，切削性一般，焊接性差，流动性好。裂纹敏感性较大，用于起重运输机中齿轮、棘轮、联轴器及重要的机件等

注：1. 表中所列的各牌号性能，适应于厚度为 100mm 以下的铸件。当铸件厚度超过 100mm 时，表中规定的 R_{eH}（$R_{\sigma_{0.2}}$）屈服强度仅供设计使用。

2. 表中冲击吸收功 A_{kU} 的试样缺口为 2。

11.1.4 普通碳素结构（表 11-4）

表 11-4 碳素结构钢牌号、力学性能及应用（GB/T 700—2006）

牌号	等级	屈服强度[①] R_{eH}（N/mm²），≥						抗拉强度[②] R_m（N/mm²）	断后伸长率 A（%），≥					冲击试验（V形缺口）	
		厚度（或直径）(mm)							厚度（或直径）(mm)					温度（℃）	冲击吸收功[③]（纵向）(J) ≥
		≤16	>16~40	>40~60	>60~100	>100~150	>150~200		≤40	>40~60	>60~100	>100~150	>150~200		
Q195	—	195	185					315~430	33						
Q215	A	215	205	195	185	175	165	335~450	31	30	29	27	26	—	—
	B													+20	27
Q235	A	235	225	215	215	195	185	370~500	26	25	24	22	21	—	—
	B													+20	27
	C													0	
	D													−20	
Q275	A	275	265	255	245	225	215	410~540	22	21	20	18	17	—	—
	B													+20	27
	C													0	
	D													−20	

注：① Q195 的屈服强度值仅供参考，不作交货条件。

② 厚度大于 100mm 的钢材，抗拉强度下允许降低 20N/mm²，宽带钢（包括剪切钢板）抗拉强度上限不作交货条件。

③ 厚度小于 25mm 的 Q235B 级钢材，如供方能保证冲击吸收功值合格，经需方同意，可不做检验。

11.1.5 优质碳素结构钢（表 11-5）

表 11-5 优质碳素结构钢牌号、力学性能及应用（GB/T 699—1999）

钢号	推荐热处理（℃）			力学性能					特性和用途
	正火	淬火	回火	抗拉强度（MPa）	屈服点（MPa）	伸长率（%）	断面收缩率(%)	冲击功(J)	
08F	930			295	175	35	60	—	这种钢强度不大，而塑性和韧性甚高，有良好的冲压、拉延和弯曲性能，焊接性好。可用做需塑性好的零件，如管子、垫片；心部强度要求不高的渗碳和氰化零件，如套筒、短轴、离合器盘
08	930			325	195	33	60	—	
10F	930			315	185	33	55	—	
10	930			335	205	31	55	—	屈服点和抗拉强度比值较低，塑性和韧性均高，在冷状态下容易模压成形。一般用作拉杆、卡头、垫片、铆钉。无回火脆性倾向，焊接性甚好，冷拉或正火状态的切削加工性能比退火状态好
15	920			375	225	27	55	—	塑性、韧性、焊接性能和冷冲性能均极好，但强度较低。用于受力不大韧性要求较高的零件、渗碳零件、紧固件、冲模锻件及不要热处理的低负荷零件，如螺栓、螺钉、拉条、法兰盘及化工容器、蒸汽锅炉，冷拉或正火状态的切削性能比退火状态好

钢号	推荐热处理（℃）			力学性能					特性和用途
	正火	淬火	回火	抗拉强度（MPa）	屈服点（MPa）	伸长率（%）	断面收缩率(%)	冲击功(J)	
20	910			410	245	25	55	—	冷变形塑性高，一般供弯曲、压延用，为了获得好的深冲压延性能，板材应正火或高温回火。用于不经受很大应力而要求很大韧性的机械零件，如杠杆、轴套、螺钉、起重钩等。还可用于表面硬度高而心部强度要求不大的渗碳和氰化零件。冷拉或正火状态的切削加工性较退火状态好
25	900	870	600	450	275	23	50	71	性能与 20 钢相似，钢的焊接性及冷应变塑性均高，无回火脆性倾向，用于制造焊接设备，以及经锻造、热冲压和机械加工的不承受高应力的零件如轴、辊子、连接器、垫圈、螺栓、螺钉、螺母
30	880	860	600	490	295	21	50	63	截面尺寸不大时，淬火并回火呈索氏体组织，从而获得良好的强度和韧性的综合性能，用于制造螺钉、拉杆、轴、套筒、机座
35	870	850	600	530	315	20	45	55	有良好的塑性和适当的强度，多在正火和调质状态下使用。焊接性能尚可，但焊前要预热，焊后回火处理，一般不做焊接，用于制造曲轴、转轴、杠杆、连杆、圆盘、套筒、钩环、飞轮、机身、法兰、螺栓、螺母
40	860	840	600	570	335	19	45	47	有较好的强度，加工性好，冷变形时塑性中等，焊接性差，焊前先预热，焊后应热处理，多在正火和调质状态下使用，用于制造辊子、轴、曲柄销、活塞杆等
45	850	840	600	600	335	16	40	39	强度较高，塑性和韧性尚好，用于制造承受载荷较大的小截面调质件和应力较小的大型正火零件，以及对心部要求强度不高的表面淬火件如曲轴、转动轴、齿轮、蜗杆、键、销等。水淬时有形成裂纹的倾向，形状复杂的零件应在热水或油中淬火。焊接性差
50	830	830	600	630	375	14	40	31	强度高，塑性、韧性较差，切削性中等，焊接性差，水淬有形成裂痕倾向。一般正火、调质状态下使用，用做要求较高强度、耐磨性或弹性、动载荷及冲击负荷不大的零件如齿轮、机床主轴、连杆、次要弹簧等
55	820	820	600	645	380	13	35	—	同 50 钢
60	810			675	400	12	35	—	强度、硬度和弹性均相当高，切削性焊接性差，水淬有裂痕倾向，小件才能淬火，大件多采用正火，用作轴、轮箍、弹簧、离合器、钢丝绳等受力较大要求耐磨性和一定弹性的零件

钢号	推荐热处理/℃			力学性能					特性和用途
	正火	淬火	回火	抗拉强度（MPa）	屈服点（MPa）	伸长率（%）	断面收缩率(%)	冲击功（J）	
15Mn	920			410	245	26	55	—	是高锰低碳渗碳钢，性能与15号钢相似，但淬透性、强度和塑性都比15钢高，用于制造心部力学性能要求高的渗碳零件，如齿轮、联轴器等，焊接性能尚可
20Mn	910			450	275	24	50	—	
25Mn	900	870	600	490	295	22	50	71	
30Mn	880	860	600	540	351	20	45	63	强度和淬透性比相应的碳钢高，冷变形时塑性尚好，切削加工性好，有回火脆性倾向，煅后要立即回火，一般在正火状态下使用，用于制造螺栓、螺母、杠杆、转轴、心轴等
35Mn	870	850	600	560	335	18	45	55	
40Mn	860	840	600	590	355	17	45	47	可在正火状态下应用，也可在淬火与回火状态下使用，切削加工性好，冷变形时的塑性中等。焊接性不良。用于制造承受疲劳载荷的零件，如轴承及高应力下工作的螺母、螺钉等
50Mn	830	830	600	645	390	13	40	31	弹性、强度、硬度均高，多在淬火和回火中应用，在某些情况下还可以在正火后使用，焊接性差，用于制造耐磨性要求很高、在高载荷作用下的热处理零件，如齿轮、齿轮轴、摩擦盘等
60Mn	810			695	410	11	35	—	强度较高，淬透性较碳素弹簧钢好，脱碳倾向小，但有过敏感性，易发生淬火裂痕，并有回火脆性，适于制造螺旋弹簧，板簧，各种扁圆弹簧，以及冷拔钢丝和发条等
65Mn	830			735	430	9	30	—	强度高，淬透性较大，脱碳倾向小，但有过热敏感性，易生淬火裂纹，并有回火脆性。适宜制作较大尺寸的各种扁、圆弹簧、发条，以及其他经受摩擦的农机零件，如犁、切刀等，也可制作轻载汽车离合器弹簧
70Mn	790			785	450	8	30	—	弹簧圈、盘簧、止推环、离合器盘、锁紧圈等

11.1.6 合金结构钢（表 11-6）

表 11-6 合金结构钢牌号、力学性能及应用（GB/T3077—1999）

钢 号	热处理					试样毛坯尺寸（mm）	力学性能					供应状态硬度 HB	特性和用途
	淬火			回火			σ_b	σ_s	δ_5	ψ	A_{kV}		
	温度（℃）		冷却剂	温度（℃）	冷却剂		（MPa）		（%）		（J）		
	第一次淬火	第二次淬火					≥						
20Mn2	850 850		水、油 水、油	200 400	水、空气 水、空气	15	785 785	590 590	10	40	47	≤187	截面较小时，相当于20Cr钢，可作渗碳小齿轮、小轴、活塞销、气门推杆、缸套等
30Mn2	840		水	500	水	25	785	635	12	45	63	≤207	用作冷墩的螺栓及截面较大的调质零件
35Mn2	840		水	500	水	25	835	685	12	45	55	≤207	截面小时与40Cr相当，作为载重汽车冷墩的各种质量螺栓及小轴等
45Mn2	840		油	550	水、油	25	885	735	10	45	47	≤217	强度、耐磨性和淬透性均较高，调质后有良好的综合力学性能
20MnV	880		水、油	200	水、空气	15	785	590	10	40	55	≤187	相当于20CrNi渗碳钢，用于制造高压容器、冷冲压件、矿用链环等
35SiMn	900		水	450	水、油	25	885	735	15	45	47	229	如要求低温冲击值不高时可代替40Cr作调质件，耐磨和耐疲劳性较好，适作轴、齿轮及430℃以下的重要紧固件
42SiMn	880		水	590	水	25	885	735	15	40	47	≤229	与35SiMn同，但主要用于制造截面较大需要表面淬火的零件，如轴、齿轮等
20SiMn2MoV	900		油	200	水、空气	试样	1380		10	45	55	≤269	淬火并低温回火后，强度高、韧性好，可替代调质状态下使用的35CrMo、35CrNi3MoA 等
25SiMn2MoV	900		油	200	水、空气	试样	1470		10	40	47	≤269	
37SiMn2MoV	870		水、油	650	水、空气	25	980	835	12	50	63	≤269	有较高的淬透性，一定温度淬火、回火后的综合力学性能最好，低温韧性良好，用于制造大截面重载的轴、转子等
40MnB	850		油	500	水、油	25	980	785	10	45	47	≤207	性能接近40Cr，常用于制造汽车、拖拉机等还可代替40Cr制作较大截面零件，如制作ϕ250～320mm的卷扬机中间轴

续表

钢 号	热处理					试样毛坯尺寸（mm）	力学性能					供应状态硬度（HB）	特性和用途
	淬火			回火			σ_b（MPa）	σ_s	δ_5（%）	ψ	A_{kv}（J）		
	温度（℃）		冷却剂	温度（℃）	冷却剂								
	第一次淬火	第二次淬火					≥						
0MnTiB	860		油	200	水、空气	15	1130	930	10	45	55	≤187	用于代替20CrMnTi制造高级的渗碳件，如汽车、拖拉机上截面较小、中等载荷的齿轮
5Cr	880	780～820	水、油	200	水、空气	15	735	490	11	45	55	≤179	用于制造截面小于30mm、形状简单、心部强度和韧性要求较高、表面受磨损的渗碳或氰化件，如齿轮、凸轮活塞销等
20Cr	880	780～820	水、油	200	水、空气	15	835	540	10	40	47	≤179	
40Cr	850		油	520	水、油	25	980	785	9	45	47	≤207	调质后有良好的综合力学性能，是应用广泛的调质钢，用于轴类零件及曲轴、曲柄、汽车转向节、连杆、螺栓、齿轮等。表淬硬度48～55HRC。截面在50mm以下时，油淬后有较高的疲劳强度，一定条件下可用40MnB、45MnB、35SiMn、42SiMn等代用
12CrMo	900		空气	650	空气	30	410	265	24	60	110	≤179	蒸汽温度达510℃主汽管，管壁温度不大于540℃的蛇形管、导管
15CrMo	900		空气	650	空气	30	400	295	22	60	94	≤179	
12Cr1MoV	970		空气	750	空气	30	490	245	22	50	71	≤179	同12CrMoV，但抗氧化性与热强性比12CrMoV好
25Cr2Mo1VA	1040		空气	700	空气	25	735	590	16	50	47	≤241	蒸汽温度在565℃的汽轮机前汽缸、螺栓、阀杆等
38CrMoA1	940		水、油	640	水、油	30	980	835	14	50	71	≤229	高级氮化钢，用于高耐磨性，高疲劳强度和较高强度、热处理后尺寸精确高的氮化零件，如阀杆、阀门、汽缸套、橡胶塑料挤压机等
	调 质					30	980	835	14	50	70	退火 ≥229	
15CrMn	880		油	200	水、空气	15	785	590	12	50	47	≤179	用做齿轮、塑料模具，汽轮机密封轴套等
25CrMnSi	880		油	480	水、油	25	1080	885	10	40	39	≤217	用于制造重要的焊接件和冲压件
20CrMnMo	850		油	200	水、空气	15	1180	885	10	45	55	≤217	高级渗碳钢，渗碳淬火后具有交稿的抗弯强度和耐磨性，有良好的低温冲击韧性，用于制造齿轮、凸轮轴连杆、活塞销等

续表

钢 号	热处理					力学性能					供应状态硬度（HB）	特性和用途
	淬火			回火		试样毛坯尺寸（mm）	σ_b（MPa）	σ_s	δ_5	ψ	A_{kV}	
	温度（℃）		冷却剂	温度（℃）	冷却剂				（%）		（J）	
	第一次淬火	第二次淬火					≥					
20CrMnTi	880	870	油	200	水、空气	15	1080	835	10	45	55	≤217	用作渗碳零件，渗碳淬火后有良好的耐磨性和抗弯强度，有较高的低温冲击韧性，切削加工性能良好，用于汽车、拖拉机工业。截面在30mm 以下，承受高速、中载荷或重载及冲击和摩擦的主要零件，如齿轮、齿轮轴、十字轴
20CrNi	850		水、油	460	水、油	25	785	590	10	50	63	≤197	用于制造重载荷下工作的重要渗碳件，如齿轮、轴、键、花键轴等
40CrNi	820		油	500	水、油	25	980	785	10	45	55	≤241	调质后有良好的综合力学性能，低温冲击韧性良好，用于制造轴、齿轮、链条等

11.2 有色金属材料

11.2.1 铸造铜合金（表 11-7）

表 11-7 铸造铜合金结构钢牌号、力学性能及应用（GB/T1176—1987）

合 金 牌 号	合金名称	铸造方法	力学性能			特性与用途
			σ_b（MPa）	δ_5（%）	HB*	
ZCuSn3Zn11Pb4 (ZQSn3-12-5)	3-11-4 锡青铜	S	175	8	590	铸造性能好，易加工，耐腐蚀。用于海水、淡水、蒸汽中，压力不大于 2.5MPa 的管配件
		J	215	10	590	
ZCuSn5Pb5Zn5 (ZQSn5-5-5)	5-5-5 锡青铜	S、J	200	13	590	耐磨性和乃腐蚀性好，易加工，铸造性能和气密性较好用于在较高载荷，中等滑动速度下工作的耐磨、耐腐蚀零件，如轴瓦、衬套、缸套、活塞离合器、泵件压盖以及蜗轮等
		Li、La	250	13	635	
ZCuSn10P1 (ZQSn10-1)	10-1 锡青铜	S	220	3	785	硬度高，耐磨性极好，不易产生咬死现象，有较好的铸造性能和切削加工性能，在大气和淡水中有良好的耐蚀性用于重载荷(20MPa 以下)和高滑动速度(8m/s)下工作的耐磨零件，如连杆、衬套、轴瓦、齿轮、蜗轮等
		J	310	2	885	
		Li	330	4	885	
		La	360	6	885	
ZCuSn10Pb5 (ZQSn10-5)	10-5 锡青铜	S	195	10	685	耐腐蚀，特别对稀硫酸、盐酸和脂肪酸。用于结构材料，耐蚀、耐酸的配件及破碎机衬套、轴瓦
		J	145	10	685	

合金牌号	合金名称	铸造方法	力学性能			特性与用途
			σ_b（MPa）	δ_5（%）	HB*	
ZCuPb17Sn4Zn4 (ZQPb17-4-4)	17-4-4 铅青铜	S	150	5	540	耐磨性和自润性能好，易切削，铸造性能差．用于一般耐磨件，高滑动速度的轴承等
		J	175	7	590	
ZCuPb30 (ZQPb30)	30 铅青铜	J	—	—	245	有良好的自润滑性，易切削，铸造性能差，易产生密度偏析用于要求高滑动速度的双金属轴瓦、减摩零件
ZCuAl10Fe3 (ZQAl9-4)	10-3 铝青铜	S	490	13	980	具有高的力学性能，耐磨性和耐蚀性能好，可以焊接，不易钎焊，焊接大型铸件自 700℃ 空冷可以防止变脆用于要求强度高、耐磨、耐蚀的重型铸件，如轴套、螺母、蜗轮以及 250℃ 以下工件的管配件
		J	540	15	1080	
		Li、La	540	15	1080	
ZCuPb10Sn10 (ZQPb10-10)	10-10 铅青铜	S	180	7	635	润滑性能、耐磨性能和耐蚀性能好，适合用做双金属铸造材料用于表面压力高，又存在侧压力的滑动轴承，如轧辊、车辆用轴承、载荷峰值 60MPa 的受冲击的零件，以及最高峰值达 100MPa 的内燃机双金属瓦轴，以及活塞销套、摩擦片等
		J	220	5	685	
		Li、La	220	6	685	
ZCuAl10Fe3 (ZQAl9-4)	10-3 铝青铜	S	490	13	980	具有高的力学性能，耐磨性和耐蚀性能好，可以焊接，不易钎焊，焊接大型铸件自 700℃ 空冷可以防止变脆 。用于要求强度高、耐磨、耐蚀的重型铸件，如轴套、螺母、蜗轮及 250℃ 以下工件的管配件
		J	540	15	1080	
		Li、La	540	15	1080	
ZCuAl10Fe3Mn2 (ZQAl10-3-1.5)	10-3-2 铝青铜	S	490	15	1080	具有高的力学性能和耐磨性，可热处理，高温下耐蚀性和抗氧化性能好，在大气、淡水和海水中耐蚀性好，可以焊接，不易钎焊，焊接大型铸件自 700℃ 空冷可以防止变脆用于要求强度高、耐磨、耐蚀的零件，如齿轮、轴承、衬套、管嘴及耐热管配件等
		J	540	20	1175	
ZCuZn38 (ZH62)	38 黄铜	S	295	30	590	具有优良的铸造性能和较高的力学性能，切削加工性能好，可以焊接，耐蚀性较好，有应力腐蚀开裂倾向 。用于一般结构和耐蚀零件，如法兰、阀座、支架、手柄和螺母等
		J	295	30	685	
ZCuZn26Al4Fe3Mn3	26-4-3-3 铝黄铜	S	600	18	1175	有很高的力学性能，铸造性能良好，在大气、淡水和海水中耐蚀性较好，可以焊接 。用于要求强度高，耐蚀零件
		J	600	18	1275	
		Li、La	600	18	1275	
ZCuZn38Mn2Pb2 (ZHMn58-2-2)	38-2-2 锰黄铜	S	245	10	685	有较高的力学性能和耐蚀性，耐磨性较好，切削性能良好用于一般用途的结构件，船舶、仪表等使用的外形简单的铸件，如套筒、衬套、轴瓦、滑块等
		J	345	18	785	
ZCuZn40Mn2 (ZHMn58-2)	40-2 锰黄铜	S	345	20	785	有较高的力学性能和耐蚀性，铸造性能好，受热时组织稳定用于在大气、淡水、海水、蒸汽(小于 300℃)和各种液体燃料中工作的零件和阀体、阀杆、泵、管接头，以及需要浇注巴氏合金和镀锡零件等
		J	390	25	885	

续表

合金牌号	合金名称	铸造方法	力学性能			特性与用途
			σ_b（MPa）	δ_5（%）	HB[1]	
ZCuZn40Pb2（ZHPb59-1）	40-2 铅黄铜	S	220	15	785	有好的铸件性能和耐磨性，切削加工性能好，耐蚀性较好，在海水中有应力腐蚀倾向，用于一般用途的耐磨、耐蚀零件，如轴套、齿轮等
		J	280	20	885	
ZCuZn16Si4（ZHSi80-3）	16-4 硅黄铜	S	345	15	885	具有较高的力学性能和良好的耐蚀性，铸造性能好，流动性高，铸件组织致密，气密性好，用于接触海水工作非管配件以及水泵、叶轮、旋塞和在大气、淡水、油、燃料、以及工作压力在 4.5MPa 和 250℃ 以下蒸汽中工作的铸件
		J	390	20	980	

注：① 本表布氏硬度数值系试验力，单位为牛顿（N），而一般 HB 数据系以千克力为试验力单位，所以，本表数据应乘以 0.102 后才是 HB 值。

11.2.2　铸造铝合金（表 11-8）

表 11-8　铸造铝合金结构钢牌号、力学性能及应用（GB/T1173—1995）

合金牌号	合金代号	铸造方法	合金状态	力学性能（≥）			特性与用途
				σ_b（MPa）	δ_5（%）	HBS（5/250/30）	
ZAlSi12	ZL102	SB、JB、RB、KB	F	145	4	50	形状复杂、载荷不大而耐蚀的薄壁零件或用做压铸零件，以及工作温度不大于 200℃ 的高气密性零件，如仪表壳体、机器罩、盖子、船舶零件等
		J	F	155	2	50	
		SB、JB、RB、KB	T2	135	4	50	
		J	T2	145	3	50	
ZAlSi9Mg	ZL104	S、J、R、K	F	145	2	50	形状复杂、薄壁、耐腐蚀和承受较高静载荷或受冲击作用的大型零件，如扇风机叶片、水冷式发动机的曲轴箱、滑块和汽缸盖、汽缸头、汽缸体及其他重要零件，工作温度不大于 200℃
		J	T1	195	1.5	65	
		SB、RB、KB	T6	225	2	70	
		J、JB	T6	235	2	70	
ZAlSi8Cu1Mg	ZL106	SB	F	175	1	70	适于形状复杂、承受高静载荷的零件，也可用于要求气密性高或工作温度在 225℃ 以下的零件，如齿轮油泵壳体、水冷发动机汽缸头等
		JB	T1	195	1.5	70	
		SB	T5	235	2	60	
		JB	T5	255	2	70	
		SB	T6	245	1	80	
		JB	T6	265	2	70	
		SB	T7	225	2	60	
		J	T7	245	2	60	

合金牌号	合金代号	铸造方法	合金状态	力学性能（≥）			特性与用途
				σ_b（MPa）	δ_5（%）	HBS (5/250/30)	
ZAlSi2Cu2Mg1	ZL108	J	T1	195	—	85	适用于要求热胀系数小、强度高、耐磨性高、重载荷、温度在250℃以下的零件，如大功率柴油机活塞
		J	T6	255	—	90	
ZalSi12Cu1Mg1Ni1	ZL109	J	T1	195	0.5	90	高速下大功率活塞，工作温度同上
		J	T6	245	—	100	
ZAlCu5Mn	ZL201	S、J、R、K	T4	295	8	70	焊接性能和切削加工性能良好，铸造性差、耐腐蚀性能差。用于制作175～300℃工作的零件，如支臂，挂梁也可用于低温下(-70℃)承受高载荷的零件，是用途较广的一种铝合金
		S、J、R、K	T5	335	4	90	
		S	T7	315	2	80	
ZAlCu5MnA	ZL201A	S、J、R、K	T5	390	8	100	力学性能高于 ZL201，用途同上，主要用于高强度铝合金铸件
ZAlCu4	ZL203	S、R、K	T4	195	6	60	适用于铸造形状简单、承受中等静载荷或冲击载荷、工作温度不超过200℃并要求可切削加工性能良好的小型零件，如曲轴箱、支架、飞轮盖等
		J	T4	205	6	60	
		S、R、K	T5	215	3	70	
		J	T5	225	3	70	
ZAlMg10	ZL301	S、R	T4	280	10	60	受冲击载荷、高静载荷及海水腐蚀，工作温度不大于200℃的零件
ZAlMg5Si1	ZL303	S、J、R、K	F	145	1	55	适于铸造同腐蚀介质接触和在较高温度(不大于220℃)下工作、承受中等载荷的船舶、航空及内燃机车零件
ZAMg8Zn1	ZL305	S	T4	290	8	90	用途和 ZL301 基本相同，但工作温度不宜超过100℃
ZAZn11Si7	ZL401	S、R、K	T1	195	2	80	铸造性能好，耐蚀性能低，用于制造工作温度低于200℃、形状复杂的大型薄壁零件、承受高的静载荷而又不便热处理的零件
		J	T1	245	1.5	90	
ZAlZn6Mg	ZL402	J	T1	235	4	70	制造高强度的零件，承受高的静载荷和冲击载荷而又不经过热处理的零件，如空压机活塞，飞机起落架
		S	T1	215	4	65	

注：1. 表中力学性能系在试样直径为 12mm±0.25mm、标距为 5 倍直径经热处理的条件下测出。材料截面大于试样尺寸时，其力学性能一般比表中低，设计时根据具体情况考虑。

2. 与食物接触的铝制品不允许含有铍（Be），砷含量不大于 0.015%，锌含量不大于 0.3%，铅含量不大于 0.15%。

11.2.3 铸造轴承合金（表 11-9）

表 11-9 铸造轴承合金结构钢牌号、力学性能及应用（GB/T1174—1992）

种类	合金牌号	铸造方法	力学性能（≥）			特性与应用举例
			σ_b（MPa）	δ_5（%）	布氏硬度 HBS	
锡基	ZSnSb12-Pb10Cu4	J	—	—	29	系含锡量最低的锡基轴承合金，因含铅，其浇注性、热强性较差，特点是性软而韧、耐压、强度较高。用于工作温度不高的中速、中载一般机器的主轴承衬
	ZSnSb12Cu6Cd1	J			34	
	ZSnSb11Cu6	J			27	具有较高的抗压强度，一定的冲击韧度和硬度，可塑性好，其导热性耐蚀性优良。适于浇注重载、高速、工作温度低于 110℃ 的重要轴承。如高速蒸汽机（2000 马力）、蜗轮压缩机内燃机轴承、高速机床、压缩机、电动机主轴
	ZSnSb8Cu4	J			24	比 ZSnSb11Cu6 韧性好，强度硬度稍低其他性能与 ZSnSb11Cu6 相近，用于工作温度在 100℃ 以下的大型机器轴承及轴衬，高速重载荷汽车发动机薄壁双金属轴承
	ZSnSb4Cu4	J			20	适用于要求韧性较大和浇注层厚度较薄的重要高速轴承，耐蚀、耐热、耐磨，如蜗轮内燃机高速轴承及轴衬
铅基	ZPbSb16-Sn16Cu2	J	—	—	30	这种合金比应用最为广泛的 ZSnSb11Cu6 合金摩擦因数大，抗压强高，硬度相同，耐磨性及使用寿命相近，且价格低，但冲击韧度低，适于工作温度小于 120℃ 条件下承受无显著冲击载荷、重载荷高速轴承，如汽车、拖拉机的曲柄轴承及轧钢机用减速器及离心泵轴承，150～1200 马力蒸汽蜗轮机，150～750kW 电动机和小于 2000 马力起重机和重载荷的推力轴承
	ZPbSb15-Sn5Cu3Cd2	J			32	与 ZPbSb16Sn16Cu2 相近，是其良好代用材料，适于浇注汽油发动机轴承，各种功率的压缩机外伸轴承、球磨机、小型轧钢机齿轮箱和矿山水泵轴承，以及抽水机、船舶的机械、小于 250kW 电动机
	ZPbSb15Sn10	J			24	这种合金与 ZPbSb16Sn16Cu2 相比，冲击韧度高，摩擦因数大，有良好的磨合性和可塑性，退火后其减磨性、塑性、韧性及强度均显著提高。用于中速、中等冲击和中等载荷机器的轴承，也可作为高温轴承之用
	ZPbSb15Sn5	J			20	塑性及热导率较差，不宜在高温高压及冲击载荷下工作，但工作温度不超过 80～100℃ 和低冲击载荷条件其性能较好，寿命不低，用于低速、轻载机械的轴承

种类	合金牌号	铸造方法	力学性能（≥）			特性与应用举例
			σ_b（MPa）	δ_5（%）	布氏硬度 HBS	
	ZPbSb10Sn6	J			18	其性能与锡基轴承合金 ZCuSnPb4-4 相近，是其理想代替材料。用于工作温度不大于 120℃，承受中等载荷或高速低载荷轴承，如汽车发动机、空压机、高压油泵等主轴轴承及其他耐磨、耐蚀、重载荷的轴承，可代替 ZSnSb4Cu4
铜基	ZCuSn5Pb5Zn5	S、J	200	13	60*	参考铸造铜合金相应牌号的特性与用途
		Li	250	13	65*	
	ZCuSn10P1	S	200	3	80*	
		J	310	2	90*	
		Li	330	4	90*	
	ZCuPb15Sn8	S	170	5	60*	
		J	200	6	65*	
		Li	220	8	65*	
	ZCuPb20Sn5	S	150	5	45*	
		J	150	6	55*	
	ZCuPb30	J	—	—	25*	
	ZCuAl10Fe3	S	490	13	100*	
		J				
		Li	540	15	110*	
铝基	ZAlSn6Cu1Ni1	S	110	10	35*	
		J	130	15	40*	

注：表中带"＊"者为参考硬度值。

11.3 型钢与型材

11.3.1 冷轧钢板和钢带

冷轧钢板和钢带的相观规定及参数参见 GB/T708—2006。产品的形态和边缘状态所对应的尺寸精度的分类见表 11-10，钢板和钢带（包括纵切钢带）的公称厚度为 0.30～4.00mm，钢板和钢带的公称宽度为 600～2050mm，钢板的公称长度为 1000～6000mm；公称厚度小于 1mm 的钢板和钢带厚度按 0.05mm 倍数的任何尺寸，公称厚度不小于 1mm 的钢板和钢带厚度按 0.1mm 倍数的任何尺寸；钢板和钢带（包括纵切钢带）的公称宽度按 10mm 倍数的任何尺寸；根据需方要求可以供应其他尺寸的钢板和钢带。钢板和钢带厚度允许偏差见表 11-11；切边钢板、钢带的宽度允许偏差见表 11-12，不切边钢板、钢带的宽度允许偏差允许供需双方商定，纵切钢带的宽度允许偏差见表 11-13；钢板的长度允许偏差见表 11-14。

表 11-10 产品的形态和边缘状态所对应的尺寸精度的分类

产品形态	边缘状态	分类及代号							
		厚度精度		宽度精度		长度精度		不平度精度	
		普通	较高	普通	较高	普通	较高	普通	较高
钢带	不切边 EM	PT.A	PT.B	PW.A	—	—	—	—	—
	切边 EC				PW.B				
钢板	不切边 EM				—	PL.A	PL.B	PF.A	PF.B
	切边 EC				PW.B				
纵切钢带	切边 EC			—		—	—	—	—

表 11-11 钢板和钢带厚度允许偏差　　　　　　　　　　单位：mm

公称厚度	厚度允许偏差[①]					
	普通精度 PT.A			较高精度 PT.B		
	公称宽度					
	≤1200	>1200～1500	>1500	≤1200	>1200～1500	>1500
≤0.40	±0.04	±0.05	±0.06	±0.025	±0.035	±0.045
>0.40～0.60	±0.05	±0.06	±0.07	±0.035	±0.045	±0.050
>0.60～0.80	±0.06	±0.07	±0.08	±0.040	±0.050	±0.050
>0.80～1.00	±0.07	±0.08	±0.09	±0.045	±0.060	±0.060
>1.00～1.20	±0.08	±0.09	±0.10	±0.055	±0.070	±0.070
>1.20～1.60	±0.10	±0.11	±0.11	±0.070	±0.080	±0.080
>1.60～2.00	±0.12	±0.13	±0.13	±0.080	±0.090	±0.090
>2.00～2.50	±0.14	±0.15	±0.15	±0.100	±0.110	±0.110
>2.50～3.00	±0.16	±0.17	±0.17	±0.110	±0.120	±0.120
>3.00～4.00	±0.17	±0.19	±0.19	±0.140	±0.150	±0.150

注：1. 表中所列数据为规定的最小屈服强度小于 280MPa 的钢板和钢带的厚度允许偏差值。

　　2. 规定的最小屈服强度为 280～360MPa 的钢板和钢带的厚度允许偏差值比表中数据增加 20%，规定的最小屈服强度不小于 360MPa 的钢板和钢带的厚度允许偏差值比表中数据增加 40%。

① 距钢带焊缝处 15mm 内的厚度允许偏差比表中数据增加 60%，距钢带两端各 15mm 内的厚度允差比表中数据增加 60%。

表 11-12 切边钢板、钢带的宽度允许偏差　　　　　　　　　　单位：mm

公称宽度	宽度允许偏差	
	普通精度　PW.A	较高精度　PW.B
≤1200	+4 0	+2 0
>1200～1500	+5 0	+2 0
>1500	+6 0	+3 0

表 11-13　纵切钢带的宽度允许偏差　　　　　　　　　　　　　单位：mm

公称厚度	宽度允许偏差				
	公称宽度				
	≤125	>125～250	>250～400	>400～600	>600
≤0.40	+0.3 0	+0.6 0	+1.0 0	+1.5 0	+2.0 0
>0.40～1.0	+0.5 0	+0.8 0	+1.2 0		
>1.0～1.8	+0.7 0	+1.0 0	+1.5 0	+2.0 0	+2.5 0
>1.8～4.0	+1.0 0	+1.3 0	+1.7 0		

表 11-14　钢板的长度允许偏差　　　　　　　　　　　　　　　单位：mm

公称长度	长度允许偏差	
	普通精度　PL.A	高级精度　PL.B
≤2000	+6 0	+3 0
>2000	+0.3%×公称长度 0	+0.15%×公称长度 0

11.3.2　热轧钢板

热轧钢板相关规定及参数参见 GB/T709—2006。单轧钢板的公称厚度为 3～400mm，公称宽度为 600～4800mm，钢板的公称长度为 2000～20000mm；钢带（包括连轧钢板）的公称厚度为 0.8～25.4mm，钢带（包括连轧钢板）的公称宽度为 600～2200mm，纵切钢带的公称宽度为 120～900mm。单轧钢板的厚度小于 30mm 的钢板按 0.5mm 倍数的任何尺寸，厚度不小于 30mm 的钢板按 1mm 倍数的任何尺寸；单轧钢板的公称宽度按 10mm 或 50mm 倍数的任何尺寸；钢带（包括连轧钢板）的公称厚度按 0.1mm 倍数的任何尺寸，钢带（包括连轧钢板）的公称宽度按 10mm 倍数的任何尺寸；钢板的长度按 50mm 或 100mm 倍数的任何尺寸。根据需方要求，可以供应其他尺寸的钢板和钢带。

单轧钢板的厚度允差（N 类）应符合表 11-15 的规定。根据需方要求，可以供应与表 11-15 规定公差值相等的其他偏差类别的单轧钢板厚度允差见表 11-16 与表 11-17，也可以供应公差值相等的限制正偏差的单轧钢板，正负偏差由供需双方商定。钢带（包括连轧钢板）的厚度偏差应符合表 11-18 的规定，需方要求按较高厚度精度供货时应在合同中注明。根据需方要求，可以在表-11-18 规定的公差范围内调整钢带的正负偏差。切边单轧钢板的宽度允许偏差应符合表 11-19 的规定。不切边单轧钢板的宽度允许偏差由供需双方商定，不切边钢带（包括连轧钢板）的宽度允许偏差应符合表 11-20 的规定。切边钢带（包括连轧钢板）的宽度允许偏差应符合表 11-21 的规定，经供需双方商定，可以供应较高宽度精度的钢带。纵切钢带的宽度允许偏差应符合表 11-22 的规定。单轧钢板长度允许偏差应符合表 11-23 的规定。连轧钢板的长度允许偏差应符合表 11-24 的规定。

表 11-15　单轧钢板的厚度允差（N 类）　　　　　　　　　　单位：mm

公称厚度	下列公称宽度的厚度允许偏差			
	≤1500	>1500～2500	>2500～4000	>4000～4800
3.00～5.00	±0.45	±0.55	±0.65	—
>5.00～8.00	±0.50	±0.60	±0.75	—
>8.00～15.0	±0.55	±0.65	±0.80	±0.90
>15.0～25.0	±0.65	±0.75	±0.90	±1.10
>25.0～40.0	±0.70	±0.80	±1.00	±1.20
>40.0～60.0	±0.80	±0.90	±1.10	±1.30
>60.0～100	±0.90	±1.10	±1.30	±1.50
>100～150	±1.20	±1.40	±1.60	±1.80
>150～200	±1.40	±1.60	±1.80	±1.90
>200～250	±1.60	±1.80	±2.00	±2.20
>250～300	±1.80	±2.00	±2.20	±2.40
>300～400	±2.00	±2.20	±2.40	±2.60

表 11-16　单轧钢板的厚度允差（A 类）　　　　　　　　　　单位：mm

公称厚度	下列公称宽度的厚度允许偏差			
	≤1500	>1500～2500	>2500～4000	>4000～4800
3.00～5.00	+0.55 -0.35	+0.70 -0.40	+0.85 -0.45	—
>5.00～8.00	+0.65 -0.35	+0.75 -0.45	+0.95 -0.55	—
>8.00～15.0	+0.70 -0.40	+0.85 -0.45	+1.05 -0.55	+1.20 -0.60
>15.0～25.0	+0.85 -0.45	+1.00 -0.50	+1.15 -0.65	+1.50 -0.70
>25.0～40.0	+0.90 -0.50	+1.05 -0.55	+1.30 -0.70	+1.60 -0.80
>40.0～60.0	+1.05 -0.55	+1.20 -0.60	+1.45 -0.75	+1.70 -0.90
>60.0～100	+1.20 -0.60	+1.50 -0.70	+1.75 -0.85	+2.00 -1.00
>100～150	+1.60 -0.80	+1.90 -0.90	+2.15 -1.05	+2.40 -1.20
>150～200	+1.90 -0.90	+2.20 -1.00	+2.45 -1.15	+2.50 -1.30
>200～250	+2.20 -1.00	+2.40 -1.20	+2.70 -1.30	+3.00 -1.40
>250～300	+2.40 -1.20	+2.70 -1.30	+2.95 -1.45	+3.20 -1.60
>300～400	+2.70 -1.30	+3.00 -1.40	+3.25 -1.55	+3.50 -1.70

表 11-17　单轧钢板的厚度允差（B 类）　　　　　　单位：mm

公称厚度	下列公称宽度的厚度允许偏差							
	≤1500		>1500～2500		>2500～4000		>4000～4800	
3.00～5.00		+0.60		+0.80		+1.00		—
>5.00～8.00		+0.70		+0.90		+1.20		—
>8.00～15.0		+0.80		+1.00		+1.30		+1.50
>15.0～25.0		+1.00		+1.20		+1.50		+1.90
>25.0～40.0		+1.10		+1.30		+1.70		+2.10
>40.0～60.0	−0.30	+1.30	−0.30	+1.50	−0.30	+1.90	−0.30	+2.30
>60.0～100		+1.50		+1.80		+2.30		+2.70
>100～150		+2.10		+2.50		++2.90		+3.30
>150～200		+2.50		+2.90		+3.30		+3.50
>200～250		+2.90		+3.30		+3.70		+4.10
>250～300		+3.30		+3.70		+4.10		+4.50
>300～400		+3.70		+4.10		+4.50		+4.90

表 11-17　单轧钢板的厚度允差（C 类）　　　　　　单位：mm

公称厚度	下列公称宽度的厚度允许偏差			
	≤1500	>1500～2500	>2500～4000	>4000～4800
3.00～5.00	+0.90	+1.10	+1.30	—
>5.00～8.00	+1.00	+1.20	+1.50	—
>8.00～15.0	+1.10	+1.30	+1.60	+1.80
>15.0～25.0	+1.30	+1.50	+1.80	+2.20
>25.0～40.0	+1.40	+1.60	+2.00	+2.40
>40.0～60.0	+1.60	+1.80	+2.20	+2.60
>60.0～100	+1.80	+2.20	+2.60	+3.00
>100～150	+2.40	+2.80	+3.20	+3.60
>150～200	+2.80	+3.20	+3.60	+3.80
>200～250	+3.20	+3.60	+4.00	+4.40
>250～300	+3.60	+4.00	+4.40	+4.80
>300～400	+4.00	+4.40	+4.80	+5.20

注：≤1500、>1500～2500、>2500～4000、>4000～4800 各列下限均为 0。

表 11-18　钢带（包括连轧钢板）的厚度允许偏差　　　　　　单位：mm

公称厚度	钢带厚度允许偏差[①]							
	普通精度 PT.A				较高精度 PT.B			
	公称宽度				公称宽度			
	600～1200	>1200～1500	>1500～1800	>1800	600～1200	>1200～1500	>1500～1800	>1800
0.8～1.5	±0.15	±0.17	—	—	±0.10	±0.12	—	—
>1.5～2.0	±0.17	±0.19	±0.21	—	±0.13	±0.14	±0.14	—
>2.0～2.5	±0.18	±0.21	±0.23	±0.25	±0.14	±0.15	±0.17	±0.20
>2.5～3.0	±0.20	±0.22	±0.24	±0.26	±0.15	±0.17	±0.19	±0.21

续表

公称厚度	钢带厚度允许偏差[①]							
	普通精度 PT.A				较高精度 PT.B			
	公称宽度				公称宽度			
	600～1200	>1200～1500	>1500～1800	>1800	600～1200	>1200～1500	>1500～1800	>1800
>3.0～4.0	±0.22	±0.24	±0.26	±0.27	±0.17	±0.18	±0.21	±0.22
>4.0～5.0	±0.24	±0.26	±0.28	±0.29	±0.19	±0.21	±0.22	±0.23
>5.0～6.0	±0.26	±0.28	±0.29	±0.31	±0.21	±0.22	±0.23	±0.25
>6.0～8.0	±0.29	±0.30	±0.31	±0.35	±0.23	±0.24	±0.25	±0.28
>8.0～10.0	±0.32	±0.33	±0.34	±0.40	±0.26	±0.26	±0.27	±0.32
>10.0～12.5	±0.35	±0.36	±0.37	±0.43	±0.28	±0.29	±0.30	±0.36
>12.5～15.0	±0.37	±0.38	±0.40	±0.46	±0.30	±0.31	±0.33	±0.39
>15.0～25.4	±0.40	±0.42	±0.45	±0.50	±0.32	±0.34	±0.37	±0.42

注：① 规定最小屈服强度不小于 345MPa 的钢带，厚度偏差应增加 10%。

表 11-19　切边单轧钢板的宽度允许偏差　　　　单位：mm

公称厚度	公称宽度	允许偏差
3～16	≤1500	+10 0
	>1500	+15 0
>16	≤2000	+20 0
	>2000～3000	+25 0
	>3000	+30 0

表 11-20　不切边钢带（包括连轧钢板）的宽度允许偏差　　　　单位：mm

公称宽度	允许偏差
≤1500	+20 0
>1500	+25 0

表 11-21　切边钢带（包括连轧钢板）的宽度允许偏差　　　　单位：mm

公称宽度	允许偏差
≤1200	+3 0
>1200～1500	+5 0
>1500	+6 0

表 11-22 纵切钢带的宽度允许偏差　　　　　　　　　　单位：mm

公称宽度	公称厚度		
	≤4.0	>4.0～8.0	>8.0
120～160	+1 0	+2 0	+2.5 0
>160～250	0	0	0
>250～600	+2 0	+2.5 0	+3 0
>600～900	0	0	0

表 11-23 单轧钢板长度允许偏差　　　　　　　　　　单位：mm

公称长度	允许偏差
2000～4000	+20 0
>4000～6000	+30 0
>6000～8000	+40 0
>8000～10000	+50 0
>10000～15000	+75 0
>15000～20000	+100 0
>20000	由供需双方协商

表 11-24 连轧钢板的长度允许偏差　　　　　　　　　　单位：mm

公称长度	允许偏差
2000～8000	+0.5%×公称长度
>8000	+40 0

11.3.3 热轧圆钢（表 11-25）

表 11-25 热轧圆钢和方钢（GB/T702—2008）

圆钢公称直径 方钢公称边长（mm）	理论质量（kg/m）		圆钢公称直径 方钢公称边长（mm）	理论质量（kg/m）	
	圆钢	方钢		圆钢	方钢
5.5	0.186	0.237	56	19.3	24.6
6	0.222	0.283	58	20.7	26.4
6.5	0.260	0.322	60	22.2	28.3
7	0.302	0.385	63	24.5	31.2
8	0.395	0.502	65	26.0	33.2
9	0.499	0.636	68	28.5	36.3

续表

圆钢公称直径	理论质量（kg/m）		圆钢公称直径	理论质量（kg/m）	
方钢公称边长（mm）	圆钢	方钢	方钢公称边长（mm）	圆钢	方钢
10	0.617	0.785	70	30.2	38.5
11	0.746	0.950	75	34.7	44.2
12	0.888	1.13	80	39.5	50.2
13	1.04	1.33	85	44.5	56.7
14	1.21	1.54	90	49.9	63.6
15	1.39	1.77	95	55.6	70.8
16	1.58	2.01	100	61.7	78.5
17	1.78	2.27	105	68.0	86.5
18	2.00	2.54	110	74.6	95.0
19	2.23	2.83	115	81.5	104
20	2.47	3.14	120	88.8	113
21	2.72	3.46	125	96.3	123
22	2.98	3.80	130	104	133
23	3.26	4.15	135	112	143
24	3.55	4.52	140	121	154
25	3.85	4.91	145	130	165
26	4.17	5.31	150	139	177
27	4.49	5.72	155	148	189
28	4.83	6.15	160	158	201
29	5.18	6.60	165	168	214
30	5.55	7.06	170	178	227
31	5.92	7.54	180	200	254
32	6.31	8.04	190	223	283
33	6.71	8.55	200	247	314
34	7.13	9.07	210	272	
35	7.55	9.62	220	298	
36	7.99	10.2	230	326	
38	8.90	11.3	240	355	
40	9.86	12.6	250	385	
42	10.9	13.8	260	417	
45	12.5	15.9	270	449	
48	14.2	18.1	280	483	
50	15.4	19.6	290	518	
53	17.3	22.0	300	555	
55	18.6	23.7	310	592	

注：表中理论质量按密度 7.85g/cm^3 计算。

11.3.4 冷拉圆钢、方钢、六角钢（表 11-26 ）

表 11-26　冷拉圆钢、方钢、六角钢（GB/T905—1994）

尺寸 (mm)	圆钢		方钢		六角钢	
	截面面积 （mm²）	理论质量 （kg/m）	截面面积 （mm²）	理论质量 （kg/m）	截面面积 （mm²）	理论质量 （kg/m）
3.0	7.069	0.0555	9.000	0.0706	7.794	0.0612
3.2	8.042	0.0631	10.24	0.0804	8.868	0.0696
3.5	9.621	0.0755	12.25	0.0962	10.61	0.0833
4.0	12.57	0.0986	16.00	0.126	13.86	0.109
4.5	15.90	0.125	20.25	0.159	17.54	0.138
5.0	19.83	0.154	25.00	0.196	21.65	0.170
5.5	23.76	0.187	30.25	0.237	26.20	0.206
6.0	28.27	0.222	36.00	0.283	31.18	0.245
6.3	31.17	0.245	39.69	0.312	34.37	0.270
7.0	38.48	0.302	49.00	0.385	42.44	0.333
7.5	44.18	0.347	56.25	0.442	—	—
8.0	50.27	0.395	64.00	0.502	55.43	0.435
8.5	56.75	0.445	72.25	0.567	—	—
9.0	63.62	0.499	81.00	0.636	70.15	0.551
9.5	70.88	0.556	90.25	0.708	—	—
10.0	78.54	0.617	100.0	0.785	86.60	0.680
10.5	86.59	0.680	110.2	0.865	—	—
11.0	95.03	0.746	121.0	0.950	104.8	0.823
11.5	103.9	0.815	132.2	1.04	—	—
12.0	113.1	0.888	144.0	1.13	124.7	0.979
13.0	132.7	1.04	169.0	1.33	146.4	1.15
14.0	153.9	1.21	196.0	1.54	169.7	1.33
15.0	176.7	1.39	225.0	1.77	194.9	1.53
16.0	201.1	1.58	256.0	2.01	221.7	1.74
17.0	227.0	1.78	289.0	2.27	250.3	1.96
18.0	254.5	2.00	324.0	2.54	280.6	2.20
19.0	283.5	2.23	361.0	2.83	312.6	2.45
20.0	314.2	2.47	400.0	3.14	346.4	2.72
21.0	346.4	2.72	441.0	3.46	381.9	3.00
22.0	380.1	2.98	484.0	3.80	419.2	3.29
24.0	452.4	3.55	576.0	4.52	498.8	3.92
25.0	490.9	3.85	625.0	4.91	541.3	4.25
26.0	530.9	4.17	676.0	5.31	585.4	4.60
28.0	615.8	4.83	784.0	6.15	679.0	5.33

续表

尺寸 （mm）	圆钢		方钢		六角钢	
	截面面积 （mm²）	理论质量 （kg/m）	截面面积 （mm²）	理论质量 （kg/m）	截面面积 （mm²）	理论质量 （kg/m）
30.0	706.9	5.55	900.0	7.06	779.4	6.12
32.0	804.2	6.31	102.4	8.04	886.8	6.96
34.0	907.9	7.13	1156	9.07	1001	7.86
35.0	962.1	7.55	1225	9.62	—	1
36.0	—	—	—	—	1122	8.81
38.0	1134	8.90	1444	11.3	1251	9.82
40.0	1257	9.86	1600	12.6	1386	10.9
42.0	1385	10.9	1764	13.8	1528	12.01
45.0	1590	12.5	2025	15.9	1754	13.8
48.0	1810	14.2	2304	18.1	19915	15.7
50.0	1968	15.4	2500	19.6	2165	17.0
52.0	2206	17.3	2809	22.0	2433	19.1
55.0	—	—	—	—	2620	20.5
56.0	2463	19.3	3136	24.6	—	—
60.0	2827	22.2	3600	28.3	3118	24.5
63.0	3117	24.5	3969	31.2	—	—
65.0	—	—	—	—	3654	28.7
67.0	3526	27.7	4489	35.2	—	—
70.0	3848	30.2	4900	38.5	4244	33.1
75.0	4418	34.7	5625	44.2	4871	38.2
80.0	5027	39.5	6400	50.2	5543	43.5

注：1. 表内尺寸一栏，对圆钢表示直径，对方钢表示边长，对六角钢表示对边距离。

2. 表中理论质量按密度为 7.85g/cm³ 计算。对高合金钢计算理论质量时应采用相应牌号的密度。

11.3.5　热轧等边角钢（表 11-27）

表 11-27　热轧等边角钢（GB/T706—2008）

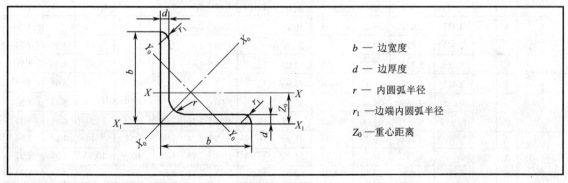

b — 边宽度

d — 边厚度

r — 内圆弧半径

r_1 — 边端内圆弧半径

Z_0 — 重心距离

续表

型号	截面尺寸（mm）			截面面积（cm²）	理论质量（kg/m）	惯性矩（cm⁴）				惯性半径（cm）			截面模数（cm³）			重心距离（cm）
	b	d	r			I_X	I_{X_1}	I_{X_0}	I_{Y_0}	i_X	i_{X_0}	i_{Y_0}	W_X	W_{X_0}	W_{Y_0}	Z_0
2	20	3		1.132	0.889	0.40	0.81	0.63	0.17	0.59	0.75	0.39	0.29	0.45	0.20	0.60
		4	3.5	1.459	1.145	0.50	1.09	0.78	0.22	0.58	0.73	0.38	0.36	0.55	0.24	0.64
2.5	25	3		1.432	1.124	0.82	1.57	1.29	0.34	0.76	0.95	0.49	0.46	0.73	0.33	0.73
		4		1.859	1.459	1.03	2.11	1.62	0.43	0.74	0.93	0.48	0.59	0.92	0.40	0.76
3.0	30	3		1.749	1.373	1.46	2.71	2.31	0.61	0.91	2.31	0.59	1.373	0.117	1.46	0.85
		4		2.276	1.786	1.84	3.63	2.92	0.77	0.90	2.92	0.58	1.786	0.117	1.84	0.89
3.6	36	3	4.5	2.109	1.656	2.58	4.68	4.09	1.07	1.11	4.09	0.71	1.656	0.141	2.58	1.00
		4		2.756	2.163	3.29	6.25	5.22	1.37	1.09	5.22	0.70	2.163	0.141	3.29	1.04
		5		3.382	2.654	3.95	7.84	6.24	1.65	1.08	6.24	0.70	2.654	0.141	3.95	1.07
4	40	3		2.359	1.852	3.59	6.41	5.69	1.49	1.23	1.55	0.79	1.23	2.01	0.96	1.09
		4		3.086	2.422	4.60	8.56	7.29	1.91	1.22	1.54	0.79	1.60	2.58	1.19	1.13
		5	5	3.791	2.976	5.53	10.74	8.76	2.30	1.21	1.52	0.78	1.96	3.10	1.39	1.17
4.5	45	3		2.659	2.088	5.17	9.12	8.20	2.14	1.40	1.76	0.90	1.58	2.58	1.24	1.22
		4		3.486	2.736	6.65	12.18	10.56	2.75	1.38	1.74	0.89	2.05	3.32	1.54	1.26
		5		4.292	3.369	8.04	15.25	12.74	3.33	1.37	1.72	0.88	2.51	4.00	1.81	1.30
		6		5.076	3.985	9.33	18.36	14.76	3.89	1.39	1.7	0.88	2.95	4.64	2.06	1.33
5	50	3		2.971	2.332	7.18	12.50	11.37	2.98	1.55	1.96	1.00	1.96	3.22	1.57	1.34
		4	5.5	3.897	3.059	9.26	16.69	14.70	3.82	1.54	1.94	0.99	2.56	4.16	1.96	1.38
		5		4.803	3.770	11.21	20.90	17.79	4.64	1.53	1.92	0.98	3.13	5.03	2.31	1.42
		6		5.688	4.465	13.05	25.14	20.68	5.42	1.52	1.91	0.98	3.68	5.85	2.63	1.46
5.6	56	3		3.343	2.624	10.19	17.56	16.14	4.24	1.75	2.20	1.13	2.48	4.08	2.02	1.48
		4		4.390	3.446	13.18	23.43	20.92	5.46	1.73	2.18	1.11	3.24	5.28	2.52	1.53
		5	6	5.415	4.251	16.02	29.33	25.42	6.61	1.72	2.17	1.10	3.97	6.42	2.98	1.57
		6		6.420	5.040	23.25	43.33	36.89	9.60	1.83	2.31	1.18	4.68	7.49	3.40	
		7		7.404	5.812	26.44	50.65	41.92	10.96	1.82	2.29	1.17	5.36	8.49	3.80	
		8		8.367	6.586	23.63	47.24	37.37	9.89	1.68	2.11	1.09	6.03	9.44	4.16	1.68
6	60	5		5.829	4.579	19.89	36.05	31.57	8.21	1.86	2.33	1.19	4.59	7.44	3.48	1.67
		6	6.5	6.914	5.427	23.25	43.33	36.89	9.60	1.83	2.31	1.18	5.41	8.70	3.98	1.70
		7		7.977	6.262	26.44	50.65	41.92	10.96	1.82	2.29	1.17	6.21	9.88	4.45	1.74
		8		9.020	7.801	29.47	58.02	46.66	12.28	1.81	2.27	1.17	6.98	11.00	4.88	1.78
6.3	63	4		4.978	3.907	19.03	33.35	30.17	7.89	1.96	2.46	1.26	4.13	6.78	3.29	1.70
		5		6.143	4.822	23.17	41.73	36.77	9.57	1.94	2.45	1.25	5.08	8.25	3.90	1.74
		6	7	7.288	5.721	27.12	50.14	43.03	11.20	1.93	2.43	1.24	6.00	9.66	4.46	1.78
		7		8.412	6.603	30.87	58.60	48.96	12.79	1.92	2.41	1.23	6.88	10.99	4.98	1.82
		8		9.515	7.469	34.46	67.11	54.56	14.33	1.90	2.40	1.23	7.75	12.25	5.47	1.85
		10		11.657	9.151	41.09	84.31	64.85	17.33	1.88	2.36	1.22	9.39	14.56	6.36	1.93
7	70	4		5.570	4.372	26.39	45.74	41.80	10.99	2.18	2.74	1.40	5.14	8.44	4.17	1.86
		5	8	6.875	5.397	32.21	57.21	51.08	13.34	1.16	2.73	1.39	6.32	10.32	4.95	1.91
		6		8.160	6.406	37.77	68.73	59.93	15.61	2.15	2.71	1.38	7.48	12.11	5.67	1.95
		7		9.424	7.398	43.09	80.29	68.35	17.82	2.14	2.69	1.38	8.59	13.81	6.34	1.99

续表

型号	截面尺寸（mm）			截面面积（cm²）	理论质量（kg/m）	惯性矩（cm⁴）				惯性半径（cm）			截面模数（cm³）			重心距离（cm）
	b	d	r			I_X	I_{X_1}	I_{X_0}	I_{Y_0}	i_X	i_{X_0}	i_{Y_0}	W_X	W_{X_0}	W_{Y_0}	Z_0
7		8		10.667	8.373	48.17	91.92	76.37	19.98	2.12	2.68	1.37	9.68	15.34	6.98	2.03
7.5	75	5	9	7.367	5.818	39.97	70.56	63.30	16.63	2.33	2.92	1.50	7.32	11.94	5.77	2.04
		6		8.797	6.905	46.95	84.55	74.38	19.51	2.31	2.90	1.49	8.64	14.02	6.67	2.07
		7		10.160	7.976	53.57	98.71	84.96	22.18	2.30	2.89	1.48	9.93	16.02	7.44	2.11
		8		11.503	9.030	59.96	112.97	95.07	24.86	2.28	2.88	1.47	11.20	17.93	8.19	2.15
		9		12.825	10.068	66.10	127.30	104.71	27.48	2.27	2.86	1.46	12.43	19.75	8.89	2.18
		10		14.126	11.089	71.98	141.71	113.92	30.05	2.26	2.84	1.46	13.64	21.48	9.56	2.22
8	80	5		7.912	6.211	48.79	85.36	77.33	20.25	2.48	3.13	1.60	8.34	13.67	6.66	2.15
		6		9.397	7.376	57.35	102.50	90.98	23.72	2.47	3.11	1.59	9.87	16.08	7.65	2.19
		7		10.860	8.525	65.58	119.70	104.07	27.09	2.46	3.10	1.58	11.37	18.40	8.58	2.23
		8		12.303	9.658	73.49	136.97	116.60	30.39	2.44	3.08	1.57	12.83	20.61	9.46	2.27
		9		13.725	10.744	81.11	154.31	128.60	33.61	2.43	3.06	1.56	14.25	22.73	10.29	2.31
		10		15.126	11.874	88.43	171.74	140.09	36.77	2.42	3.04	1.56	15.64	24.76	11.08	2.35
9	90	6	10	10.637	8.350	82.77	145.87	131.26	34.28	2.79	3.51	1.80	12.61	20.63	9.95	2.44
		7		12.301	9.656	94.83	170.30	150.47	39.18	2.78	3.50	1.78	14.54	23.46	11.19	2.48
		8		13.944	10.946	106.47	194.80	168.97	43.97	2.76	3.48	1.78	16.42	26.55	12.35	2.52
		9		12.566	12.219	117.72	219.39	186.77	48.66	2.75	3.46	1.77	18.27	29.35	13.46	2.56
		10		17.167	13.476	128.58	244.07	203.90	53.26	2.74	3.45	1.76	20.07	32.04	14.52	2.59
		12		20.306	15.940	149.22	293.76	236.21	62.22	2.71	3.41	1.75	23.57	37.12	16.49	2.67
10	100	6	12	11.932	9.366	114.95	200.07	181.98	47.92	3.10	3.90	2.00	15.68	25.74	12.69	2.67
		7		13.796	10.830	131.86	233.54	208.97	54.74	3.09	3.89	1.99	18.10	29.55	14.26	2.71
		8		15.638	12.276	148.24	267.09	235.07	61.41	3.08	3.88	1.98	20.47	33.24	15.75	2.76
		9		17.462	13.708	164.12	300.73	260.30	67.95	3.07	3.86	1.97	22.79	36.81	17.18	2.8
		10		19.261	15.120	179.51	334.48	284.68	74.35	3.05	3.84	1.96	25.06	40.26	18.54	2.84
		12		22.800	17.898	208.90	402.34	330.95	86.84	3.03	3.81	1.95	29.48	46.80	21.08	2.91
		14		26.256	20.611	236.53	470.75	374.06	99.00	3.00	3.77	1.94	33.73	52.90	23.44	2.99
		16		29.627	23.257	262.53	539.80	414.16	110.89	2.98	3.74	1.94	37.82	58.57	25.63	3.06
11	110	7	12	15.196	11.928	177.16	310.64	280.94	73.38	3.41	4.30	2.20	22.05	36.12	17.51	2.96
		8		17.238	13.535	199.46	355.20	316.49	82.42	3.40	4.28	2.19	24.95	40.69	19.39	3.01
		10		21.261	16.690	242.19	444.65	384.39	99.98	3.38	4.25	2.17	30.60	49.42	22.91	3.09
		12		25.200	19.782	282.55	534.60	448.17	116.93	3.35	4.22	2.15	36.05	57.62	26.15	3.16
		14		29.056	22.809	320.71	625.16	508.01	133.40	3.32	4.18	2.14	41.31	65.31	29.14	3.24
12.5	125	8		19.750	15.504	297.03	521.01	470.89	123.16	3.88	4.88	2.50	32.53	53.28	25.86	3.37
		10		24.373	19.133	361.67	651.93	573.89	149.46	3.85	4.85	2.48	39.97	64.93	30.62	3.45
		12		28.912	22.696	423.16	783.42	671.44	174.88	3.83	4.82	2.46	41.17	75.96	35.03	3.53
		14		33.367	26.193	481.65	915.61	763.73	199.57	3.80	4.78	2.45	54.16	86.41	39.13	3.61
		16		37.739	29.625	537.31	1048.62	850.98	223.65	3.77	4.75	2.43	60.93	98.28	42.96	3.68

注：图中 $r_1 = 1/3d$ 及表中的 r 的数据用于孔型设计，不做交货条件。

11.3.6 热轧不等边角钢（表 11-28）

表 11-28 热轧不等边角钢（GB/T706—2008）

B—长边宽度
b—短边宽度
d—边厚度
r—内圆弧半径
r₁—边端圆弧半径
X₀—重心距离
Y₀—重心距离

型号	截面尺寸 (mm)				理论质量 (kg/m)	截面面积 (cm²)	惯性矩 (cm⁴)					惯性半径 (cm)			截面模数 (cm³)			重心距离 (cm)		$\tan\alpha$
	B	b	d	r			I_X	I_{X_1}	I_Y	I_{Y_1}	I_u	i_X	i_Y	i_u	W_X	W_Y	W_u	X_0	Y_0	
2.5/1.6	25	16	3	3.5	0.912	1.162	0.7	1.56	0.22	0.43	0.14	0.78	0.44	0.34	0.43	0.19	0.16	0.42	0.86	0.392
			4		1.176	1.499	0.88	2.09	0.27	0.59	0.17	0.77	0.43	0.34	0.55	0.24	0.20	0.46	1.86	0.381
3.2/2	32	20	3		1.171	1.492	1.53	3.27	0.46	0.82	0.28	1.01	0.55	0.43	0.72	0.30	0.25	0.49	0.90	0.382
			4		1.522	1.939	1.93	4.37	0.57	1.12	0.35	1.00	0.54	0.42	0.93	0.39	0.32	0.53	1.08	0.374
4/2.5	40	25	3	4	1.484	1.890	3.08	5.39	0.93	1.59	0.56	1.28	0.70	0.54	1.15	0.49	0.40	0.59	1.12	0.385
			4		1.936	2.467	3.93	8.53	1.18	2.14	0.71	1.36	0.69	0.54	1.49	0.63	0.52	0.63	1.32	0.381
4.5/2.8	45	28	3	5	1.687	2.149	0.45	9.10	1.34	2.23	0.80	1.44	0.79	0.61	1.47	0.62	0.51	0.64	1.37	0.383
			4		2.203	2.806	5.69	12.13	1.70	3.00	1.02	1.42	0.78	0.60	1.91	0.80	0.66	0.68	1.47	0.380
5/3.2	50	32	3	5.5	1.908	2.431	6.24	12.49	2.02	3.31	1.20	1.60	0.91	0.70	1.84	0.82	0.68	0.73	1.51	0.404
			4		2.494	3.177	8.02	16.65	2.58	4.45	1.53	1.59	0.90	0.69	2.39	1.06	0.87	0.77	1.60	0.402
5.6/3.6	56	36	3	6	2.153	2.743	8.88	17.54	2.92	4.70	1.73	1.80	1.03	0.79	2.32	1.05	0.87	0.80	1.65	0.408
			4		2.818	3.590	11.45	23.39	3.76	6.33	2.33	1.79	1.02	0.79	3.03	1.37	1.13	0.85	1.78	0.408
			5		3.466	4.415	13.86	29.25	4.49	7.94	2.67	1.77	1.01	0.78	3.71	1.65	1.36	0.88	1.82	0.404

续表

型号	截面尺寸 (mm)				理论质量 (kg/m)	截面面积 (cm²)	惯性矩 (cm⁴)					惯性半径 (cm)			截面模数 (cm³)			重心距离 (cm)		tanα
	B	b	d	r			I_X	I_{X1}	I_Y	I_{Y1}	I_u	i_X	i_Y	i_u	W_X	W_Y	W_u	X_0	Y_0	
6.3/4	63	40	4	7	3.185	4.058	16.49	33.30	5.23	8.63	3.12	2.02	1.14	0.88	3.87	1.70	1.40	0.92	1.87	0.398
	63	40	5	7	3.920	4.993	20.02	41.63	6.31	10.86	3.76	2.00	1.12	0.87	4.74	2.07	1.71	0.95	2.04	0.396
	63	40	6	7	4.638	5.908	23.36	49.98	7.29	13.12	4.34	1.96	1.11	0.86	5.59	2.43	1.99	0.99	2.08	0.393
	63	40	7	7	5.339	6.802	26.53	58.07	8.24	15.47	4.79	1.98	1.10	0.86	6.40	2.78	2.29	1.03	2.12	0.389
7/4.5	70	45	4	7.5	3.570	4.547	23.17	45.92	7.55	12.26	4.40	2.26	1.29	0.98	4.86	2.17	1.77	1.02	2.15	0.410
	70	45	5	7.5	4.403	5.609	27.95	57.10	9.13	15.39	5.40	2.23	1.28	0.98	5.92	2.65	2.19	1.06	2.24	0.407
	70	45	6	7.5	5.218	6.647	32.54	68.35	10.62	18.58	6.35	2.21	1.26	0.98	6.95	3.12	2.59	1.09	2.28	0.404
	70	45	7	7.5	6.011	7.657	37.22	79.99	12.01	21.84	7.16	2.20	1.25	0.97	8.03	3.57	2.94	1.13	2.32	0.402
7.5/5	75	50	5	8	4.808	6.125	34.86	70.00	12.61	21.04	7.41	2.39	1.44	1.10	6.83	3.30	2.74	1.17	2.36	0.435
	75	50	6	8	5.699	7.260	41.12	84.30	14.70	25.37	8.54	2.38	1.42	1.08	8.12	3.88	3.19	1.21	2.40	0.435
	75	50	8	8	7.431	9.467	52.39	112.50	18.53	34.23	10.87	2.35	1.40	1.07	10.52	4.99	4.10	1.29	2.44	0.429
	75	50	10	8	9.098	11.59	62.71	140.80	21.96	43.43	13.10	2.33	1.38	1.06	12.79	6.04	4.99	1.36	2.52	0.423
8/5	80	50	5	8	5.005	6.375	41.96	85.21	12.82	21.06	7.66	2.56	1.42	1.10	7.78	3.32	2.74	1.14	2.60	0.388
	80	50	6	8	5.935	7.560	49.49	102.53	14.95	25.41	8.85	2.56	1.41	1.08	9.25	3.91	3.20	1.18	2.65	0.387
	80	50	7	8	6.848	8.724	56.16	119.33	16.96	29.82	10.18	2.54	1.39	1.08	10.58	4.48	3.70	1.21	2.69	0.384
	80	50	8	8	7.745	9.867	62.83	136.41	18.85	34.32	11.38	2.52	1.38	1.07	11.92	5.02	4.16	1.25	2.73	0.381
9/5.6	90	56	5	9	5.661	7.212	60.45	121.32	18.32	29.53	10.98	2.90	1.59	1.23	9.92	4.21	3.49	1.25	2.91	0.385
	90	56	6	9	6.717	8.557	71.03	145.59	21.42	35.58	12.90	2.88	1.58	1.23	11.74	4.96	4.13	1.29	2.95	0.384
	90	56	7	9	7.756	9.880	81.01	169.60	24.36	41.71	14.67	2.86	1.57	1.22	13.49	5.70	4.72	1.33	3.00	0.382
	90	56	8	9	8.779	11.103	91.03	194.17	27.15	47.93	16.34	2.85	1.56	1.21	15.27	6.41	5.29	1.36	3.04	0.380
10/6.3	100	63	6	10	7.550	9.617	99.06	199.71	30.94	50.50	18.42	3.21	1.79	1.38	14.64	6.35	5.25	1.43	3.24	0.394
	100	63	7	10	8.722	11.111	113.45	233.00	35.26	59.14	21.00	3.20	1.78	1.38	16.88	7.29	6.02	1.47	3.28	0.394
	100	63	8	10	9.878	12.534	127.37	266.32	39.39	67.88	23.50	3.18	1.77	1.37	19.08	8.21	6.78	1.50	3.32	0.391
	100	63	10	10	12.142	15.467	153.81	333.06	47.12	85.73	28.33	3.15	1.74	1.35	23.32	9.98	8.24	1.58	3.40	0.387

续表

| 型号 | 截面尺寸 (mm) | | | | 理论质量 (kg/m) | 截面面积 (cm²) | 惯性矩 (cm⁴) | | | | | 惯性半径 (cm) | | | 截面模数 (cm³) | | | 重心距离 (cm) | | tanα |
	B	b	d	r			I_X	I_{X_1}	I_Y	I_{Y_1}	I_u	i_X	i_Y	i_u	W_X	W_Y	W_u	X_0	Y_0	
10/8	100	80	6	10	8.350	10.637	107.04	199.83	61.24	102.68	31.65	3.17	2.40	1.72	15.19	10.16	8.37	1.97	2.95	0.627
			7		9.656	13.301	122.73	233.20	70.08	119.98	36.17	3.16	2.39	1.72	17.52	11.71	9.60	2.01	3.0	0.626
			8		10.946	13.944	137.92	266.61	78.58	137.37	40.58	3.14	2.37	1.71	19.81	13.21	10.80	2.05	3.04	0.625
			10		13.476	17.167	166.87	333.63	94.65	172.48	49.10	3.12	2.35	1.69	24.24	16.12	13.12	2.13	3.12	0.622
11/7	110	70	6	10	8.350	10.637	133.37	265.78	42.92	69.08	25.36	3.54	2.01	1.54	17.85	7.90	6.53	1.57	3.53	0.403
			7		9.656	12.301	153.00	310.07	49.01	80.82	28.95	3.53	2.00	1.53	20.60	9.09	7.50	1.61	3.57	0.402
			8		10.946	13.944	172.04	354.39	54.78	92.70	32.45	3.51	1.98	1.53	23.30	10.25	8.45	1.65	3.62	0.401
			10		13.476	17.167	208.39	443.13	65.88	116.83	39.20	3.48	1.96	1.51	28.54	12.48	10.29	1.72	3.70	0.397
12.5/8	125	80	7	11	11.066	14.096	227.98	454.99	74.42	120.32	43.81	4.02	2.30	1.76	26.86	12.01	9.92	1.80	4.01	0.408
			8		12.551	15.989	256.77	519.99	83.49	137.85	49.15	4.01	2.28	1.75	30.41	13.56	11.18	1.84	4.06	0.407
			10		15.474	19.712	312.04	650.09	100.67	173.40	59.45	3.98	2.25	1.74	37.33	16.56	13.64	1.92	4.14	0.404
			12		18.330	23.351	364.41	780.39	116.67	209.67	69.35	3.95	2.24	1.72	44.01	19.43	16.01	2.00	4.22	0.400
14/9	140	90	8	12	14.160	18.038	365.64	730.53	120.69	195.79	70.83	4.50	2.59	1.98	38.48	17.34	14.31	2.04	4.50	0.411
			10		17.475	22.261	445.50	913.20	140.03	245.92	85.82	4.47	2.56	1.96	47.31	21.22	17.48	2.12	4.58	0.409
			12		20.724	26.400	521.59	1096.09	169.79	296.89	100.21	4.44	2.54	1.95	55.87	24.95	20.54	2.19	4.66	0.406
			14		23.908	30.456	594.10	1279.26	192.10	348.82	114.13	4.42	2.51	1.94	64.18	28.54	23.52	2.27	4.74	0.403
15/9	150	90	8	12	14.788	18.839	442.05	898.35	122.80	195.96	74.14	4.84	2.55	1.98	43.86	17.47	14.48	1.97	4.92	0.364
			10		18.260	23.261	539.24	1122.85	148.62	246.26	89.86	4.81	2.53	1.97	53.97	21.38	17.69	2.05	5.01	0.362
			12		21.666	27.600	632.08	1347.50	172.85	297.46	104.95	4.79	2.50	1.95	63.79	25.14	20.80	2.12	5.09	0.359
			14		25.007	31.856	720.77	1572.38	195.62	349.74	119.53	4.76	2.48	1.94	73.33	28.77	23.84	2.20	5.17	0.356
			15		26.652	33.952	763.62	1684.93	206.50	376.33	126.67	4.74	2.47	1.93	77.99	30.53	25.33	2.24	5.21	0.354
			16		28.281	36.027	805.51	1797.55	217.07	403.24	133.72	4.73	2.45	1.93	82.60	32.27	26.82	2.27	5.25	0.352

续表

型号	截面尺寸 (mm)				理论质量 (kg/m)	截面面积 (cm²)	惯性矩 (cm⁴)					惯性半径 (cm)			截面模数 (cm³)			重心距离 (cm)		tanα
	B	b	d	r			I_X	I_{X_1}	I_Y	I_{Y_1}	I_u	i_X	i_Y	i_u	W_X	W_Y	W_u	X_0	Y_0	
16/10	160	100	10	13	19.872	25.315	668.89	1362.89	205.03	336.59	121.74	5.14	2.85	2.19	62.13	26.56	21.92	2.28	5.24	0.390
			12		23.592	30.054	784.91	1635.56	239.06	405.94	142.33	5.11	2.82	2.17	73.49	31.28	25.79	2.36	5.32	0.388
			14		27.247	34.709	896.30	1908.50	271.20	476.42	162.23	5.18	2.80	2.16	84.56	35.83	29.56	2.43	5.40	0.385
			16		30.835	29.281	1003.04	2181.79	301.60	548.22	182.57	5.05	2.77	2.16	95.33	40.24	33.44	2.51	5.48	0.382
18/11	180	110	10	14	22.273	28.373	956.25	1940.40	278.11	447.22	166.50	5.80	3.13	2.42	78.96	32.49	26.88	2.44	5.89	0.376
			12		26.440	33.712	1124.72	2328.38	325.03	538.94	194.87	5.78	3.10	2.40	93.53	38.32	31.66	2.52	5.98	0.374
			14		30.589	38.967	1286.91	2716.60	369.55	631.95	222.30	5.75	3.08	2.39	107.76	43.97	36.32	2.59	6.06	0.372
			16		34.649	44.139	1443.06	3106.15	411.85	726.46	248.94	5.72	3.06	2.38	121.64	49.44	40.87	2.67	6.14	0.369
20/12.5	200	125	12	14	29.761	37.912	1570.90	3193.85	483.16	787.74	285.79	6.44	3.57	2.74	116.73	49.99	41.23	2.83	6.54	0.392
			14		34.436	43.687	1800.97	3726.17	550.83	922.47	326.58	6.41	3.54	2.73	134.65	57.44	47.34	2.91	6.62	0.390
			16		39.045	49.739	2023.35	4258.88	615.44	1058.86	366.21	6.38	3.52	2.71	152.18	64.89	53.32	2.99	6.70	0.388

注：图中 $r_1=1/3d$ 及表中的 r 的数据用于孔型设计，不做交货条件。

11.3.7 热轧槽钢（表11-29）

表 11-29 热轧槽钢（GB/T706—2008）

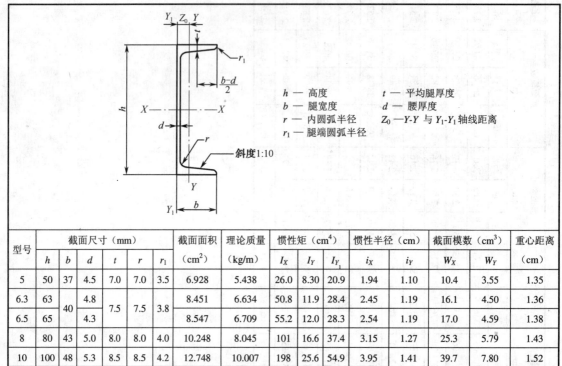

h — 高度　　　　　t — 平均腿厚度
b — 腿宽度　　　　d — 腰厚度
r — 内圆弧半径　　Z_0 —Y-Y 与 Y_1-Y_1 轴线距离
r_1 — 腿端圆弧半径

斜度1:10

型号	截面尺寸（mm）						截面面积（cm²）	理论质量（kg/m）	惯性矩（cm⁴）			惯性半径（cm）		截面模数（cm³）		重心距离（cm）
	h	b	d	t	r	r_1			I_X	I_Y	I_{Y_1}	i_X	i_Y	W_X	W_Y	
5	50	37	4.5	7.0	7.0	3.5	6.928	5.438	26.0	8.30	20.9	1.94	1.10	10.4	3.55	1.35
6.3	63	40	4.8	7.5	7.5	3.8	8.451	6.634	50.8	11.9	28.4	2.45	1.19	16.1	4.50	1.36
6.5	65		4.3				8.547	6.709	55.2	12.0	28.3	2.54	1.19	17.0	4.59	1.38
8	80	43	5.0	8.0	8.0	4.0	10.248	8.045	101	16.6	37.4	3.15	1.27	25.3	5.79	1.43
10	100	48	5.3	8.5	8.5	4.2	12.748	10.007	198	25.6	54.9	3.95	1.41	39.7	7.80	1.52
12	120	53	5.5	9.0	9.0	4.5	15.362	12.059	346	37.4	77.7	4.75	1.56	57.7	10.2	1.62
12.6	126	53					15.692	12.318	391	38.0	77.1	4.95	1.57	62.1	10.2	1.59
14a	140	58	6.0	9.5	9.5	4.8	18.516	14.535	564	53.2	107	5.52	1.70	80.5	13.0	1.71
14b		60	8.0				21.316	16.733	609	61.1	121	5.35	1.69	87.1	14.1	1.67
16a	160	63	6.5	10.0	10.0	5.0	21.962	17.240	866	73.3	144	6.28	1.83	108	16.3	1.80
16b		65	8.5				25.162	19.752	935	83.4	161	6.10	1.82	117	17.6	1.75
18a	180	68	7.0	10.5	10.5	5.2	25.699	20.174	1270	98.6	190	7.04	1.96	141	20.0	1.88
18b		70	9.0				28.837	23.000	1370	111	210	6.84	1.95	152	21.5	1.84
20a	200	73	7.0	11.0	11.0	5.5	32.831	22.637	1780	128	244	7.86	2.11	178	24.2	2.01
20b		75	9.0				31.846	25.777	1910	144	268	7.64	2.09	191	25.9	1.95
22a	220	77	7.0	11.5	11.5	5.8	36.246	24.999	2390	158	298	8.67	2.23	218	28.2	2.10
22b		79	9.0				36.246	28.453	2570	176	326	8.42	2.21	234	30.1	2.03
24a	240	78	7.0	12.0	12.0	6.0	34.217	26.860	3050	174	325	9.45	2.25	254	30.5	2.10
24b		80	9.0				39.017	30.628	3280	194	355	9.17	2.23	274	32.5	2.03
24c		82	11.0				43.817	34.396	3510	213	388	8.96	2.21	293	34.4	2.00
25a	250	78	7.0				34.917	27.410	3370	176	322	9.82	2.24	270	30.6	2.07
25b		80	9.0				39.917	31.335	3530	196	353	9.41	2.22	282	32.7	1.98
25c		82	11.0				44.917	35.260	3690	218	384	9.07	2.21	295	35.9	1.92

型号	截面尺寸（mm）						截面面积（cm²）	理论质量（kg/m）	惯性矩（cm⁴）			惯性半径（cm）		截面模数（cm³）		重心距离（cm）
	h	b	d	t	r	r_1			I_X	I_Y	I_{Y_1}	i_X	i_Y	W_X	W_Y	
27a		82	7.5				39.284	30.838	4360	216	393	10.5	2.34	323	35.5	2.13
27b	270	84	9.5				44.684	35.077	4690	239	428	10.3	2.31	347	37.7	2.06
27c		86	11.5	12.5	12.5	6.2	50.084	39.316	5020	261	467	10.1	2.28	372	39.8	2.03
28a		82	7.5				40.034	31.427	4760	218	388	10.9	2.33	340	35.7	2.10
28b	280	84	9.5				45.634	35.823	5130	242	428	10.6	2.30	366	37.9	2.02
28c		86	11.5				51.234	40.219	5500	268	463	10.4	2.29	393	40.3	1.95
30a		85	7.5				43.902	34.463	6050	260	467	11.7	2.43	403	41.1	2.17
30b	300	87	9.5	13.5	13.5	6.8	49.902	39.173	6500	289	515	11.4	2.41	433	44.0	2.13
30c		89	11.5				55.902	43.883	6950	316	560	11.2	2.38	463	46.4	2.09
32a		88	8.0				48.513	38.083	7600	305	552	12.5	2.50	475	46.5	2.24
32b	320	90	10.0	14.0	14.0	7.0	54.913	43.107	8140	336	593	12.2	2.47	509	49.2	2.16
32c		92	12.0				61.313	48.131	8690	374	643	11.9	2.47	543	52.6	2.09
36a		96	9.0				60.910	47.814	11900	455	818	14.0	2.73	660	63.5	2.44
36b	360	98	11.0	16.0	16.0	8.0	68.110	53.466	12700	497	880	13.6	2.70	703	66.9	2.37
36c		100	13.0				75.310	59.118	13400	536	948	13.4	2.67	746	70.0	2.34
40a		100	10.5				75.068	58.928	17600	592	1070	15.3	2.81	879	78.8	2.49
40b	400	102	12.5	18.0	18.0	9.0	83.068	65.208	18600	640	1140	15.0	2.78	932	82.5	2.44
40c		104	14.5				91.068	71.488	19700	688	1220	14.7	2.75	986	86.2	2.42

注：图中 $r_1=1/3d$ 及表中的 r 的数据用于孔型设计，不做交货条件。

11.3.8　热轧 L 形钢（表 11-30）

表 11-30　热轧 L 形钢（GB/T706—2008）

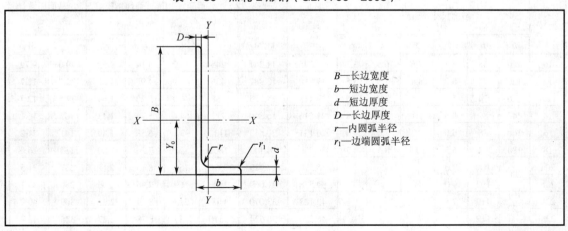

B—长边宽度
b—短边宽度
d—短边厚度
D—长边厚度
r—内圆弧半径
r₁—边端圆弧半径

型号	截面尺寸（mm）						截面面积（cm²）	理论质量（kg/m）	惯性矩 I_X（cm⁴）	重心距离 Y_0（cm）
	B	b	D	d	r	r_1				
L250x90x9x13			9	13			33.4	26.2	2190	8.64
L250x90x10.5x15	250	90	10.5	15	15	7.5	38.5	30.3	2510	8.76
L250x90x11.5x16			11.5	16			41.7	32.7	2710	8.90
L300x100x10.5x15	300	100	10.5	15			45.3	35.6	4290	10.6
L300x100x11.5x16			11.5	16			49.0	38.5	4630	10.7
L350x120x10.5x16	350	120	10.5	16			54.9	43.1	7110	12.0
L350x120x11.5x18			11.5	18			60.4	47.4	7780	12.0
L400x120x11.5x23	400	120	11.5	23	20	10	71.6	56.2	11900	13.3
L450x120x11.5x25	450	120	11.5	25			79.5	62.4	16800	15.1
L500x120x12.5x33	500	120	12.5	33			98.6	77.4	25500	16.5
L500x120x13.5x35			13.5	35			105.0	82.8	27100	16.6

11.3.9 热轧工字钢（表 11-31）

表 11-31 热轧工字钢（GB/T706—2008）

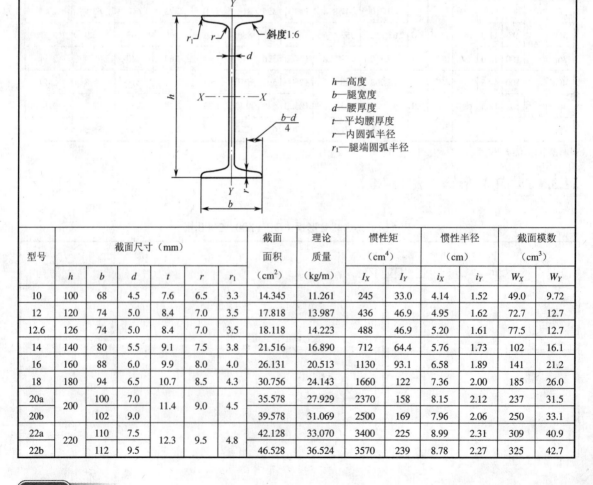

h—高度
b—腿宽度
d—腰厚度
t—平均腰厚度
r—内圆弧半径
r_1—腿端圆弧半径

型号	截面尺寸（mm）						截面面积（cm²）	理论质量（kg/m）	惯性矩（cm⁴）		惯性半径（cm）		截面模数（cm³）	
	h	b	d	t	r	r_1			I_X	I_Y	i_X	i_Y	W_X	W_Y
10	100	68	4.5	7.6	6.5	3.3	14.345	11.261	245	33.0	4.14	1.52	49.0	9.72
12	120	74	5.0	8.4	7.0	3.5	17.818	13.987	436	46.9	4.95	1.62	72.7	12.7
12.6	126	74	5.0	8.4	7.0	3.5	18.118	14.223	488	46.9	5.20	1.61	77.5	12.7
14	140	80	5.5	9.1	7.5	3.8	21.516	16.890	712	64.4	5.76	1.73	102	16.1
16	160	88	6.0	9.9	8.0	4.0	26.131	20.513	1130	93.1	6.58	1.89	141	21.2
18	180	94	6.5	10.7	8.5	4.3	30.756	24.143	1660	122	7.36	2.00	185	26.0
20a	200	100	7.0	11.4	9.0	4.5	35.578	27.929	2370	158	8.15	2.12	237	31.5
20b		102	9.0				39.578	31.069	2500	169	7.96	2.06	250	33.1
22a	220	110	7.5	12.3	9.5	4.8	42.128	33.070	3400	225	8.99	2.31	309	40.9
22b		112	9.5				46.528	36.524	3570	239	8.78	2.27	325	42.7

续表

型号	截面尺寸（mm）						截面面积（cm²）	理论质量（kg/m）	惯性矩（cm⁴）		惯性半径（cm）		截面模数（cm³）	
	h	b	d	t	r	r_1			I_X	I_Y	i_X	i_Y	W_X	W_Y
24a	240	116	8.0				47.741	37.477	4570	280	9.77	2.42	381	48.4
24b		118	10.0	13.0	10.0	5.0	52.541	41.245	4800	297	9.57	2.38	400	50.4
25a	250	116	8.0				48.541	38.105	5020	280	10.2	2.40	402	48.3
25b		118	10.0				53.541	42.030	5280	309	9.94	2.40	423	52.4
27a	270	122	8.5				54.554	42.825	6550	345	10.9	2.51	485	56.6
27b		124	10.5	13.7	10.5	5.3	59.954	47.064	6870	366	10.7	2.47	509	58.9
28a	280	122	8.5				55.404	43.492	7110	345	11.3	2.50	508	56.6
28b		124	10.5				61.004	47.888	7480	379	11.1	2.49	534	61.2
30a	300	126	9.0				61.254	48.084	8950	400	12.1	2.55	597	63.5
30b		128	11.0	14.4	11.0	5.5	67.254	52.794	9400	422	11.8	2.50	627	65.9
30c		130	13.0				73.254	57.504	9850	445	11.6	2.46	657	68.5
32a	320	130	9.5				67.156	52.717	11100	460	12.8	2.62	692	70.8
32b		132	11.5	15.0	11.5	5.8	73.556	57.741	11600	502	12.6	2.61	726	76.0
32c		134	13.5				79.956	62.765	12200	544	12.3	2.61	760	81.2
36a	360	136	10.0				76.480	60.037	15800	552	14.4	2.69	875	81.2
36b		138	12.0	15.8	12.0	6.0	83.680	65.689	16500	582	14.1	2.64	919	84.3
36c		140	14.0				90.880	71.341	17300	612	13.8	2.60	962	87.4
40a	400	142	10.5				86.112	67.598	21700	660	15.9	2.77	1090	93.2
40b		144	12.5	16.5	12.5	6.3	94.112	76.878	22800	692	15.6	2.71	1140	96.2
40c		146	14.5				102.112	80.158	23900	727	15.2	2.65	1190	99.6
45a	450	150	11.5				102.446	80.420	32200	855	17.7	2.89	1430	114
45b		152	13.5	18.0	13.5	6.8	111.446	87.485	33800	894	17.4	2.84	1500	118
45c		154	15.5				120.446	94.550	35300	938	17.1	2.79	1570	122
50a	500	158	12.0				119.304	93.654	46500	1120	19.7	3.07	1860	142
50b		160	14.0	20.0	14.0	7.0	129.304	101.504	48600	1170	19.4	3.01	1940	146
50c		162	16.0				139.304	109.354	50600	1220	19.0	2.96	2080	151
55a	550	166	12.5				134.185	105.535	62900	1370	21.6	3.19	2290	164
55b		168	14.5				145.185	113.970	65600	1420	21.2	3.14	2390	170
55c		170	16.5	21.0	14.5	7.3	156.185	122.605	68400	1480	20.9	3.08	2490	175
56a	560	166	12.5				135.435	106.316	65600	1370	22.0	3.18	2340	165
56b		168	14.5				146.635	115.108	68500	1490	21.6	3.16	2450	174
56c		170	16.5				157.835	123.900	71400	1560	21.3	3.16	2550	183
63a	630	176	13.0				154.658	121.407	93900	1700	24.5	3.31	2980	193
63b		178	15.0	22.0	15.0	7.5	167.258	131.298	98100	1810	24.2	3.29	3160	204
63c		180	17.0				179.858	141.189	10200	1920	23.8	3.27	3300	214

注：表中 r、r_1 的数据用于孔型设计，不做交货条件。

第 12 章　电动机

12.1　Y 系列三相异步电动机

　　Y 系列（IP44）为封闭式三相异步电动机，主要性能和特点是体积小，质量轻，噪声低，效率高，维修方便，运行可靠，外形美观等，为 B 级绝缘，结构为全封闭自扇冷式，能防止灰尘和杂物进入内部，可采用降压或全压启动，适用于如农业机械、矿山机械等水溅土扬、灰尘多的场合。其技术参数见表 12-1，电机的结构及安装形式为 IMB3、IM B5、IM B6、IM B7、IM B8、IM B35、IM V1、IM V3、IM V5、IM V6、IM V15 和 IM V36（参见 GB/T997—2003），按表 12-2 的规定制造。安装和外形尺寸见表 12-3、表 12-4、表 12-5、表 12-6，电动机轴伸键的尺寸及公差见表 12-7。

　　Y 系列（IP23）为防护式笼型异步电动机，主要性能同 IP44，为一般用途防滴式电动机，适用于如机床、运输机械等驱动无特殊要求的机械设备。其技术参数见表 12-8，安装和外形尺寸见表 12-9。

表 12-1　Y 系列（IP44）三相异步电动机的技术参数表（JB/T10391—2008）

电动机型号	额定功率（kW）	最小转矩/额定转矩	堵转转矩/额定转矩	最大转矩/额定转矩	电动机型号	额定功率（kW）	最小转矩/额定转矩	堵转转矩/额定转矩	最大转矩/额定转矩
同步转速 3000r/min					同步转速 1500r/min				
Y80M1-2	0.75	1.5	2.2	2.3	Y80M1-4	0.55	1.7	2.4	2.3
Y80M2-2	1.1	1.5	2.2	2.3	Y80M2-4	0.75	1.6	2.3	2.3
Y90S-2	1.5	1.5	2.2	2.3	Y90S-4	1.1	1.6	2.3	2.3
Y90L-2	2.2	1.4	2.2	2.3	Y90L-4	1.5	1.6	2.3	2.3
Y100L1-2	3	1.4	2.2	2.3	Y100L1-4	2.2	1.5	2.2	2.3
Y100L2-2	3	1.4	2.2	2.3	Y100L2-4	3	1.5	2.2	2.3
Y112M-2	4	1.4	2.2	2.3	Y112M-4	4	1.5	2.2	2.3
Y132S1-2	5.5	1.2	2.0	2.3	Y132S1-4	5.5	1.4	2.2	
Y132S2-2	7.5	1.2	2.0	2.3	Y132S2-4	5.5	1.4	2.2	
Y160M1-2	11	1.2	2.0	2.3	Y132M1-4	7.5	1.4	2.2	2.3
Y160M2-2	15	1.2	2.0	2.2	Y160M1-4	11	1.4	2.2	2.3
Y160L-2	18.5	1.1	2.0	2.2	Y160L-4	15	1.4	2.2	2.3
Y180M-2	22	1.1	2.0	2.2	Y180M-4	18.5	1.2	2.0	2.2

续表

电动机型号	额定功率（kW）	最小转矩/额定转矩	堵转转矩/额定转矩	最大转矩/额定转矩	电动机型号	额定功率（kW）	最小转矩/额定转矩	堵转转矩/额定转矩	最大转矩/额定转矩
Y200L1-2	30	1.1	2.0	2.2	Y180L-4	22	1.2	2.0	2.2
Y200L2-2	37	1.1	2.0	2.2	Y200L1-4	30	1.2	2.0	2.2
Y225M-2	45	1.0	2.0	2.2	Y225S-4	37	1.2	1.9	2.2
Y250M-2	55	1.0	2.0	2.2	Y225M-4	45	1.1	1.9	2.2
Y280S-2	75	0.9	2.0	2.2	Y250M-4	55	1.1	2.0	2.2
Y280M-2	90	0.9	2.0	2.2	Y280S-4	75	1.0	1.9	2.2
Y315S-2	110	0.9	1.8	2.2	Y280M-4	90	1.0	1.9	2.2
Y315M-2	132	0.9	1.8	2.2	Y315S-4	110	1.0	1.8	2.2
Y315L1-2	160	0.9	1.8	2.2	Y315M-4	132	1.0	1.8	2.2
Y315L2-2	200	0.8	1.8	2.2	Y315L1-4	160	0.9	1.8	2.2
同步转速 1000r/min					同步转速 750r/min				
Y90S-6	0.75	1.5	2.0	2.0	Y132S-8	2.2	1.2	2.0	2.0
Y90L-6	1.1	1.3	2.0	2.0	Y132M-8	3	1.2	2.0	2.0
Y100L-6	1.5	1.3	2.0	2.0	Y160M1-8	4	1.2	2.0	2.0
Y112M-6	2.2	1.3	2.0	2.0	Y160M2-8	5.5	1.2	2.0	2.0
Y132S-6	3	1.3	2.0	2.0	Y160L-8	7.5	1.2	2.0	2.0
Y132M1-6	4	1.3	2.0	2.0	Y180L-8	11	1.1	1.7	2.0
Y132M2-6	5.5	1.3	2.0	2.0	Y200L-8	15	1.1	1.8	2.0
Y160M-6	7.5	1.3	2.0	2.0	Y225S-8	18.5	1.1	1.7	2.0
Y160L-6	11	1.2	2.0	2.0	Y225M-8	22	1.1	1.8	2.0
Y180L-6	15	1.2	1.8	2.0	Y250M-8	30	1.1	1.8	2.0
Y200L1-6	18.5	1.2	1.8	2.0	Y280S-8	37	1.1	1.8	2.0
Y200L2-6	22	1.2	1.8	2.0	Y280M-8	45	1.0	1.8	2.0
Y225M-6	30	1.2	1.7	2.0	Y315S-8	55	1.0	1.6	2.0
Y250M-6	37	1.2	1.8	2.0	Y315M-8	75	0.9	1.6	2.0
Y280S-6	45	1.1	1.8	2.0	Y315L1-8	90	0.9	1.6	2.0
Y280M-6	55	1.1	1.8	2.0	Y315L2-8	110	0.9	1.6	2.0
Y315S-6	75	1.0	1.6	2.0					
Y315M-6	90	1.0	1.6	2.0					
Y315L1-6	110	1.0	1.6	2.0					
Y315L2-6	132	1.0	1.6	2.0					

注：S、M、L 后面的数字 1 和 2 分别表示同一机座号和转速下不同的功率。

表 12-2　电动机的结构及安装形式

机座号	结构及安装形式
80~160	B3、B5、B6、B7、B8、B35、V1、V3、V5、V6、V15、V36
180~225	B3、B5、B35、V1
250~355	B3、B35、V1

单位：mm

表12-3　机座带底脚、端盖上无凸缘的安装和外形尺寸

机座号80-132　　机座号160-315　　机座号80-315

安装尺寸及公差

机座号	极数	A 基本尺寸	A/2 基本尺寸	B 基本尺寸	C 基本尺寸	C 极限偏差	D 基本尺寸	D 极限偏差	E 基本尺寸	E 极限偏差	F 基本尺寸	F 极限偏差	G[1] 基本尺寸	G[1] 极限偏差	H 基本尺寸	H 极限偏差	K[2] 基本尺寸	K[2] 极限偏差	位置度公差	AB	AC	AD	HD	L
80M	2、4	125	62.5	100	50	±1.5	19	+0.009 / −0.004	40	±0.31	6	0 / −0.030	15.5	0 / −0.10	80	0 / −0.5	10	+0.36 / 0	φ1.0Ⓜ	165	175	150	175	290
90S	2、4、6	140	70	100	56		24		50		8		20		90					180	195	160	195	315
90L				125																				340
100L		160	80	140	63		28		60	±0.37			24		100					205	215	180	245	380
112M		190	95	140	70						10	0 / −0.036			112					245	240	190	265	400
132S		216	108	140	89	±2.0	38	+0.018 / +0.002	80				33	0 / −0.2	132		12			280	275	210	315	475
132M				178																				515
160M	2、4、6、8	254	127	210	108		42		110	±0.43	12		37		160	0 / −1.0	14.5	+0.43 / 0	φ1.2Ⓜ	330	335	265	385	605
160L				254																				650
180M		279	139.5	241	121	±3.0	48	+0.030 / +0.011			14	0 / −0.043	42.5		180					355	380	285	430	670
180L				279																				710
200L		318	159	305	133		55				16		49		200		18.5	+0.52 / 0		395	420	315	475	775

外形尺寸

续表

机座号	极数	A 基本尺寸	A/2 基本尺寸	B 基本尺寸	C 基本尺寸	C 极限偏差	D 基本尺寸	D 极限偏差	E 基本尺寸	E 极限偏差	F 基本尺寸	F 极限偏差	G① 基本尺寸	G 极限偏差	H 基本尺寸	H 极限偏差	K② 基本尺寸	K 极限偏差	位置度公差	AB	AC	AD	HD	L
225S	4、8	356	178	286	149	±4.0	60		140	±0.50	18	0 / −0.043	53		225		18.5		φ1.2Ⓜ	435	475	345	530	820
225M	2	356	178	311	149	±4.0	55		110	±0.43	16	0 / −0.043	49		225		18.5		φ1.2Ⓜ	435	475	345	530	815
225M	4、6、8	356	178	311	149	±4.0	60		140	±0.50	18	0 / −0.043	53		225		18.5		φ1.2Ⓜ					845
250M	2	406	203	349	168	±4.0	65	+0.030 / +0.011	140	±0.50	18	0 / −0.043	58	0 / −0.2	250	0 / −1.0	18.5	+0.52 / 0	φ1.2Ⓜ	490	515	385	575	930
280S	4、6、8	457	228.5	368	190	±4.0	75	+0.030 / +0.011	140	±0.50	20	0 / −0.052	67.5	0 / −0.2	280	0 / −1.0	24	+0.52 / 0	φ2.0Ⓜ	550	580	410	640	1000
280M	2	457	228.5	419	190	±4.0	65	+0.030 / +0.011	140	±0.50	18	0 / −0.043	58	0 / −0.2	280	0 / −1.0	24	+0.52 / 0	φ2.0Ⓜ					1050
280M	4、6、8	457	228.5	419	190	±4.0	75	+0.030 / +0.011	170	±0.50	20	0 / −0.052	67.5	0 / −0.2	280	0 / −1.0	24	+0.52 / 0	φ2.0Ⓜ					1240
315S	2	508	254	406	216	±4.0	65	+0.030 / +0.011	140	±0.50	18	0 / −0.043	58	0 / −0.2	315	0 / −1.0	28	+0.52 / 0	φ2.0Ⓜ	635	645	576	865	1270
315S	4、6、8	508	254	406	216	±4.0	80	+0.030 / +0.011	170	±0.50	22	0 / −0.052	71	0 / −0.2	315	0 / −1.0	28	+0.52 / 0	φ2.0Ⓜ					1310
315M	2	508	254	457	216	±4.0	65	+0.030 / +0.011	140	±0.50	18	0 / −0.043	58	0 / −0.2	315	0 / −1.0	28	+0.52 / 0	φ2.0Ⓜ					1340
315M	4、6、8	508	254	457	216	±4.0	80	+0.030 / +0.011	170	±0.50	22	0 / −0.052	71	0 / −0.2	315	0 / −1.0	28	+0.52 / 0	φ2.0Ⓜ					1310
315L	4、6、8	508	254	508	216	±4.0	80	+0.030 / +0.011	170	±0.50	22	0 / −0.052	71	0 / −0.2	315	0 / −1.0	28	+0.52 / 0	φ2.0Ⓜ					1340

注：① $G=D-GE$，GE 极限偏差对机座号 80 为 $\binom{+0.10}{0}$，其余为 $\binom{+0.20}{0}$。

② K 孔的位置度公差以轴伸的轴线为基准。

机械设计课程设计

单位：mm

表 12-4 机座带底脚、端盖上有凸缘（带通孔）的安装和外形尺寸

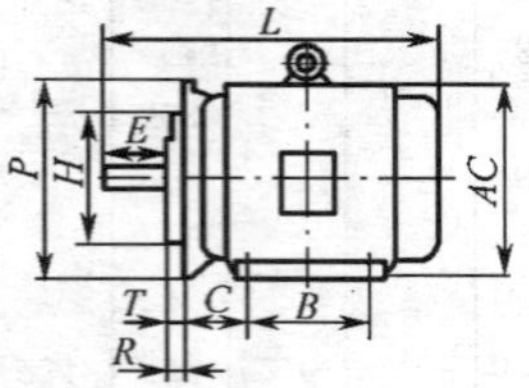

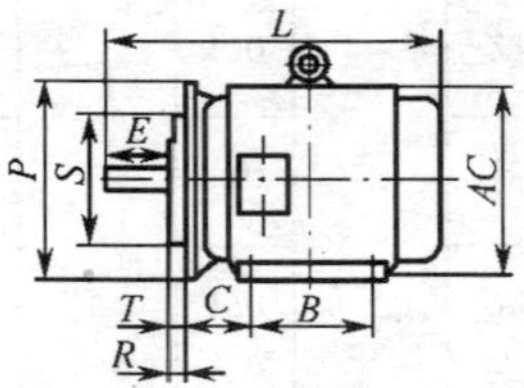

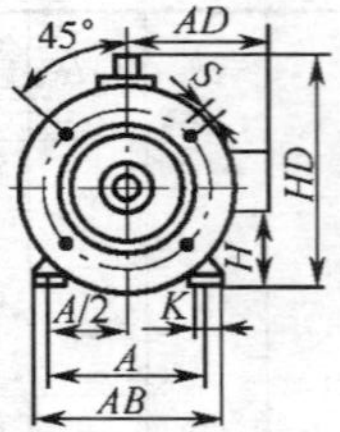

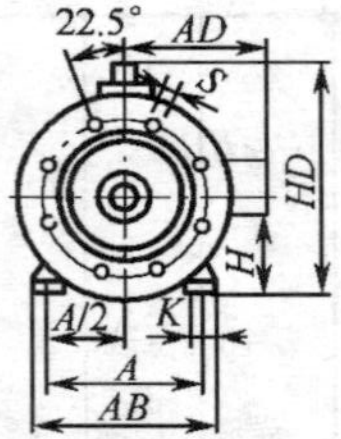

机座号 225-315

机座号 80-200

机座号 160-315

机座号 80-132

机座号	凸缘号	极数	A	A/2	B	C	D	E	F	G	H	K	M	N	P	R	S	T	凸缘孔数	AB	AC	AD	HD	L
80M	FF165	2、4	125	62.5	100	150	19	40	6	15.5	80	10	165	130	200	0	12	3.5	4	165	175	150	175	290
90S		2、4	140	70	100	160	24	50	8	20	90									180	195	160	195	315
90L																								340
100L	FF215	4、6	160	80	140	180	28	60	8	24	100		215	180	250					205	215	180	245	380
112M			190	95	140	190					112									245	240	190	265	400
132S		2、4	216	108	140	210	38	80	10	33	132	12	265	230	300		14.5	4		280	275	210	315	475
132M	FF265	6、8			178	265																		515

续表

注：下表按竖排方向读取。外形尺寸（AB、AC、AD、HD、L）与安装尺寸及公差（A、A/2、B、C、D、E、F、G、H、K、M、N、P、R、S、T、凸缘孔数）。

机座号	凸缘号	极数	A	A/2	B	D	E	F	G	H	K	M	N	P	R	S	T	凸缘孔数	AB	AC	AD	HD	L
160M	FF300	4、8	254	127	210	42	110	12	37	160	14.5	300	250	350					8	330	335	265	385	605
160L		2	254	127	254	42	110	12	37	160	14.5	300	250	350					8					650
180M	FF350	4、6、8	279	139.5	241	48	110	14	42.5	180	14.5	300	250	350					8	355	380	285	430	670
180L		2	279	139.5	279	48	110	14	42.5	180	14.5	300	250	350					8					710
200L	FF400	4、6、8	318	159	305	55	110	16	49	200	18.5	350	300	400					8	395	420	315	475	775
225S		2	356	178	286	60	140	18	53	225	18.5	350	300	400					8	435	475	345	530	820
225M		4	356	178	311	55	140	16	49	225	18.5	350	300	400					8					815
		6、8																					845
250M	FF500	4、6、8	406	203	349	65	140	18	53	250	18.5	400	350	450			18.5		8	490	515	385	575	930
280S		2	457	228.5	368	75	140	20	67.5	280	24	500	450	550			18.5		8	550	580	410	640	1000
		4、6、8																					1050
280M		4、6、8	457	228.5	419	65	140	18	58	280	24	500	450	550			18.5		8	635	645	576	865	1240

极限偏差及公差：
- D：基本尺寸 42～55 时 $^{+0.018}_{-0.002}$；基本尺寸 60～75 时 $^{+0.030}_{-0.011}$
- E：110 ±0.43；140 ±0.50
- F：基本尺寸 14～18 时 $^{0}_{-0.043}$；基本尺寸 18～20 时 $^{0}_{-0.052}$
- G：$^{0}_{-0.20}$
- H：$^{0}_{-1.0}$
- K：极限偏差 $^{+0.43}_{0}$、$^{+0.52}_{0}$；位置度公差 $\phi 1.2$Ⓜ、$\phi 2.0$Ⓜ
- N：250 时 $^{+0.016}_{-0.013}$；300 时 +0.016；350 时 ±0.018；450 时 ±0.020
- R：±3.0、±4.0（基本尺寸 0）
- S：$^{+0.52}_{0}$
- T：位置度 $\phi 1.2$（5）极限偏差 $^{0}_{-0.12}$；$\phi 2.0$（6）极限偏差 $^{0}_{-0.15}$

续表

安装尺寸及公差 / 外形尺寸

机座号	凸缘号	孔数	A 基本尺寸	A/2 基本尺寸	B 基本尺寸	C 基本尺寸	D 基本尺寸	D 极限偏差	E 基本尺寸	E 极限偏差	F 基本尺寸	F 极限偏差	G 基本尺寸	G 极限偏差	H 基本尺寸	H 极限偏差	K 基本尺寸	K 极限偏差	K 位置度公差	M 基本尺寸	N 极限偏差	P 尺寸	R 基本尺寸	R 极限偏差	S 基本尺寸	S 极限偏差	T 基本尺寸	T 极限偏差	T 位置度公差	凸缘孔数	AB	AC	AD	HD	L
315S	FF600	2	508	254	406	576	65	+0.030 −0.011	140	±0.50	18	0 −0.043	58	0 −0.20	315	0 −1.0	28	+0.52 0	φ2.0Ⓜ	600 550	±0.022	660	0	±4.0	24	+0.520 0	6	0 −0.15	φ2.0	8	635	645	576	865	1270
		4、6.8					80		170		22	0 −0.052	71																						
315M		2			457		65		140		18	0 −0.043	58																						1310
		4、6.8					80		170		22	0 −0.052	71																						1340
315L		2			508		65		140		18	0 −0.043	58																						1310
		4、6.8					80		170		22	0 −0.052	71																						1340

注：① G=D−GE，GE 极限偏差对机座号 80 为 $\binom{+0.10}{0}$，其余为 $\binom{+0.20}{0}$。

② K、S 孔的位置度公差以轴伸的轴线为基准。

③ P 尺寸为最大极限值。

④ R 为凸缘配合面至轴伸轴肩的距离。

表 12-5 机座不带底脚、端盖上有凸缘（带通孔）的安装和外形尺寸

单位：mm

机座号 225

机座号 180~200

机座号 180~200

机座号 180~200

机座号	凸缘号	极数	D 基本尺寸	D 极限偏差	E 基本尺寸	E 极限偏差	F 基本尺寸	F 极限偏差	G 基本尺寸	G 极限偏差	M	N 基本尺寸	N 极限偏差	P	R 基本尺寸	R 极限偏差	S 基本尺寸	S 极限偏差	T 位置度公差	T 基本尺寸	T 极限偏差	凸缘孔数	AB	AC	AD	HD	L
80M	FF165	2、4	19	+0.009 −0.004	40	±0.31	6	0 −0.030	15.5	0 −0.10	165	130	+0.014 −0.011	200	0	±1.5	12	+0.43 0	φ1.0Ⓜ	3.5		4	165	175	150	175	290
90S	FF165	2、	24	+0.009 −0.004	50	±0.31	8	0 −0.030	20	0 −0.10	165	130	+0.014 −0.011	200	0	±1.5	12	+0.43 0	φ1.0Ⓜ	3.5		4	180	195	160	195	315
90L	FF165	4、	24	+0.009 −0.004	50	±0.31	8	0 −0.030	20	0 −0.10	165	130	+0.014 −0.011	200	0	±1.5	12	+0.43 0	φ1.0Ⓜ	3.5		4	180	195	160	195	340
100L	FF215	6	28	+0.009 −0.004	60	±0.31	8	0 −0.030	24	0 −0.10	215	180	+0.014 −0.011	250	0	±1.5	14.5	+0.43 0	φ1.0Ⓜ	3.5		4	205	215	180	245	380
112M	FF215		28	+0.009 −0.004	60	±0.31	8	0 −0.036	24	0 −0.10	215	180	+0.014 −0.011	250	0	±1.5	14.5	+0.43 0	φ1.0Ⓜ	3.5		4	245	240	190	265	400
132S	FF265		38	+0.018 −0.002	80	±0.37	10	0 −0.036	33	0 −0.10	265	230	+0.016 −0.013	300	0	±2.0	14.5	+0.43 0	φ1.2Ⓜ	4		4	280	275	210	315	475
132M	FF265		38	+0.018 −0.002	80	±0.37	10	0 −0.036	33	0 −0.10	265	230	+0.016 −0.013	300	0	±2.0	14.5	+0.43 0	φ1.2Ⓜ	4		4	280	275	210	315	515
160M	FF300	2、	42	+0.018 −0.002	110	±0.43	12	0 −0.036	37	0 −0.20	300	250	+0.016 −0.013	350	0	±2.0	18.5	+0.52 0	φ1.2Ⓜ	5	0 −0.12	4	330	335	265	385	605
160L	FF300	4、	42	+0.018 −0.002	110	±0.43	12	0 −0.036	37	0 −0.20	300	250	+0.016 −0.013	350	0	±2.0	18.5	+0.52 0	φ1.2Ⓜ	5	0 −0.12	4	330	335	265	385	650
180M	FF300	6、	48	+0.018 −0.002	110	±0.43	14	0 −0.043	42.5	0 −0.20	300	250	+0.016 −0.013	350	0	±3.0	18.5	+0.52 0	φ1.2Ⓜ	5	0 −0.12	4	355	380	285	430	670
180L	FF300	8	48	+0.018 −0.002	110	±0.43	14	0 −0.043	42.5	0 −0.20	300	250	+0.016 −0.013	350	0	±3.0	18.5	+0.52 0	φ1.2Ⓜ	5	0 −0.12	4	355	380	285	430	710
200L	FF350		55	+0.030 −0.011	110	±0.43	16	0 −0.043	49	0 −0.20	350	300	±0.016	400	0	±3.0	18.5	+0.52 0	φ1.2Ⓜ	5	0 −0.12	4	395	420	315	475	775

安装尺寸及公差 ｜ 外形尺寸

续表

机座号	凸缘号	机数	D 基本尺寸	D 极限偏差	E 基本尺寸	E 极限偏差	F 基本尺寸	F 极限偏差	G① 基本尺寸	G① 极限偏差	M 基本尺寸	N 基本尺寸	P③	R④ 基本尺寸	R④ 极限偏差	S② 基本尺寸	S② 极限偏差	位置度公差	T 基本尺寸	T 极限偏差	凸缘孔数	AB	AC	AD	HD	L
225S	FF400	4、8	60		140	±0.50	18	0 −0.043	53	0 −0.20	400	350	450 ±0.018	0	±4.0	18.5	+0.52 0	φ1.2Ⓜ	5	0 −0.12	8	435	475	345	530	820
		2	55		110	±0.43	16		49																	815
225M		4、6、8	60		140	±0.50	18		53																	845

注：① G=D−GE，GE 极限偏差对机座号 80 为 $\left(\begin{smallmatrix}+0.10\\0\end{smallmatrix}\right)$，其余为 $\left(\begin{smallmatrix}+0.20\\0\end{smallmatrix}\right)$。

② S 孔的位置度公差以轴伸的轴线为基准。

③ P 尺寸为最大极限值。

④ R 为凸缘配合面至轴伸肩的距离。

表 12-6 立式安装、机座不带底脚、端盖上有凸缘（带通孔）、轴伸向下的安装和外形尺寸

单位：mm

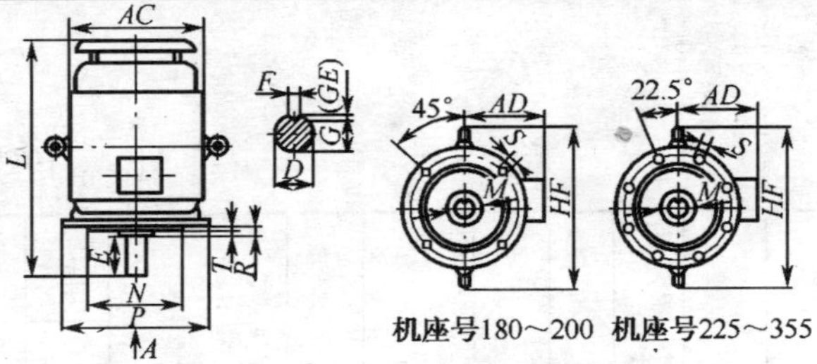

机座号 180～200　机座号 225～355

机座号	凸缘号	机数（极数）	D 基本尺寸	D 极限偏差	E 基本尺寸	E 极限偏差	F 基本尺寸	F 极限偏差	G① 基本尺寸	G① 极限偏差	M	N 基本尺寸	N 极限偏差	P③	R④ 基本尺寸	R④ 极限偏差	S② 基本尺寸	S② 极限偏差	位置度公差	T 基本尺寸	T 极限偏差	凸缘孔数	AC	AD	HF	L
180M	FF300	2、4、8	48	+0.018 −0.002	110	±0.043	14	0 −0.043	42.5	0 −0.20	300	250	+0.016 −0.013	350	0	±3.0	18.5	+0.052 0	φ1.2Ⓜ	5	0 −0.12	4	380	285	500	730
180L		6、8	55				16		49																	770
200L	FF350	4、8	60		140	±0.050	18		53		350	300	±0.016	400								8	420	315	550	850
225S	FF400	2	55		110	±0.043	16		49		400	350	±0.018	450	0	±4.0							475	345	610	910
225M		4、6、8	60	+0.030 −0.011	140	±0.050	18	0 −0.052	53																	905
250M	FF500	4、6、8	65		140		18		58		500	450	±0.020	550								8	515	385	650	935
280S		2	65				18		58														580	410	720	1035
		4、6、8	75				20		67.5																	1120

安装尺寸及公差

外形尺寸

续表

安装尺寸及公差 / 外形尺寸

机座号	凸缘号	极数	D 基本尺寸	D 极限偏差	E 基本尺寸	E 极限偏差	F 基本尺寸	F 极限偏差	G① 基本尺寸	G 极限偏差	M	N 基本尺寸	N 极限偏差	P③	R④ 基本尺寸	R 极限偏差	S② 基本尺寸	S 极限偏差	S 位置度公差	T 基本尺寸	T 极限偏差	凸缘孔数	AC	AD	HF	L
280M	FF500	2	65	+0.030 -0.011	140	±0.050	18	0 -0.043	58	0 -0.20	500	450	±0.020	550	0	±4.0	18.5	+0.052 0	φ1.2Ⓜ	5	0 -0.12		580	410	720	1170
		4、6、8	75		140		20	0 -0.052	67.5																	
315S		2	65		170		18	0 -0.043	58		600	550	±0.022	660			24		φ2.0Ⓜ	6	0 -0.15		645	576	900	1360
		4、6、8	80		140		22	0 -0.052	71																	1390
315M	FF600	2	65		170		18	0 -0.043	58																	1460
		4、6、8	80		140		22	0 -0.052	71																	1490
315L		2	65		170		18	0 -0.043	58																	1460
		4、6、8	80				22	0 -0.052	71																	1490

注：① $G=D-GE$，GE 极限偏差对机座号 80 为 $\binom{+0.10}{0}$，其余为 $\binom{+0.20}{0}$。

② S 孔的位置度公差以轴伸的轴线为基准。

③ P 尺寸为最大极限值。

④ R 为凸缘配合面至轴伸肩的距离。

表 12-7　轴伸键的尺寸及公差　　　　　　　　　　　　　单位：mm

轴伸直径	键宽	键高
19	$6_{-0.030}^{0}$	$6_{-0.030}^{0}$
24	$8_{-0.036}^{0}$	$7_{-0.090}^{0}$
28		
38	$10_{-0.036}^{0}$	$8_{-0.090}^{0}$
42	$12_{-0.043}^{0}$	
48	$14_{-0.043}^{0}$	$9_{-0.090}^{0}$
55	$16_{-0.043}^{0}$	$10_{-0.090}^{0}$
60	$18_{-0.043}^{0}$	$11_{-0.110}^{0}$
65		
75	$20_{-0.052}^{0}$	$12_{-0.110}^{0}$
80	$22_{-0.052}^{0}$	$14_{-0.110}^{0}$
95	$25_{-0.052}^{0}$	

表 12-8　Y 系列（IP23）三相异步电动机的技术参数表

型号	额定功率（kW）	满载转速[①]（r·min⁻¹）	满载时效率（%）	堵转转矩/额定转矩	型号	额定功率（kW）	满载转速[①]（r·min⁻¹）	满载时效率（%）	堵转转矩/额定转矩
Y160M-2	15	2928	88	1.7	Y160M-6	7.5	971	85	2.0
Y160L1-2	18.5	2929	89	1.8	Y160L-6	11	971	86.5	2.0
Y160L2-2	22	2928	89.5	2.0	Y180M-6	15	974	88	1.8
Y180M-2	30	2938	89.5	1.7	Y180L-6	18.5	975	88.5	1.8
Y180L-2	37	2939	90.5	1.9	Y200M-6	27	978	89	1.7
Y200M-2	45	2952	91	1.9	Y200L-6	30	975	90.5	1.7
Y200L-2	55	2950	91.5	1.9	Y225M-6	37	982	91	1.8
Y225M-2	75	2955	91.5	1.8	Y250S-6	45	983	91	1.8
Y250S-2	90	2966	92	1.7	Y250M-6	55	983	91.5	1.8
Y250M-2	110	2966	92.5	1.7	Y280S-6	75	986	92	1.8
Y280M-2	132	2967	92.5	1.6	Y280M-6	90	986	93	1.8
Y160M-4	11	1459	87.5	1.9	Y160M-8	5.5	723	83.5	2.0
Y160L1-4	15	1458	88	2.0	Y160L-8	7.5	723	85	2.0
Y160L2-4	18.5	1458	89	2.0	Y180M-8	11	727	86.5	1.8
Y180M-4	22	1457	89.5	1.9	Y180L-8	15	726	87.5	1.8
Y180L-4	30	1467	90.5	1.9	Y200M-8	18.5	728	88.5	1.7
Y200M-4	37	1473	90.5	2.0	Y200L-8	22	729	89	1.8
Y200L-4	45	1475	91.5	2.0	Y225M-8	30	734	89.5	1.7
Y225M-4	55	1476	91.5	1.8	Y250S-8	37	735	90	1.6
Y250S-4	75	1480	92	2.0	Y250M-8	45	736	90.5	1.8
Y250M-4	90	1480	92.5	2.2	Y280S-8	55	740	91	1.8

型号	额定功率（kW）	满载转速[①]（r·min⁻¹）	满载时效率（%）	堵转转矩/额定转矩	型号	额定功率（kW）	满载转速[①]（r·min⁻¹）	满载时效率（%）	堵转转矩/额定转矩
Y280S-4	110	1482	92.5	1.7	Y280M-8	75	740	91.5	1.8
Y280M-4	132	1483	93	1.8					

表 12-9 安装和外形尺寸

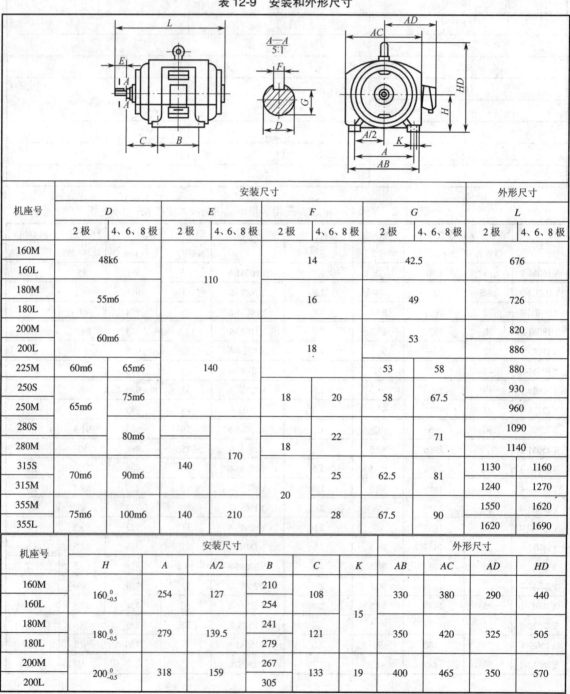

机座号	安装尺寸								外形尺寸	
	D		E		F		G		L	
	2 极	4、6、8 极	2 极	4、6、8 极	2 极	4、6、8 极	2 极	4、6、8 极	2 极	4、6、8 极
160M	48k6		110		14		42.5		676	
160L										
180M	55m6				16		49		726	
180L										
200M	60m6				18		53		820	
200L									886	
225M	60m6	65m6	140				53	58	880	
250S	65m6	75m6			18	20	58	67.5	930	
250M									960	
280S		80m6		170		22		71	1090	
280M					18				1140	
315S	70m6	90m6	140			25	62.5	81	1130	1160
315M					20				1240	1270
355M	75m6	100m6	140	210		28	67.5	90	1550	1620
355L									1620	1690

机座号	安装尺寸						外形尺寸			
	H	A	A/2	B	C	K	AB	AC	AD	HD
160M	160₋₀.₅⁰	254	127	210	108	15	330	380	290	440
160L				254						
180M	180₋₀.₅⁰	279	139.5	241	121		350	420	325	505
180L				279						
200M	200₋₀.₅⁰	318	159	267	133	19	400	465	350	570
200L				305						

续表

机座号	安装尺寸						外形尺寸			
	H	A	$A/2$	B	C	K	AB	AC	AD	HD
225M	$225^{0}_{-0.5}$	356	178	311	149	19	450	520	395	640
250S	$225^{0}_{-0.5}$	406	203		168	24	510	550	410	710
250M				349						
280S	$280^{0}_{-0.5}$	457	228.5	368	190		570	610	485	785
280M				419						
315S	$315^{0}_{-0.5}$	508	254	406	216	28	680	792	586	928
315M				457						
355M	$355^{0}_{-0.5}$	610	305	560	254			980	630	1120
355L				630						

12.2　YZR、YZ 系列冶金及起重用三相异步电动机

YZR、YZ 系列电动机为适应特殊条件和场合的专用电动机，该系列具有较高的机械强度和较大的过载能力，绝缘等级分为 F 级和 H 级两种，F 级用于环境温度不高于 40℃ 的场合，H 级用于环境温度不高于 60℃ 的冶金场合。

该系列电机适用于起重运输机械、冶金辅助设备的电力传动等断续运转，频繁启动、制动以及有振动冲击和过载荷的设备。其技术数据见表 12-10、表 12-11，安装和外形尺寸见表 12-12、表 12-13、表 12-14。

表 12-10　YZR 系列技术数据表（JB/T10105—1999）

机座号	1000r/min		750r/min		600r/min	
	功率（kW）	转速（r·min⁻¹）	功率（kW）	转速（r·min⁻¹）	功率（kW）	转速（r·min⁻¹）
112M	1.5	866				
132M1	2.2	908				
132M2	3.7	908				
160M1	5.5	930				
160M2	7.5	940				
160L	11	945	7.5	705		
180L	15	962	11	700		
200L	22	964	15	712		
225M	30	962	22	715		
250M1	37	960	30	720		
250M2	45	965	37	720		
280S	55	969	45	717	37	572
280M	75	969	55	728	45	560

注：电动机工作制有 S2、S3、S4、S5、S6 五种，其基准工作制为 S3，基准负载持续率 40%，每个工作周期 10min。用户应指明所需的工作制，不指明者认为是 S3 工作制。

表 12-11 YZ 系列技术数据表（JB/T10104—1999） 单位：功率（kW），转速（r·min⁻¹）

型号	S2				S3									
					6 次/h									
	30min		60min		15%		25%		40%		60%		1000%	
	额定功率	转速	额定功率	转速	额定功率	转速	额定功率	转速	额定功率	转速	额定功率	转速	额定功率	转速
YZ112M-6	1.8	892	1.5	920	2.2	810	1.8	892	1.5	920	1.1	946	0.8	980
YZ132M1-6	2.5	920	2.2	935	3.0	804	2.5	920	2.2	935	1.8	950	1.5	960
YZ132M2-6	4.0	915	3.7	912	5	890	4	915	3.7	912	3.0	940	2.8	945
YZ160M1-6	6.3	922	5.5	933	7.5	903	6.3	922	5.5	933	5.0	940	4.0	953
YZ160M2-6	8.5	943	7.5	948	11	926	8.5	943	7.5	948	6.3	956	5.5	961
YZ160L-6	15	920	11	953	15	920	13	936	11	953	9	964	7.5	972
YZ160L-8	9	694	7.5	705	9	675	9	694	7.5	705	6	717	5	724
YZ180L-8	13	675	11	694	15	654	13	675	11	694	9	710	7.5	718
YZ200L-8	18.5	697	15	710	22	686	18.5	697	15	710	13	714	11	720
YZ225M-8	26	701	22	712	33	687	26	701	22	712	18.5	718	17	720
YZ250M1-8	35	681	30	694	42	663	35	681	30	694	26	702	22	717

注：1. 电动机工作制有 S2、S3、S4、S5、S6、S7、S9 七种，本表按基准工作制（S3，FC=40%），每个工作周期为 10min 编制。用户应指明所需的工作制，不指明者认为是基准工作制。

2. 表中转速非标准值，仅供参考。

表 12-12 卧式安装尺寸及外形尺寸 单位：mm

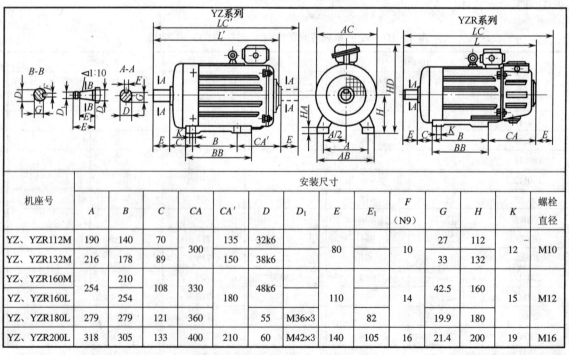

机座号	安装尺寸													螺栓直径
	A	B	C	CA	CA'	D	D_1	E	E_1	F (N9)	G	H	K	
YZ、YZR112M	190	140	70	300	135	32k6		80		10	27	112	12	M10
YZ、YZR132M	216	178	89		150	38k6					33	132		
YZ、YZR160M	254	210	108	330	180	48k6				14	42.5	160	15	M12
YZ、YZR160L		254						110						
YZ、YZR180L	279	279	121	360		55	M36×3		82		19.9	180		
YZ、YZR200L	318	305	133	400	210	60	M42×3	140	105	16	21.4	200	19	M16

续表

机座号	安装尺寸													
	A	B	C	CA	CA'	D	D_1	E	E_1	F (N9)	G	H	K	螺栓直径
YZ、YZR225M	356	311	149	450	258	65	M42×3	140	105	16	23.9	225	19	M16
YZ、YZR250M	406	349	168	540	295	70	M48×3	140	105	18	25.4	250	24	M20
YZR280S	457	368	190	540		85	M56×4	170	130	20	31.7	280	24	M20
YZR280M	457	419	190	540		85	M56×4	170	130	20	31.7	280	24	M20

机座号	外形尺寸									
	AB	AC	BB	LC	LC'	HD	L	L'	HA	D_2
YZ、YZR112M	250	245	235	670	505	335	590	420	18	M30×2
YZ、YZR132M	275	285	260	727	577	365	645	495	20	M30×2
YZ、YZR160M	320	325	290	858	718	425	758	608	25	M36×2
YZ、YZR160L	320	325	335	912	762	425	800	650	25	M36×2
YZ、YZR180L	360	360	380	980	800	465	870	685	25	M36×2
YZ、YZR200L	405	405	400	1118	928	510	975	780	28	M48×2
YZ、YZR225M	455	430	410	1190	998	545	1050	850	28	M48×2
YZ、YZR250M	515	480	510	1337	1092	605	1195	935	30	M48×2
YZR280S	575	535	530	1438		665	1265		32	M64×2
YZR280M	575	535	580	1489		665	1315		32	M64×2

表 12-13　卧式安装、机座不带底脚、端盖有凸缘的安装和外形尺寸　　　　单位：mm

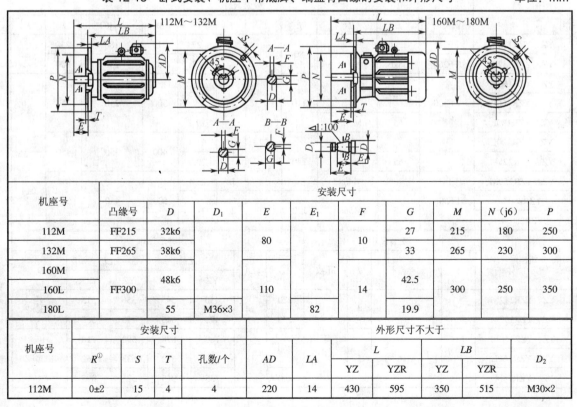

机座号	安装尺寸									
	凸缘号	D	D_1	E	E_1	F	G	M	N（j6）	P
112M	FF215	32k6		80		10	27	215	180	250
132M	FF265	38k6		80		10	33	265	230	300
160M	FF300	48k6		110		14	42.5	300	250	350
160L	FF300	48k6		110		14	42.5	300	250	350
180L	FF300	55	M36×3	110		82	19.9	300	250	350

机座号	安装尺寸				外形尺寸不大于					
	R①	S	T	孔数/个	AD	LA	L		LB		D_2
							YZ	YZR	YZ	YZR	
112M	0±2	15	4	4	220	14	430	595	350	515	M30×2

续表

机座号	安装尺寸				外形尺寸不大于						
	$R^{①}$	S	T	孔数/个	AD	LA	L		LB		D_2
							YZ	YZR	YZ	YZR	
132M	0±2	15	4		230		495	640	415	565	M30×2
160M				4	260		700	828	590	718	
160L	0±3	19	5			18	743	872	633	762	M36×2
180L					280		735	915	625	805	

注：① R 为凸缘配合面至轴伸肩的距离。

表 12-14　立式安装、机座不带底脚、端平面有凸缘，轴伸向下的安装和外形尺寸　　单位：mm

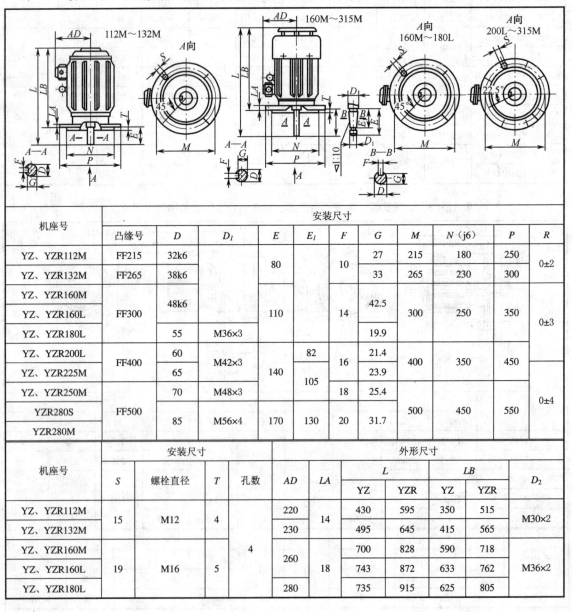

机座号	安装尺寸										
	凸缘号	D	D_1	E	E_1	F	G	M	N（j6）	P	R
YZ、YZR112M	FF215	32k6		80		10	27	215	180	250	0±2
YZ、YZR132M	FF265	38k6					33	265	230	300	
YZ、YZR160M	FF300	48k6		110		14	42.5	300	250	350	0±3
YZ、YZR160L											
YZ、YZR180L		55	M36×3				19.9				
YZ、YZR200L	FF400	60	M42×3	140	82	16	21.4	400	350	450	0±4
YZ、YZR225M		65			105		23.9				
YZ、YZR250M		70	M48×3			18	25.4				
YZR280S	FF500	85	M56×4	170	130	20	31.7	500	450	550	
YZR280M											

机座号	安装尺寸				外形尺寸						
	S	螺栓直径	T	孔数	AD	LA	L		LB		D_2
							YZ	YZR	YZ	YZR	
YZ、YZR112M	15	M12	4		220	14	430	595	350	515	M30×2
YZ、YZR132M				4	230		495	645	415	565	
YZ、YZR160M	19	M16	5		260	18	700	828	590	718	M36×2
YZ、YZR160L							743	872	633	762	
YZ、YZR180L					280		735	915	625	805	

机座号	安装尺寸				外形尺寸						
	S	螺栓直径	T	孔数	AD	LA	L		LB		D_2
							YZ	YZR	YZ	YZR	
YZ、YZR200L	19	M16	5	8	320	20	855	1050	715	910	M48×2
YZ、YZR225M							915	1110	775	970	
YZ、YZR250M					355		1005	1266	865	1126	
YZR280S					385	22		1370		1200	M64×2
YZR280M								1420		1250	

第13章　连接件和紧固件

13.1　螺纹

普通螺纹的基本尺寸见表 13-1，梯形螺纹的基本尺寸见表 13-2、表 13-3。

表 13-1　普通螺纹基本尺寸（GB/T 196—2003）　　　　　　　　单位：mm

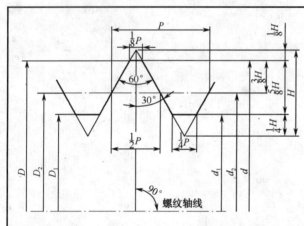

D—内螺纹的基本大径（公称直径）
d—外螺纹的基本大径（公称直径）
D_2—内螺纹的基本中径
d_2—外螺纹的基本中径
D_1—内螺纹的基本小径
d_1—外螺纹的基本小径
H—0.866P
P—螺距
标记示例：

M24（粗牙普通螺纹，直径 24 mm，螺距 3 mm，右旋）

M24×1.5（细牙普通螺纹，直径 24 mm，螺距 1.5mm，右旋）

公称直径 D、d		螺距 P		中径 D_2、	小径 D_1、	公称直径 D、d		螺距 P		中径 D_2、	小径
第一系列	第二系列	粗牙	细牙	d_2	d_1	第一系列	第二系列	粗牙	细牙	d_2	D_1、d_1
3		0.5		2.675	2.459		18	2.5	2	16.376	15.294
			0.35	2.773	2.621				2	16.701	15.835
	3.5	(0.6)		3.110	2.850				1.5	17.026	16.376
			0.35	3.273	3.121				1	17.350	16.917
4		0.7		3.545	3.242	20		2.5		18.376	17.294
			0.5	3.675	3.459				2	18.701	17.835
	4.5	(0.75)		4.013	3.688				1.5	19.026	18.376
			0.5	4.175	3.959				1	19.350	18.917
5		0.8		4.480	4.134		22	2.5		20.376	19.294
			0.5	4.675	4.459				2	20.701	19.835
6		1		5.350	4.917				1.5	21.026	20.376
			0.75	5.513	5.188				1	21.350	20.917

续表

公称直径 D、d		螺距 P		中径 D_2、d_2	小径 D_1、d_1	公称直径 D、d		螺距 P		中径 D_2、d_2	小径 D_1、d_1
第一系列	第二系列	粗牙	细牙			第一系列	第二系列	粗牙	细牙		
8		1.25		7.188	6.647					22.051	20.752
			1	7.350	6.917	24		3	2	22.701	21.835
			0.75	7.513	7.188				1.5	23.026	22.376
									1	23.350	22.917
10		1.5		9.026	8.376					25.051	23.752
			1.25	9.188	8.647		27	3	2	25.701	24.835
			1	9.350	8.917				1.5	26.026	25.376
			0.75	9.513	9.188				1	26.350	25.917
12		1.75		10.863	10.106					27.727	26.211
			1.5	11.026	10.376				(3)	28.051	26.752
			1.25	11.188	10.647	30		3.5	2	28.701	27.835
			1	11.350	10.917				1.5	29.026	28.376
									1	29.350	28.917
	14	2		12.701	11.835					30.727	29.211
			1.5	13.026	12.376				(3)	31.051	29.752
			(1.25)	13.188	12.647		33	3.5	2	31.701	30.835
			1	13.350	12.917				1.5	32.026	31.376
16		2		14.701	13.835					44.752	42.587
			1.5	15.026	14.376				(4)	45.402	43.670
			1	15.350	14.917	48		5	3	46.051	44.752
									2	46.701	45.835
									1.5	47.026	46.376
36		4		33.402	31.670					48.752	46.587
			3	34.051	32.752				(4)	49.402	47.670
			2	34.701	33.835		52		3	50.051	48.752
			1.5	35.026	34.376				2	50.701	49.835
									1.5	51.026	50.376
	39	4		36.402	34.670					52.428	50.046
			3	37.051	35.752				4	53.402	51.670
			2	37.701	36.835	56			3	54.051	52.752
			1.5	38.026	37.376				2	54.701	53.835
									1.5	55.026	54.376
42		4.5		39.077	37.129					56.428	54.046
			(4)	39.402	37.670				4	57.402	55.670
			3	40.051	38.752		60		3	58.051	56.752
			2	40.701	39.835				2	58.701	57.835
			1.5	41.026	40.376				1.5	59.026	58.376
	45	4.5		42.077	40.129						
			(4)	42.402	40.670						
			3	43.051	41.752						
			2	43.701	42.835						
			1.5	44.026	43.376						

注：1. 优先选用第一系列直径，其次是第二系列，第三系列（表中未列出）尽可能不用。

2. M14×1.25 仅用于发动机的火花塞。

表 13-2　梯形螺纹基本尺寸（1）（GB/T 5796.1—2005）　　　　单位：mm

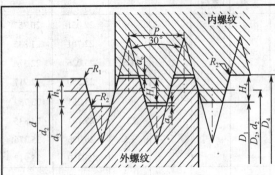

标记示例：

公称直径40、螺距7，中径公差带为7H的右旋梯形螺纹的

标记为Tr40×7-7H

$D_1=d-2H_1=d-P$
$d_3=d-2h_3=d-P-2a_c$
$h_3=H_4=H_1+a_c=0.5P+a_c$
$D_4=d+2a_c$
$d_2=D_2=d-H_1=d-0.5P$

螺距 P	a_c	$H_4=h_3$	R_{1max}	R_{2max}	螺距 P	a_c	$H_4=h_3$	R_{1max}	R_{2max}
1.5	0.15	0.9	0.075	0.15	14	1	8	0.5	1
2	0.25	1.25	0.125	0.25	16	1	9	0.5	1
3	0.25	1.75	0.125	0.25	18	1	10	0.5	1
4	0.25	2.25	0.125	0.25	20	1	11	0.5	1
5	0.25	2.75	0.125	0.25	22	1	12	0.5	1
6	0.5	3.5	0.25	0.5	24	1	13	0.5	1
7	0.5	4	0.25	0.5	28	1	15	0.5	1
8	0.5	4.5	0.25	0.5	32	1	17	0.5	1
9	0.5	5	0.25	0.5	36	1	19	0.5	1
10	0.5	5.5	0.25	0.5	40	1	21	0.5	1
12	0.5	6.5	0.25	0.5	44	1	23	0.5	1

表 13-3　梯形螺纹基本尺寸（2）（GB/T 5796.3—2005）　　　　单位：mm

公称直径 d		螺距	中径	大径	小径		公称直径 d		螺距	中径	大径	小径	
第一系列	第二系列	P	$d_2=D_2$	D_4	d_3	D_1	第一系列	第二系列	P	$d_2=D_2$	D_4	d_3	D_1
8		1.5	7.25	8.30	6.20	6.50		34	3	32.5	34.5	30.5	31.0
	9	1.5	8.25	9.30	7.20	7.50		34	6	31.0	35.0	27.0	28.0
	9	2	8.00	9.50	6.50	7.00		34	10	29.0	35.0	23.0	24.0
10		1.5	9.25	10.3	8.20	8.50	36		3	34.5	36.5	32.5	33.0
10		2	9.00	10.5	7.50	8.00	36		6	33.0	37.0	29.0	30.0
	11	2	10.0	11.5	8.50	9.00	36		10	31.0	37.0	25.0	26.0
	11	3	9.50	11.5	7.50	8.00		38	3	36.5	38.5	34.5	35.0
12		2	11.0	12.5	9.50	10.0		38	7	34.5	39.0	30.0	31.0
12		3	10.5	12.5	8.50	9.00		38	10	33.0	39.0	27.0	28.0
	14	2	13.0	14.5	11.5	12.0	40		3	38.5	40.5	36.5	37.0
	14	3	12.5	14.5	10.5	11.0	40		7	36.5	41.0	32.0	33.0

续表

公称直径 d		螺距	中径	大径	小径		公称直径 d		螺距	中径	大径	小径	
第一系列	第二系列	P	$d_2=D_2$	D_4	d_3	D_1	第一系列	第二系列	P	$d_2=D_2$	D_4	d_3	D_1
16		2	15.0	16.5	13.5	14.0	40		10	35.0	41.0	29.0	30.0
		4	14.0	16.5	11.5	12.0			3	40.5	42.5	38.5	39.0
	18	2	17.0	18.5	15.5	16.0		42	7	38.5	43.0	34.0	35.0
		4	16.0	18.5	13.5	14.0			10	37.0	43.0	31.0	32.0
20		2	19.0	20.5	17.5	18.0	44		3	42.5	44.5	40.5	41.0
		4	18.0	20.5	15.5	16.0			7	40.5	45.0	36.0	37.0
	22	3	20.5	22.5	18.5	19.0			12	38.0	45.0	31.0	32.0
		5	19.5	22.5	16.5	17.0		46	3	44.5	46.5	42.5	43.0
		8	18.0	23.0	13.0	14.0			8	42.0	47.0	37.0	38.0
24		3	22.5	24.5	20.5	21.0			12	40.0	47.0	33.0	34.0
		5	21.5	24.5	18.5	19.0	48		3	46.5	48.5	44.5	45.0
		8	20.0	25.0	15.0	16.0			8	44.0	49.0	39.0	40.0
	26	3	24.5	26.5	22.5	23.0			12	42.0	49.0	35.0	36.0
		5	23.5	26.5	20.5	21.0		50	3	48.5	50.5	46.5	47.0
		8	22.0	27.0	17.0	18.0			8	46.0	51.0	41.0	42.0
28		3	26.5	28.5	24.5	25.0			12	44.0	51.0	37.0	38.0
		5	25.5	28.5	22.5	23.0	52		3	50.5	52.5	48.5	49.0
		8	24.0	29.0	19.0	20.0			8	48.0	53.0	43.0	44.0
	30	3	28.5	30.5	26.5	27.0			12	46.0	53.0	39.0	40.0
		6	27.0	31.0	23.0	24.0		55	3	53.5	55.5	51.5	52.0
		10	25.0	31.0	19.0	20.0			9	50.5	56.0	45.0	46.0
32		3	30.5	32.5	28.5	29.0			14	48.0	57.0	39.0	41.0
		6	29.0	33.0	25.0	26.0	60		3	58.5	60.5	56.5	57.0
		10	27.0	33.0	21.0	22.0			9	55.0	61.0	50.0	51.0
									14	53.0	62.0	44.0	46.0

13.2　螺栓

各种六角螺栓基本尺寸见表 13-4、表 13-5、表 13-6 和表 13-7，地脚螺栓基本尺寸见表 13-8。

表 13-4　六角头螺栓（A 级和 B 级）（GB/T 5782—2000）与全螺纹六角头螺栓（A 级和 B 级）
（GB/T 5783—2000）的基本尺寸与参数　　　　　　　　　　　　　　单位：mm

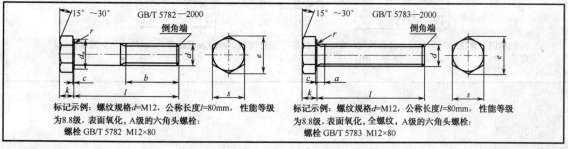

标记示例：螺纹规格 d=M12，公称长度 l=80mm，性能等级
为 8.8 级，表面氧化，A 级的六角头螺栓：
螺栓 GB/T 5782　M12×80

标记示例：螺纹规格 d=M12，公称长度 l=80mm，性能等级
为 8.8 级，表面氧化，全螺纹，A 级的六角头螺栓：
螺栓 GB/T 5783　M12×80

螺纹规格 d			M3	M4	M5	M6	M8	M10	M12	M16	M20	M24	M30	M36
b 参考	$l \leqslant 125$		12	14	16	18	22	26	30	38	46	54	66	78
	$125 < l \leqslant 200$		—	—	—	—	28	32	36	44	52	60	72	84
	$l > 200$		—	—	—	—	—	—	—	57	65	73	85	97
a	max		1.5	2.1	2.4	3	3.75	4.5	5.25	6	7.5	9	10.5	12
c	max		0.4	0.4	0.5	0.5	0.6	0.6	0.6	0.8	0.8	0.8	0.8	0.8
d_w	min	A	4.57	5.88	6.88	8.88	11.63	14.63	16.63	22.94	28.19	33.61	—	—
		B	—	—	6.74	8.74	11.47	14.47	16.47	22	27.7	33.25	42.75	51.11
e	min	A	6.01	7.66	8.79	11.05	14.38	17.77	20.03	26.75	33.53	39.98	—	—
		B	5.88	7.50	8.63	10.89	14.20	17.59	19.85	26.17	32.95	39.55	50.85	60.79
k	公称		2	2.8	3.5	4	5.3	6.4	7.5	10	12.5	15	18.7	22.5
r	min		0.1	0.2	0.2	0.25	0.4	0.4	0.6	0.6	0.8	0.8	1	1
s	公称		5.5	7	8	10	13	16	18	24	30	36	46	55
l 范围 GB/T5782—2000			20～30	25～40	25～50	30～60	35～80	40～100	45～120	55～160	65～200	80～240	90～300	110～360
l 范围(全螺纹) GB/T5783—2000 A 级			6～30	8～40	10～50	12～60	16～80	20～100	25～100	35～100	40～100	40～100	40～100	40～100
l 系列			6，8，10，12，16，20～70（5 进位），80～160（10 进位），180～360（20 进位）											

技术条件	材料	力学性能等级	螺纹公差	公差产品等级	表面处理
	钢	5.6、8.8、9.8、10.9	6g	A 级用于 $d \leqslant 24$ 和 $l \leqslant 10d$ 或 $l \leqslant 150$ B 级用于 $d > 24$ 和 $l > 10d$ 或 $l > 150$	氧化
	不锈钢	A2-70、A4-70			简单处理
	有色金属	Cu2、Cu3、Al4 等			简单处理

注：1. A、B 为产品等级，C 级（表中未列）产品螺纹公差为 8g，规格等级为 M5～M64，性能等级为 3.6、4.6、4.8 级，详见 GB/T5780—2000 与 GB/T5781—2000。

2. 非优选的螺纹规格未列入。

3. 表面处理中，电镀按 GB/T5267.1～2—2002，非电解锌粉覆盖层按 ISO10683，其他按相应协议。

表 13-5　C 级六角头螺栓（GB/T 5780—2000）和全螺纹 C 级六角头螺栓基本尺寸（C 级 GB/T 5781—2000）

单位：mm

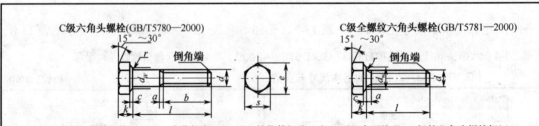

C级六角头螺栓(GB/T5780—2000)　　C级全螺纹六角头螺栓(GB/T5781—2000)

标记示例： 螺纹规格 d=M12，公称长度 l=80mm，性能等级为 4.8 级，不经表面处理，C 级的六角头螺栓标记：

螺栓 GB/T5780 M12×80　　螺栓 GB/T5781 M12×80

续表

螺纹规格 d		M5	M6	M8	M10	M12	(M14)	M16	(M18)	M20	(M22)	M24	(M27)	M30	(M33)	M36
b	l≤125	16	18	22	26	30	34	38	42	46	50	54	60	66	72	—
	125<l≤200	22	24	28	32	36	40	44	48	52	56	60	66	72	78	84
	l>200	35	37	41	45	49	53	57	61	65	69	73	79	85	91	97
a_{max}		2.4	3	4	4.5	5.3	6	6	7.5	7.5	7.5	9	9	10.5	10.5	12
e_{min}		8.63	10.89	14.20	17.59	19.85	22.78	26.17	29.56	32.95	37.29	39.55	45.20	50.85	55.37	60.79
k 公称		3.5	4	5.3	6.4	7.5	8.8	10	11.5	12.5	14	15	17	18.7	21	22.5
s_{max}		8	10	13	16	18	21	24	27	30	34	36	41	46	50	55
s_{min}		7.64	9.64	12.57	15.57	17.57	20.16	23.16	26.16	29.16	33	35	40	45	49	53.8
GB/T5780—2000		25~50	30~60	40~80	45~100	55~120	60~140	65~160	80~180	65~200	90~220	100~240	110~260	120~300	130~320	140~360
GB/T5781—2000		10~50	12~60	16~80	20~100	25~180	30~140	30~160	35~180	40~200	45~220	50~240	55~280	60~300	65~360	70~360
l 范围		10、12、16、20~70（5 进位）、70~150（10 进位）、180~500（20 进位）

注：尽可能不采用括号内的规格。

表 13-6 六角头铰制造孔用螺栓（A 级和 B 级）基本尺寸（GB/T 27—1988） 单位：mm

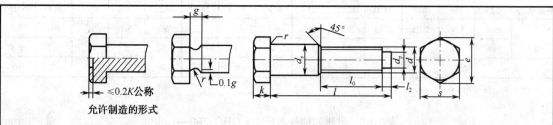

允许制造的形式

标记示例：

螺纹规格 d=M12，d_s 尺寸按表规定，公称长度 l=80mm，性能等级为 8.8 级，表面氧化处理，A 级的六角铰制孔螺栓：

螺栓 GB/T27 M12×80

当 d_s 按 m6 制造时应标记为：螺栓 GB/T27 M12×m6×80

螺纹规格 d		M6	M8	M10	M12	(M14)	M16	(M18)	M20	(M22)	M24	(M27)	M30	M36
d_s(h9)	max	7	9	11	13	15	17	19	21	23	25	28	32	38
s	max	10	13	16	18	21	24	27	30	34	36	41	46	55
K	公称	4	5	6	7	8	9	10	11	12	13	15	17	20
r	min	0.25	0.4	0.4	0.6	0.6	0.6	0.6	0.8	0.8	0.8	1	1	1
d_p		4	5.5	7	8.5	10	12	13	15	17	18	21	24	28
L_2		1.5		2		3			4			5		6
E_{min}	A	11.05	14.38	17.77	20.03	23.35	26.75	30.14	33.53	37.72	39.98	—	—	—
	B	10.89	14.20	17.59	19.85	22.78	26.17	29.56	32.95	37.29	39.55	45.2	50.85	60.79
g		2.5			3.5				5					
l_0		12	15	18	22	25	28	30	32	35	38	42	50	55

续表

螺纹规格 d	M6	M8	M10	M12	(M14)	M16	(M18)	M20	(M22)	M24	(M27)	M30	M36
l 范围	25~65	25~80	30~120	35~180	40~180	45~200	50~200	55~200	60~200	65~200	75~200	80~200	90~200

l 系列	25、(28)、30、(32)、35、(38)、40、45、50、(55)、60、(65)、70、(75)、80、(85)、90、(95)、100~260（10进位）、280、300

技术条件	材料	力学性能等级	螺纹公差	公差产品等级	表面处理
	钢	8.8	6g	A 级用于 $d \leqslant 24$ 和 $l \leqslant 10d$ 或 $l \leqslant 150$ B 级用于 $d > 24$ 和 $l > 10d$ 或 $l > 150$	氧化

注：1. 尽可能不采用括号内的规格。

2. 根据使用要求，螺杆上无螺纹部分杆径（d_s）允许 m6、u8 制造。

表 13-7 六角头螺杆带孔螺栓基本尺寸（GB/T 31.1—1988） 单位：mm

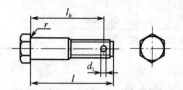

标记示例：

螺纹规格 d=M12，公称长度 l=80mm，性能等级为8.8级，表面氧化，A 级：六角头螺杆带孔螺栓的标记：

螺栓 GB/T31.1 M12×80

当 d_s 按 m6 制造时应加标记 m6：

螺栓 GB/T 31.1 M12m6×80

螺纹规格 d（6g）		M6	M8	M10	M12	(M14)	M16	(M18)	M20	(M22)	M24	(M27)	M30	M36
d_1	max	1.86	2.25	2.75	3.5	3.5	4.3	4.3	4.3	5.3	5.3	5.3	6.6	6.6
	min	1.6	2	2.5	3.2	3.2	4	4	4	5	5	5	6.3	6.3
$l-l_h$		3	4	4	5	5	6	6	6	7	7	8	9	10

注：尽量不采用括号内的规格。

表 13-8 地脚螺栓基本尺寸（GB/T 799—1988） 单位：mm

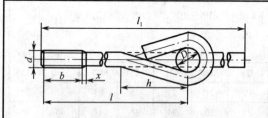

标记示例：

螺纹规格 d=M12、公称长度 l=400mm、性能等级为3.6级、不经表面处理的地脚螺栓的标记：

螺栓 GB/T 799 M12×400

螺纹规格 d		M6	M8	M10	M12	M16	M20	M24	M30	M36	M42
b	max	27	31	36	40	50	58	68	80	94	106
	min	24	28	32	36	44	52	60	72	84	96
x	max	2.5	3.2	3.8	4.3	5.0	6.3	7.5	8.8	10.0	11.3
D		10	10	15	20	20	30	30	45	60	60
h		41	46	65	82	93	127	139	192	244	261
l_1		l+37	l+37	l+53	l+72	l+72	l+110	l+110	l+165	l+217	l+217

续表

螺纹规格 d	M6	M8	M10	M12	M16	M20	M24	M30	M36	M42
l 范围	80~160	120~220	160~300	160~400	220~500	300~630	300~800	400~1000	500~1000	630~1250
l 系列	80，120，160，220，300，400，500，630，800，1000，1250									

技术条件	材料	力学性能等级		螺纹公差	产品等级	表面处理		
	钢	$D<39$, 3.6 级；$D>39$, 按协议		8g	C	1）不经处理；2）氧化；3）镀锌钝化		

13.3 螺柱

双头螺柱的基本尺寸见表 13-9。

表 13-9 双头螺柱 $b_m=d$（GB/T 897—1988）、$b_m=1.25d$（GB/T 898—1988）、$b_m=1.5d$（GB/T 899—1988）的基本尺寸 单位：mm

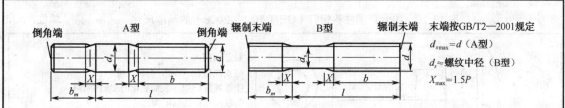

标记示例：

两端均为粗牙普通螺纹，$d=10$，$l=50$，性能等级为 4.8 级，不经表面处理，B 型，$b_m=1.25d$ 的双头螺柱的标记为：

螺柱 GB/T 898—1988 M10×50

旋入机体一端为粗牙普通螺纹，旋螺母一端为螺距 $P=1$ 的细牙普通螺纹，$d=10$，$l=50$、性能等级为 4.8 级，不经表面处理，A 型，$b_m=1.25d$ 的双头螺柱标记为：

螺柱 GB/T 898—1988 AM10—M10×1×50

旋入机体一端为过渡配合螺纹的第一种配合，旋螺母一端为粗牙普通螺纹，$d=10$，$l=50$，性能等级为 8.8 级，镀锌钝化，B 型，$b_m=1.25d$ 的双头螺柱标记为：

螺柱 GB/T 898—1988 GM10—M10×50—8.8—Zn·D

螺纹规格 d		5	6	8	10	12	（14）	16	（18）	20	24	30
b_m（公称）	GB/T897—1988	5	6	8	10	12	14	16	18	20	24	30
	GB/T898—1988	6	8	10	12	15	18	20	22	25	30	38
	GB/T899—1988	8	10	12	15	18	21	24	27	30	36	45
d_s	max	=d										
	min	4.7	5.7	7.64	9.64	11.57	13.57	15.57	17.57	19.48	23.48	29.48
$\dfrac{l（公称）}{b}$		$\dfrac{16\sim22}{10}$	$\dfrac{20\sim22}{10}$	$\dfrac{20\sim22}{12}$	$\dfrac{25\sim28}{14}$	$\dfrac{25\sim30}{16}$	$\dfrac{30\sim35}{18}$	$\dfrac{30\sim38}{20}$	$\dfrac{35\sim40}{22}$	$\dfrac{35\sim40}{25}$	$\dfrac{45\sim50}{30}$	$\dfrac{60\sim65}{40}$
		$\dfrac{25\sim30}{16}$	$\dfrac{25\sim30}{14}$	$\dfrac{25\sim30}{16}$	$\dfrac{30\sim38}{16}$	$\dfrac{32\sim40}{20}$	$\dfrac{38\sim45}{25}$	$\dfrac{40\sim55}{30}$	$\dfrac{45\sim60}{35}$	$\dfrac{45\sim65}{350}$	$\dfrac{55\sim75}{45}$	$\dfrac{70\sim90}{50}$

续表

螺纹规格 d	5	6	8	10	12	(14)	16	(18)	20	24	30
	20~22 10	30~35 18	32~90 22	40~120 26	45~120 30	50~120 34	60~120 38	65~120 42	70~120 46	80~120 540	90~120 66
				130 32	130~180 36	130~180 40	130~200 44	130~200 48	130~200 52	130~200 60	130~200 72
											210~250 85
范围	16~50	20~75	20~90	25~130	25~180	30~180	30~200	35~200	35~200	45~200	60~250
l系列	16,(18),20,(22),25,(28),30,(32),35,(38),40~100(5进位),110~260(10进位),280,300										

注：括号内为非优选的螺纹规格尽可能不采用。

13.4　螺钉

各类螺钉的基本尺寸见表 13-10～表 13-14。

表 13-10　内六角圆柱头螺钉（GB/T 70.1—2008）的基本尺寸　　　　单位：mm

标记示例：
螺纹规格在 d=M8，公称长度 l=20，性能等级为8.8级，表面氧化的A级内六角圆柱头螺钉的标记为：
螺钉GB/T 70 M8×20

螺纹规格 d	M5	M6	M8	M10	M12	M16	M20	M24	M30	M36
b	22	24	28	32	36	44	52	60	72	84
d_k	8.5	10	13	16	18	24	30	36	45	54
e	4.58	5.72	6.86	9.15	11.43	16	19.44	21.73	25.15	30.85
k	5	6	8	10	12	16	20	24	30	36
螺纹规格 d	M5	M6	M8	M10	M12	M16	M20	M24	M30	M36
s	4	5	6	8	10	14	17	19	22	27
t	2.5	3	4	5	6	8	10	12	15.5	19
l范围（公称）	8~50	10~60	12~80	16~100	20~120	25~160	30~200	40~200	45~200	55~200
制成全螺纹时 l≤	25	30	35	40	45	55	65	80	90	110
l系列（公称）	8, 10, 12, 16, 20, 20~70(5进位), 70~160(10进位), 180, 200									

技术条件	材料	性能等级	螺纹公差	产品等级	表面处理
	钢	8.8, 10.9, 12.9	12.9级为5g或6g, 其他等级为6g	A	氧化

表 13-11 十字槽盘头螺钉（GB/T818—2000）和十字槽沉头螺钉（GB/T819.1—2000）的基本尺寸

单位：mm

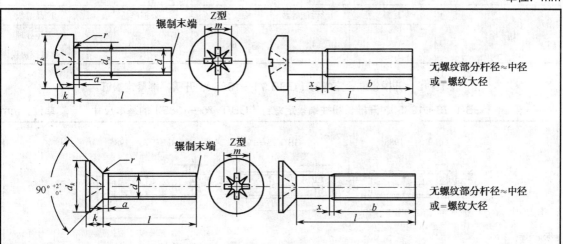

标记示例：

螺纹规格 d＝M5，公称长度 l＝20，性能等级为 4.8 级不经表面处理的十字槽盘头螺钉（或十字槽沉头螺钉）：

螺钉 GB/T818—2000 M5×20（或 GB/T819.1—2000 M5×20）

螺纹规格 d			M1.6	M2	M2.5	M3	M4	M5	M6	M8	M10
螺距 P_a			0.35	0.4	0.45	0.5	0.7	0.8	1	1.25	1.5
a		max	0.7	0.8	0.9	1	1.4	1.6	2	2.5	3
b		min	25	25	25	25	38	38	38	38	38
x		max	0.9	1	1.1	1.25	1.75	2	2.5	3.2	3.8
十字槽盘头螺钉	d_a	max	2.1	2.6	3.1	3.6	4.7	5.7	6.8	9.2	11.2
	d_k	max	3.2	4	5	5.6	8	9.5	12	16	20
	k	max	1.3	1.6	2.1	2.4	3.1	3.7	4.6	6	7.5
	r	min	0.1	0.1	0.1	0.1	0.2	0.2	0.25	0.4	0.4
	r_f	≈	2.5	3.2	4	5	6.5	8	10	13	16
	m	参考	1.7	1.9	2.6	2.9	4.4	4.6	6.8	8.8	10
	l 商品规格范围		3～16	3～20	3～25	4～30	5～40	6～45	8～60	10～60	12～60
螺纹规格 d			M1.6	M2	M2.5	M3	M4	M5	M6	M8	M10
十字槽盘头螺钉	d_k	max	3	3.8	4.7	5.5	8.4	9.3	11.3	15.8	18.3
	k	max	1	1.2	1.5	1.65	2.7	2.7	3.3	4.65	5
	r	max	0.4	0.5	0.6	0.8	1	1.3	1.5	2	2.5
	m	参考	1.8	2	3	3.2	4.6	5.1	6.8	9	10
	l 商品规格范围		3～16	3～20	3～25	4～30	5～40	6～50	8～60	10～60	12～60
l 范围（公称）			8～50	10～60	12～80	16～100	20～120	25～160	30～200	40～200	45～200
公称长度 l 的系列			3，4，5，6，8，10，12，（14），16，20～60(5 进位)								

螺纹规格 d		M1.6	M2	M2.5	M3	M4	M5	M6	M8	M10
技术条件	材料	力学性能等级		螺纹公差		公差产品等级			产品等级	
	钢	4.8		6g		A			不经处理 电镀或协议	

表 13-12　开槽锥端紧定螺钉（GB/T 71—1985）、开槽平端紧定螺钉
（GB/T 73—1985）、开槽长圆柱端紧定螺钉（GB/T 75—1985）的基本尺寸　　单位：mm

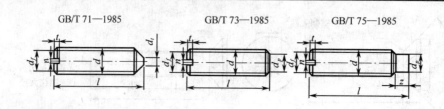

GB/T 71—1985　　　　　GB/T 73—1985　　　　　GB/T 75—1985

标记示例：

螺纹规格，公称长度，性能等级为 14H 级、表面氧化的开槽锥端紧定螺钉（或开槽平端，或开槽长圆柱紧定螺钉）：

螺钉　GB/T 71—1985　M5×12　（GB/T 73—1985　M5×12 或 GB/T 75—1985　M5×12）

螺纹规格 d		M1.6	M2	M2.5	M3	M4	M5	M6	M8	M10	M12
螺距 P		0.35	0.4	0.45	0.5	0.7	0.8	1	1.25	1.5	1.75
d_f		螺 纹 小 径									
d_t（max）		0.16	0.2	0.25	0.3	0.4	0.5	1.5	2	2.5	3
d_p（max）		0.6	0.8	1	1.5	2	2.5	3.5	4	5.5	7
n（公称）		0.25	0.25	0.4	0.4	0.6	0.8	1	1.2	1.6	2
t（min）		0.56	0.64	0.72	0.8	1.12	1.28	1.6	2	2.4	2.8
z（max）		1.05	1.25	1.5	1.75	2.25	2.75	3.25	4.3	5.3	6.3
l（商品）	GB/T 71 —1985	2.5~8	3~10	4~12	4~16	6~20	8~25	8~30	10~40	12~50	14~60
	GB/T 73 —1985	2~8	3~10	2.5~12	3~16	4~20	5~25	6~30	8~40	10~50	12~60
	GB/T 75 —1985	2.5~8	3~10	4~12	5~16	6~20	8~25	8~30	10~40	12~50	14~60
长度 l 系列		2,2.5,3,4,5,6,8,10,12,(14),16,20,25,30,35,40,45,50,(55),60									
技术条件	材料	力学性能等级		螺纹公差		公差产品等级			表面处理		
	钢	14H，22H		6g		A			氧化或镀锌钝化		

注：括号内为非优选的螺纹规格，尽可能不采用。

表 13-13　吊环螺钉的基本尺寸（GB/T 825—1988）　　　　　　单位：mm

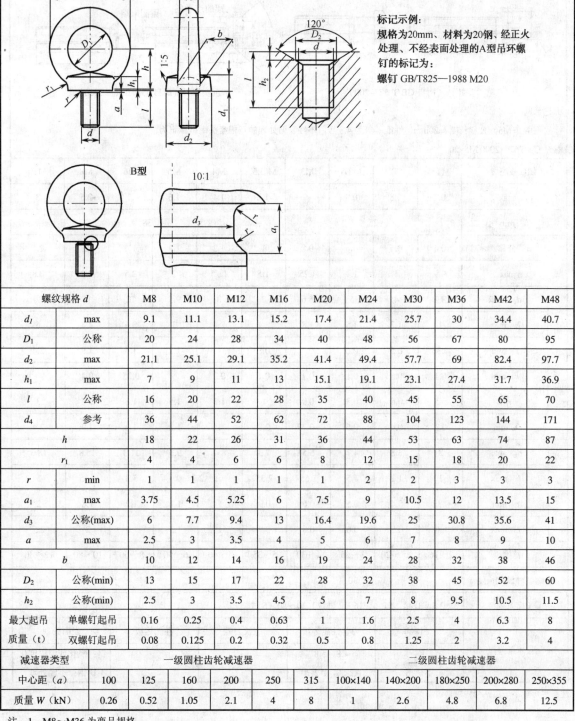

标记示例：
规格为20mm、材料为20钢、经正火处理、不经表面处理的A型吊环螺钉的标记为：
螺钉 GB/T825—1988 M20

螺纹规格 d		M8	M10	M12	M16	M20	M24	M30	M36	M42	M48
d_1	max	9.1	11.1	13.1	15.2	17.4	21.4	25.7	30	34.4	40.7
D_1	公称	20	24	28	34	40	48	56	67	80	95
d_2	max	21.1	25.1	29.1	35.2	41.4	49.4	57.7	69	82.4	97.7
h_1	max	7	9	11	13	15.1	19.1	23.1	27.4	31.7	36.9
l	公称	16	20	22	28	35	40	45	55	65	70
d_4	参考	36	44	52	62	72	88	104	123	144	171
h		18	22	26	31	36	44	53	63	74	87
r_1		4	4	6	6	8	12	15	18	20	22
r	min	1	1	1	1	1	2	2	3	3	3
a_1	max	3.75	4.5	5.25	6	7.5	9	10.5	12	13.5	15
d_3	公称(max)	6	7.7	9.4	13	16.4	19.6	25	30.8	35.6	41
a	max	2.5	3	3.5	4	5	6	7	8	9	10
b		10	12	14	16	19	24	28	32	38	46
D_2	公称(min)	13	15	17	22	28	32	38	45	52	60
h_2	公称(min)	2.5	3	3.5	4.5	5	7	8	9.5	10.5	11.5
最大起吊	单螺钉起吊	0.16	0.25	0.4	0.63	1	1.6	2.5	4	6.3	8
质量（t）	双螺钉起吊	0.08	0.125	0.2	0.32	0.5	0.8	1.25	2	3.2	4
减速器类型		一级圆柱齿轮减速器						二级圆柱齿轮减速器			
中心距（a）		100	125	160	200	250	315	100×140	140×200	180×250	200×280	250×355
质量 W（kN）		0.26	0.52	1.05	2.1	4	8	1	2.6	4.8	6.8	12.5

注：1．M8～M36 为商品规格。

　　2．减速器质量 W 非 GB/T825—1988 内容，仅供课程设计参考用。

表13-14　开槽盘头螺钉（GB/T 67—2000）、开槽沉头螺钉（GB/T 68—2000）的基本尺寸

开槽盘头螺钉（GB/T 67—2000）　　　　　　　　　　　　　　　　单位：mm

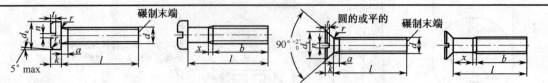

开槽盘头螺钉（摘自 GB/T 67—2000）　　　　　　　　开槽沉头螺钉（摘自 GB/T 68—2000）

标记示例：

螺纹规格 d=M5，公称长度 l=20mm，性能等级为 4.8 级，不经表面处理的开槽盘头螺钉标记为：

螺钉 GB/T67—2000 M5×20

螺纹规格 d		M1.6	M2	M2.5	M3	M(3.5)	M4	M5	M6	M8	M10
a　max		0.7	0.8	0.9	1	1.2	1.4	1.6	2	2.5	3
b　min		25					38				
n　公称		0.4	0.5	0.6	0.8	1	1.2	1.2	1.6	2	2.5
x　max		0.9	1	1.1	1.25	1.5	1.75	2	2.5	3.2	3.8
盘头螺钉	d_k　max	3.2	4	5	5.6	7	8	9.5	12	16	20
	k　max	1	1.3	1.5	1.8	2.1	2.4	3	3.6	4.8	6
	t　min	0.35	0.5	0.6	0.7	0.8	1	1.2	1.4	1.9	2.4
	r　min	0.1	0.1	0.1	0.1	0.1	0.2		0.25	0.4	
	$r_f≈$	0.5	0.6	0.8	0.9	1	1.2	1.5	1.8	2.4	3
	$ω$　min	0.3	0.4	0.5	0.7	0.8	1	1.2	1.4	1.9	2.4
沉头螺钉	d_k　max	3	3.8	4.7	5.5	7.3	8.4	9.3	11.3	15.8	18.3
	k　max	1	1.2	1.5	1.65	2.35	2.7		3.3	4.65	5
	t　min	0.32	0.4	0.5	0.6	0.9	1	1.1	1.2	1.8	2
	r　max	0.4	0.5	0.6	0.8	0.9	1	1.3	1.5	2	2.5
l 范围		2～16	2.5～20	3～25	4～30	5～35	5～40	6～50	8～60	10～80	12～80
全螺纹时最大长度		30					45				
长度系列		2，2.5，3，4，5，6～16（2进位）20～80（5进位）									

技术条件	材料		力学性能等级	螺纹公差	性能等级	表面处理
	钢		4.8，5.8	6g	A	钢：氧化或镀锌钝化
	不锈钢		A2-50，A2-70			不锈钢：不经处理

注：尽可能不采用括号内规格。

13.5　螺母

各类螺母的基本尺寸见表 13-15 和表 13-16。

表 13-15　I 型六角螺母（GB/T 6170—2000）和六角螺母（GB/T 6172.1—2000）的基本尺寸　单位：mm

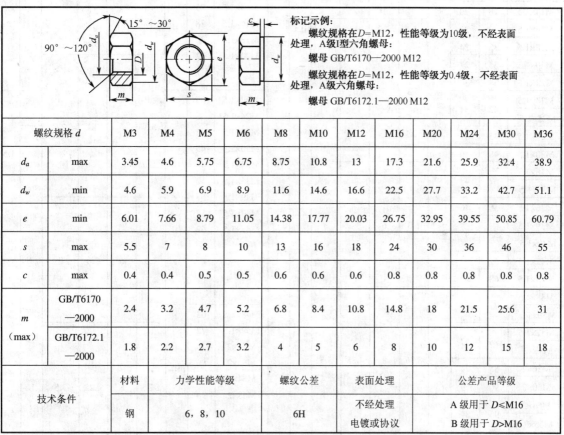

标记示例：

螺纹规格在 D=M12，性能等级为 10 级，不经表面处理，A 级 I 型六角螺母：

　　螺母 GB/T6170—2000 M12

螺纹规格在 D=M12，性能等级为 0.4 级，不经表面处理，A 级六角螺母：

　　螺母 GB/T6172.1—2000 M12

螺纹规格 d		M3	M4	M5	M6	M8	M10	M12	M16	M20	M24	M30	M36
d_a	max	3.45	4.6	5.75	6.75	8.75	10.8	13	17.3	21.6	25.9	32.4	38.9
d_w	min	4.6	5.9	6.9	8.9	11.6	14.6	16.6	22.5	27.7	33.2	42.7	51.1
e	min	6.01	7.66	8.79	11.05	14.38	17.77	20.03	26.75	32.95	39.55	50.85	60.79
s	max	5.5	7	8	10	13	16	18	24	30	36	46	55
c	max	0.4	0.4	0.5	0.5	0.6	0.6	0.6	0.8	0.8	0.8	0.8	0.8
m（max）	GB/T6170—2000	2.4	3.2	4.7	5.2	6.8	8.4	10.8	14.8	18	21.5	25.6	31
	GB/T6172.1—2000	1.8	2.2	2.7	3.2	4	5	6	8	10	12	15	18

技术条件	材料	力学性能等级		螺纹公差	表面处理	公差产品等级	
	钢	6，8，10		6H	不经处理 电镀或协议	A 级用于 D≤M16	B 级用于 D>M16

表 13-16　圆螺母（GB/T 812—1988）和小圆螺母（GB/T 810—1988）的基本尺寸　单位：mm

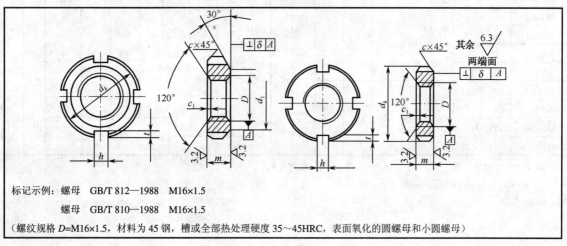

标记示例：螺母　GB/T 812—1988　M16×1.5

　　　　　螺母　GB/T 810—1988　M16×1.5

（螺纹规格 D=M16×1.5，材料为 45 钢，槽或全部热处理硬度 35～45HRC，表面氧化的圆螺母和小圆螺母）

圆螺母（GB/T 812—1988）

螺纹规格 D×P	d_k	d_1	m	h max	h min	t max	t min	C	C_1
M10×1	22	16	8	4.3	4	2.6	2	0.5	0.5
M12×1.25	25	19							
M14×1.5	28	20							
M16×1.5	30	22							
M18×1.5	32	24							
M20×1.5	35	27							
M22×1.5	38	30		5.3	5	3.1	2.5		
M24×1.5	42	34							
M25×1.5*									
M27×1.5	45	37							
M30×1.5	48	40							
M33×1.5	52	43	10	6.3	6	3.6	3	1	
M35×1.5*									
M36×1.5	55	46							
M39×1.5	58	49							
M40×1.5*									
M42×1.5	62	53							
M45×1.5	68	59							
M48×1.5	72	61	12	8.36	8	4.25	3.5		
M50×1.5*									
M52×1.5	78	67							
M55×2*									
M56×2	85	74							
M60×2	90	79							
M64×2	95	84							1.5	
M65×2*									
M68×2	100	88	15	10.36	10	4.75	4		1
M72×2	105	93							
M75×2*									
M76×2	110	98							
M80×2	115	103							
M85×2	120	108							
M90×2	125	112	18	12.43	12	5.75	5		
M95×2	130	117							
M100×2	135	122							
M105×2	140	127							

小圆螺母（GB/T 810—1988）

螺纹规格 D×P	d_k	m	h max	h min	t max	t min	C	C_1
M10×1	20	6	4.3	4	2.6	2	0.5	1.5
M12×1.25	22							
M14×1.5	25							
M16×1.5	28							
M18×1.5	30							
M20×1.5	32							
M22×1.5	35	8	5.3	5	3.1	2.5		
M24×1.5	38							
M27×1.5	42							
M30×1.5	45							
M33×1.5	48							
M36×1.5	52							
M39×1.5	55							
M42×1.5	58		6.3	6	3.6	3		
M45×1.5	62							
M48×1.5	68	10					1	
M52×1.5	72							
M56×2	78							
M60×2	80		8.36	8	4.25	3.5		
M64×2	85							
M68×2	90							
M72×2	95	12	10.36	10	4.75	4		1
M76×2	100							
M80×2	105							
M85×2	110							
M90×2	115							1.5
M90×2	120							
M100×2	125							
M105×2	130	15	12.43	12	5.75	5	1.5	

注： 1. D×P≤M100mm 时，槽数为4；D×P≥M105mm 时，槽数为6。

　　 2. 带*的螺纹规格仅用于滚动轴承锁紧装置。

13.6 垫圈

各种垫圈的基本尺寸见表 13-17～表 13-20。

表 13-17 小垫圈、平垫圈的基本尺寸
单位：mm

小垫圈—A 级（GB/T848—2002）　　平垫圈—倒角型—A 级（GB/T97.2—2002）

平垫圈—A 级（GB/T97.1—2002）

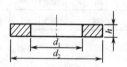 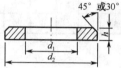

标记示例：

小系列（或标准系列），公称规格 8mm，由钢制造的硬度等级为 200HV 级，不经表面处理，产品等级为 A 级的平垫圈的标记为：

垫圈 GB/T848—2002　8（或 GB/T97.1—2002　8 或 GB/T97.2—2002　8）

公称尺寸（螺纹规格 d）		3	4	5	6	8	10	12	(14)	16	20	24	30	36
d_1	GB/T848—2002	3.2	4.3	5.3	6.4	8.4	10.5	13	15	17	21	25	31	37
	GB/T97.1—2002													
	GB/T97.2—2002	—	—											
d_2	GB/T848—2002	6	8	9	11	15	18	20	24	28	34	39	50	60
	GB/T97.1—2002	7	9	10	12	16	20	24	28	30	37	44	56	66
	GB/T97.2—2002													
h	GB/T848—2002	0.5	0.5	1	1.6	1.6	1.6	2	2.5	2.5	3	4	4	5
	GB/T97.1—2002		0.8				2	2.5	2.5					
	GB/T97.2—2002	—	—											

表 13-18 圆螺母用止动垫圈的基本尺寸（GB858—1988）
单位：mm

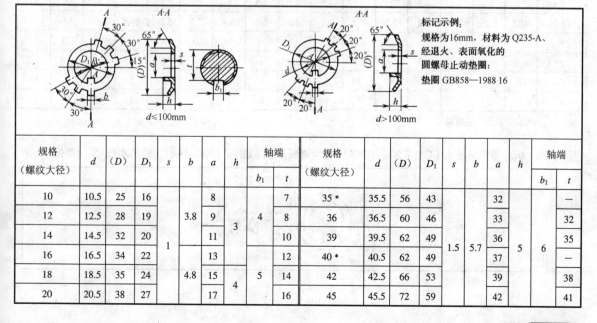

标记示例：

规格为16mm，材料为Q235-A、经退火、表面氧化的圆螺母止动垫圈：

垫圈 GB858—1988 16

规格（螺纹大径）	d	(D)	D_1	s	b	a	h	轴端		规格（螺纹大径）	d	(D)	D_1	s	b	a	h	轴端	
								b_1	t									b_1	t
10	10.5	25	16	1	3	8		7		35 *	35.5	56	43	1.5	5.7	32	5		—
12	12.5	28	19	1	3.8	3	9	4	8	36	36.5	60	46	1.5	5.7	33	6		32
14	14.5	32	20	1		3	11		10	39	39.5	62	49	1.5	5.7	36			35
16	16.5	34	22	1		3	13		12	40 *	40.5	62	49	1.5	5.7	37			—
18	18.5	35	24	4.8		5	15	14		42	42.5	66	53	1.5	5.7	39			38
20	20.5	38	27	4.8	4	5	17		16	45	45.5	72	59	1.5	5.7	42			41

规格（螺纹大径）	d	(D)	D_1	s	b	a	h	轴端 b_1	轴端 t
22	22.5	42	30			19			18
24	24.5	45	34			21	4		20
25 *	25.5	45	34	1	4.8	22			—
27	27.5	48	37			24	5		23
30	30.5	52	40			27			26
33	33.5	56	43	1.5	5.7	30	6		29
48	48.5	76	61			45	5		44
50 *	50.5	76	61			47			—
52	52.5	82	67	1.5	7.7	49		8	48
55 *	55.5	82	67			52			—
56	56.5	90	74			53	6		52
60	60.5	94	79			56			56

注：* 仅用于滚动轴承锁紧装置。

表 13-19　外舌止动垫圈（GB/T 856—1988）　　　　　　单位：mm

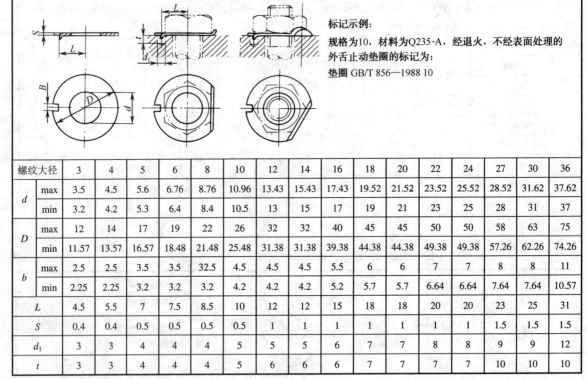

标记示例：

规格为10，材料为Q235-A，经退火，不经表面处理的外舌止动垫圈的标记为：

垫圈 GB/T 856—1988 10

螺纹大径		3	4	5	6	8	10	12	14	16	18	20	22	24	27	30	36
d	max	3.5	4.5	5.6	6.76	8.76	10.96	13.43	15.43	17.43	19.52	21.52	23.52	25.52	28.52	31.62	37.62
	min	3.2	4.2	5.3	6.4	8.4	10.5	13	15	17	19	21	23	25	28	31	37
D	max	12	14	17	19	22	26	32	32	40	45	45	50	50	58	63	75
	min	11.57	13.57	16.57	18.48	21.48	25.48	31.38	31.38	39.38	44.38	44.38	49.38	49.38	57.26	62.26	74.26
b	max	2.5	2.5	3.5	3.5	32.5	4.5	4.5	4.5	5.5	6	6	7	7	8	8	11
	min	2.25	2.25	3.2	3.2	3.2	4.2	4.2	4.2	5.2	5.7	5.7	6.64	6.64	7.64	7.64	10.57
L		4.5	5.5	7	7.5	8.5	10	12	12	15	18	18	20	20	23	25	31
S		0.4	0.4	0.5	0.5	0.5	0.5	1	1	1	1	1	1	1	1.5	1.5	1.5
d_1		3	3	4	4	4	5	5	5	6	7	7	8	8	9	9	12
t		3	3	4	4	4	5	6	6	6	7	7	7	7	10	10	10

注：尽可能不采用括号内的规格。

表 13-20　标准型弹簧垫圈（GB/T 93—1987）、轻型弹簧垫圈（GB/T 859—1987）的基本尺寸　　　单位：mm

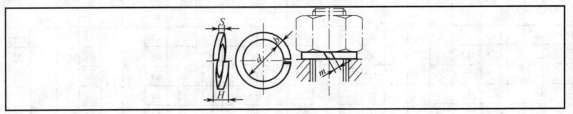

规格 （螺纹大径）	标准型弹簧垫圈（GB/T 93—1987）				轻型弹簧垫圈（GB/T 859—1987）				
	S（b）	H		m	S	b	H		m
	公称	min	max	≤	公称	公称	min	max	≤
3	0.8	1.6	2	0.4	0.6	1	1.2	1.5	0.3
4	1.1	2.2	2.75	0.55	0.8	1.2	1.6	2	0.4
5	1.3	2.6	3.25	0.65	1.1	1.5	2.2	2.75	0.55
6	1.6	3.2	4	0.8	1.3	2	2.6	3.25	0.65
8	2.1	4.2	5.25	1.05	1.6	2.5	3.2	4	0.8
10	2.6	5.2	6.5	1.3	2	3	4	5	1.0
12	3.1	6.2	7.75	1.55	2.5	3.5	5	6.25	1.25
（14）	3.6	7.2	9	1.8	3	4	6	7.5	1.5
16	4.1	8.2	10.25	2.05	3.2	4.5	6.4	8	1.6
（18）	4.5	9	11.25	2.25	3.6	5	7.2	9	1.8
20	5.0	10	12.5	2.5	4	5.5	8	10	2.0
（22）	5.5	11	13.75	2.75	4.5	6	9	11.25	2.25
24	6.0	12	15	3	5	7	10	12.5	2.5
（27）	6.8	13.6	17	3.4	5.5	8	11	13.75	2.75
30	7.5	15	18.75	3.75	6	9	12	15	3.0
（33）	8.5	17	21.25	4.25	—	—	—	—	—
36	9	18	22.5	4.5	—	—	—	—	—

13.7 螺纹零件的结构要素

普通螺纹收尾、肩距、退刀槽、倒角尺寸见表 13-21；螺栓和螺钉通孔及沉孔尺寸见表 13-22；普通粗牙螺纹的余留长度、钻孔余留深度见表 13-23；扳手空间尺寸见表 13-24。

表 13-21 普通螺纹收尾、肩距、退刀槽、倒角尺寸（GB/T3—1997） 单位：mm

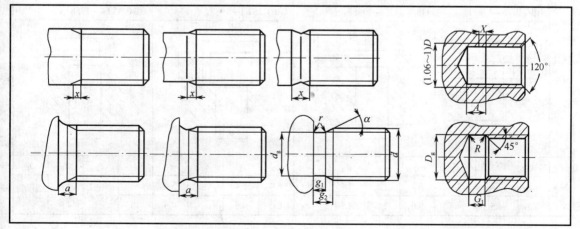

续表

外　螺　纹										内　螺　纹							
螺距 P	收尾 x max		肩距 a max			退 刀 槽				螺距 P	收尾 X max		肩距 A		退 刀 槽			
	一般	短的	一般	长的	短的	g_2 max	g_1 max	r ≈	d_g		一般	短的	一般	长的	G_1 一般	窄的	R	D_g
0.5	1.25	0.7	1.5	2	1	1.5	0.8	0.2	d−0.8	0.5	2	1	3	4	2	1	0.2	d+0.3
0.7	1.75	0.9	2.1	2.8	1.4	2.1	1.1	0.4	d−1.1	0.7	2.7	1.4	3.5	5.6	2.8	1.4	0.4	d+0.3
0.8	2	1	2.4	3.2	1.6	2.4	1.3	0.4	d−1.3	0.8	3.2	1.6	4	6.4	3.2	1.6		
1	2.5	1.25	3	4	2	3	1.6	0.6	d−1.6	1	4	2	5	8	4	2	0.5	
1.25	3.2	1.6	4	5	2.5	3.75	2	0.6	d−2	1.25	5	2.5	6	10	5	2.5	0.6	
1.5	3.8	1.9	4.5	6	3	4.5	2.5	0.8	d−2.3	1.5	6	3	7	12	6	3	0.8	
1.75	4.3	2.2	5.3	7	3.5	5.25	3	1	d−2.6	1.75	7	3.5	9	14	7	3.5	0.9	
2	5	2.5	6	8	4	6	3.4		d−3	2	8	4	10	16	8	4	1	
2.5	6.3	3.2	7.5	10	5	7.5	4.4	1.2	d−3.6	2.5	10	5	12	18	10	5	1.2	d+0.5
3	7.5	3.8	9	12	6	9	5.2	1.6	d−4.4	3	12	6	14	22	12	6	1.5	
3.5	9	4.5	10.5	14	7	10.5	6.2		d−5	3.5	14	7	16	24	14	7	1.8	d+0.5
4	10	5	12	16	8	12	7	2	d−5.7	4	16	8	18	26	16	8	2	
4.5	11	5.5	13.5	18	9	13.5	8		d−6.4	4.5	18	9	21	29	18	9	2.2	
5	12.5	6.3	15	20	10	15	9	2.5	d−7	5	20	10	23	32	20	10	2.5	
5.5	14	7	16.5	22	11	17.5	11		d−7.7	5.5	22	11	25	35	22	11	2.8	
6	15	7.5	18	24	12	18	11	3.2	d−8.3	6	24	12	28	38	24	12	3	

注：1. 外螺纹始端面的倒角一般为 45°，也可采用 60° 或 30°。当螺纹按 60° 或 30° 倒角时，倒角深度应大于或等于螺纹牙型高度。

2. 应优先选用"一般"长度的收尾和肩距；短收尾和短肩距仅用于结构受限制的螺纹件。

表 13-22　螺栓和螺钉通孔及沉孔尺寸　　　　　　单位：mm

螺纹规格	螺栓和螺钉通孔直径 d_h (GB/T5277—1985)			沉头螺钉及半沉头螺钉的沉孔 (GB/T 152.2—1988)			内六角圆柱头螺钉的圆柱头沉孔 (GB/T 152.3—1988)				六角头螺栓和六角螺母的沉孔 (GB/T 152.4—1988)			

d	精装配	中等装配	粗装配	d_2	t≈	d_1	a	d_2	t	d_3	d_1	d_2	d_3	d_1	t
M3	3.2	3.4	3.6	6.4	1.6	3.4	90°$^{-2°}_{-4°}$	6.0	3.4	—	3.4	9	—	3.4	
M4	4.3	4.5	4.8	9.6	2.7	4.5		8.0	4.6	—	4.5	10	—	4.5	

续表

d	精装配	中等装配	粗装配	d_2	≈	d_1	a	d_2	t	d_3	d_1	d_2	d_3	d_1	t
M5	5.3	5.5	5.8	10.6	2.7	5.5		10.0	5.7		5.5	11		5.5	只要能制出与通孔轴线垂直的圆平面即可
M6	6.4	6.6	7	12.8	3.3	6.6		11.0	6.8		6.6	13		6.6	
M8	8.4	9	10	17.6	4.6	9		15.0	9.0		9.0	18		9.0	
M10	10.5	11	12	20.3	5.0	11		18.0	11.0		11.0	22		11.0	
M12	13	13.5	14.5	24.4	6.0	13.5		20.0	13.0	16	13.5	26	16	13.5	
M14	15	15.5	16.5	28.4	7.0	15.5		24.0	15.0	18	15.5	30	18	15.5	
M16	17	17.5	18.5	32.4	8.0	17.5	$90°^{-2°}_{-4°}$	26.0	17.5	20	17.5	33	20	17.5	
M18	19	20	21	—	—	—		—	—		—	36	22	20.0	
M20	21	22	24	40.4	10.0	22		33.0	21.5	24	22.0	40	24	22.0	
M22	23	24	26					—			—	43	26	24	
M24	25	26	28					40.0	25.5	28	26.0	48	28	26	
M27	28	30	32					—			—	53	33	30	
M30	31	33	25	—				48.0	32.0	36	33.0	61	36	33	
M33	34	36	28					—			—	66	39	36	
M36	37	39	42					57.0	38.0	42	39.0	71	42	39	

表 13-23 普通粗牙螺纹的余留长度、钻孔余留深度　　　　单位：mm

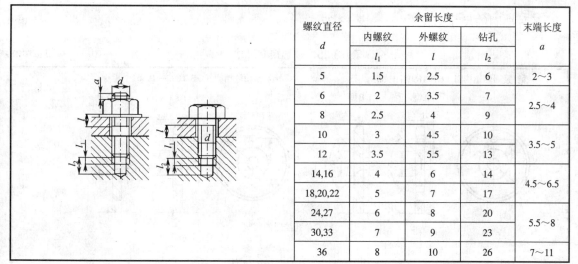

螺纹直径 d	余留长度			末端长度 a
	内螺纹 l_1	外螺纹 l	钻孔 l_2	
5	1.5	2.5	6	2～3
6	2	3.5	7	2.5～4
8	2.5	4	9	
10	3	4.5	10	3.5～5
12	3.5	5.5	13	
14,16	4	6	14	4.5～6.5
18,20,22	5	7	17	
24,27	6	8	20	5.5～8
30,33	7	9	23	
36	8	10	26	7～11

表 13-24 扳手空间尺寸　　　　单位：mm

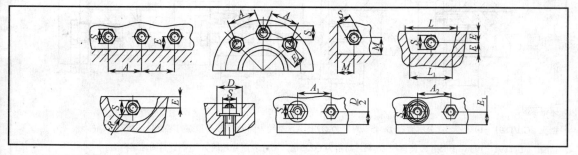

螺纹直径 d	S	A	A	$E=K$	M	L	L_1	R	D
6	10	26	18	8	15	46	38	20	24
8	13	32	24	11	18	55	44	25	28
10	16	38	28	13	22	62	50	30	30
12	18	42	—	14	24	70	55	32	—
14	21	48	36	15	26	80	65	36	40
16	24	55	38	16	30	85	70	42	45
18	27	62	45	19	32	95	75	46	52
20	30	68	48	20	35	105	85	50	56
22	34	76	55	24	40	120	95	58	60
24	36	80	58	24	42	125	100	60	70
27	41	90	65	26	46	135	110	65	76
30	46	100	72	30	50	155	125	75	82
33	50	108	76	32	55	165	130	80	88
36	55	118	85	36	60	180	145	88	95

13.8 挡圈

各种挡圈的尺寸见表 13-25～表 13-27。

表 13-25 轴端挡圈尺寸　　　　　　　　　　　　　　　　　单位：mm

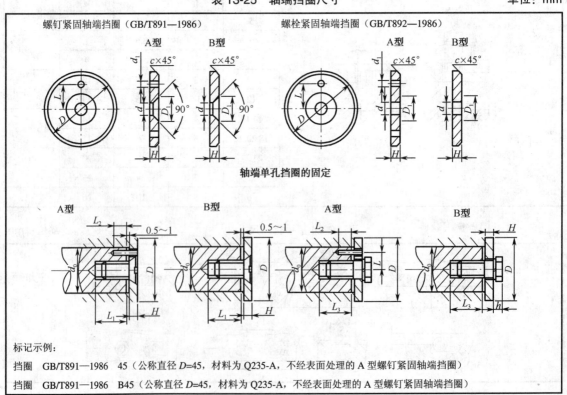

标记示例：

挡圈　GB/T891—1986　45（公称直径 D=45，材料为 Q235-A，不经表面处理的 A 型螺钉紧固轴端挡圈）

挡圈　GB/T891—1986　B45（公称直径 D=45，材料为 Q235-A，不经表面处理的 A 型螺钉紧固轴端挡圈）

续表

轴径 d_0 ≤	公称直径 D	H	L	d	d_1	C	螺钉紧固轴端挡圈			螺栓紧固轴端挡圈			安装尺寸（参考）			
							D_1	螺钉 GB/T 891.1	圆柱销 GB/T 119.1	螺栓 GB/T 5783	圆柱销 GB/T 119.1	垫圈 GB/T 93	L_1	L_1	L_1	h
14	20	4	—													
16	22	4	—													
18	25	4	—	5.5	2.1	0.5	11	M5×12	A2×10	M5×16	A2×10	5	14	6	16	4.8
20	28	4	7.5													
22	30	4	7.5													
25	32	5	10													
28	35	5	10													
30	38	5	10	6.6	3.2	1	13	M6×16	A3×12	M6×20	A3×12	6	18	7	20	5.6
32	40	5	12													
35	45	5	12													
40	50	5	12													
45	55	6	16													
50	60	6	16													
55	65	6	16	9	4.2	1.5	17	M8×20	A4×14	M8×25	A4×14	8	22	8	24	7.4
60	70	6	20													
65	75	6	20													
70	80	6	20													

注：1. 当挡圈装在带螺纹孔的轴端时，紧固用螺钉允许加长。

2. "轴端单孔挡圈的固定"不属于 GB/T891、GB/T892，仅供参考。

表 13-26 孔用弹性挡圈尺寸（GB/T893.1—1986） 单位：mm

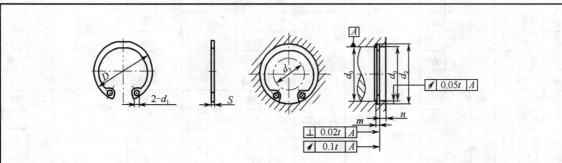

标记示例：

挡圈 GB/T893.1—1986 50

（孔径 d_0＝50，材料 65Mn，热处理硬度 44～51HRC，经表面氧化处理的 A 型孔用弹性挡圈）

孔径 d_0	挡圈				沟槽（推荐）				轴 $d_3\le$	孔径 d_0	D				沟槽（推荐）				轴 d_3
	D	S	$B\approx$	d_1	d_2 基本尺寸	d_2 极限偏差	m	$n\ge$			D	S	$b\approx$	d_1	d_2 基本尺寸	d_2 极限偏差	m	$n\ge$	
8	8.7	0.6	1	1	8.4	+0.09 / 0	0.7			48	51.5	1.5			50.5		1.7	3.8	33
9	9.8		1.2	1	9.4			0.6	2	50	54.2		4.7		53				36
10	10.8			1.5	10.4		0.9			52	56.2				55				38
11	11.8	0.8	1.7	1.5	11.4				3	55	59.2	2			58		2.2		40
12	13				12.5		0.9		4	56	60.2		5.2		59				41
13	14.1				13.6	+0.11 / 0		0.9	5	58	62.2				61				43
14	15.1				14.6					60	64.2				63	+0.30 / 0		4.5	44
15	16.2			1.7	15.7				6	62	66.2				65				45
16	17.3		2.1	1.7	16.8		1.2		7	63	67.2		5.7		66				46
17	18.3				17.8			1	8	65	69.2				68				48
18	19.5	1			19		1.1		9	68	72.5			3	71				50
19	20.5				20	+0.13 / 0			10	70	74.5				73				53
20	21.5				21			1.5		72	76.5		6.3		75				55
21	22.5		2.5		22				11	75	79.5				78				56
22	23.5				23				12	78	82.5				81				60
24	25.9			2	25.2				13	80	85.5		6.8		83.5				63
25	26.9		2.8		26.2	+0.21 / 0	1.8		14	82	87.5	2.5			85.5		2.7		65
26	27.9				27.2				15	85	90.5				88.5				68
28	30.1	1.2			29.4		1.3		17	88	93.5		7.3		91.5	+0.35 / 0			70
30	32.1		3.2		31.4			2.1	18	90	95.5				93.5			5.3	72
31	33.4				32.7				19	92	97.5				95.5				73
32	34.4				33.7		2.6		20	95	100.5		7.7		98.5				75
34	36.5				35.7				22	98	103.5				101.5				78
35	37.8			2.5	37				23	100	105.5				103.5				80
36	38.8		3.6		38	+0.25 / 0		3	24	102	108		8.1		106				82
37	39.8				39				25	105	112				109				83
38	40.8	1.5			40		1.7		26	108	115	3		4	112	+0.54 / 0	3.2	6	86
40	43.5		4		42.5				27	110	117		8.8		114				88
42	45.5				44.5				29	112	119				116				89
45	48.5		4.7	3	47.5			3.8	31	115	122		9.3		119				90
47	50.5				49.5				32	120	127				124	+0.63			95

表 13-27 轴用弹性挡圈尺寸（GB/T894.1—1986） 单位：mm

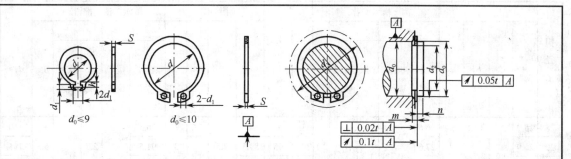

标记示例：

挡圈 GB/T894.1 50

（轴径 d_0=50，材料 65Mn，热处理硬度 44~51HRC，经表面氧化处理的 A 型轴用弹性挡圈）

轴径 d_0	d	S	b≈	d_1	沟槽 d2 基本尺寸	沟槽 d2 极限偏差	m 基本尺寸	m 极限偏差	n≥	孔 d_3≥	轴径 d_0	d	S	b≈	d_1	沟槽 d2 基本尺寸	沟槽 d2 极限偏差	m 基本尺寸	m 极限偏差	n≥	孔 d_3≥
3	2.7	0.4	0.8	1	2.8	-0.04	0.5	+0.14 / 0	0.3	7.2	38	35.2	1.5	5.0	2.5	36	0 / -0.25	1.7	+0.14 / 0	3	51
	3.7		0.88		3.8	0 / -0.048				8.8	40	36.5				37.5					53
	4.7		1.12		4.8					10.7	42	38.5				39.5				3.8	56
6	5.6	0.6	1.32	1.2	5.7		0.7		0.5	12.2	45	41.5				42.5					59.4
7	6.5				6.7	0 / -0.058				13.9	48	44.5				45.5					62.8
8	7.4	0.8	1.44		7.6		0.9		0.6	15.2	50	45.8	2	5.48		47		2.2			64.8
9	8.4				8.6					16.4	52	47.8				49					67
10	9.3				9.6					17.6	55	50.8				52					40.4
11	10.2	1	1.52	1.5	10.5	0 / -0.11	1.1		0.8	18.6	56	51.8				53				4.5	71.7
12	11		1.72		11.5					19.6	58	53.8			3	55	0 / -0.30				73.6
13	11.9		1.88	1.7	12.4				0.9	20.8	60	55.8		6.12		57					75.8
14	12.9				13.4					22	62	57.8				59					79
15	13.8		2.00		14.3					23.2	63	58.8				60					79.6
16	14.7		2.32		15.2				1.1	24.4	65	60.8	2.5			62		2.7			81.6
17	15.7				16.2					25.6	68	63.5				65					85
18	16.5		2.48		17	0 / -0.13			1.2	27	70	65.5				67					87.2
19	17.5				18					28	72	67.5		6.32		69					89.4
20	18.5		2.68		19				1.5	29	75	70.5				72	0 / -0.35				92.8
21	19.5				20					31	78	73.5				75					96.2
22	20.5			2	21					32	80	74.5				76.5					98.2
24	22.2	1.2	3.32		22.9	0 / -0.21	1.3		1.7	34	82	76.5		7.0		78.5				5.3	101
25	23.2				23.9					35	85	79.5				81.5					104
26	24.2				24.9					36	88	82.5				84.5					107.3

轴径 d_0	d (挡圈)	S	b≈	d_1	d_2 基本尺寸	d_2 极限偏差	基本尺寸	极限偏差	n≥	孔 d_3≥	轴径 d_0	d (挡圈)	S	b≈	d_1	d_2 基本尺寸	d_2 极限偏差	m 基本尺寸	m 极限偏差	n≥	孔 d_3≥
28	25.9	1.2	3.60	2	26.6	0 / -0.21	1.3	+0.14 / 0	2.1	38.4	90	84.5	2.5	7.6	3	86.5	0 / -0.35	2.7	+0.14 / 0	5.3	110
29	26.9		3.72		27.6					39.8	95	89.5		9.2		91.5					115
30	27.9				28.6					42	100	94.5				96.5					121
32	29.6	1.5	3.92	2.5	30.3	0 / -0.25	1.7	+0.14 / 0	2.6	44	105	98	3	10.7	4	101	0 / -0.54	3.2	+0.18 / 0	6	132
34	31.5		4.32		32.3					46	110	103		11.3		106					136
35	32.2				33				3	48	115	108		12		111					142
36	33.2		4.52		34					49	120	113				116					145
37	34.2				35					50	125	118		12.6		121	-0.63				151

13.9 键连接

平键的相关参数见表 13-28，矩形花键的尺寸、公差见表 13-29。

表 13-28 平键连接的剖面和尺寸（GB/T1095—2003）及普通平键的形式和尺寸（GB/T1096—2003）

单位：mm

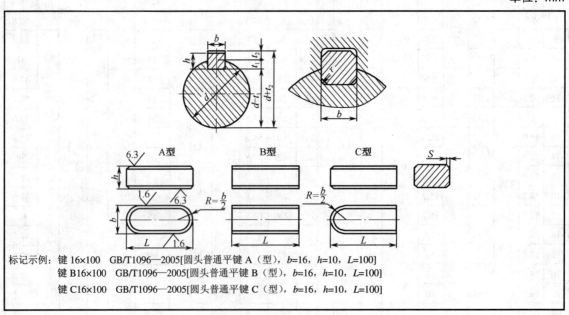

标记示例：键 16×100 GB/T1096—2005[圆头普通平键 A（型），b=16，h=10，L=100]
键 B16×100 GB/T1096—2005[圆头普通平键 B（型），b=16，h=10，L=100]
键 C16×100 GB/T1096—2005[圆头普通平键 C（型），b=16，h=10，L=100]

续表

轴参考公称直径 d	键尺寸 b×h	宽度 b 公称尺寸 b	松连接 轴H9	松连接 毂D10	正常连接 轴N9	正常连接 毂JS9	紧密连接 轴和毂P9	深度 轴 t_1 公称尺寸	轴 t_1 极限偏差	深度 毂 t_2 公称尺寸	毂 t_2 极限偏差	半径 r 最小	半径 r 最大
自6~8	2×2	2	+0.025 / 0	+0.060 / +0.020	-0.004 / -0.029	±0.0125	-0.006 / -0.031	1.2	+0.1 / 0	1	+0.1 / 0	0.08	0.16
>8~10	3×3	3						1.8		1.4			
>10~12	4×4	4	+0.030 / 0	+0.078 / +0.030	0 / -0.030	±0.015	-0.012 / -0.042	2.5		1.8		0.16	0.25
>12~17	5×5	5						3.0		2.3			
>17~22	6×6	6						3.5		2.8			
>22~30	8×7	8	+0.036 / 0	+0.098 / +0.040	0 / -0.036	±0.018	-0.015 / -0.051	4.0	+0.2 / 0	3.3	+0.2 / 0	0.25	0.40
>30~38	10×8	10						5.0		3.3			
>38~44	12×8	12						5.0		3.3			
>44~50	14×9	14	+0.043 / 0	+0.120 / +0.050	0 / -0.043	±0.0215	-0.018 / -0.061	5.5		3.8			
>50~58	16×10	16						6.0		4.3			
>58~65	18×11	18						7.0		4.4			
>65~75	20×12	20	+0.052 / 0	+0.149 / +0.065	0 / -0.052	±0.026	-0.022 / -0.074	7.5		4.9		0.40	0.60
>75~85	22×14	22						9.0		5.4			
>85~95	25×14	25						9.0		5.4			
>95~110	28×16	28						10.0		6.4			
键的长度系列	6, 8, 10, 12, 14, 16, 18, 20, 22, 25, 28, 32, 36, 40, 45, 50, 56, 63, 70, 80, 90, 100, 110, 125, 140, 160, 180, 200, 220, 250, 280, 320, 360												

注：1. 在工作图中，轴槽深用 t_1 或 $d-t_1$ 标注，轮毂深用 $d+t_2$ 标注。

2. $d-t_1$ 和 $d+t_2$ 两组组合尺寸的极限偏差按相应的 t_1 和 t_2 极限偏差选取，但 $d-t_1$ 极限偏差值应取负号。

3. 键尺寸的极限偏差：b 为 h8，h 为 h11，L 为 h14。

表 13-29　矩形花键的尺寸、公差（GB/T1144—2001）　　　单位：mm

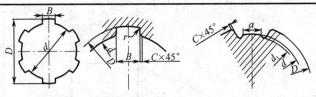

标记示例：花键 $N=6$，$d=23\dfrac{H7}{f7}$，$D=26\dfrac{H10}{a11}$，$B=6\dfrac{H11}{d10}$ 的标记为：

花键规格：$N×d×D×B$

6×23×26×6

花键副：$6×23\dfrac{H7}{f7}×26\dfrac{H10}{a11}×6\dfrac{H11}{d10}$　GB/T 1144—2001

内花键：6×23H7×26H10×6H11　GB/T 1144—2001

外花键：6×23f7×26a11×6d10　GB/T 1144—2001

基本尺寸系列和键槽截面尺寸											
小径 d	轻 系 列					中 系 列					
	规格 $N×d×N×B$	C	r	参考		规格 $N×d×N×B$	C	r	参考		
				d_{1min}	a_{min}				d_{1min}	a_{min}	
18						6×18×22×5	0.3	0.2	16.6	1.0	
21						6×21×25×5			19.5	2.0	
23	6×23×26×6	0.2	0.1	22	3.5	6×23×28×6	0.4	0.3	21.2	1.2	
26	6×26×30×6	0.3	0.2	24.5	3.8	6×26×32×6			23.6	1.2	
28	6×28×32×7			26.6	4.0	6×28×34×7			25.3	1.4	
32	8×32×36×6			30.3	2.7	8×32×38×6			29.4	1.0	
36	8×36×40×7			34.4	3.5	8×36×42×7			33.4	1.0	
42	8×42×46×8			40.5	5.0	8×42×48×8			39.4	2.5	
46	8×46×50×9			44.6	5.7	8×46×54×9			42.6	1.4	
52	8×52×58×10			49.6	4.8	8×52×60×10	0.5	0.4	48.6	2.5	
56	8×56×62×10			53.5	6.5	8×56×65×10			52.0	2.5	
62	8×62×68×12			59.7	7.3	8×62×72×12			57.7	2.4	
72	10×72×78×12	0.4	0.3	69.6	5.4	10×72×82×12	0.6	0.5	67.4	1.0	
82	10×82×88×12			79.3	8.5	10×82×92×12			77.0	2.9	
92	10×92×98×14			89.6	9.9	10×92×102×14			87.3	4.5	
102	10×102×108×16			99.6	11.3	10×102×112×16			97.7	6.2	

内、外花键的尺寸公差带

内花键				外花键			装配型式
d	D	B		d	D	B	
		拉削后不热处理	拉削后热处理				
一般用公差带							
H7	H10	H9	H11	f7	d10		滑 动
				g7	a11	f9	紧滑动
				h7		h10	固 定
精密传动用公差带							
H5	H10	H7、H9		f5	d8		滑 动
				g5	f7		紧滑动
				h5	a11	h8	固 定
H6				f6	d8		滑 动
				g6	f7		紧滑动
				h6	h8		固 定

注：1. N——键数，D——大径，B——键宽，d_1 和 a 值适用于展成法加工。

　　2. 精密传动用的内花键，当需要控制侧配合隙时，槽宽可选用 H7，一般情况下可选用 H9。

　　3. d 为 H6 和 H7 的内花键，允许与高一级的外花键配合。

13.10　销连接

各种销的基本尺寸见表 13-30、表 13-31、表 13-32。

表 13-30　圆柱销（GB/T119.1—2000）、圆锥销（GB/T117—2000）基本尺寸　　　单位：mm

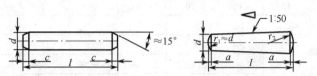

公差 m6：表面粗糙度 R_a≤0.8μm

公差 m6：表面粗糙度 R_a≤1.6μm

$$r_2 \approx \frac{a}{2} + d + \frac{(0.02l)^2}{8a}$$

标注示例：

公称直径 $d=6$，公差为 m6，公称长度 $l=30$，材料为钢，不经淬火，不经表面处理的圆柱销的标记为：

销　GB/T119.1—2000　6×30

公称直径 $d=6$，长度 $l=30$，材料为 35 钢，热处理硬度 28～38HRC，表面氧化处理的 A 型圆锥销的标记为：

销　GB/T117—2000　6×30

	公称直径 d		3	4	5	6	8	10	12	16	20	25
圆柱销	d h8 或 m6		3	4	5	6	8	10	12	16	20	25
	$c\approx$		0.50	0.63	0.8	1.2	1.6	2.0	2.5	3.0	3.5	4.0
	l（公称）		8～30	8～40	10～50	12～60	14～80	18～95	22～140	26～180	35～200	50～200
圆锥销	d h10	min	2.96	3.95	4.95	5.95	7.94	9.94	11.93	19.93	19.92	24.92
		max	3	4	5	6	8	10	12	16	20	25
	$a\approx$		0.4	0.5	0.63	0.8	1.0	1.2	1.6	2.0	2.5	3.0
	l（公称）		12～45	14～55	18～60	22～90	22～120	26～160	32～180	40～200	45～200	50～200
l（公称）的长度			12～32（2 进位），35～100（5 进位），100～200（20 进位）									

表 13-31　内螺纹圆柱销（GB/T120.1—2000）、内螺纹圆锥销（GB/T118—2000）基本尺寸　　　单位：mm

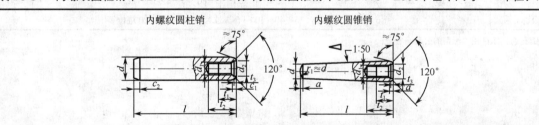

标注示例：

公称直径 $d=6$，公差为 m6，公称长度 $l=30$，材料为钢，不经淬火，不经表面处理的圆柱销的标记为：

销　GB/T120.1—2000　6×30

公称直径 $d=10$，长度 $l=60$，材料为 35 钢，热处理硬度 28～38HRC，表面氧化处理的 A 型圆锥销的标记为：

销　GB/T118—2000　10×60

公称直径 d		6	8	10	12	16	20	25	30	40	50
c_1、$a\approx$		0.8	1	1.2	1.6	2	2.5	3	4	5	6.3
内螺纹圆柱销	$c_2\approx$	1.2	1.6	2	2.5	3	3.5	4	5	6.3	8
	d_1	M4	M5	M6	M6	M8	M10	M16	M20	M20	M24
	t_1	6	8	10	12	16	18	24	30	30	36
	t_{2min}	10	12	16	20	25	28	35	40	40	50
	t_3	1		1.2			1.5		2.0		2.5
	d_2	4.3	5.3	6.4	6.4	8.4	10.5	17	21	21	25
	l（公称）	16～60	18～80	22～100	26～120	32～160	45～200	50～200	60～200	80～200	100～200
内螺纹圆锥销	d_1	M4	M5	M6	M6	M8	M10	M16	M20	M20	M24
	t_1	6	8	10	12	16	18	24	30	30	36
	t_{2min}	10	12	16	20	25	28	35	40	40	50
	t_3	1		1.2			1.5		2.0		2.5
	d_2	4.3	5.3	6.4	6.4	8.4	10.5	17	21	21	25
	l（公称）	16～60	18～85	22～100	26～120	32～160	45～200	50～200	60～200	80～200	120～200
l（公称）的系列		16～32（2进位），35～100（5进位），100～200（20进位）									

表 13-32　开口销（GB/T91—2000）基本尺寸

单位：mm

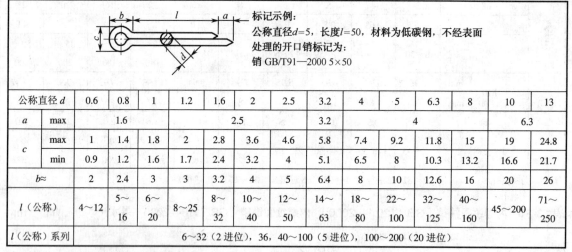

标记示例：
公称直径 $d=5$，长度 $l=50$，材料为低碳钢，不经表面处理的开口销标记为：
销 GB/T91—2000 5×50

公称直径 d		0.6	0.8	1	1.2	1.6	2	2.5	3.2	4	5	6.3	8	10	13
a	max		1.6				2.5		3.2		4			6.3	
c	max	1	1.4	1.8	2	2.8	3.6	4.6	5.8	7.4	9.2	11.8	15	19	24.8
	min	0.9	1.2	1.6	1.7	2.4	3.2	4	5.1	6.5	8	10.3	13.2	16.6	21.7
$b\approx$		2	2.4	3	3	3.2	4	5	6.4	8	10	12.6	16	20	26
l（公称）		4～12	5～16	6～20	8～25	8～32	10～40	12～50	14～63	18～80	22～100	32～125	40～160	45～200	71～250
l（公称）系列		6～32（2进位），36，40～100（5进位），100～200（20进位）													

注：销孔的公称直径等于销的公称直径 d。

第14章 联轴器与离合器

14.1 联轴器

14.1.1 常用联轴器的类型选择（表14-1）

表14-1 常用联轴器的类型选择

序号	类别	类型名称	性能、特点及应用
1	刚性联轴器	凸缘联轴器	$T_n=10\sim20000\mathrm{N\cdot m}$；$[n]=1400\sim13000\mathrm{r/min}$；$d=10\sim180\mathrm{mm}$，无补偿性能，不能减振、缓冲，结构简单，制造方便，成本较低，装拆、维护简便，可传递大转矩。需保证两轴具有较高的对中精度。适用于载荷平稳，高速或传动精度要求较高的传动轴系
2	无弹性元件挠性联轴器	滚子链联轴器	$T_n=40\sim25000\mathrm{N\cdot m}$；　$[n]=200\sim4500\mathrm{r/min}$；$d=16\sim190\mathrm{mm}$ 具有少量补偿两轴相对偏移的能力，结构简单，装拆方便，尺寸紧凑，质量轻，工作可靠，寿命长。可用于潮湿、多尘、高温、耐腐蚀的工作环境，不适用于高速和较剧烈冲击载荷和扭振工况条件，不宜用于启动频繁，正反转多变的工作部位
3		滑块联轴器	$T_n=16\sim5000\mathrm{N\cdot m}$；　　$[n]=1500\sim10000\mathrm{r/min}$；$d=10\sim100\mathrm{mm}$ 不能减振、缓冲，径向尺寸小，转动惯量小，适用于转矩不大，载荷变化较小无剧烈冲击的两轴连接
4		鼓形齿式联轴器	具有少量轴线偏移补偿性能，不能缓冲、减振；外形尺寸小；理论上传递转矩大，需要润滑、密封；精度较低时，噪声较大；工艺性差，价格贵。常用于低速、重载工作条件下。对于启动频繁、正反转多变的工况不宜采用
5	非金属弹性元件挠性联轴器	弹性套柱销联轴器	$T_n=6.3\sim16000\mathrm{N\cdot m}$；　　$[n]=800\sim6600\mathrm{r/min}$；$d=9\sim170\mathrm{mm}$ 具有一定补偿两轴相对偏移和减振，缓冲性能，结构简单，制造容易，不需要润滑，维修方便，径向尺寸较大。适用于安装底座刚性好，对中精度高，冲击载荷不大，对减振要求不高的轴系传动，不适用于高速和低速重载工况条件
6		弹性柱销联轴器	有微量补偿性能，结构简单、容易制造，更换柱销方便，可靠性差。适用于少量轴向窜动，启动较频繁，有正反转的轴系传动。不适用于工作可靠性要求高的部位，不适用于高速、重载及有强烈冲击、振动的轴系传动，可靠性要求高的场合，安装精度低的轴系不应选用
7		梅花形弹性联轴器	具有补偿两轴相对偏移，减振、缓冲性能，径向尺寸小，结构简单，不用润滑，承载能力较高，维修方便，更换弹性元件需轴向移动。适用于连接两同轴线、启动频率、正反转变化、中速、中等转矩传动轴系和要求工作可靠性高的部位

序号	类别	类型名称	性能、特点及应用
8	金属弹性元件挠性联轴器	膜片联轴器	承载能力大，质量轻，传动效率和精度高，装卸方便，无噪声，不用润滑，不受温度和油污影响，具有耐酸、碱、防腐，使用寿命长，可用于高温、高速、低温和有油、水等腐蚀介质的工况环境。适用于载荷变化不大的轴系传动，通用性极强，适用范围广

14.1.2 常用联轴器

各种常用联轴器的规格参数见表 14-2～表 14-9。

表 14-2 凸缘联轴器（GB/T 5843—2003）

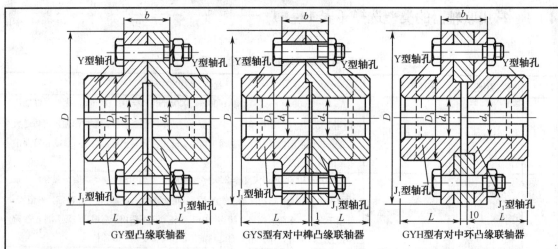

标记示例：GY5 凸缘联轴器 $\dfrac{Y30\times82}{J_1 30\times60}$ GB/T 5843—2003

主动端：Y 型轴孔、A 型键槽，d_1=30mm，L=82mm

从动端：J_1 型轴孔、A 型键槽，d_1=30mm，L=60mm

型号	公称转矩 T_n（N·m）	许用转速 $[n]$（r/min）	轴孔直径 d_1、d_2（mm）	轴孔长度 Y 型	轴孔长度 J_1 型	D（mm）	D_1（mm）	B（mm）	b_1（mm）	s（mm）	转动惯量（kg·m²）	质量（kg）
GY1			12，14	32	27							
GYS1	25	12000				80	30	26	42	6	0.0008	1.16
GYH1			16，18，19	42	30							
GY2			16，18，19	42	30							
GYS2	63	10000	20，22，24	52	38	90	40	28	44	6	0.0015	1.72
GYH2			25	62	44							
GY3			20，22，24	52	38							
GYS3	112	9500				100	45	30	46	6	0.0025	2.38
GYH3			25，28	62	64							
GY4			25，28	62	64							
GYS4	224	9000				105	55	32	48	6	0.003	3.15
GYH4			30，32，35	82	60							

续表

型号	公称转矩 T_n（N·m）	许用转速 $[n]$（r/min）	轴孔直径 d_1、d_2（mm）	轴孔长度 Y 型	轴孔长度 J_1 型	D（mm）	D_1（mm）	B（mm）	b_1（mm）	s（mm）	转动惯量（kg·m²）	质量（kg）
GY5 GYS5 GYH5	400	8000	30，32，35，38	82	60	120	68	36	52	8	0.007	5.43
			40，42	112	84							
GY6 GYS6 GYH6	900	6800	38	82	60	140	80	40	56	8	0.015	7.59
			40，42，45，48，50	112	84							
GY7 GYS7 GYH7	1600	6000	48，50，55，56	112	84	160	100	40	56	8	0.031	13.1
			60，63	142	107							
GY8 GYS8 GYH8	3150	4800	60，63，65，70，71，75	142	107	200	130	50	68	10	0.103	27.5
			80	172	132							
GY9 GYS9 GYH9	6300	3600	75	142	107	260	160	66	84	10	0.319	47.8
			80，85，90，95	172	132							
			100	212	167							

注：质量、转动惯量是按 GY 型联轴器 Y/J_1 轴孔组合形式和最小轴孔直径计算的。

表 14-3　滚子链联轴器（GB/T 6069—2002）

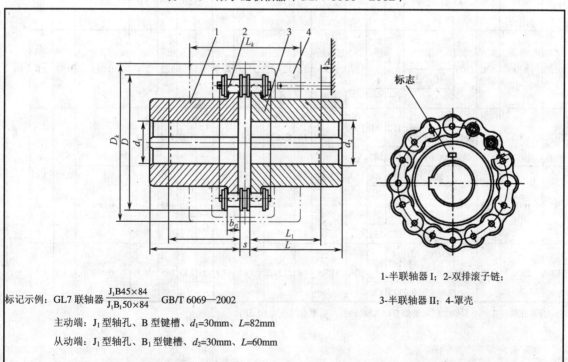

1-半联轴器 I；2-双排滚子链；

3-半联轴器 II；4-罩壳

标记示例：GL7 联轴器 $\dfrac{J_1 B45 \times 84}{J_1 B_1 50 \times 84}$ GB/T 6069—2002

主动端：J_1 型轴孔、B 型键槽、d_1=30mm、L=82mm

从动端：J_1 型轴孔、B_1 型键槽、d_2=30mm、L=60mm

型号	公称转矩 T_n (N·m)	许用转速[n] 不装罩壳 (r/min)	许用转速[n] 装罩壳	轴孔直径 d_1、d_2 (mm)	Y型 L (mm)	J_1型 L_1 (mm)	链号	链条节距 P (mm)	齿数 z	D (mm)	b_{f1} (mm)	s (mm)	A (mm)	D_k 最大 (mm)	L_k 最大 (mm)	质量 (kg)	转动惯量 (kg·m²)	径向 ΔY (mm)	轴向 ΔX (mm)	角向 $\Delta\alpha$
GL1	40	1400	4500	16, 18, 19	42	—	06B	9.525	14	51.06	5.3	4.9	—	70	70	0.4	0.00010	0.19	1.4	1°
				20	52	38							4							
GL2	63	1250	4500	19	42	—			16	57.08			—	75	75	0.7	0.00020			
				20, 22, 24	52	38							4							
GL3	100	1000	4000	20, 22, 24	52	38	08B	12.7	14	68.88	7.2	6.7	12	85	80	1.1	0.00038	0.25	1.9	
				25	62	44							6							
GL4	160	1000	4000	24	52	—			16	76.91			—	95	88	1.8	0.00086			
				25, 28	62	44							6							
				30, 32	82	60							—							
GL5	250	800	3150	28	62	—			16	94.46				112	100	3.2	0.0025			
				30, 32, 35, 38	82	60														
				40	112	84	10A	15.875			8.9	9.2						0.32	2.3	
GL6	400	630	2500	32, 35, 38	82	60			20	116.57			—	140	105	5.0	0.0058			
				40, 42, 45, 48, 50	112	84														
GL7	630	630	2500	40, 42, 45, 48	112	84	12A	19.05	18	127.78	11.9	10.9		150	122	7.4	0.012	0.38	2.8	
				50, 55																
				60	142	107														
GL8	1000	500	2240	45, 48, 50, 55	112	84	16A	25.40	16	154.33	15	14.3	12	180	135	11.1	0.025	0.50	3.8
				60, 65, 70	142	107							—							
GL9	1600	400	2000	50, 55	112	84			15	186.50			12	215	145	20	0.061			
				60, 65, 70, 75	142	107			20				—							
				80	172	132														
GL10	2500	315	1600	60, 65, 70, 75	142	107	20A	31.75	18	213.02	18	17.8	6	245	165	26.1	0.079	0.63	4.7
				80, 85, 90	172	132							—							

注：有罩壳时，在型号后加"F"，例如 GL5 型联轴器，有罩壳时改为 GL5F。

表 14-4　滑块联轴器（JB/ZQ 4384—2006）

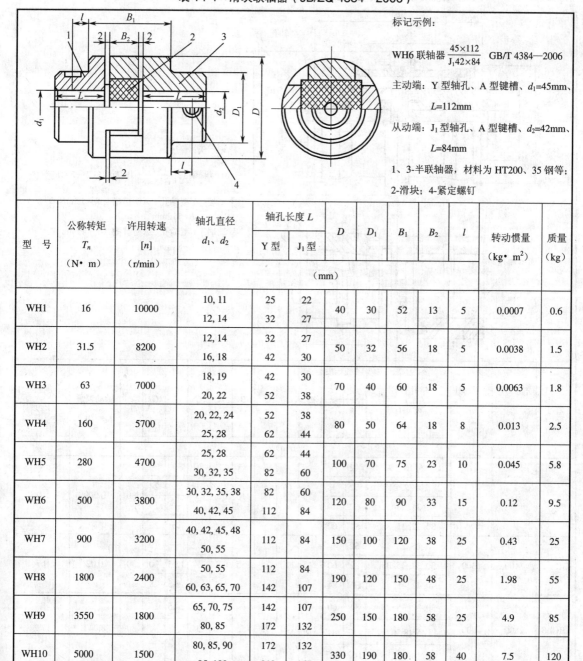

标记示例：

WH6 联轴器 $\dfrac{45\times112}{J_1 42\times84}$　GB/T 4384—2006

主动端：Y 型轴孔、A 型键槽、$d_1=45mm$、

$\quad L=112mm$

从动端：J_1 型轴孔、A 型键槽、$d_2=42mm$、

$\quad L=84mm$

1、3-半联轴器，材料为 HT200、35 钢等；

2-滑块；4-紧定螺钉

型号	公称转矩 T_n (N·m)	许用转速 $[n]$ (r/min)	轴孔直径 d_1、d_2	轴孔长度 L		D	D_1	B_1	B_2	l	转动惯量 (kg·m²)	质量 (kg)
				Y 型	J_1 型					(mm)		
WH1	16	10000	10, 11	25	22	40	30	52	13	5	0.0007	0.6
			12, 14	32	27							
WH2	31.5	8200	12, 14	32	27	50	32	56	18	5	0.0038	1.5
			16, 18	42	30							
WH3	63	7000	18, 19	42	30	70	40	60	18	5	0.0063	1.8
			20, 22	52	38							
WH4	160	5700	20, 22, 24	52	38	80	50	64	18	8	0.013	2.5
			25, 28	62	44							
WH5	280	4700	25, 28	62	44	100	70	75	23	10	0.045	5.8
			30, 32, 35	82	60							
WH6	500	3800	30, 32, 35, 38	82	60	120	80	90	33	15	0.12	9.5
			40, 42, 45	112	84							
WH7	900	3200	40, 42, 45, 48	112	84	150	100	120	38	25	0.43	25
			50, 55									
WH8	1800	2400	50, 55	112	84	190	120	150	48	25	1.98	55
			60, 63, 65, 70	142	107							
WH9	3550	1800	65, 70, 75	142	107	250	150	180	58	25	4.9	85
			80, 85	172	132							
WH10	5000	1500	80, 85, 90	172	132	330	190	180	58	40	7.5	120
			95, 100	212	167							

注：1. 适用于控制器和油泵或其他传递转矩较小的场合，中间滑块多为工程塑料，也可选金属材料。WH 型滑块联轴器属于无弹
　　 性元件挠性联轴器，其工作温度为-20°～+70°。

　　2. 装配时两轴的许用补偿量为：轴向 $\Delta x=1\sim2mm$；径向 $\Delta y\leqslant0.2mm$；角向 $\Delta\alpha\leqslant0°40'$。

表 14-5　GICL 型鼓形齿式联轴器（JB/T 8854.3—2001）

标记示例：

GIGL4联轴器 $\dfrac{50\times112}{J_1B45\times84}$ JB/T 8854.3—2001

主动端：Y 型轴孔、A 型键槽、$d_1=50$mm、$L=112$mm

从动端：J_1 型轴孔、A 型键槽、$d_1=45$mm、$L=84$mm

型号	公称转矩 T_n (N·m)	许用转速 $[n]$ (r/min)	轴孔直径 d_1、d_2	轴孔长度 L Y	轴孔长度 L J_1、Z_1	D	D_1	D_2	B	A	C	C_1	C_2	e	转动惯量 (kg·m²)	质量 (kg)
								(mm)								
GICL1	800	7100	16, 18, 19	42	—	125	95	60	115	75	20	—	—	30	0.009	5.9
			20, 22, 24	52	38						10	—	24			
			25, 28	62	44						2.5	—	19			
			30, 32, 35, 38	82	60							15	22			
GICL2	1400	6300	25, 28	62	44	145	120	75	135	88	10.5	—	29	30	0.02	9.7
			30, 32, 35, 38	82	60						2.5	12.5	30			
			40, 42, 45, 48	112	84							13.5	28			
GICL3	2800	5900	30, 32, 35, 38	82	60	170	140	95	155	106	3	24.5	25	30	0.047	17.2
			40,42,45,48,50,55,56	112	84							17	28			
			60	142	107								35			
GICL4	5000	5400	32, 35, 38	82	60	195	165	115	178	125	14	37	32	30	0.091	24.9
			40,42,45,48,50,55,56	112	84						3	17	28			
			60, 63, 65, 70	142	107								35			
GICL5	8000	5000	40,42,45,48,50,55,56	112	84	225	183	130	198	142	3	25	28	30	0.167	38
			60, 63, 65, 70, 71, 75	142	107							20	35			
			80	172	132							22	43			

续表

型号	公称转矩 T_n (N·m)	许用转速 $[n]$ (r/min)	轴孔直径 d_1、d_2	轴孔长度 L		D	D_1	D_2	B	A	C	C_1	C_2	e	转动惯量 (kg·m²)	质量 (kg)
				Y	J_1、Z_1											
GICL6	11200	4800	48, 50, 55, 56	112	84	240	200	145	218	160	6	35	35	30	0.267	48.2
			60, 63, 65, 70, 71, 75	142	107						4	20	35			
			80, 85, 90	172	132							22	43			
GICL7	15000	4500	60, 63, 65, 70, 71, 75	142	107	260	230	160	244	180	4	35	35	30	0.453	68.9
			80, 85, 90, 95	172	132							22	43			
			100	212	167								48			
GICL8	21200	4000	65, 70, 71, 75	142	107	280	245	175	264	193	5	35	35	30	0.646	83.3
			80, 85, 90, 95	172	132							22	43			
			100, 110	212	167								48			

注：J_1型轴孔根据需要也可以不使用轴端挡圈。

表 14-6 弹性套柱销联轴器（GB/T 4323—2002）

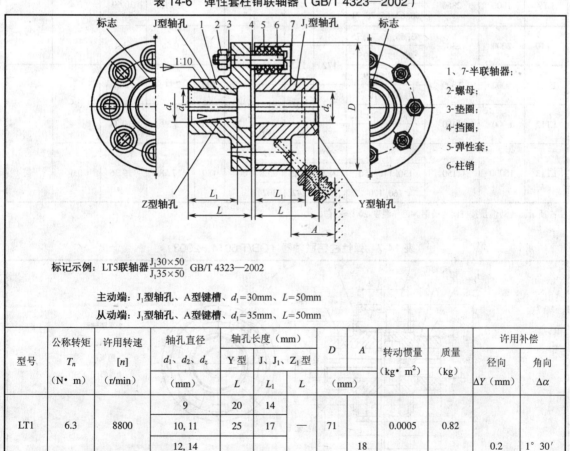

1、7-半联轴器；
2-螺母；
3-垫圈；
4-挡圈；
5-弹性套；
6-柱销

标记示例： LT5联轴器 $\dfrac{J_1 30 \times 50}{J_1 35 \times 50}$ GB/T 4323—2002

主动端：J_1型轴孔、A型键槽、$d_1 = 30$mm、$L = 50$mm

从动端：J_1型轴孔、A型键槽、$d_1 = 35$mm、$L = 50$mm

型号	公称转矩 T_n (N·m)	许用转速 $[n]$ (r/min)	轴孔直径 d_1、d_2、d_z (mm)	轴孔长度（mm）			D (mm)	A (mm)	转动惯量 (kg·m²)	质量 (kg)	许用补偿	
				Y 型	J、J_1、Z_1 型						径向 ΔY (mm)	角向 $\Delta \alpha$
				L	L_1	L						
LT1	6.3	8800	9	20	14	—	71		0.0005	0.82	0.2	1° 30′
			10, 11	25	17			18				
			12, 14	32	20							
LT2	16	7600	12, 14			42	80		0.0008	1.20		
			16, 18, 19	42	30							

续表

型号	公称转矩 T_n (N·m)	许用转速 [n] (r/min)	轴孔直径 d_1、d_2、d_z (mm)	Y型 L	J、J₁、Z₁型 L_1	L	D (mm)	A (mm)	转动惯量 (kg·m²)	质量 (kg)	径向 ΔY (mm)	角向 Δα
LT3	31.5	6300	16, 18, 19	42	30	42	95	35	0.0023	2.2	0.2	1°30′
			20, 22	52	38	52						
LT4	63	5700	20, 22, 24				106		0.0037	2.84		
			25, 28	62	44	62						
LT5	125	4600	25, 28				130		0.012	6.05	0.3	
			30, 32, 35	82	60	82						
LT6	250	3800	32, 35, 38				160	45	0.028	9.57		
			40, 42									
LT7	500	3600	40, 42, 45, 48	112	84	112	190		0.055	14.01	0.4	
LT8	710	3000	45, 48, 50, 55, 56	112	84	112	224		0.134	23.12		1°
			60, 63	142	107	142		65				
LT9	1000	2850	50, 55, 56	112	84	112	250		0.213	30.69		
			60, 63, 65, 70, 71	142	107	142						
LT10	2000	2300	63, 65, 70, 71, 75	142	107	142	315	80	0.66	61.4		
			80, 85, 90, 95	172	132	172						
LT11	4000	1800	80, 85, 90, 95	172	132	172	400	100	2.112	120.7	0.5	
			100, 110	212	167	212						
LT12	8000	1450	100, 110, 120, 125	212	167	212	475	130	5.39	210.34		0°30′
			130	252	202	252						
LT13	16000	1150	120, 125	212	167	212	600	180	17.58	419.36	0.6	
			130, 140, 150	252	202	252						
			160, 170	302	242	302						

注：质量、转动惯量按材料为铸钢。工作温度-20° ～ +70°。

表 14-7　弹性柱销联轴器（GB/T 5014—2003）

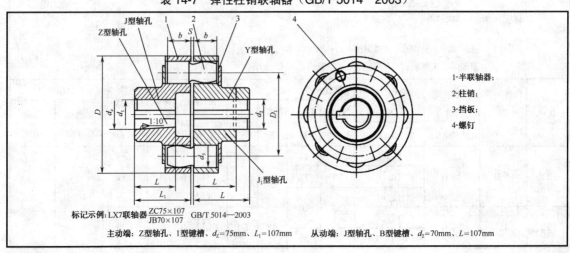

1-半联轴器；
2-柱销；
3-挡板；
4-螺钉

标记示例：LX7联轴器 $\dfrac{ZC75×107}{JB70×107}$ GB/T 5014—2003

主动端：Z型轴孔、1型键槽、d_z=75mm、L_1=107mm　　从动端：J型轴孔、B型键槽、d_2=70mm、L=107mm

续表

型号	公称转矩 T_n (N·m)	许用转速 $[n]$ (r/min)	轴孔直径 d_1、d_2、d_z (mm)	轴孔长度（mm） Y型 L	J、J_1、Z_1型 L_1	Z_1型 L	D (mm)	D_1 (mm)	b (mm)	S (mm)	转动惯量 (kg·m²)	质量 (kg)
LX1	250	8500	12, 14	32	—	27	90	40	20	2.5	0.002	2
			16, 18, 19	42	42	30						
			20, 22, 24	52	52	38						
LX2	560	6300	20, 22, 24	52	52	38	120	55	28	2.5	0.009	5
			25, 28	62	62	44						
			30, 32, 35	82	82	60						
LX3	1250	4700	30, 32, 35,	82	82	60	160	75	36	2.5	0.026	8
			40, 42, 45, 48	112	112	84						
LX4	2500	3870	40, 42, 45, 48, 50, 55, 56	112	112	84	195	100	45	3	0.109	22
			60, 63	142	142	107						
LX5	3150	3450	50, 55, 56	112	112	84	220	120	45	3	0.191	30
			60, 63, 65, 70, 71, 75	142	142	107						
LX6	6300	2720	60, 63, 65, 70, 71, 75	142	142	107	280	140	56	4	0.543	53
			80, 85	172	172	132						
LX7	11200	2360	70, 71, 75	142	142	107	320	170	56	4	1.314	98
			80, 85, 90, 95	172	172	132						
			100, 110	212	212	167						
LX8	16000	2120	80, 85, 90, 95	172	172	132	360	200	56	5	2.023	119
			100, 110, 120, 125	212	212	167						
LX9	22500	1850	100, 110, 120, 125	212	212	167	410	230	63	5	4.386	197
			130, 140	252	252	202						
LX10	35500	1600	110, 120, 125	212	212	167	480	280	75	6	9.760	322
			130, 140, 150	252	252	202						
			160, 170, 180	302	302	242						

注：工作温度-20°～+70°。

表 14-8 轮胎式弹性联轴器（GB/T 5844—2002）

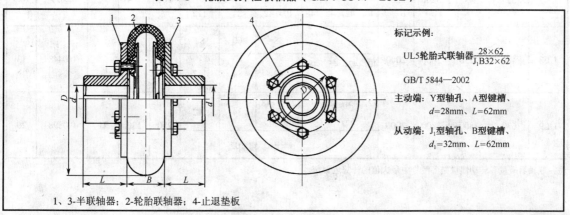

标记示例：

UL5轮胎式联轴器$\dfrac{28\times62}{J_1B32\times62}$

GB/T 5844—2002

主动端：Y型轴孔、A型键槽、d=28mm、L=62mm

从动端：J_1型轴孔、B型键槽、d_1=32mm、L=62mm

1、3-半联轴器；2-轮胎联轴器；4-止退垫板

续表

型号	许用转矩$[T]$（N·m）	瞬时最大转矩T_{max}（N·m）	许用转速$[n]$（r/min）		轴孔直径d（H7）（mm）		轴孔长度L（mm）		D（mm）	D_1（mm）	B（mm）	转动惯量（kg·m^2）	质量（kg）
			钢	铁	钢	铁	J、J$_1$型	Y型					
UL1	10	31.5	5000	3500	11	11	22	25	80	42	20	0.0003	0.7
					12，14	12，14	27	32					
					16，18	16	30	42					
UL2	25	80	5000	3000	14	14	27	32	100	51	26	0.0008	1.2
					16，18，19	16，18，19	30	42					
					20，22	20	38	52					
UL3	63	180	4800	3000	18，19	18，19	30	42	120	62	32	0.0022	1.8
					20，22，24	20，22	38	52					
					25	—	44	62					
UL4	100	315	4500	3000	20，22，24	20，22，24	38	52	140	69	38	0.0044	3
					25，28	25	44	62					
					30	—	60	82					
UL5	160	500	4000	3000	24	24	38	52	160	80	45	0.0084	4.6
					25，28	25，28	44	62					
					30，32，35	30	60	82					
UL6	250	710	3600	2500	28	28	44	62	180	90	50	0.0164	7.1
					30，32，35，38	30，32，35	60	82					
					40	—	84	112					
UL7	315	900	3200	2500	32，35，38	32，35，38	60	82	200	104	56	0.029	10.9
					40，42，45，48	40，42	84	112					
UL8	400	1250	3000	2000	38	38	60	82	220	110	63	0.0448	13
					40，42，45，48，50	40，42，45	84	112					
UL9	630	1800	2800	2000	42，45，48，50，55，56	42，45，48，50，55	84	112	250	130	71	0.0898	20
					60	—	107	142					

注：联轴器质量和转动惯量是各型号中最大值的计算近似值。

表 14-9　梅花形弹性联轴器（GB/T 5272—2002）

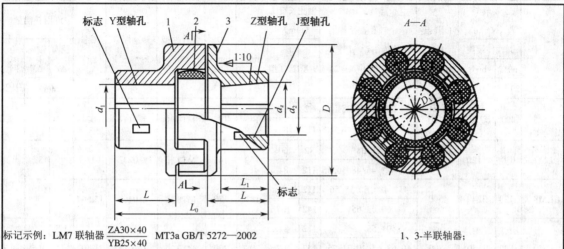

标记示例：LM7 联轴器 $\dfrac{ZA30\times40}{YB25\times40}$ MT3a GB/T 5272—2002

主动端：Z 型轴孔、A 型键槽、d_z=30mm、L_1=40mm
从动端：Y 型轴孔、B 型键槽、d_1=25mm、L=40mm
MT3 型弹性件硬度为 a

1、3-半联轴器；
2-梅花形弹性体

型号	公称转矩 T_n（N·m）		许用转速 [n] （r/min）	轴孔直径 d_1、d_2、d_z （mm）	轴孔长度 L （mm）		L （mm）	D （mm）	弹性件型号	转动惯量 （kg·m²）	质量 （kg）	许用补偿量		
	弹性件硬度				Y 型	Z、J 型						径向 ΔY	轴向 ΔX	角向 Δα
	a/H_A	b/H_D										(mm)		
	80±5	60±5												
LM1	25	45	15300	12, 14	32	27	86	50	MT1$_{-b}^{-a}$	0.00022	0.657	0.5	1.2	
				16, 18, 19	42	30								
				20, 22, 24	52	38								
				25	62	44								
LM2	50	100	12000	16, 18, 19	42	30	95	60	MT2$_{-b}^{-a}$	0.00044	0.923		1.5	
				20, 22, 24	52	38								
				25, 28	62	44								2°
				30	82	60								
LM3	100	200	10900	20, 22, 24	52	38	103	70	MT3$_{-b}^{-a}$	0.00087	1.407	0.8	2	
				25, 28	62	44								
				30, 32	82	60								
LM4	140	280	9000	22, 24	52	38	114	85	MT4$_{-b}^{-a}$	0.002	2.182		2.5	
				25, 28	62	44								
				30, 32, 35, 38	82	60								
				40	112	84								
LM5	350	400	7300	25, 28	62	44	127	105	MT5$_{-b}^{-a}$	0.0049	3.601	1.0	3	1.5°
				30, 32, 35, 38	82	60								
				40, 42, 45	112	84								

型号	公称转矩 T_n（N·m）		许用转速 $[n]$（r/min）	轴孔直径 d_1、d_2、d_z（mm）	轴孔长度 L（mm）		L（mm）	D（mm）	弹性件型号	转动惯量（kg·m²）	质量（kg）	许用补偿量		
	弹性件硬度				Y型	Z型、J型						径向 ΔY	轴向 ΔX	角向 $\Delta \alpha$
	a/H$_A$	b/H$_D$										（mm）		
	80±5	60±5												
LM6	400	710	6100	30, 32, 35, 38	82	60	143	125	MT6^a_b	0.0114	6.0748			
				40, 42, 45, 48	112	84								
LM7	630	1120	5300	35*, 38*	82	60	159	145	MT7^a_b	0.0232	9.089		3.5	
				40*, 42*, 45, 48, 50, 55	112	84								
LM8	1120	2240	4500	45*, 48*, 50, 55, 56	112	84	181	170	MT8^a_b	0.0468	13.561		4	
				60, 63, 65*	142	107								
LM9	1800	3550	3800	50*, 55*, 56*	112	84	208	200	MT9^a_b	0.1041	21.402	1.5	4.5	1°
				60, 63, 65, 70, 71, 75	142	107								
				80	172	132								

注：1. 带"*"的轴孔直径可用于 Z 型轴孔。

2. 表中 a、b 为两种材料的硬度代号。

14.2 离合器

14.2.1 机械离合器的类型选择（表 14–10）

表 14-10　机械离合器的类型选择

类别	序号	类型名称	性能、特点及应用
机械离合器	1	摩擦离合器	靠主、从动部分间的摩擦力传递转矩。可在运转中结合、结合平稳，过载时离合器打滑起安全保护作用。结构较复杂，需要较大的轴向结合力，需经常调整摩擦面的间隙，以补偿磨损，摩擦面之间有相对滑动，损耗功率。常应用在汽车、拖拉机、工程机械和齿轮箱等机械中。
	2	牙嵌离合器	靠啮合的牙面来传递转矩，结构简单，外形尺寸小，两个半离合器之间没有相对滑动。传动比固定不变，其缺点是结合时有冲击，只能在相对速度很低或几乎停止转动的情况下结合、结构形式较多，在机械、电磁、超越及安全离合器中有广泛应用。
	3	齿形离合器	与牙嵌离合器相似，结构简单紧凑，外形尺寸小，通过一对内啮合齿轮副啮合。为提高接合机率，齿端要经修整倒圆。适用于大转矩，有微量径向和角向位移的场合。

14.2.2 简易传动矩形牙嵌式离合器（表 14–11）

表 14-11 简易传动矩形牙嵌式离合器

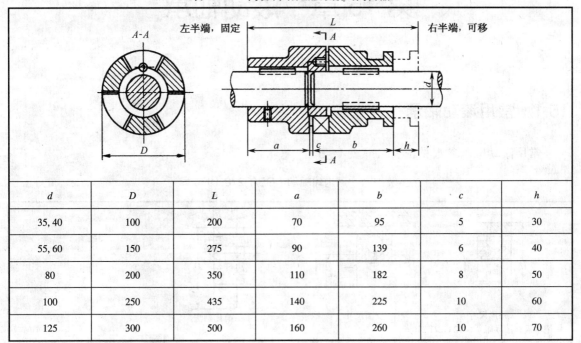

d	D	L	a	b	c	h
35, 40	100	200	70	95	5	30
55, 60	150	275	90	139	6	40
80	200	350	110	182	8	50
100	250	435	140	225	10	60
125	300	500	160	260	10	70

注：1. 中间对中环与左半部主动轴固结，为主、从动轴对中用。

2. 齿轮选择决定于所传递转矩大小，一般取 $z=3\sim4$。

第15章 滚动轴承

15.1 常用滚动轴承

常用滚动轴承参数见表 15-1～表 15-6。

表 15-1 深沟球轴承（GB/T 276-1994）

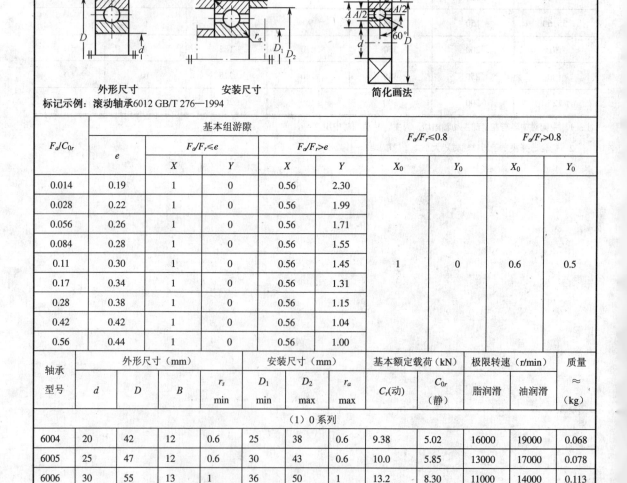

外形尺寸　　　　　　安装尺寸　　　　　　简化画法

标记示例：**滚动轴承**6012 GB/T 276—1994

F_a/C_{0r}	e	基本组游隙					$F_a/F_r \leq 0.8$		$F_a/F_r > 0.8$	
		$F_a/F_r \leq e$		$F_a/F_r > e$						
		X	Y	X	Y		X_0	Y_0	X_0	Y_0
0.014	0.19	1	0	0.56	2.30					
0.028	0.22	1	0	0.56	1.99					
0.056	0.26	1	0	0.56	1.71					
0.084	0.28	1	0	0.56	1.55					
0.11	0.30	1	0	0.56	1.45		1	0	0.6	0.5
0.17	0.34	1	0	0.56	1.31					
0.28	0.38	1	0	0.56	1.15					
0.42	0.42	1	0	0.56	1.04					
0.56	0.44	1	0	0.56	1.00					

轴承型号	外形尺寸（mm）				安装尺寸（mm）			基本额定载荷（kN）		极限转速（r/min）		质量 ≈ (kg)
	d	D	B	r_s min	D_1 min	D_2 max	r_a max	C_r(动)	C_{0r}（静）	脂润滑	油润滑	
（1）0 系列												
6004	20	42	12	0.6	25	38	0.6	9.38	5.02	16000	19000	0.068
6005	25	47	12	0.6	30	43	0.6	10.0	5.85	13000	17000	0.078
6006	30	55	13	1	36	50	1	13.2	8.30	11000	14000	0.113
6007	35	62	14	1	41	56	1	16.2	10.5	9500	12000	0.148

轴承型号	外形尺寸（mm）				安装尺寸（mm）			基本额定载荷（kN）		极限转速（r/min）		质量 ≈
	d	D	B	r_s min	D_1 min	D_2 max	r_a max	C_r（动）	C_{0r}（静）	脂润滑	油润滑	（kg）
（1）0 系列												
6008	40	68	15	1	46	62	1	17.0	11.8	9000	11000	0.185
6009	45	75	16	1	51	69	1	21.0	14.8	8000	10000	0.230
6010	50	80	16	1	56	74	1	22.0	16.2	7000	9000	0.250
6011	55	90	18	1.1	62	83	1	30.2	21.8	7000	8500	0.362
6012	60	95	18	1.1	67	89	1	31.5	24.2	6300	7500	0.385
6013	65	100	18	1.1	72	93	1	32.0	24.8	6000	7000	0.410
6014	70	110	20	1.1	77	103	1	38.5	30.5	5600	6700	0.575
6015	75	115	20	1.1	82	108	1	40.2	33.2	5300	6300	0.603
6016	80	125	22	1.1	87	118	1	47.5	39.8	5000	6000	0.821
6017	85	130	22	1.1	92	123	1	50.2	42.8	4500	5600	0.848
6018	90	140	24	1.5	99	131	1.5	58.0	49.8	4300	5300	1.10
6019	95	145	24	1.5	104	136	1.5	57.8	50.0	4000	5000	1.15
6020	100	150	24	1.5	109	141	1.5	64.5	56.2	3800	4800	1.18
（0）2 系列												
6204	20	47	14	1	26	42	1	12.8	6.65	14000	18000	0.103
6205	25	52	15	1	31	47	1	14.0	7.88	12000	15000	0.127
6206	30	62	16	1	36	56	1	19.5	11.5	9500	13000	0.200
6207	35	72	17	1.1	42	56	1	25.5	15.2	8500	11000	0.288
6208	40	80	18	1.1	47	73	1	29.5	18.0	8000	10000	0.368
6209	45	85	19	1.1	52	78	1	31.5	20.5	7000	9000	0.416
6210	50	90	20	1.1	57	83	1	35.0	23.2	6700	8500	0.463
6211	55	100	21	1.5	64	91	1.5	43.2	29.2	6000	7500	0.603
6212	60	110	22	1.5	69	101	1.5	47.8	32.8	5600	7000	0.789
6213	65	120	23	1.5	74	111	1.5	57.2	40.0	5000	6300	0.990
6214	70	125	24	1.5	79	116	1.5	60.8	45.0	4800	6000	1.084
6215	75	130	25	1.5	84	121	1.5	66.0	49.5	4500	5600	1.171
6216	80	140	26	2	90	130	2	71.5	54.2	4300	5300	1.448
6217	85	150	28	2	95	140	2	83.2	63.8	4000	5000	1.803
6218	90	160	30	2	100	150	2	95.8	71.5	3800	4800	2.17
6219	95	170	32	2.1	107	158	2.1	110	82.8	3600	4500	2.62
6220	100	180	34	2.1	112	168	2.1	122	92.8	3400	4300	3.19
（0）3 系列												
6304	20	52	15	1.1	27	45	1	15.8	7.88	13000	16000	0.142
6305	25	62	17	1.1	32	55	1	22.2	11.5	10000	14000	0.219
6306	30	72	19	1.1	37	65	1	27.0	15.2	9000	11000	0.349
6307	35	80	21	1.5	44	71	1.5	33.4	19.2	8000	9500	0.455

轴承型号	外形尺寸（mm）				安装尺寸（mm）			基本额定载荷（kN）		极限转速（r/min）		质量 ≈ (kg)
	d	D	B	r_s min	D_1 min	D_2 max	r_a max	C_r(动)	C_{0r}（静）	脂润滑	油润滑	
（0）3 系列												
6308	40	90	23	1.5	49	81	1.5	40.8	24.0	7000	8500	0.639
6309	45	100	25	1.5	54	91	1.5	52.8	31.8	6300	7500	0.837
6310	50	110	27	2	60	100	2	61.8	38.0	6000	7000	1.082
6311	55	120	29	2	65	110	2	71.5	44.8	5800	6700	1.367
6312	60	130	31	2.1	72	118	2.1	81.8	51.8	5600	6000	1.710
6313	65	140	33	2.1	77	128	2.1	93.8	60.5	4500	5300	2.100
6314	70	150	35	2.1	82	138	2.1	105	68.0	4300	5000	2.550
6315	75	160	37	2.1	87	148	2.1	113	76.8	4000	4800	3.050
6316	80	170	39	2.1	92	158	2.1	123	86.5	3800	4500	3.610
6317	85	180	41	3	99	166	2.5	132	96.5	3600	4300	4.284
6318	90	190	43	3	104	176	2.5	145	108	3400	4000	4.970
6319	95	200	45	3	109	186	2.5	157	122	3200	3800	5.740
6320	100	215	47	3	114	201	2.5	173	140	2800	3600	7.090

表 15-2　调心球轴承（GB/T 281—1994）

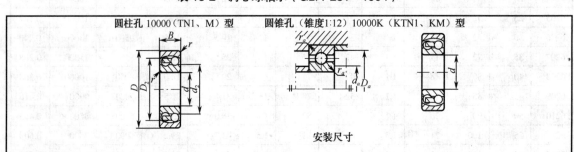

圆柱孔 10000（TN1、M）型　　圆锥孔（锥度1:12）10000K（KTN1、KM）型

安装尺寸

径向当量动载荷：当 $F_a/F_r \leqslant e$，$P_r = F_r + Y_1 F_a$；当 $F_a/F_r > e$，$P_r = 0.65 F_r + Y_2 F_a$

径向当量静载荷：$P_{0r} = F_r + Y_0 F_a$

标记示例:滚动轴承　1210 GB/T 281—1994

轴承代号		基本尺寸（mm）				安装尺寸			基本额定载荷		计算系数				极限转速 (r/min)		质量 (kg)
10000型圆柱孔	1000K型圆锥孔	d	D	B	r min	d_a max	D_a max	r_a max	C_r (kN)	C_{0r} (kN)	e	Y_1	Y_2	Y_0	脂润滑	油润滑	
02 系列																	
1204	1204K	20	47	14	1	26	41	1	9.95	2.65	0.27	2.3	3.6	2.4	14000	17000	0.12
1205	1205K	25	52	15	1	31	46	1	12.0	3.30	0.27	2.3	3.6	2.4	12000	14000	0.14
1206	1206K	30	62	16	1	36	56	1	15.8	4.70	0.24	2.6	4.0	2.7	10000	12000	0.23
1207	1207K	35	72	17	1.1	42	65	1	15.8	5.08	0.23	2.7	4.2	2.9	8500	10000	0.32
1208	1208K	40	80	18	1.1	47	73	1	19.2	6.40	0.22	2.9	4.4	3.0	7500	9000	0.41

轴承代号		基本尺寸（mm）				安装尺寸			基本额定载荷		计算系数				极限转速（r/min）		质量（kg）
10000型圆柱孔	1000K型圆锥孔	d	D	B	r min	d_a max	D_a max	r_a max	C_r （kN）	C_{0r} （kN）	e	Y_1	Y_2	Y_0	脂润滑	油润滑	
02 系列																	
1209	1209K	45	85	19	1.1	52	78	1	21.8	7.32	0.21	2.9	4.6	3.1	7100	8500	0.49
1210	1210K	50	90	20	1.1	57	83	1	22.8	8.08	0.20	3.1	4.8	3.3	6300	8000	0.54
1211	1211K	55	100	21	1.5	64	91	1.5	26.8	10.0	0.20	3.2	5.0	3.4	6000	7100	0.72
1212	1212K	60	110	22	1.5	69	101	1.5	30.2	11.5	0.19	3.4	5.3	3.6	5300	6300	0.90
1213	1213K	65	120	23	1.5	74	111	1.5	31.0	12.5	0.17	3.7	5.7	3.9	4800	6000	0.92
1214	1214K	70	125	24	1.5	79	116	1.5	34.5	13.5	0.18	3.5	5.4	3.7	4600	5600	1.29
1215	1215K	75	130	25	1.5	84	121	1.5	38.8	15.2	0.17	3.6	5.6	3.8	4300	5300	1.35
1216	1216K	80	140	26	2	90	130	2	39.5	16.8	0.18	3.6	5.5	3.7	4000	5000	1.65
1217	1217K	85	150	28	2	95	140	2	48.8	20.5	0.17	3.7	5.7	3.9	3800	4500	2.10
1218	1218K	90	160	30	2	100	150	2	56.5	23.2	0.17	3.8	5.7	4.0	3600	4300	2.50
1219	1219K	95	170	32	2.1	107	158	2.1	63.5	27.0	0.17	3.7	5.7	3.9	3400	4000	3.00
1220	1220K	100	180	34	2.1	109	186	2.1	68.5	29.2	0.18	3.5	5.4	3.7	3200	3800	3.70
03 系列																	
1304	1304K	20	52	15	1.1	27	45	1	12.5	3.38	0.29	2.2	3.4	2.3	12000	15000	0.17
1305	1305K	25	62	17	1.1	32	55	1	17.8	5.05	0.27	2.3	3.5	2.4	10000	13000	0.26
1306	1306K	30	72	19	1.1	37	65	1	21.5	6.28	0.26	2.4	3.8	2.6	8500	11000	0.40
1307	1307K	35	80	21	1.5	44	71	1.5	25.0	7.95	0.25	2.6	4.0	2.7	7500	9500	0.54
1308	1308K	40	90	23	1.5	49	81	1.5	29.5	9.50	0.24	2.6	4.0	2.7	6700	8500	0.71
1309	1309K	45	100	25	1.5	54	91	1.5	38.0	12.8	0.25	2.5	3.9	2.6	6000	7500	0.96
1310	1310K	50	110	27	2	60	100	2	43.2	14.2	0.24	2.7	4.1	2.8	5600	6700	1.21
1311	1311K	55	120	29	2	65	110	2	51.5	18.2	0.23	2.7	4.2	2.8	5000	6300	1.58
1312	1312K	60	130	31	2.1	72	118	2.1	57.2	20.8	0.23	2.8	4.3	2.9	4500	5600	1.96
1313	1313K	65	140	33	2.1	77	128	2.1	61.8	22.8	0.23	2.8	4.3	2.9	4300	5300	2.39
1314	1314K	70	150	35	2.1	82	138	2.1	74.5	27.5	0.22	2.8	4.4	2.9	4000	5000	3.00
1315	1315K	75	160	37	2.1	87	148	2.1	79.0	29.8	0.22	2.8	4.4	3.0	3800	4500	3.60
1316	1316K	80	170	39	2.1	92	158	2.1	88.5	32.8	0.22	2.9	4.5	3.1	3600	4300	4.20
1317	1317K	85	180	41	3	99	166	2.5	97.8	37.8	0.22	2.9	4.5	3.0	3400	4000	5.00
1318	1318K	90	190	43	3	104	176	2.5	115	44.5	0.22	2.8	4.4	2.9	3200	3800	6.00
1319	1319K	95	200	45	3	109	186	2.5	132	50.8	0.23	2.8	4.3	2.9	3000	3600	7.00
1320	1320K	100	215	47	3	114	201	2.5	142	57.2	0.24	2.7	4.1	2.8	2800	3400	8.64

表 15-3　角接触球轴承（GB/T 292—2007）

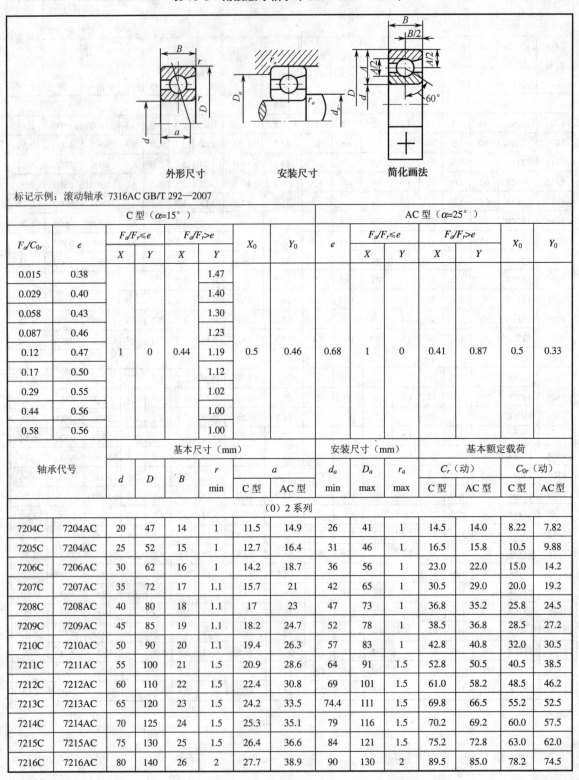

外形尺寸　　　　安装尺寸　　　　简化画法

标记示例：滚动轴承　7316AC GB/T 292—2007

		C 型（α=15°）						AC 型（α=25°）					
F_a/C_{0r}	e	$F_a/F_r{\leq}e$		$F_a/F_r{>}e$		X_0	Y_0	e	$F_a/F_r{\leq}e$		$F_a/F_r{>}e$		X_0	Y_0
		X	Y	X	Y				X	Y	X	Y		
0.015	0.38				1.47									
0.029	0.40				1.40									
0.058	0.43				1.30									
0.087	0.46				1.23									
0.12	0.47	1	0	0.44	1.19	0.5	0.46	0.68	1	0	0.41	0.87	0.5	0.33
0.17	0.50				1.12									
0.29	0.55				1.02									
0.44	0.56				1.00									
0.58	0.56				1.00									

轴承代号		基本尺寸（mm）						安装尺寸（mm）			基本额定载荷			
		d	D	B	r	a		d_a	D_a	r_a	C_r（动）		C_{0r}（动）	
					min	C 型	AC 型	min	max	max	C 型	AC 型	C 型	AC 型
（0）2 系列														
7204C	7204AC	20	47	14	1	11.5	14.9	26	41	1	14.5	14.0	8.22	7.82
7205C	7204AC	25	52	15	1	12.7	16.4	31	46	1	16.5	15.8	10.5	9.88
7206C	7206AC	30	62	16	1	14.2	18.7	36	56	1	23.0	22.0	15.0	14.2
7207C	7207AC	35	72	17	1.1	15.7	21	42	65	1	30.5	29.0	20.0	19.2
7208C	7208AC	40	80	18	1.1	17	23	47	73	1	36.8	35.2	25.8	24.5
7209C	7209AC	45	85	19	1.1	18.2	24.7	52	78	1	38.5	36.8	28.5	27.2
7210C	7210AC	50	90	20	1.1	19.4	26.3	57	83	1	42.8	40.8	32.0	30.5
7211C	7211AC	55	100	21	1.5	20.9	28.6	64	91	1.5	52.8	50.5	40.5	38.5
7212C	7212AC	60	110	22	1.5	22.4	30.8	69	101	1.5	61.0	58.2	48.5	46.2
7213C	7213AC	65	120	23	1.5	24.2	33.5	74.4	111	1.5	69.8	66.5	55.2	52.5
7214C	7214AC	70	125	24	1.5	25.3	35.1	79	116	1.5	70.2	69.2	60.0	57.5
7215C	7215AC	75	130	25	1.5	26.4	36.6	84	121	1.5	75.2	72.8	63.0	62.0
7216C	7216AC	80	140	26	2	27.7	38.9	90	130	2	89.5	85.0	78.2	74.5

续表

轴承代号		基本尺寸（mm）						安装尺寸（mm）			基本额定载荷			
		d	D	B	r min	a		d_a min	D_a max	r_a max	C_r（动）		C_{0r}（动）	
						C 型	AC 型				C 型	AC 型	C 型	AC 型
（0）2 系列														
7217C	7217AC	85	150	28	2	29.9	41.6	95	140	2	99.8	94.8	85.0	81.5
7218C	7218AC	90	160	30	2	31.7	44.2	100	150	2	122	118	105	100
7219C	7219AC	95	170	32	2.1	33.8	46.9	107	158	2.1	135	128	115	108
7220C	7220AC	100	180	34	2.1	35.8	49.7	112	168	2.1	148	142	128	122
（0）3 系列														
7301C	7301AC	12	37	12	1	8.6	12	18	31	1	8.10	8.08	5.22	4.88
7302C	7302AC	15	42	13	1	9.6	13.5	21	36	1	9.38	9.08	5.92	5.58
7303C	7303AC	17	47	14	1	10.4	14.8	23	41	1	12.8	11.5	8.62	7.08
7304C	7304AC	20	52	15	1.1	11.3	16.3	27	45	1	14.2	13.8	9.68	9.10
7305C	7305AC	25	62	17	1.1	13.1	19.1	32	55	1	21.5	20.8	15.8	14.8
7306C	7306AC	30	72	19	1.5	15	22.2	37	65	1	26.2	25.2	19.8	18.6
7307C	7307AC	35	80	21	1.5	16.6	24.5	44	71	1.5	34.2	32.8	26.8	24.8
7308C	7308AC	40	90	23	1.5	18.5	27.5	49	81	1.5	40.2	38.5	32.3	30.5
7309C	7309AC	45	100	25	1.5	20.2	30.2	54	91	1.5	49.2	47.5	39.8	37.2
7310C	7310AC	50	110	27	2	22	33	60	100	2	53.5	55.5	47.2	44.5
7311C	7311AC	55	110	29	2	23.8	35.8	65	110	2	70.5	67.2	60.5	56.8
7312C	7312AC	60	130	31	2.1	25.6	38.9	72	118	2.1	80.5	77.8	70.2	65.8
7313C	7313AC	65	140	33	2.1	27.4	41.5	77	128	2.1	91.5	89.8	80.5	75.5
7314C	7314AC	70	150	35	2.1	29.2	44.3	82	138	2.1	102	98.5	91.5	86.0
7315C	7315AC	75	160	37	2.1	31	47.2	87	148	2.1	112	108	105	97.0
7316C	7316AC	80	170	39	2.1	32.8	50	92	158	2.1	122	118	118	108
7317C	7317AC	85	180	41	3	34.6	52.8	99	166	2.5	132	125	128	122
7318C	7318AC	90	190	43	3	36.4	55.6	104	176	2.5	142	135	142	135
7319C	7319AC	95	200	45	3	38.2	58.5	109	186	2.5	152	145	158	148
7320C	7320AC	100	215	47	3	40.2	61.9	114	201	2.5	162	165	175	178
（0）4 系列														
	7406AC	30	90	23	1.5		26.1	39	81	1		42.5		32.2
	7407AC	35	100	25	1.5		29	44	91	1.5		53.8		42.5
	7408AC	40	110	27	2		34.6	50	100	2		62.0		49.5
	7409AC	45	120	29	2		38.7	55	110	2		66.8		52.8
	7410AC	50	130	31	2.1		37.4	62	118	2.1		76.5		56.5
	7412AC	60	150	35	2.1		43.1	72	138	2.1		102		90.8
	7414AC	70	180	42	3		51.5	84	166	2.5		125		125
	7416AC	80	200	48	3		58.1	94	186	2.5		152		162
	7418AC	90	215	54	4		64.8	108	197	3		178		205

表 15-4　圆柱滚子轴承（GB/T 283—2007）

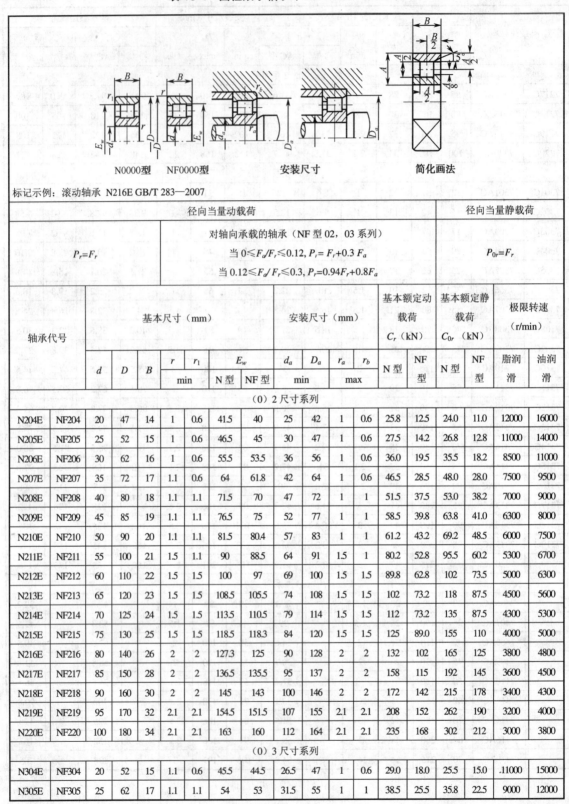

N0000型　NF0000型　　　安装尺寸　　　简化画法

标记示例：滚动轴承 N216E GB/T 283—2007

径向当量动载荷		径向当量静载荷
$P_r=F_r$	对轴向承载的轴承（NF 型 02，03 系列） 当 $0 \leq F_a/F_r \leq 0.12$, $P_r=F_r+0.3\,F_a$ 当 $0.12 \leq F_a/F_r \leq 0.3$, $P_r=0.94F_r+0.8F_a$	$P_{0r}=F_r$

轴承代号		基本尺寸（mm）						安装尺寸（mm）				基本额定动载荷 C_r（kN）		基本额定静载荷 C_{0r}（kN）		极限转速（r/min）	
		d	D	B	r min	r_1 min	E_w N型	E_w NF型	d_a min	D_a	r_a max	r_b max	N型	NF型	N型	NF型	脂润滑	油润滑
（0）2 尺寸系列																		
N204E	NF204	20	47	14	1	0.6	41.5	40	25	42	1	0.6	25.8	12.5	24.0	11.0	12000	16000
N205E	NF205	25	52	15	1	0.6	46.5	45	30	47	1	0.6	27.5	14.2	26.8	12.8	11000	14000
N206E	NF206	30	62	16	1	0.6	55.5	53.5	36	56	1	0.6	36.0	19.5	35.5	18.2	8500	11000
N207E	NF207	35	72	17	1.1	0.6	64	61.8	42	64	1	0.6	46.5	28.5	48.0	28.0	7500	9500
N208E	NF208	40	80	18	1.1	1.1	71.5	70	47	72	1	1	51.5	37.5	53.0	38.2	7000	9000
N209E	NF209	45	85	19	1.1	1.1	76.5	75	52	77	1	1	58.5	39.8	63.8	41.0	6300	8000
N210E	NF210	50	90	20	1.1	1.1	81.5	80.4	57	83	1	1	61.2	43.2	69.2	48.5	6000	7500
N211E	NF211	55	100	21	1.5	1.1	90	88.5	64	91	1.5	1	80.2	52.8	95.5	60.2	5300	6700
N212E	NF212	60	110	22	1.5	1.5	100	97	69	100	1.5	1.5	89.8	62.8	102	73.5	5000	6300
N213E	NF213	65	120	23	1.5	1.5	108.5	105.5	74	108	1.5	1.5	102	73.2	118	87.5	4500	5600
N214E	NF214	70	125	24	1.5	1.5	113.5	110.5	79	114	1.5	1.5	112	73.2	135	87.5	4300	5300
N215E	NF215	75	130	25	1.5	1.5	118.5	118.3	84	120	1.5	1.5	125	89.0	155	110	4000	5000
N216E	NF216	80	140	26	2	2	127.3	125	90	128	2	2	132	102	165	125	3800	4800
N217E	NF217	85	150	28	2	2	136.5	135.5	95	137	2	2	158	115	192	145	3600	4500
N218E	NF218	90	160	30	2	2	145	143	100	146	2	2	172	142	215	178	3400	4300
N219E	NF219	95	170	32	2.1	2.1	154.5	151.5	107	155	2.1	2.1	208	152	262	190	3200	4000
N220E	NF220	100	180	34	2.1	2.1	163	160	112	164	2.1	2.1	235	168	302	212	3000	3800
（0）3 尺寸系列																		
N304E	NF304	20	52	15	1.1	0.6	45.5	44.5	26.5	47	1	0.6	29.0	18.0	25.5	15.0	.11000	15000
N305E	NF305	25	62	17	1.1	1.1	54	53	31.5	55	1	1	38.5	25.5	35.8	22.5	9000	12000

续表

轴承代号		基本尺寸（mm）							安装尺寸（mm）				基本额定动载荷 C_r（kN）		基本额定静载荷 C_{0r}（kN）		极限转速（r/min）	
		d	D	B	r	r_1	E_w		d_a	D_a	r_a	r_b	N 型	NF 型	N 型	NF 型	脂润滑	油润滑
					min		N 型	NF 型	min		max							
（0）2 尺寸系列																		
N306E	NF306	30	72	19	1.1	1.1	62.5	62	37	64	1	1	49.2	33.5	48.2	31.5	8000	10000
N307E	NF307	35	80	21	1.5	1.1	70.2	68.2	44	71	1.5	1	62.0	41.0	63.2	39.2	7000	9000
N308E	NF308	40	90	23	1.5	1.5	80	77.5	49	80	1.5	1.5	76.8	48.8	77.8	47.5	6300	8000
N309E	NF309	45	100	25	1.5	1.5	88.5	86.5	54	89	1.5	1.5	93.0	66.8	98.0	66.8	5600	7000
N310E	NF310	50	110	27	2	2	97	95	60	98	2	2	105	76.0	112	79.5	5300	6700
N311E	NF311	55	120	29	2	2	106.5	104.5	65	107	2	2	128	97.8	138	105	4800	6000
N312E	NF312	60	130	31	2.1	2.1	115	113	72	116	2.1	2.1	142	118	155	128	4500	5600
N313E	NF313	65	140	33	2.1	2.1	124.5	121.5	77	125	2.1	2.1	170	125	188	135	4000	5000
N314E	NF314	70	150	35	2.1	2.1	133	130	82	134	2.1	2.1	195	145	220	162	3800	4800
N315E	NF315	75	160	37	2.1	2.1	143	139.5	87	143	2.1	2.1	228	165	260	188	3600	4500
N316E	NF316	80	170	39	2.1	2.1	151	147	92	151	2.1	2.1	245	175	282	200	3400	4300
N317E	NF317	85	180	41	3	3	160	156	99	160	2.5	2.5	280	212	332	242	3200	4000
N318E	NF318	90	190	43	3	3	169.5	165	104	169	2.5	2.5	298	228	348	265	3000	3800
N319E	NF319	95	200	45	3	3	177.5	173.5	109	178	2.5	2.5	315	245	380	288	2800	3600
N320E	NF320	100	215	47	3	3	191.5	185.5	114	190	2.5	2.5	365	282	425	340	2600	3200
（0）4 尺寸系列																		
N406		30	90	23	1.5	1.5	73		39	—	1.5	1.5	57.2		53.0		7000	9000
N407		35	100	25	1.5	1.5	83		44	—	1.5	1.5	70.8		68.2		6000	7500
N408		40	110	27	2	2	92		50	—	2	2	90.5		89.8		5600	7000
N409		45	120	29	2	2	100.5		55	—	2	2	102		100		5000	6300
N410		50	130	31	2.1	2.1	110.8		62	—	2.1	2.1	120		120		4800	6000
N411		55	140	33	2.1	2.1	117.2		67	—	2.1	2.1	128		132		4300	5300
N412		60	150	35	2.1	2.1	127		72	—	2.1	2.1	155		162		4000	5000
N413		65	160	37	2.1	2.1	135.3		77	—	2.1	2.1	170		178		3800	4800
N414		70	180	42	3	3	152		84	—	2.5	2.5	215		232		3400	4300
N415		75	190	45	3	3	160.5		89	—	2.5	2.5	250		272		3200	4000
N416		80	200	48	3	3	170		94	—	2.5	2.5	285		315		3000	3800
N417		85	210	52	4	4	179.5		103	—	3	3	312		345		2800	3600
N418		90	225	54	4	4	191.5		108	—	3	3	352		392		2400	3200
N419		95	240	55	4	4	201.5		113	—	3	3	378		428		2200	3000
N420		100	250	58	4	4	211		118	—	3	3	418		480		2000	2800
22 尺寸系列																		
N2204E		20	47	18	1	0.6	41.5		25	42	1	0.6	30.8		30.0		12000	16000
N2205E		25	52	18	1	0.6	46.5		30	47	1	0.6	32.8		33.8		11000	14000

轴承代号	基本尺寸（mm）							安装尺寸（mm）				基本额定动载荷 C_r（kN）		基本额定静载荷 C_{0r}（kN）		极限转速（r/min）	
	d	D	B	r	r_1	E_w		d_a	D_a	r_a	r_b	N 型	NF 型	N 型	NF 型	脂润滑	油润滑
				min		N 型	NF 型	min		max							
22 尺寸系列																	
N2206E	30	62	20	1	0.6	55.5		36	56	1	0.6	45.5		48.0		8500	11000
N2207E	35	72	23	1.1	0.6	64		42	64	1	0.6	57.5		63.0		7500	9500
N2208E	40	80	23	1.1	1.1	71.5		47	72	1	1	67.5		75.2		7000	9000
N2209E	45	85	23	1.1	1.1	76.5		52	77	1	1	71.0		82.0		6300	8000
N2210E	50	90	23	1.1	1.1	81.5		57	83	1	1	74.2		88.8		6000	7500
N2211E	55	100	25	1.5	1.1	90		64	91	1.5	1	94.8		118		5300	6700
N2212E	60	110	28	1.5	1.5	100		69	100	1.5	1.5	122		152		5000	6300
N2213E	65	120	31	1.5	1.5	108.5		74	108	1.5	1.5	142		180		4500	5600
N2214E	70	125	31	1.5	1.5	113.5		79	114	1.5	1.5	148		192		4300	5300
N2215E	75	130	31	1.5	1.5	118.5		84	120	1.5	1.5	155		205		4000	5000
N2216E	80	140	33	2	2	127.3		90	128	2	2	178		242		3800	4800
N2217E	85	150	36	2	2	136.5		95	137	2	2	205		272		3600	4500
N2218E	90	160	40	2	2	145		100	146	2	2	230		312		3400	4300
N2219E	95	170	43	2.1	2.1	154.5		107	155	2.1	2.1	275		368		3200	4000
N2220E	100	180	46	2.1	2.1	163		112	164	2.1	2.1	318		440		3000	3800

表 15-5　圆锥滚子轴承（GB/T 297—1994）

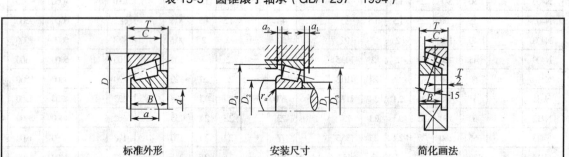

标准外形　　　　　　　安装尺寸　　　　　　　简化画法

当量动载荷：当 $A/R \leqslant e$，$P=R$；当 $A/R>e$，$P=0.4R+YA$；R 为径向载荷；A 为轴向载荷

当量静载荷：$P_0=0.5R+Y_0A$；若 $P_0<R$，取 $P_0=R$，Y、Y_0 分别表示动载荷、静载荷作用下轴向载荷折算系数

标记示例：滚动轴承 30210 GB/T 297—1994

轴承代号	基本尺寸（mm）						安装尺寸（mm）							基本额定载荷		计算系数		
	d	D	T	B	c	$a \approx$	D_2 min	D_1 max	D_3 max	D_4 min	a_1 min	a_2 min	r_a max	C_r（kN）	C_{0r}（kN）	e	Y	Y_0
02 系列																		
30204	20	47	15.25	14	12	11.2	26	27	41	43	2	3.5	1	28.2	30.5	0.35	1.7	1
30205	25	52	16.25	15	13	12.5	31	31	46	48	2	3.5	1	32.2	37.0	0.37	1.6	0.9

续表

轴承代号	基本尺寸（mm）						安装尺寸（mm）							基本额定载荷		计算系数		
	d	D	T	B	c	a $\approx$	D_2 min	D_1 max	D_3 max	D_4 min	a_1 min	a_2 min	r_a max	C_r (kN)	C_{0r} (kN)	e	Y	Y_0
02 系列																		
30206	30	62	17.25	16	14	13.8	36	37	56	58	2	3.5	1	43.2	50.5	0.37	1.6	0.9
30207	35	72	18.25	17	15	15.3	42	44	65	67	3	3.5	1.5	54.2	63.5	0.37	1.6	0.9
30208	40	80	19.75	18	16	16.9	47	49	73	75	3	4	1.5	63.0	74.0	0.37	1.6	0.9
30209	45	85	20.75	19	16	18.6	52	53	78	80	3	5	1.5	67.8	83.5	0.4	1.5	0.8
30210	50	90	21.75	20	17	20	57	58	83	86	3	5	1.5	73.2	92.0	0.42	1.4	0.8
30211	55	100	22.75	21	18	21	64	64	91	95	4	5	2	90.8	115	0.4	1.5	0.8
30212	60	110	23.75	22	19	22.3	69	69	101	103	4	5	2	102	130	0.4	1.5	0.8
30213	65	120	24.75	23	20	23.8	74	77	111	114	4	5	2	120	152	0.4	1.5	0.8
30214	70	125	26.25	24	21	25.8	79	81	116	119	4	5.5	2	132	175	0.42	1.4	0.8
30215	75	130	27.25	25	22	27.4	84	85	121	125	4	5.5	2	138	185	0.44	1.4	0.8
30216	80	140	28.25	26	22	28.1	90	90	130	133	4	6	2.1	160	212	0.42	1.4	0.8
30217	85	150	30.5	28	24	30.3	95	96	140	142	5	6.5	2.1	178	238	0.42	1.4	0.8
30218	90	160	32.5	30	26	32.3	100	102	150	151	5	6.5	2.1	200	270	0.42	1.4	0.8
30219	95	170	34.5	32	27	34.2	107	108	158	160	5	7.5	2.5	228	308	0.42	1.4	0.8
30220	100	180	37	34	29	36.4	112	114	168	169	5	8	2.5	225	350	0.42	1.4	0.8
03 系列																		
30304	20	52	16.25	15	13	11.1	27	28	45	48	3	3.5	1.5	33.0	33.2	0.3	2	1.1
30305	25	62	18.25	17	15	13	32	34	55	58	3	3.5	1.5	46.8	48.0	0.3	2	1.1
30306	30	72	20.75	19	16	15.3	37	40	65	66	3	5	1.5	59.0	63.0	0.31	1.9	1.1
30307	35	80	22.75	21	18	16.8	44	45	71	74	3	5	2	75.2	82.5	0.31	1.9	1.1
30308	40	90	25.25	23	20	19.5	49	52	81	84	3	5.5	2	90.8	108	0.35	1.7	1
30309	45	100	27.25	25	22	21.3	54	59	91	94	3	5.5	2	108	130	0.35	1.7	1
30310	50	110	29.25	27	23	23	60	65	100	103	4	6.5	2	130	158	0.35	1.7	1
30311	55	120	31.5	29	25	24.9	65	70	110	112	4	6.5	2.5	152	188	0.35	1.7	1
30312	60	130	33.5	31	26	26.6	72	76	118	121	5	7.5	2.5	170	210	0.35	1.7	1
30313	65	140	36	33	28	28.7	77	83	128	131	5	8	2.5	195	242	0.35	1.7	1
30314	70	150	38	35	30	30.7	82	89	138	141	5	8	2.5	218	272	0.35	1.7	1
30315	75	160	40	37	31	32	87	95	148	150	5	9	2.5	252	318	0.35	1.7	1
30316	80	170	42.5	39	33	34.4	92	102	158	160	5	9.5	2.5	278	352	0.35	1.7	1
30317	85	180	44.5	41	34	35.9	99	107	166	168	6	10.5	3	305	388	0.35	1.7	1
30318	90	190	46.5	43	36	37.5	104	113	176	178	6	10.5	3	342	440	0.35	1.7	1
30319	95	200	49.5	45	38	40.1	109	118	186	185	6	11.5	3	370	478	0.35	1.7	1
30320	100	215	51.5	47	39	42.2	114	127	201	199	6	12.5	3	405	525	0.35	1.7	1
22 系列																		
32206	30	62	21.25	20	17	15.6	36	36	56	58	3	4.5	1	51.8	63.8	0.37	1.6	0.9
32207	35	72	24.25	23	19	17.9	42	42	65	68	3	5.5	1.5	70.5	89.5	0.37	1.6	0.9

轴承代号	基本尺寸（mm）						安装尺寸（mm）							基本额定载荷		计算系数		
	d	D	T	B	c	a ≈	D_2 min	D_1 max	D_3 max	D_4 min	a_1 min	a_2 min	r_a max	C_r （kN）	C_{0r} （kN）	e	Y	Y_0
22 系列																		
32208	40	80	24.75	23	19	18.9	47	48	73	75	3	6	1.5	77.8	77.2	0.37	1.6	0.9
32209	45	85	24.75	23	19	20.1	52	53	78	81	3	6	1.5	80.8	105	0.4	1.5	0.8
32210	50	90	24.75	23	19	21	57	57	83	86	3	6	1.5	82.8	108	0.42	1.4	0.8
32211	55	100	26.75	25	21	22.8	64	62	91	96	4	6	2	108	142	0.4	1.5	0.8
32212	60	110	29.75	28	24	25	69	68	101	105	4	6	2	132	180	0.4	1.5	0.8
32213	65	120	32.75	31	27	27.3	74	75	111	115	4	6	2	160	222	0.4	1.5	0.8
32214	70	125	33.25	31	27	28.8	79	79	116	120	4	6.5	2	168	238	0.42	1.4	0.8
32215	75	130	33.25	31	27	30.0	84	84	121	126	4	6.5	2	170	242	0.44	1.4	0.8
32216	80	140	35.25	33	28	31.4	90	89	130	135	5	7.5	2.1	198	278	0.42	1.4	0.8
32217	85	150	38.5	36	30	33.9	95	95	140	143	5	8.5	2.1	228	325	0.42	1.4	0.8
32218	90	160	42.5	40	34	36.8	100	101	150	153	5	8.5	2.1	270	395	0.42	1.4	0.8
32219	95	170	45.5	43	37	39.2	107	106	158	163	5	8.5	2.5	302	448	0.42	1.4	0.8
32220	100	180	49	46	39	41.9	112	113	168	172	5	10	2.5	340	512	0.42	1.4	0.8
23 系列																		
32304	20	52	22.25	21	18	13.6	27	26	45	48	3	4.5	15	42.8	46.2	0.3	2	1.1
32305	25	62	25.25	24	20	15.9	32	32	55	58	3	5.5	1.5	61.5	68.8	0.3	2	1.1
32306	30	72	28.75	27	23	18.9	37	38	65	66	4	6	1.5	81.5	96.5	0.31	1.9	1.1
32307	35	80	32.75	31	25	20.4	44	43	71	74	4	8.5	2	99.0	118	0.31	1.9	1.1
32308	40	90	35.25	33	27	23.3	49	49	81	83	4	8.5	2	115	148	0.35	1.7	1
32309	45	100	38.25	36	30	25.6	54	56	91	93	4	8.5	2	145	188	0.35	1.7	1
32310	50	110	42.25	40	33	28.2	60	61	100	102	5	9.5	2	178	235	0.35	1.7	1
32311	55	120	45.5	43	35	30.4	65	66	110	111	5	10	2.5	202	270	0.35	1.7	1
32312	60	130	48.5	46	37	32	72	72	118	122	6	11.5	2.5	228	302	0.35	1.7	1
32313	65	140	51	48	39	34.3	77	79	128	131	6	12	2.5	260	350	0.35	1.7	1
32314	70	150	54	51	42	36.5	82	84	138	141	6	12	2.5	298	408	0.35	1.7	1
32315	75	160	58	55	45	39.4	87	91	148	150	7	13	2.5	348	482	0.35	1.7	1
32316	80	170	61.5	58	48	42.1	92	97	158	160	7	13.5	2.5	388	542	0.35	1.7	1
32317	85	180	63.5	60	49	43.5	99	102	166	168	8	14.5	3	422	592	0.35	1.7	1
32318	90	190	67.5	64	53	46.2	104	107	176	178	8	14.5	3	478	682	0.35	1.7	1
32319	95	200	71.5	67	55	49	109	114	186	187	8	16.5	3	515	738	0.35	1.7	1
32320	100	215	77.5	73	60	52.9	114	122	201	201	8	17.5	3	600	872	0.35	1.7	1

表 15-6　推力球轴承（GB/T 301—1995）

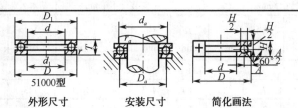

51000型

外形尺寸　　　安装尺寸　　　简化画法

标记示例：滚动轴承 51210 GB/T301—1995

轴向当量动载荷　$P_a = F_a$

轴向当量静载荷　$P_{0a} = F_a$

轴承代号	基本尺寸（mm）						安装尺寸（mm）			基本额定载荷(kN)		极限转速（r/min）	
	d	D	T	d_1 min	D_1 max	r min	d_a min	D_a max	r_a min	C_a（动）	C_{0a}（静）	脂润滑	油润滑
12（51200 型）尺寸系列													
51204	20	40	14	22	40	0.6	32	28	0.6	22.2	37.5	3800	5300
51205	25	47	15	27	47	0.6	38	34	0.6	27.8	50.5	3400	4800
51206	30	52	16	32	52	1	43	39	1	28.0	54.2	3200	4500
51207	35	62	18	37	62	1	51	46	1	29.2	78.2	2800	4000
51208	40	68	19	42	68	1	57	51	1	47.0	98.2	2400	3600
51209	45	73	20	47	73	1	62	56	1	47.8	105	2200	3400
51210	50	78	22	52	78	1	67	61	1	48.5	112	2000	3200
51211	55	90	25	57	90	1	76	69	1	67.5	158	1900	3000
51212	60	95	26	62	95	1	81	74	1	73.5	178	1800	2800
51213	65	100	27	67	100	1	86	79	1	74.8	188	1700	2600
51214	70	105	27	72	105	1	91	84	1	73.5	188	1600	2400
51215	75	110	27	77	110	1	96	89	1	74.8	198	1500	2200
51216	80	115	28	82	115	1	101	94	1	83.8	222	1400	2000
51217	85	125	31	88	125	1	109	101	1	102	280	1300	1900
51218	90	135	35	93	135	1.1	117	108	1	115	315	1200	1800
51220	100	150	38	103	150	1.1	130	120	1	132	375	1100	1700
13（51300 型）尺寸系列													
51304	20	47	18	22	47	1	36	31	1	35.0	55.8	3600	4500
51305	25	52	18	27	52	1	41	36	1	35.5	61.5	3000	4300
51306	30	60	21	32	60	1	48	42	1	42.8	78.5	2400	3600
51307	35	68	24	37	68	1	55	48	1	55.2	105	2000	3200
51308	40	78	26	42	78	1	63	55	1	69.2	135	1900	3000
51309	45	85	28	47	85	1	69	61	1	75.8	150	1700	2600
51310	50	95	31	52	95	1.1	77	68	1	96.5	202	1600	2400
51311	55	105	35	57	105	1.1	85	75	1	115	242	1500	2200
51312	60	110	35	62	110	1.1	90	80	1	118	262	1400	2000
51313	65	115	36	67	115	1.1	95	85	1	115	262	1300	1900

续表

轴承代号	基本尺寸（mm）						安装尺寸（mm）			基本额定载荷(kN)		极限转速（r/min）	
	d	D	T	d_1 min	D_1 max	r min	d_a min	D_a max	r_a min	C_a（动）	C_{0a}（静）	脂润滑	油润滑
13（51300 型）尺寸系列													
51314	70	125	40	72	125	1.1	103	92	1	148	340	1200	1800
51315	75	135	44	77	135	1.5	111	99	1.5	162	380	1100	1700
51316	80	140	44	82	140	1.5	116	104	1.5	160	380	1000	1600
51317	85	150	49	88	150	1.5	124	111	1.5	208	495	950	1500
51318	90	155	50	93	155	1.5	129	116	1.5	205	495	900	1400
51320	100	170	55	103	170	1.5	142	128	1.5	235	595	800	1200

15.2 滚动轴承的配合和游隙

角接触轴承的轴向游隙见表 15-7。

表 15-7 角接触轴承的轴向游隙   单位：μm

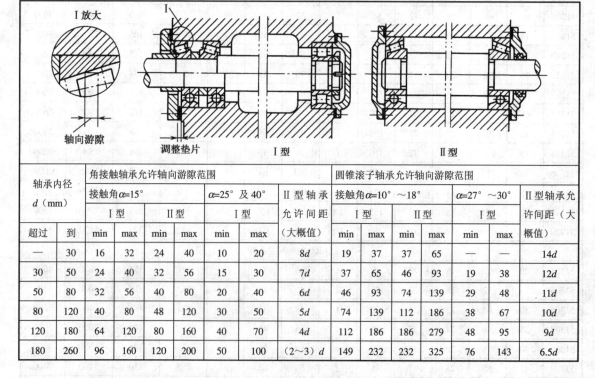

轴承内径 d（mm）		角接触轴承允许轴向游隙范围						Ⅱ型轴承允许间距（大概值）	圆锥滚子轴承允许轴向游隙范围						Ⅱ型轴承允许间距（大概值）
		接触角 α=15°				α=25° 及 40°			接触角 α=10° ～18°				α=27° ～30°		
		Ⅰ型		Ⅱ型		Ⅰ型			Ⅰ型		Ⅱ型		Ⅰ型		
超过	到	min	max	min	max	min	max		min	max	min	max	min	max	
—	30	16	32	24	40	10	20	8d	19	37	37	65	—	—	14d
30	50	24	40	32	56	15	30	7d	37	65	46	93	19	38	12d
50	80	32	56	40	80	20	40	6d	46	93	74	139	29	48	11d
80	120	40	80	48	120	30	50	5d	74	139	112	186	38	67	10d
120	180	64	120	80	160	40	70	4d	112	186	186	279	48	95	9d
180	260	96	160	120	200	50	100	(2～3)d	149	232	232	325	76	143	6.5d

15.2.1 滚动轴承与轴和外壳的配合

滚动轴承与轴和外壳的配合及相关参数见表 15-8～表 15-14。

表 15-8　当量径向载荷 P 的分类（GB/T 275—1993）

P 的大小	P/C_r
轻载荷	≤0.07
正常载荷	>0.07～0.15
重载荷	>0.15

注：C_r 为轴承的额定动载荷

表 15-9　向心轴承和轴的配合及轴公差带代号

运转状态		载荷状态	深沟球轴承、调心球轴承和角接触球轴承	圆柱滚子轴承和圆锥滚子轴承	调心滚子轴承	公差带
说明	举例		轴承公称内径 d（mm）			
旋转的内圈载荷及摆动载荷	一般通用机械、电动机、机床主轴、泵、内燃机、直齿轮传动装置、铁路机车车辆轴箱、破碎机等	轻载荷 $P \leqslant 0.07 C_r$	≤18	—	—	h5
			>18～100	≤40	≤40	j6①
			>100～200	>40～140	>40～100	k6①
			—	>140～200	>100～200	m6①
		正常载荷 $0.07 C_r < P \leqslant 0.15\ C_r$	≤18	—	—	j5, js5
			>18～100	≤40	≤40	k5②
			>100～140	>40～100	>40～65	m5②
			>140～200	>100～140	>65～100	m6
			>200～280	>140～200	>100～140	n6
			—	>200～400	>140～280	p6
			—		>280～500	r6
		重载荷 $0.15\ C_r < P$	—	>50～140	>50～100	n6
			—	>140～200	>100～140	p6③
			—	>200	>140～200	r6
			—		>200	r7
固定的内圈载荷	静止轴上的各种轮子、张紧轮、绳轮、振动器、惯性振动器	所有载荷	所有尺寸			f6
						g6①
						h6
						j6
仅有轴向载荷			所有尺寸			j6, js6
锥孔轴承						
所有载荷	铁路机车车辆油箱		装在退卸套上的所有尺寸			h8（IT6④⑤）
	一般机械传动		装在紧定套上的所有尺寸			h9（IT7④⑤）

注：① 凡对公差有较高要求的场合，应用 j5、k5、…代替 j6、k6…等。

② 圆锥滚子轴承和角接触球轴承，因内部游隙的影响不甚重要，可用 k6 和 m6 代替 k5 和 m5。

③ 重负荷下应选用轴承径向游隙大于 0 组的滚子轴承。

④ 凡有较高的公差等级或转速要求的场合，应选用 h7（IT5）代替 h8（IT6）等。

⑤ IT6、IT7 表示圆柱度公差数值。

表 15-10　向心轴承和外壳的配合及孔公差带代号

运转状态		载荷状态	其他状态	公差带[1]	
说明	举例			球轴承	滚子轴承
固定的外圈载荷	一般机械、铁路机车车辆轴箱、电动机、泵、曲轴主轴承	轻、正常、重	轴向易移动，可采用剖分式外壳	H7,G7[2]	
		冲击	轴向能移动，可采用整体或剖分式外壳	J7,Js7	
摆动载荷		轻、正常			
		正常、重		K7	
		冲击		M7	
旋转的外圈载荷	张紧轮、滑轮、轮毂轴承	轻	轴向不移动，采用整体式外壳	J7	K7
		正常		K7,M7	M7,N7
		重		—	N7，P7

注：① 并列公差带随尺寸的增大从左至右选择，对旋转精度有较高要求时，可相应提高一个公差等级。

② 不适用于剖分式外壳。

表 15-11　推力轴承和轴、外壳的配合及轴和孔公差带代号

运转状态	载荷状态	安装推力轴承的轴公差带			安装推力轴承的外壳孔公差带		
		轴承类型		公差带	轴承类型	公差带	备注
		推力球轴承和推力滚子轴承	推力调心滚子轴承[2]				
		轴承公称内径（mm）					
仅有轴向载荷		所有尺寸		j6、js6	推力球轴承	H8	
					推力圆柱、圆锥滚子轴承	H7	
					推力调心滚子轴承		外壳孔与座间间隙为 0.001D
固定的轴圈/座圈载荷	径向和轴向联合载荷	—	≤250	j6	推力角接触球轴承、推力调心滚子轴承、推力圆锥滚子轴承	H7	
		—	>250	js6			
旋转的轴圈/座圈载荷或摆动载荷		—	≤200	k6[1]		K7	普通使用条件
		—	>200～400	m6		M7	有较大径向载荷时
		—	>400	n6			

注：① 要求较小过盈时，可分别用 j6 、k6、m6、代替 k6、m6、n6。

② 也包括推力圆锥滚子轴承、推力角接触球轴承。

表 15-12　滚动轴承与轴和外壳的配合

载荷性质	轴承类型		配合代号	
	深沟球轴承、角接触球轴承	圆锥滚子轴承	轴	外壳
P/C_r	轴承公称内径（mm）			
≤0.07	20～100	≤40	js6、j6	H7
	>100～200	>40～140	k6	

续表

载荷性质	轴承类型		配合代号	
	深沟球轴承、角接触球轴承	圆锥滚子轴承		
>0.07~0.15	20~100	≤40	k5、k6	H7
	>100~140	>40~100	m5、m6	
	>140~200	>100~140	m6	
>0.15		>50~140	n6	

注：P 当量动载荷，C_r 基本额定动载荷。

表 15-13　轴和外壳的形位公差

基本尺寸（mm）		圆柱度 t				端面圆跳动 t_1			
		轴颈		外壳孔		轴肩		外壳孔肩	
		轴 承 公 差 等 级							
		G	E（Ex）	G	E（Ex）	G	E（Ex）	G	E（Ex）
超过	到	公差值（μm）							
	6	2.5	1.5	4	2.5	5	3	8	5
6	10	2.5	1.5	4	2.5	6	4	10	6
10	18	3.0	2.0	5	3.0	8	5	12	8
18	30	4.0	2.5	6	4.0	10	6	15	10
30	50	4.0	2.5	7	4.0	12	8	20	12
50	80	5.0	3.0	15	10	15	10	25	15
80	120	6.0	4.0	10	6.0	15	10	25	15
120	180	8.0	5.0	12	8.0	20	12	30	20
180	250	10.0	7.0	14	10.0	20	12	30	20
250	315	12.0	8.0	16	12.0	25	15	40	25
315	400	13.0	9.0	18	13.0	25	15	40	25
400	500	15.0	10.0	20	15.0	25	15	40	25

表 15-14　配合表面的表面粗糙度　　　　　　　　　　　　　　单位：μm

轴或轴承座直径（mm）		轴或外壳配合表面直径公差等级								
		IT7			IT6			IT5		
		表面粗糙度								
超过	到	R_z	Ra		R_z	Ra		R_z	Ra	
			磨	车		磨	车		磨	车
	80	10	1.6	3.2	6.3	0.8	1.6	4	0.4	0.8
80	500	16	1.6	3.2	10	1.6	3.2	6.3	0.8	1.6
端面		25	3.2	6.3	25	3.2	6.3	10	1.6	3.2

注：1. 轴颈和外壳的配合表面的粗糙度按 GB/T 1031—2009 第 1 系列的数值。

　　2. 轴颈和外壳孔的配合表面的粗糙度按上表规定。

15.2.2　滚动轴承的游隙要求

滚动轴承的径向游隙参见 GB/T 4604—2006，表 15-15～表 15-21 列出了部分内容。

表 15-15　深沟球轴承径向游隙　　　　　　　　　单位：μm

| 公称内径 d（mm） | | 2 组 | | 0 组 | | 3 组 | | 4 组 | | 5 组 | |
超过	到	min	max	min	max	min	max	min	max	min	max
18	24	0	10	5	20	13	28	20	36	28	48
24	30	1	11	5	20	13	28	23	41	30	53
30	40	1	11	6	20	15	33	28	46	40	64
40	50	1	11	6	23	18	36	30	51	45	73
50	65	1	15	8	28	23	43	38	61	55	90
65	80	1	15	10	30	25	51	46	71	65	105
80	100	1	18	12	36	30	58	53	84	75	120
100	120	2	20	15	41	36	66	61	97	90	140
120	140	2	23	18	48	41	81	71	114	105	160
140	160	2	23	18	53	46	91	81	130	120	180
160	180	2	25	20	71	53	102	91	147	135	200
180	200	2	30	25	71	63	117	107	163	150	230

表 15-16　圆柱孔调心球轴承径向间隙　　　　　　　单位：μm

| 公称内径 d（mm） | | 2 组 | | 0 组 | | 3 组 | | 4 组 | | 5 组 | |
超过	到	min	max	min	max	min	max	min	max	min	max
18	24	4	14	10	23	17	30	25	39	34	52
24	30	5	16	11	24	19	35	29	46	40	58
30	40	6	18	13	29	23	40	34	53	46	66
40	50	6	19	14	31	25	44	37	57	50	71
50	65	7	21	16	36	30	50	45	69	62	88
65	80	8	24	18	40	35	60	54	83	76	108
80	100	9	27	22	48	42	70	64	96	89	124
100	120	10	31	25	56	50	83	75	114	105	145
120	140	10	38	30	68	60	100	90	135	125	175
140	160	15	44	35	80	70	120	110	161	150	210

表 15-17　圆锥孔调心球轴承径向间隙　　　　　　单位：μm

| 公称内径 d（mm） | | 2 组 | | 0 组 | | 3 组 | | 4 组 | | 5 组 | |
超过	到	min	max	min	max	min	max	min	max	min	max
18	24	7	17	13	26	20	33	28	42	37	55
24	30	9	20	15	28	23	39	33	50	44	62
30	40	12	24	19	35	29	46	40	59	52	72

续表

公称内径 d（mm）		2组		0组		3组		4组		5组	
超过	到	min	max	min	max	min	max	min	max	min	max
40	50	14	27	22	39	33	52	45	65	58	79
50	65	18	32	27	47	41	61	56	80	73	99
65	80	23	39	35	57	50	75	69	98	91	123
80	100	29	47	42	68	62	90	84	116	109	144
100	120	35	56	50	81	75	108	100	139	130	170
120	140	40	68	60	98	90	130	120	165	155	205
140	160	45	74	65	110	100	150	140	191	180	240

表 15-18　圆柱孔圆柱滚子轴承径向间隙　　　　　　　　　单位：μm

公称内径 d（mm）		2组		0组		3组		4组		5组	
超过	到	min	max	min	max	min	max	min	max	min	max
10	24	0	25	20	45	35	60	50	75	65	90
24	30	0	25	20	45	35	60	50	75	70	95
30	40	5	30	25	50	45	70	60	85	80	105
40	50	5	35	30	60	50	80	70	100	95	125
50	65	10	40	40	70	60	90	80	110	110	140
65	80	10	45	40	75	65	100	90	125	130	165
80	100	15	50	50	85	75	110	105	140	155	190
100	120	15	55	50	90	85	125	125	165	180	220
120	140	15	60	60	105	100	145	145	190	200	245
140	160	20	70	70	120	115	165	165	215	225	275
160	180	25	75	75	125	120	170	170	220	250	300
180	200	35	90	90	145	140	195	195	250	275	330

表 15-19　圆柱孔调心滚子轴承径向游隙　　　　　　　　　单位：μm

公称内径 d（mm）		2组		0组		3组		4组		5组	
超过	到	min	max	min	max	min	max	min	max	min	max
18	24	10	20	20	35	35	45	45	60	60	75
24	30	15	25	25	40	40	55	55	75	75	95
30	40	15	30	30	45	45	60	60	80	80	100
40	50	20	35	35	55	55	75	75	100	100	125
50	65	20	40	40	65	65	90	90	120	120	150
65	80	30	50	50	80	80	110	110	145	145	180
80	100	35	60	60	100	100	135	135	180	180	225
100	120	40	75	75	120	120	160	160	210	210	260
120	140	50	95	95	145	145	190	190	240	240	300
140	160	60	110	110	170	170	220	220	280	280	350
160	180	65	120	120	180	180	240	240	310	310	390
180	200	70	130	130	200	200	260	260	340	340	430

表 15-20　圆锥孔调心滚子轴承径向游隙　　　　　　　　　单位：μm

公称内径 d（mm）		2组		0组		3组		4组		5组	
超过	到	min	max	min	max	min	max	min	max	min	max
18	24	15	25	25	35	35	45	45	60	60	75
24	30	20	30	30	40	40	55	55	75	75	95
30	40	25	35	35	50	50	65	65	85	85	105
40	50	30	45	45	60	60	80	80	100	100	130
50	65	40	55	55	75	75	95	95	120	120	160
65	80	50	70	70	95	95	120	120	150	150	200
80	100	55	80	80	110	110	140	140	180	180	230
100	120	65	100	100	135	135	170	170	220	220	280
120	140	80	120	120	160	160	200	200	260	260	330
140	160	90	130	130	180	180	230	230	300	300	380
160	180	100	140	140	200	200	260	260	340	340	430
180	200	110	160	160	220	220	290	290	370	370	470

表 15-21　双列圆柱滚子轴承径向游隙　　　　　　　　　单位：μm

公称内径 d（mm）		圆柱孔						圆锥孔			
		1组		2组		3组		1组		2组	
超过	到	min	max	min	max	min	max	min	max	min	max
-	24	5	15	10	20	20	30	10	20	20	30
24	30	5	15	10	25	25	35	15	25	25	35
30	40	5	15	12	25	25	40	15	25	25	40
40	50	5	18	15	30	30	45	17	30	30	45
50	65	5	20	15	35	35	50	20	35	35	50
65	80	10	25	20	40	40	60	25	40	40	60
80	100	10	30	25	45	45	70	35	55	45	70
100	120	10	30	25	50	50	80	40	60	50	80
120	140	10	35	30	60	60	90	45	70	60	90
140	160	10	35	35	65	65	100	50	75	65	100
160	180	10	40	35	75	75	110	55	85	75	110
180	200	15	45	40	80	80	120	60	90	80	120

第16章 公差配合、几何公差、表面粗糙度

16.1 极限与公差、配合

16.1.1 术语和定义

相关术语关系如图 16-1 所示。

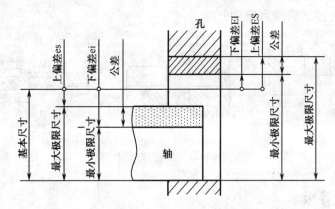

图 16-1 术语关系的示意图

1. 基本尺寸（D、d）

基本尺寸是设计确定的尺寸。

2. 极限尺寸（X_{max} 或 X_{min}）

极限尺寸是允许尺寸变化的两个极限值，其中 X 为 D（孔）或 d（轴）。

3. 极限偏差

极限偏差分为上偏差和下偏差。上偏差（孔：ES，轴：es）：最大极限尺寸减去基本尺寸所得到的代数差；下偏差（孔：EI，轴：ei）：最小极限尺寸减去基本尺寸所得到的代数差。

4. 公差带

在公差带图中，由代表上、下偏差的两条直线所限定的一个区域，称为公差带，用基本偏差的代号和公差等级数字表示。

5．基本偏差

在极限和配合制中，确定公差带相对零线位置的那个极限偏差，称为基本偏差，可以是上偏差或下偏差。基本偏差代号：孔用 A、B、…、ZC；轴用 a、b、…、zc 表示。其中 H 代表基孔制，h 代表基轴制。

6．标准公差与标准公差等级

标准公差是国家标准所规定的公差值，所对应的公差等级即标准公差等级。标准公差等级代号分别为 IT01、IT0、IT1、…、IT18，共 20 级。

7．配合、配合公差

配合是指相互结合的基本尺寸相同的孔和轴公差带之间的关系，有基孔制和基轴制，分间隙配合（图 16-2（a））、过盈配合（图 16-2（b））、过渡配合（图 16-2（c））三类配合关系。组成配合的孔、轴公差之和即为配合公差。

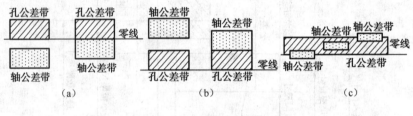

图 16-2　配合示意图

16.1.2　标准公差等级

在满足使用要求的前提下，为了降低成本尽可能选择较低的公差等级。公差等级的数值见表 16-1 和表 16-2，加工方法与公差等级的关系见表 16-3。

表 16-1　标准公差数值（GB/T1800.1—2009）

基本尺寸（mm）		标准公差等级（IT）																	
		1	2	3	4	5	6	7	8	9	10	11	12	13	14	15	16	17	18
大于	至	(µm)											(mm)						
−	3	0.8	1.2	2	3	4	6	10	14	25	40	60	0.1	0.14	0.25	0.4	0.6	1	1.4
3	6	1	1.5	2.5	4	5	8	12	18	30	48	75	0.12	0.18	0.3	0.48	0.75	1.2	1.8
6	10	1	1.5	2.5	4	6	9	15	22	36	58	90	0.15	0.22	0.36	0.58	0.9	1.5	2.2
10	18	1.2	2	3	5	8	11	18	27	43	70	110	0.18	0.27	0.43	0.7	1.1	1.8	2.7
18	30	1.5	2.5	4	6	9	13	21	33	52	84	130	0.21	0.33	0.52	0.84	1.3	2.1	3.3
30	50	1.5	2.5	4	7	11	16	25	39	62	100	160	0.25	0.39	0.62	1	1.6	2.5	3.9
50	80	2	3	5	8	13	19	30	46	74	120	190	0.3	0.46	0.74	1.2	1.9	3	4.6
80	120	2.5	4	6	10	15	22	35	54	87	140	220	0.35	0.54	0.87	1.4	2.2	3.5	5.4
120	180	3.5	5	8	12	18	25	40	63	100	160	250	0.4	0.63	1	1.6	2.5	4	6.3
180	250	4.5	7	10	14	20	29	46	72	115	185	290	0.46	0.72	1.15	1.85	2.9	4.6	7.2

续表

基本尺寸 (mm)		标准公差等级 (IT)																
		1	2	3	4	5	6	7	8	9	10	11	12	13	14	15	16	17	18
大于	至	(μm)											(mm)						
250	315	6	8	12	16	23	32	52	81	130	210	320	0.52	0.81	1.3	2.1	3.2	5.2	8.1
315	400	7	9	13	18	25	36	57	89	140	230	360	0.57	0.89	1.4	2.3	3.6	5.7	8.9
400	500	8	10	15	20	27	40	63	97	155	250	400	0.63	0.97	1.55	2.5	4	6.3	9.7
500	630	9	11	16	22	32	44	70	110	175	280	440	0.7	1.1	1.75	2.8	4.4	7	11
630	800	10	13	18	25	36	50	80	125	200	320	500	0.8	1.25	2	3.2	5	8	12.5
800	1000	11	15	21	28	40	56	90	140	230	360	560	0.9	1.4	2.3	3.6	5.6	9	14
1000	1250	13	18	24	33	47	66	105	165	260	420	660	1.05	1.65	2.6	4.2	6.6	10.5	16.5
1250	1600	15	21	29	39	55	78	125	195	310	500	780	1.25	1.95	3.1	5	7.8	12.5	19.5
1600	2000	18	25	35	46	65	92	150	230	370	600	920	1.5	2.3	3.7	6	9.2	15	23
2000	2500	22	30	41	55	78	110	175	280	440	700	1100	1.75	2.8	4.4	7	11	17.5	28
2500	3150	26	36	50	68	95	135	210	330	540	860	1350	2.1	3.3	5.4	8.6	13.5	21	33

表 16-2　IT01 和 IT0 标准公差数值

基本尺寸 (mm)		标准公差等级		基本尺寸 (mm)		标准公差等级	
		IT01	IT0			IT01	IT0
大于	至	公差 (μm)		大于	至	公差 (μm)	
-	3	0.3	0.5	80	120	1	1.5
3	6	0.4	0.6	120	180	1.2	2
6	10	0.4	0.6	180	250	2	3
10	18	0.5	0.8	250	315	2.5	4
18	30	0.6	1	315	400	3	5
30	50	0.6	1	400	500	4	6
50	80	0.8	1.2				

表 16-3　不同加工方法能够达到的公差等级

加工方法	公差等级 (IT)																
	01	0	1	2	3	4	5	6	7	8	9	10	11	12	13	14	15	16
研磨				√														
珩磨							√											
圆磨								√										
平磨								√										
金刚石车							√											
金刚石镗							√											
拉削								√										
铰孔									√									
车										√								

加工方法	公差等级（IT）																	
	01	0	1	2	3	4	5	6	7	8	9	10	11	12	13	14	15	16
镗											√							
铣												√						
刨、插													√					
钻孔														√				
滚压、挤压													√					
冲压														√				
压铸														√				
粉末冶金成型									√									
粉末冶金烧结										√								
砂型铸造、气割																		√
锻造																	√	

16.1.3　公差带的选择

公差带的选择可参考 GB/T1801—2009，这里做简单介绍。

1．孔公差带

基本尺寸至 500mm 的孔公差带规定有 105 种（图 16-3）；基本尺寸大于 500mm 至 3150mm 的孔公差带规定有 31 种（图 16-4），相应的极限偏差见表 16-4。

2．轴公差带

基本尺寸至 500mm 的轴公差带规定有 116 种（图 16-5）；基本尺寸大于 500mm 至 3150mm 的轴公差带规定有 31 种（图 16-6），相应的极限偏差见表 16-5。

在孔和轴公差带图中（图 16-3、图 16-5），应优先选用圆圈中的公差带，其次选用方框中的公差带，最后选用其他公差带。

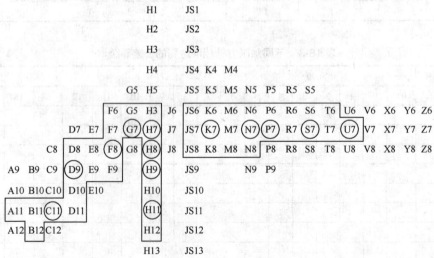

图 16-3　基本尺寸至 500mm 的孔公差带

			G6	H6	JS6	K6	M6	N6
		F7	G7	H7	JS7	K7	M7	N7
D8	E8	F8		H8	JS8			
D9	E9	F9		H9	JS9			
D10				H10	JS10			
D11				H11	JS11			
				H12	JS12			

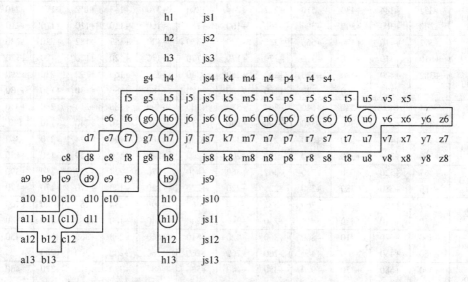

图 16-4 基本尺寸大于 500mm 至 3150mm 的孔公差带

图 16-5 基本尺寸至 500mm 的轴公差带

			g6	h6	js6	k6	m6	n6	p6	r6	s6	t6	u6
		f7	g7	h7	js7	k7	m7	n7	p7	r7	s7	t7	u7
d8	e8	f8		h8	js8								
d9	e9	f9		h9	js9								
d10				h10	js10								
d11				h11	js11								
				h12	js12								

图 16-6 基本尺寸大于 500mm 至 3150mm 的轴公差带

16.1.4 配合的选择

配合的选择可参考 GB/T1801—2009。

孔公差极限偏差见表 16-4，轴公差的极限偏差见表 16-5；基本尺寸至 500mm 的基孔制的常用优先配合有 13 种（见表 16-6）；基轴制的常用优先配合有 13 种（见表 16-7）。

基本尺寸至 500mm 的基孔制的常用配合规定有 59 种，其中优先配合 13 种（见表 16-6）；基轴制的常用配合规定有 47 种，其中优先配合 13 种（见表 16-7）。

表 16-4 孔的极限偏差数值表（GB/T 1800.2—2009）　　　　单位：μm

基本尺寸(mm)		A				B				C				
大于	至	9	10	11	12	9	10	11	12	8	9	10	11	12
–	3	+295 +270	+310 +270	+330 +270	+370 +270	+165 +140	+180 +140	+200 +140	+240 +140	+74 +60	+85 +60	+100 +60	+120 +60	+160 +60
3	6	+300 +270	+318 +270	+345 +270	+390 +270	+170 +140	+188 +140	+215 +140	+260 +140	+88 +70	+100 +70	+118 +70	+145 +70	+190 +70
6	10	+316 +280	+338 +280	+370 +280	+430 +280	+186 +150	+208 +150	+240 +150	+300 +150	+102 +80	+116 +80	+138 +80	+170 +80	+230 +80
10	18	+333 +290	+360 +290	+400 +290	+470 +290	+193 +150	+220 +150	+260 +150	+330 +150	+122 +95	+138 +95	+165 +95	+205 +95	+275 +95
18	30	+352 +300	+384 +300	+430 +300	+510 +300	+212 +160	+244 +160	+290 +160	+370 +160	+143 +110	+162 +110	+194 +110	+240 +110	+320 +110
30	40	+372 +310	+410 +310	+470 +310	+560 +310	+232 +170	+270 +170	+330 +170	+420 +170	+159 +120	+182 +120	+220 +120	+280 +120	+370 +120
40	50	+382 +320	+420 +320	+480 +320	+570 +320	+242 +180	+280 +180	+340 +180	+430 +180	+169 +130	+192 +130	+230 +130	+290 +130	+380 +130
50	65	+414 +340	+460 +340	+530 +340	+640 +340	+264 +190	+310 +190	+380 +190	+490 190	+186 +140	+214 +140	+260 +140	+330 140	440 +140
65	80	+434 +360	+480 +360	+550 +360	+660 +360	+274 +200	+320 +200	+390 +200	+500 +200	+196 +150	+224 +150	+270 +150	+340 +150	+450 +150
80	100	+467 +380	+520 +380	+600 +380	+730 +380	+307 +220	+360 +220	+440 +220	+570 +220	+224 +170	+257 +170	+310 +170	+390 +170	+520 +170
100	120	+497 +410	+550 +410	+630 +410	+760 +410	+327 +240	+380 +240	+460 +240	+590 +240	+234 +180	+267 +180	+320 +180	+400 +180	+530 +180
120	140	+560 +460	+620 +460	+710 +460	+860 +460	+360 +260	+420 +260	+510 +260	+660 +260	+263 +200	+300 +200	+360 +200	+450 +200	+600 +200
140	160	+620 +520	+680 +520	+770 +520	+920 +520	+380 +280	+440 +280	+530 +280	+680 +280	+273 +210	+310 +210	+370 +210	+460 +210	+610 +210
160	180	+680 +580	+740 +580	+830 +580	+980 +580	+410 +310	+470 310	+560 +310	+710 +310	+293 +230	+330 +230	+390 +230	+480 +230	+630 +230
180	200	+775 +660	+845 +660	+950 +660	+1120 +660	+455 +340	+525 +340	+630 +340	+800 +340	+312 +240	+355 +240	+425 240	+530 +240	+700 +240
200	225	+855 +740	+925 +740	+1030 +740	+1200 +740	+495 +380	+565 +380	+670 +380	+840 +380	+332 +260	+375 +260	+445 +260	+550 +260	+720 +260
225	250	+935 +820	+1005 +820	+1110 +820	+1280 +820	+535 +420	+605 +420	+710 +420	+880 420	+352 +280	+395 +280	+465 +280	+570 +280	+740 +280
250	280	+1050 +920	+1130 +920	+1240 +920	+1440 +920	+610 +480	+690 +480	+800 +480	+1000 +480	+381 +300	+430 +300	+510 +300	+620 +300	+820 +300
280	315	+1180 +1050	+1260 +1050	+1370 +1050	+1570 +1050	+670 +540	+750 +540	+860 +540	+1060 +540	+411 +330	+460 +330	+540 +330	+650 +330	+850 +330
315	355	+1340 +1200	+1430 +1200	+1560 +1200	+1770 +1200	+740 +600	+830 +600	+960 +600	+1170 +600	+449 +360	+500 +360	+590 +360	+720 +360	+930 +360
355	400	+1490 +1350	+1580 +1350	+1710 +1350	+1920 +1350	+820 +680	+910 +680	+1040 +680	+1250 +680	+489 +400	+540 +400	+630 +400	+760 +400	+970 +400
400	450	+1655 +1500	+1750 +1500	+1900 +1500	+2130 +1500	+915 +760	+1010 +760	+1160 +760	+1390 +760	+537 +440	+595 +440	+690 +440	+840 +440	+1070 +440
450	500	+1805 +1650	+1900 +1650	+2050 +1650	+2280 +1650	+995 +840	+1090 +840	+1240 +840	+1470 +840	+577 +480	+635 +480	+730 +480	+880 +480	+1110 +480

续表

基本尺寸（mm） 大于	至	D 7	8	9	10	11	E 8	9	F 6	7	8	9	G 6	7	8
—	3	+30 +20	+34 +20	+45 +20	+60 +20	+80 +20	+28 +14	+39 +14	+12 +6	+16 +6	+20 +6	+31 +6	+8 +2	+12 +2	+16 +2
3	6	+42 +30	+48 +30	+60 +30	+78 +30	+105 +30	+38 +20	+50 +20	+18 +10	+22 +10	+28 +10	+40 +10	+12 +4	+16 +4	+22 +4
6	10	+55 +40	+62 +40	+76 +40	+98 +40	+130 +40	+47 +25	+61 +25	+22 +13	+28 +13	+35 +13	+49 +13	+14 +5	+20 +5	+27 +5
10	18	+68 +50	+77 +50	+93 +50	+120 +50	+160 +50	+59 +32	+75 +32	+27 +16	+34 +16	+43 +16	+59 +16	+17 +6	+24 +6	+33 +6
18	30	+86 +65	+98 +65	+117 +65	+149 +65	+195 +65	+73 +40	+92 +40	+33 +20	+41 +20	+53 +20	+72 +20	+20 +7	+28 +7	+40 +7
30	50	+105 +80	+119 +80	+142 +80	+180 +80	+240 +80	+89 +50	+112 +50	+41 +25	+50 +25	+64 +25	+87 +25	+25 +9	+34 +9	+48 +9
50	80	+130 +100	+146 +100	+174 +100	+220 +100	+290 +100	+106 +60	+134 +60	+49 +30	+60 +30	+76 +30	+104 +30	+29 +10	+40 +10	+56 +10
80	120	+155 +120	+174 +120	+207 +120	+260 +120	+340 +120	+126 +72	+159 +72	+58 +36	+71 +36	+90 +36	+123 +36	+34 +12	+47 +12	+66 +12
120	180	+185 +145	+208 +145	+245 +145	+305 +145	+395 +145	+148 +85	+185 +85	+68 +43	+83 +43	+106 +43	+143 +43	+39 +14	+54 +14	+77 +14
180	250	+216 +170	+242 +170	+285 +170	+355 +170	+460 +170	+172 +100	+215 +100	+79 +50	+96 +50	+122 +50	+165 +50	+44 +15	+61 +15	+87 +15
250	315	+242 +190	+271 +190	+320 +190	+400 +190	+510 +190	+191 +110	+240 +110	+88 +56	+108 +56	+137 +56	+186 +56	+49 +17	+69 +17	+98 +17
315	400	+267 +210	+299 +210	+350 +210	+440 +210	+570 +210	+214 +125	+265 +125	+98 +62	+119 +62	+151 +62	+202 +62	+54 +18	+75 +18	+107 +18
400	500	+293 +230	+327 +230	+385 +230	+480 +230	+630 +230	+232 +135	+290 +135	+108 +68	+131 +68	+165 +68	+223 +68	+60 +20	+83 +20	+117 +20

基本尺寸（mm）		H								J			JS		
大于	至	6	7	8	9	10	11	12	13	6	7	8	6	7	8
—	3	+6 0	+10 0	+14 0	+25 0	+40 0	+60 0	+100 0	+140 0	+2 −4	+4 −6	+6 −8	±3	±5	±7
3	6	+8 0	+12 0	+18 0	+30 0	+48 0	+75 0	+120 0	+180 0	+5 −3	—	+10 −8	±4	±6	±9
6	10	+9 0	+15 0	+22 0	+36 0	+58 0	+90 0	+150 0	+220 0	+5 −4	+8 −7	+12 −10	±4.5	±7	±11
10	18	+11 0	+18 0	+27 0	+43 0	+70 0	+110 0	+180 0	+270 0	+6 −5	+10 −8	+15 −12	±5.5	±9	±13
18	30	+13 0	+21 0	+33 0	+52 0	+84 0	+130 0	+210 0	+330 0	+8 −5	+12 −9	+20 −13	±6.5	±10	±16
30	50	+16 0	+25 0	+39 0	+62 0	+100 0	+160 0	+250 0	+390 0	+10 −6	+14 −11	+24 −15	±8	±12	±19
50	80	+19 0	+30 0	+46 0	+74 0	+120 0	+190 0	+300 0	+460 0	+13 −6	+18 −12	+28 −18	±9.5	±15	±23
80	120	+22 0	+35 0	+54 0	+87 0	+140 0	+220 0	+350 0	+540 0	+16 −6	+22 −13	+34 −20	±11	±17	±27
120	180	+25 0	+40 0	+63 0	+100 0	+160 0	+250 0	+400 0	+630 0	+18 −7	+26 −14	+41 −22	±12.5	±20	±31
180	250	+29 0	+46 0	+72 0	+115 0	+185 0	+290 0	+460 0	+720 0	+22 −7	+30 −16	+47 −25	±14.5	±23	±36
250	315	+32 0	+52 0	+81 0	+130 0	+210 0	+320 0	+520 0	+810 0	+25 −7	+36 −16	+55 −26	±16	±26	±40
315	400	+36 0	+57 0	+89 0	+140 0	+230 0	+360 0	+570 0	+890 0	+29 −7	+39 −18	+60 −29	±18	±28	±44
400	500	+40 0	+63 0	+97 0	+155 0	+250 0	+400 0	+630 0	+970 0	+33 −7	+43 −20	+66 −31	±20	±31	±48

续表

基本尺寸 (mm)		K				M				N				P			
大于	至	5	6	7	8	5	6	7	8	5	6	7	8	6	7	8	9
−	3	0 −4	0 −6	0 −10	0 −14	−2 −6	−2 −8	−2 −12	−2 −16	−4 −8	−4 −10	−4 −14	−4 −18	−6 −12	−6 −16	−6 −20	−6 −31
3	6	0 −5	+2 −6	+3 −9	+5 −13	−3 −8	−1 −9	0 −12	+2 −16	−7 −12	−5 −13	−4 −16	−2 −20	−9 −17	−8 −20	−12 −30	−12 −42
6	10	+1 −5	+2 −7	+5 −10	+6 −16	−4 −10	−3 −12	0 −15	+1 −21	−8 −14	−7 −16	−4 −19	−3 −25	−12 −21	−9 −24	−15 −37	−15 −51
10	18	+2 −6	+2 −9	+6 −12	+8 −19	−4 −12	−4 −15	0 −18	+2 −25	−9 −17	−9 −20	−5 −23	−3 −30	−15 −26	−11 −29	−18 −45	−18 −61
18	30	+1 −8	+2 −11	+6 −15	+10 −23	−5 −14	−4 −17	0 −21	+4 −29	−12 −21	−11 −24	−7 −28	−3 −36	−18 −31	−14 −35	−22 −55	−22 −74
30	50	+2 −9	+3 −13	+7 −18	+12 −27	−5 −16	−4 −20	0 −25	+5 −34	−13 −24	−12 −28	−8 −33	−3 −42	−21 −37	−17 −42	−26 −65	−26 −88
50	80	+3 −10	+4 −15	+9 −21	+14 −32	−6 −19	−5 −24	0 −30	+5 −41	−15 −28	−14 −33	−9 −39	−4 −50	−26 −45	−21 −51	−32 −78	−32 −106
80	120	+2 −13	+4 −18	+10 −25	+16 −38	−8 −23	−6 −28	0 −35	+6 −48	−18 −33	−16 −38	−10 −45	−4 −58	−30 −52	−24 −59	−37 −91	−37 −124
120	180	+3 −15	+4 −21	+12 −28	+20 −43	−9 −27	−8 −33	0 −40	+8 −55	−21 −39	−20 −45	−12 −52	−4 −67	−36 −61	−28 −68	−43 −100	−43 −143
180	250	+2 −18	+5 −24	+13 −33	+22 −50	−11 −31	−8 −37	0 −46	+9 −63	−25 −45	−22 −51	−14 −60	−5 −77	−41 −70	−33 −79	−50 −122	−50 −165
250	315	+3 −20	+5 −27	+16 −36	+25 −56	−13 −36	−9 −41	0 −52	+9 −72	−27 −50	−25 −57	−14 −66	−5 −86	−47 −79	−36 −88	−56 −137	−56 −186
315	400	+3 −22	+7 −29	+17 −40	+28 −61	−14 −39	−10 −46	0 −57	+11 −78	−30 −55	−26 −62	−16 −73	−5 −94	−51 −87	−41 −98	−62 −151	−62 −202
400	500	+2 −25	+8 −32	+18 −45	+29 −68	−16 −43	−10 −50	0 −63	+11 −86	−33 −60	−27 −67	−17 −80	−6 −103	−55 −95	−45 −108	−68 −165	−68 −223

续表

基本尺寸(mm)		R			S			T		U		V		X	Y	Z
大于	至	6	7	8	6	7	8	6	7	7	8	7	8	7	7	7
–	3	-10/-16	-10/-20	-10/-24	-14/-20	-14/-24	-14/-28	–	–	-18/-28	-18/-32	–	–	-20/-30	–	-26/-36
3	6	-12/-20	-11/-23	-15/-33	-16/-24	-15/-27	-19/-37	–	–	-19/-31	-23/-41	–	–	-24/-36	–	-31/-43
6	10	-16/-25	-13/-28	-19/-41	-20/-29	-17/-32	-23/-45	–	–	-22/-37	-28/-50	–	–	-28/-43	–	-36/-51
10	14	-20/-31	-16/-34	-23/-50	-25/-36	-21/-39	-28/-55	–	–	-26/-44	-33/-60	–	–	-33/-51	–	-43/-61
14	18	-20/-31	-16/-34	-23/-50	-25/-36	-21/-39	-28/-55	–	–	-26/-44	-33/-60	-32/-50	-39/-66	-38/-56	–	-53/-71
18	24	-24/-37	-20/-41	-28/-61	-31/-44	-27/-48	-35/-68	–	–	-33/-54	-41/-74	-39/-60	-47/-80	-46/-67	-55/-76	-65/-86
24	30	-24/-37	-20/-41	-28/-61	-31/-44	-27/-48	-35/-68	-37/-50	-33/-54	-40/-61	-48/-81	-47/-68	-55/-88	-56/-77	-67/-88	-80/-101
30	40	-29/-45	-25/-50	-34/-73	-38/-54	-34/-59	-43/-82	-43/-59	-39/-64	-51/-76	-60/-99	-59/-84	-68/-107	-71/-96	-85/-110	-103/-128
40	50	-29/-45	-25/-50	-34/-73	-38/-54	-34/-59	-43/-82	-49/-65	-45/-70	-61/-86	-70/-109	-72/-97	-81/-120	-88/-113	-105/-130	-127/-152
50	65	-35/-54	-30/-60	-41/-87	-47/-66	-42/-72	-53/-99	-60/-79	-55/-85	-76/-106	-87/-133	-91/-121	-102/-148	-111/-141	-133/-163	-161/-191
65	80	-37/-56	-32/-62	-43/-89	-53/-72	-48/-78	-59/-105	-69/-88	-64/-94	-91/-121	-102/-148	-109/-139	-120/-166	-135/-165	-163/-193	-199/-229
80	100	-44/-66	-38/-73	-51/-105	-64/-86	-58/-93	-71/-125	-84/-106	-78/-113	-111/-146	-124/-178	-133/-168	-146/-200	-165/-200	-201/-236	-245/-280
100	120	-47/-69	-41/-76	-54/-108	-72/-94	-66/-101	-79/-133	-97/-119	-91/-126	-131/-166	-144/-198	-159/-194	-172/-226	-197/-232	-241/-276	-297/-332
120	140	-56/-81	-48/-88	-63/-126	-85/-110	-77/-117	-92/-155	-115/-140	-107/-147	-155/-195	-170/-233	-187/-227	-202/-265	-233/-273	-285/-325	-350/-390
140	160	-58/-83	-50/-90	-65/-128	-93/-118	-85/-125	-100/-163	-127/-152	-119/-159	-175/-215	-190/-253	-213/-253	-228/-291	-265/-305	-325/-365	-400/-440
160	180	-61/-86	-53/-93	-68/-131	-101/-126	-93/-133	-108/-171	-139/-164	-131/-171	-195/-235	-210/-273	-237/-277	-253/-315	-295/-335	-365/-405	-450/-490
180	200	-68/-97	-60/-106	-77/-149	-113/-142	-105/-151	-122/-194	-157/-186	-149/-195	-219/-265	-236/-308	-267/-313	-284/-356	-333/-379	-408/-454	-503/-549
200	225	-71/-100	-63/-109	-80/-152	-121/-150	-113/-159	-130/-202	-171/-200	-163/-209	-241/-287	-258/-330	-293/-339	-310/-382	-368/-414	-453/-499	-558/-604
225	250	-75/-104	-67/-113	-84/-156	-131/-160	-123/-169	-140/-212	-187/-216	-179/-225	-267/-313	-284/-356	-323/-369	-340/-412	-408/-454	-503/-549	-623/-669
250	280	-85/-117	-74/-126	-94/-175	-149/-181	-138/-190	-158/-239	-209/-241	-198/-250	-295/-347	-315/-396	-365/-417	-385/-466	-455/-507	-560/-612	-690/-742
280	315	-89/-121	-78/-130	-98/-179	-161/-193	-150/-202	-170/-251	-231/-263	-220/-272	-330/-382	-350/-431	-405/-457	-425/-506	-505/-557	-630/-682	-770/-822
315	355	-97/-133	-87/-144	-108/-197	-179/-215	-169/-226	-190/-279	-257/-293	-247/-304	-369/-426	-390/-479	-454/-511	-475/-564	-569/-626	-709/-766	-879/-936
355	400	-103/-139	-93/-150	-114/-203	-197/-233	-187/-244	-208/-297	-283/-319	-273/-330	-414/-471	-435/-524	-509/-566	-530/-619	-639/-696	-799/-856	-979/-1036
400	450	-113/-153	-103/-166	-126/-223	-219/-259	-209/-272	-232/-329	-317/-357	-307/-370	-467/-530	-490/-587	-572/-635	-595/-692	-717/-780	-897/-960	-1077/-1140
450	500	-119/-159	-109/-172	-132/-229	-239/-279	-229/-292	-252/-349	-347/-387	-337/-400	-517/-580	-540/-673	-637/-700	-660/-757	-797/-860	-977/-1040	-1227/-1290

注：基本尺寸小于1mm时，各级的 A 和 B 均不采用。

表 16-5　轴的极限偏差数值表（GB/T 1800.2—2009）　　　　　　单位：μm

基本尺寸（mm）		a				b				c				
大于	至	9	10	11	12	9	10	11	12	8	9	10	11	12
—	3	−270	−270	−270	−270	−140	−140	−140	−140	−60	−60	−60	−60	−60
		−295	−310	−330	−370	−165	−180	−200	−240	−74	−85	−100	−120	−160
3	6	−270	−270	−270	−270	−140	−140	−140	−140	−70	−70	−70	−70	−70
		−300	−318	−345	−390	−170	−188	−215	−260	−88	−100	−118	−145	−190
6	10	−280	−280	−280	−280	−150	−150	−150	−150	−80	−80	−80	−80	−80
		−316	−338	−370	−430	−186	−208	−240	−300	−102	−116	−138	−170	−230
10	18	−290	−290	−290	−290	−150	−150	−150	−150	−95	−95	−95	−95	−95
		−333	−360	−400	−470	−193	−220	−260	−330	−122	−138	−165	−205	−275
18	30	−300	−300	−300	−300	−160	−160	−160	−160	−110	−110	−110	−110	−110
		−352	−384	−430	−510	−212	−244	−290	−370	−143	−162	−194	−240	−320
30	40	−310	−310	−310	−310	−170	−170	−170	−170	−120	−120	−120	−120	−120
		−372	−410	−470	−560	−232	−270	−330	−420	−159	−182	−220	−280	−370
40	50	−320	−320	−320	−320	−180	−180	−180	−180	−130	−130	−130	−130	−130
		−382	−420	−480	−570	−242	−280	−340	−430	−169	−192	−230	−290	−380
50	65	−340	−340	−340	−340	−190	−190	−190	−190	−140	−140	−140	−140	−140
		−414	−460	−530	−640	−264	−310	−380	−490	−186	−214	−260	−330	−440
65	80	−360	−360	−360	−360	−200	−200	−200	−200	−150	−150	−150	−150	−150
		−434	−480	−550	−660	−274	−320	−390	−500	−196	−224	−270	−340	−450
80	100	−380	−380	−380	−380	−220	−220	−220	−220	−170	−170	−170	−170	−170
		−467	−520	−600	−730	−307	−360	−440	−570	−224	−257	−310	−390	−520
100	120	−410	−410	−410	−410	−240	−240	−240	−240	−180	−180	−180	−180	−180
		−497	−550	−630	−760	−327	−380	−460	−590	−234	−267	−320	−400	−530
120	140	−460	−460	−460	−460	−260	−260	−260	−260	−200	−200	−200	−200	−200
		−560	−620	−710	−860	−360	−420	−510	−660	−263	−300	−360	−450	−600
140	160	−520	−520	−520	−520	−280	−280	−280	−280	−210	−210	−210	−210	−210
		−620	−680	−770	−920	−380	−440	−530	−680	−273	−310	−370	−460	−610
160	180	−580	−580	−580	−580	−310	−310	−310	−310	−230	−230	−230	−230	−230
		−680	−740	−830	−980	−410	−470	−560	−710	−293	−330	−390	−480	−630
180	200	−660	−660	−660	−660	−340	−340	−340	−340	−240	−240	−240	−240	−240
		−775	−845	−950	−1120	−455	−525	−630	−800	−312	−355	−425	−530	−700
200	225	−740	−740	−740	−740	−380	−380	−380	−380	−260	−260	−260	−260	−260
		−855	−925	−1030	−1200	−495	−565	−670	−840	−332	−375	−445	−550	−720
225	250	−820	−820	−820	−820	−420	−420	−420	−420	−280	−280	−280	−280	−280
		−935	−1005	−1110	−1280	−535	−605	−710	−880	−352	−395	−465	−570	−740
250	280	−920	−920	−920	−920	−480	−480	−480	−480	−300	−300	−300	−300	−300
		−1050	−1130	−1240	−1440	−610	−690	−800	−1000	−381	−430	−510	−620	−820
280	315	−1050	−1050	−1050	−1050	−540	−540	−540	−540	−330	−330	−330	−330	−330
		−1180	−1260	−1370	−1570	−670	−750	−860	−1060	−411	−460	−540	−650	−850
315	355	−1200	−1200	−1200	−1200	−600	−600	−600	−600	−360	−360	−360	−360	−360
		−1340	−1430	−1560	−1770	−740	−830	−960	−1170	−449	−500	−590	−720	−930
355	400	−1350	−1350	−1350	−1350	−680	−680	−680	−680	−400	−400	−400	−400	−400
		−1490	−1580	−1710	−1920	−820	−910	−1040	−1250	−489	−540	−630	−760	−970
400	450	−1500	−1500	−1500	−1500	−760	−760	−760	−760	−440	−440	−440	−440	−440
		−1655	−1750	−1900	−2130	−915	−1010	−1160	−1390	−537	−595	−690	−840	−1070
450	500	−1650	−1650	−1650	−1650	−840	−840	−840	−840	−480	−480	−480	−480	−480
		−1805	−1900	−2050	−2280	−995	−1090	−1240	−1470	−577	−635	−730	−880	−1110

基本尺寸 （mm）		d				e			f					g		
大于	至	8	9	10	11	7	8	9	5	6	7	8	9	5	6	7
—	3	−20 −34	−20 −45	−20 −60	−20 −80	−14 −24	−14 −28	−14 −39	−6 −10	−6 −12	−6 −16	−6 −20	−6 −31	−2 −6	−2 −8	−2 −12
3	6	−30 −48	−30 −60	−30 −78	−30 −105	−20 −32	−20 −38	−20 −50	−10 −15	−10 −18	−10 −22	−10 −28	−10 −40	−4 −9	−4 −12	−4 −16
6	10	−40 −62	−40 −76	−40 −98	−40 −130	−25 −40	−25 −47	−25 −61	−13 −19	−13 −22	−13 −28	−13 −35	−13 −49	−5 −11	−5 −14	−5 −20
10	18	−50 −77	−50 −93	−50 −120	−50 −160	−32 −50	−32 −59	−32 −75	−16 −24	−16 −27	−16 −34	−16 −43	−16 −59	−6 −14	−6 −17	−6 −24
18	30	−65 −98	−65 −117	−65 −149	−65 −195	−40 −61	−40 −73	−40 −92	−20 −29	−20 −33	−20 −41	−20 −53	−20 −72	−7 −16	−7 −20	−7 −28
30	50	−80 −119	−80 −142	−80 −180	−80 −240	−50 −75	−50 −89	−50 −112	−25 −36	−25 −41	−25 −50	−25 −64	−25 −87	−9 −20	−9 −25	−9 −34
50	80	−100 −146	−100 −174	−100 −220	−100 −290	−60 −90	−60 −106	−60 −134	−30 −43	−30 −49	−30 −60	−30 −76	−30 −104	−10 −23	−10 −29	−10 −40
80	120	−120 −174	−120 −207	−120 −260	−120 −340	−72 −107	−72 −126	−72 −159	−36 −51	−36 −58	−36 −71	−36 −92	−36 −123	−12 −27	−12 −34	−12 −47
120	180	−145 −208	−145 −245	−145 −305	−145 −395	−85 −125	−85 −148	−85 −185	−43 −61	−43 −68	−43 −83	−43 −106	−43 −143	−14 −32	−14 −39	−14 −54
180	250	−170 −242	−170 −285	−170 −355	−170 −460	−100 −146	−100 −172	−100 −215	−50 −70	−50 −79	−50 −96	−50 −122	−50 −165	−15 −35	−15 −44	−15 −61
250	315	−190 −271	−190 −320	−190 −400	−190 −510	−110 −142	−110 −191	−110 −240	−56 −79	−56 −88	−56 −108	−56 −137	−56 −186	−17 −40	−17 −49	−17 −69
315	400	−210 −299	−210 −350	−210 −440	−210 −570	−125 −182	−125 −214	−125 −265	−62 −87	−62 −98	−62 −119	−62 −151	−62 −202	−18 −43	−18 −54	−18 −75
400	500	−230 −327	−230 −385	−230 −480	−230 −630	−135 −198	−135 −232	−135 −290	−68 −95	−68 −108	−68 −131	−68 −165	−68 −223	−20 −47	−20 −60	−20 −83

续表

基本尺寸（mm）		h								j			js				
大于	至	5	6	7	8	9	10	11	12	5	6	7	4	5	6	7	8
–	3	0 -4	0 -6	0 -10	0 -14	0 -25	0 -40	0 -60	0 -100	–	+4 -2	+6 -4	±1.5	±2	±3	±5	±7
3	6	0 -5	0 -8	0 -12	0 -18	0 -30	0 -48	0 -75	0 -120	+3 -2	+6 -2	+8 -4	±2	±2.5	±4	±6	±9
6	10	0 -6	0 -9	0 -15	0 -22	0 -36	0 -58	0 -90	0 -150	+4 -2	+7 -2	+10 -5	±2	±3	±4.5	±7	±11
10	18	0 -8	0 -11	0 -18	0 -27	0 -43	0 -70	0 -110	0 -180	+5 -3	+8 -3	+12 -6	±2.5	±4	±5.5	±9	±13
18	30	0 -9	0 -13	0 -21	0 -33	0 -52	0 -84	0 -130	0 -210	+5 -4	+9 -4	+13 -8	±3	±4.5	±6.5	±10	±16
30	50	0 -11	0 -16	0 -25	0 -39	0 -62	0 -100	0 -160	0 -250	+6 -5	+11 -5	+15 -10	±3.5	±5.5	±8	±12	±19
50	80	0 -13	0 -19	0 -30	0 -46	0 -74	0 -120	0 -190	0 -300	+6 -7	+12 -7	+18 -12	±4	±6.5	±9.5	±15	±23
80	120	0 -15	0 -22	0 -35	0 -54	0 -87	0 -140	0 -220	0 -350	+6 -9	+13 -9	+20 -15	±5	±7.5	±11	±17	±27
120	180	0 -18	0 -25	0 -40	0 -63	0 -100	0 -160	0 -250	0 -400	+7 -11	+14 -11	+22 -18	±6	±9	±12.5	±20	±31
180	250	0 -20	0 -29	0 -46	0 -72	0 -115	0 -185	0 -290	0 -460	+7 -13	+16 -13	+25 -21	±7	±10	±14.5	±23	±36
250	315	0 -23	0 -32	0 -52	0 -81	0 -130	0 -210	0 -320	0 -520	+7 -16	–	–	±8	±11.5	±16	±26	±40
315	400	0 -25	0 -36	0 -57	0 -89	0 -140	0 -230	0 -360	0 -570	+7 -18	–	+29 -28	±9	±12.5	±18	±28	±44
400	500	0 -27	0 -40	0 -63	0 -97	0 -155	0 -250	0 -400	0 -630	+7 -20	–	+31 -32	±10	±13.5	±20	±31	±48

基本尺寸（mm）		k				m				n				p		
大于	至	5	6	7	8	5	6	7	8	5	6	7	8	5	6	7
—	3	+4 0	+6 0	+10 0	+14 0	+6 +2	+8 +2	+12 +2	+16 +2	+8 +4	+10 +4	+14 +4	+18 +4	+10 +6	+12 +6	+16 +6
3	6	+6 +1	+9 +1	+13 +1	+18 0	+9 +4	+12 +4	+16 +4	+22 +4	+13 +8	+16 +8	+20 +8	+26 +8	+17 +12	+20 +12	+24 +12
6	10	+7 +1	+10 +1	+16 +1	+22 0	+12 +6	+15 +6	+21 +6	+28 +6	+16 +10	+19 +10	+25 +10	+32 +10	+21 +15	+24 +15	+30 +15
10	18	+9 +1	+12 +1	+9 +1	+27 0	+15 +7	+18 +7	+25 +7	+34 +7	+20 +12	+23 +12	+30 +12	+39 +12	+26 +18	+29 +18	+36 +18
18	30	+11 +2	+15 +2	+23 +2	+33 0	+17 +8	+21 +8	+29 +8	+41 +8	+24 +15	+28 +15	+36 +15	+48 +15	+31 +22	+35 +22	+43 +22
30	50	+13 +2	+18 +2	+27 +2	+39 0	+20 +9	+25 +9	+34 +9	+48 +9	+28 +17	+33 +17	+42 +17	+56 +17	+37 +26	+42 +26	+51 +26
50	80	+15 +2	+21 +2	+32 +2	+46 0	+24 +11	+30 +11	+41 +11	+57 +11	+33 +20	+39 +20	+50 +20	+66 +20	+45 +32	+51 +32	+62 +32
80	120	+18 +3	+25 +3	+38 +3	+54 0	+28 +13	+35 +13	+48 +13	+67 +13	+38 +23	+45 +23	+58 +23	+77 +23	+52 +37	+59 +37	+72 +37
120	180	+21 +3	+28 +3	+43 +3	+63 0	+33 +15	+40 +15	+55 +15	+78 +15	+45 +27	+52 +27	+67 +27	+90 +27	+61 +43	+68 +43	+83 +43
180	250	+24 +4	+33 +4	+50 +4	+72 0	+37 +17	+46 +17	+63 +17	+89 +17	+51 +31	+60 +31	+77 +31	+103 +31	+70 +50	+79 +50	+96 +50
250	315	+27 +4	+36 +4	+56 +4	+81 0	+43 +20	+52 +20	+72 +20	+101 +20	+57 +34	+66 +34	+86 +34	+115 +34	+79 +56	+88 +56	+108 +56
315	400	+29 +4	+40 +4	+61 +4	+89 0	+46 +21	+57 +21	+78 +21	+110 +21	+62 +37	+73 +37	+94 +37	+126 +37	+87 +62	+98 +62	+119 +62
400	500	+32 +5	+45 +5	+68 +5	+97 0	+50 +23	+63 +23	+86 +23	+120 +23	+67 +40	+80 +40	+103 +40	+137 +40	+95 +68	+108 +68	+131 +68

续表

基本尺寸（mm）		r			s			t			u		v	x	y	z
大于	至	5	6	7	5	6	7	5	6	7	6	7	6	6	6	6
—	3	+14	+16	+20	+18	+20	+24	—	—	—	+24	+28	—	+26	—	+32
		+10	+10	+10	+14	+14	+14				+18	+18		+20		+26
3	6	+20	+23	+27	+24	+27	+31	—	—	—	+31	+35	—	+36	—	+43
		+15	+15	+15	+19	+19	+19				+23	+23		+28		+35
6	10	+25	+28	+34	+29	+32	+38	—	—	—	+37	+43	—	+43	—	+51
		+19	+19	+19	+23	+23	+23				+28	+28		+34		+42
10	14	+31	+34	+41	+36	+39	+46	—	—	—	+44	+51	—	+51	—	+61
		+23	+23	+23	+28	+28	+28				+33	+33		+40		+50
14	18												+50	+56	—	+71
													+39	+45		+60
18	24	+37	+41	+49	+44	+48	+56	—	—	—	+54	+62	+60	+67	+76	+86
		+28	+28	+28	+35	+35	+35				+41	+41	+47	+54	+63	+73
24	30							+50	+54	+62	+61	+69	+68	+77	+88	+101
								+41	+41	+41	+48	+48	+55	+64	+75	+88
30	40	+45	+50	+59	+54	+59	+68	+59	+64	+73	+76	+85	+84	+96	+110	+128
		+34	+34	+34	+43	+43	+43	+48	+48	+48	+60	+60	+68	+80	+94	+112
40	50							+65	+70	+79	+86	+95	+97	+113	+130	+152
								+54	+54	+54	+70	+70	+81	+97	+114	+136
50	65	+54	+60	+71	+66	+72	+83	+79	+85	+96	+106	+117	+121	+141	+163	+191
		+41	+41	+41	+53	+53	+53	+66	+66	+66	+87	+87	+102	+122	+144	+172
65	80	+56	+62	+73	+72	+78	+89	+88	+94	+105	+121	+132	+139	+165	+193	+229
		+43	+43	+43	+59	+59	+59	+75	+75	+75	+102	+102	+120	+146	+174	+210
80	100	+66	+73	+86	+86	+93	+106	+106	+113	+126	+146	+159	+168	+200	+236	+280
		+51	+51	+51	+71	+71	+71	+91	+91	+91	+124	+124	+146	+178	+214	+258
100	120	+69	+76	+89	+94	+101	+114	+119	+126	+139	+166	+179	+194	+232	+276	+332
		+54	+54	+54	+79	+79	+79	+104	+104	+104	+144	+144	+172	+210	+254	+310
120	140	+81	+88	+103	+110	+117	+132	+140	+147	+162	+195	+210	+227	+273	+325	+390
		+63	+63	+63	+92	+92	+92	+122	+122	+122	+170	+170	+202	+248	+300	+365
140	160	+83	+90	+105	+118	+125	+140	+152	+159	+174	+215	+230	+253	+305	+365	+440
		+65	+65	+65	+100	+100	+100	+134	+134	+134	+190	+190	+228	+280	+340	+415
160	180	+86	+93	+108	+126	+133	+148	+164	+171	+186	+235	+250	+277	+335	+405	+490
		+68	+68	+68	+108	+108	+108	+146	+146	+146	+210	+210	+252	+310	+380	+465
180	200	+97	+106	+123	+142	+151	+168	+186	+195	+212	+265	+282	+313	+379	+454	+549
		+77	+77	+77	+122	+122	+122	+166	+166	+166	+236	+236	+284	+350	+425	+520
200	225	+100	+109	+126	+150	+159	+176	+200	+209	+226	+287	+304	+339	+414	+499	+604
		+80	+80	+80	+130	+130	+130	+180	+180	+180	+258	+258	+310	+385	+470	+575

基本尺寸（mm）		r			s			t			u		v	x	y	z
大于	至	5	6	7	5	6	7	5	6	7	6	7	6	6	6	6
225	250	+104 +84	+113 +84	+130 +84	+160 +140	+169 +140	+186 +140	+216 +196	+225 +196	+242 +196	+313 +284	+330 +284	+369 +340	+454 +425	+549 +520	+669 +640
250	280	+117 +94	+126 +94	+146 +94	+181 +158	+190 +158	+210 +158	+241 +218	+250 +218	+270 +218	+347 +315	+367 +315	+417 +385	+507 +475	+612 +580	+742 +710
280	315	+121 +98	+130 +98	+150 +98	+193 +170	+202 +170	+222 +170	+263 +240	+272 +240	+292 +240	+382 +350	+402 +350	+457 +425	+557 +525	+682 +650	+822 +790
315	355	+133 +108	+144 +108	+165 +108	+215 +190	+226 +190	+247 +190	+293 +268	+304 +268	+325 +268	+426 +390	+447 +390	+511 +475	+626 +590	+766 +730	+936 +900
355	400	+139 +114	+150 +114	+171 +114	+233 +208	+244 +208	+265 +208	+319 +294	+330 +294	+351 +294	+471 +435	+492 +435	+566 +530	+696 +660	+856 +820	+1036 +1000
400	450	+153 +126	+166 +126	+189 +126	+259 +232	+272 +232	+295 +232	+357 +330	+370 +330	+393 +330	+530 +490	+553 +490	+635 +595	+780 +740	+960 +920	+1140 +1100
450	500	+159 +132	+172 +132	+195 +132	+279 +252	+292 +252	+315 +252	+387 +360	+400 +360	+423 +360	+580 +540	+603 +504	+700 +660	+860 +820	+1040 +1000	+1290 +1250

注：基本尺寸小于 1mm 时，各级的 a 和 b 均不采用。

表 16-6 基孔制的优先、常用配合

基准孔	轴																				
	a	b	c	d	e	f	g	h	js	k	m	n	p	r	s	t	u	v	x	y	z
	间隙配合								过渡配合				过盈配合								
H6						$\frac{H6}{f5}$	$\frac{H6}{g5}$	$\frac{H6}{f5}$	$\frac{H6}{f5}$	$\frac{H6}{k5}$	$\frac{H6}{m5}$	$\frac{H6}{n5}$	$\frac{H6}{p5}$	$\frac{H6}{r5}$	$\frac{H6}{f5}$	$\frac{H6}{t5}$					
H7						$\frac{H7}{f6}$	$\frac{H7}{g6}$	$\frac{H7}{h6}$	$\frac{H7}{js6}$	$\frac{H7}{k6}$	$\frac{H7}{m6}$	$\frac{H7}{n6}$	$\frac{H7}{p6}$	$\frac{H7}{r6}$	$\frac{H7}{s6}$	$\frac{H7}{t6}$	$\frac{H7}{u6}$	$\frac{H7}{v6}$	$\frac{H7}{x6}$	$\frac{H7}{y6}$	$\frac{H7}{z6}$
H8					$\frac{H8}{e7}$	$\frac{H8}{f7}$	$\frac{H8}{g7}$	$\frac{H8}{h7}$	$\frac{H8}{js7}$	$\frac{H8}{k7}$	$\frac{H8}{m7}$	$\frac{H8}{n7}$	$\frac{H8}{p7}$	$\frac{H8}{r7}$	$\frac{H8}{s7}$	$\frac{H8}{t7}$	$\frac{H8}{u7}$				
H8				$\frac{H8}{d8}$	$\frac{H8}{e8}$	$\frac{H8}{f8}$		$\frac{H8}{h8}$													
H9			$\frac{H9}{c9}$	$\frac{H9}{d9}$	$\frac{H9}{e9}$	$\frac{H9}{f9}$		$\frac{H9}{h9}$													
H10			$\frac{H10}{c10}$	$\frac{H10}{d10}$				$\frac{H10}{h10}$													
H11	$\frac{H11}{a11}$	$\frac{H11}{b11}$	$\frac{H11}{c11}$	$\frac{H11}{d11}$				$\frac{H11}{h11}$													
H12	$\frac{H12}{a12}$							$\frac{H12}{h12}$													

表 16-7　基轴制的优先、常用配合

基准轴	孔																				
	A	B	C	D	E	F	G	H	JS	K	M	N	P	R	S	T	U	V	X	Y	Z
	间隙配合								过渡配合				过盈配合								
h5						F6/h5	G6/h5	H6/h5	JS6/h5	K6/h5	M6/h5	N6/h5	P6/h5	R6/h5	S6/h5	T6/h5					
h6						F7/h6	G7/h6	H7/h6	JS7/h6	K7/h6	M7/h6	N7/h6	P7/h6	R7/h6	S7/h6	T7/h6	U7/h6				
h7					E8/h7	F8/h7		H8/h7	JS8/h7	K8/h7	M8/h7	N8/h7									
h8				D8/h8	E8/h8	F8/h8		H8/h8													
h9				D9/h9	E9/h9	F9/h9		H9/h9													
h10				D10/h10				H10/h10													
h11	A11/h11	B11/h11	C11/h11	D11/h11				H11/h11													
h12		B12/h12						H12/h12													

16.2　几何公差

16.2.1　术语和定义

1．要素

要素：构成零件几何特征的点、线和面。

理想要素：具有几何意义的、没有任何误差的要素。

实际要素：零件上实际存在的要素，通常用测得要素来替代。

基准要素：确定被测要素方向和位置的要素。

被测要素：给出了几何公差的要素，包括单一要素（仅对其本身给出形状公差要求的要素）和关联要素（对其他要素有功能关系的要素）。

中心要素：与要素有对称关系的点、线、面。

轮廓要素：组成轮廓的点、线、面。

2．形状与位置公差

形状公差：单一实际要素的形状所允许的变动全量（不包括有基准要求的轮廓度）

位置公差：关联实际要素的位置对基准所允许的变动全量，分为定向、定位和跳动公差，其中定向公差指关联实际要素对基准在方向上允许的变动全量，定位公差指关联实际要素对基准在位置上允许的变动全量，跳动公差指关联实际要素绕基准轴线回转一周或连续回转时所允许的最大跳动量。

形状公差和位置公差是图样上给定的，如测得零件实际形状误差值小于形状公差值或测得零件实际位置误差值小于位置公差值，则零件的形状或位置合格。

形状和位置公差带：限制实际形状要素或实际位置要素的变动区域，误差的值应在公差带范围内变动，它由大小、形状、方向和位置 4 个因素来决定。

3. 基准

理想基准要素（简称为基准）：确定要素间几何关系的依据，分为基准点、基准线（轴线）和基准平面（中心平面）。

基准要素：确定被测要素方向和位置的要素，有单一基准要素（作为单一基准使用的单个要素）和组合基准要素（作为单一基准使用的一组要素）等。

16.2.2 几何公差的类别和符（代）号

1. 类别

几何公差特征项目共有 14 项，见表 16-8。

表 16-8　几何公差的类别

几何公差														
形状公差				形状或位置公差		位置公差								
						定向公差			定位公差			跳动公差		
												圆跳动		全跳动
直线度	平面度	圆度	圆柱度	线轮廓度	面轮廓度	平行度	垂直度	倾斜度	位置度	同轴度	对称度	径向圆跳动	端面圆跳动	斜向圆跳动	径向全跳动	端面全跳动

2. 符（代）号

几何公差的项目符号见表 16-9。

表 16-9　几何公差的项目符号（GB/T 1182—2008）

名称	符号	无、有基准要求	名称	符号	有、无基准要求
直线度	—	无	平行度	//	有
平面度	▱	无	垂直度	⊥	有
圆度	○	无	倾斜度	∠	有
圆柱度	⌭	无	位置度	⊕	无或有
线轮廓度	⌒	无或有	同轴度	◎	有
面轮廓度	⌓	无或有	对称度	=	有
圆跳动	↗	有	全跳动	↗↗	有

16.2.3 几何公差的注出公差值及应用举例

几何公差的公差值及应用见表 16-10～表 16-13。

表 16-10 直线度与平面度公差值及应用举例（GB/T 1182—2008）　　　单位：μm

直线度与平面度公差值的主参数

主参数 L（mm）	公差等级											
	1	2	3	4	5	6	7	8	9	10	11	12
≤10	0.2	0.4	0.8	1.2	2	3	5	8	12	20	30	60
>10-16	0.25	0.5	1	1.5	2.5	4	6	10	15	25	40	80
>16-25	0.3	0.6	1.2	2	3	5	8	12	20	30	50	100
>25-40	0.4	0.8	1.5	2.5	4	6	10	15	25	40	60	120
>40-63	0.5	1	2	3	5	8	12	20	30	50	80	150
>63-100	0.6	1.2	2.5	4	6	10	15	25	40	60	100	200
>100-160	0.8	1.5	3	5	8	12	20	30	50	80	120	250
>160-250	1	2	4	6	10	15	25	40	60	100	150	300
>250-400	1.2	2.5	5	8	12	20	30	50	80	120	200	400
>400-630	1.5	3	6	10	15	25	40	60	100	150	250	500
>630-1000	2	4	8	12	20	30	50	80	120	200	300	600
>1000-1600	2.5	5	10	15	25	40	60	100	150	250	400	800
>1600-2500	3	6	12	20	30	50	80	120	200	300	500	1000
>2500-4000	4	8	15	25	40	60	100	150	250	400	600	1200
>4000-6300	5	10	20	30	50	80	120	200	300	500	800	1500
>6300-10000	6	12	25	40	60	100	150	250	400	600	1000	2000
应用举例	测量仪器、精密量具、精密机械零件等		测量仪器圆弧导轨、测杆等		1级平板、机床导轨等	普通机床导轨等	2级平板、机床主轴和传动箱体、减速机盖体结合面等		3级平板、机床溜板箱、阀片的表面等		离合器的摩擦片等易变形的薄片、薄壳表面等	

表 16-11　圆度与圆柱度公差值及应用举例（GB/T 1182—2008）　　单位：μm

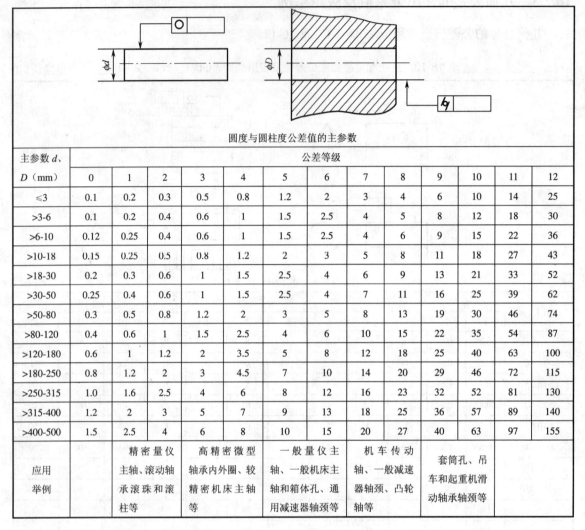

圆度与圆柱度公差值的主参数

主参数 d、D（mm）	公差等级												
	0	1	2	3	4	5	6	7	8	9	10	11	12
≤3	0.1	0.2	0.3	0.5	0.8	1.2	2	3	4	6	10	14	25
>3-6	0.1	0.2	0.4	0.6	1	1.5	2.5	4	5	8	12	18	30
>6-10	0.12	0.25	0.4	0.6	1	1.5	2.5	4	6	9	15	22	36
>10-18	0.15	0.25	0.5	0.8	1.2	2	3	5	8	11	18	27	43
>18-30	0.2	0.3	0.6	1	1.5	2.5	4	6	9	13	21	33	52
>30-50	0.25	0.4	0.6	1	1.5	2.5	4	7	11	16	25	39	62
>50-80	0.3	0.5	0.8	1.2	2	3	5	8	13	19	30	46	74
>80-120	0.4	0.6	1	1.5	2.5	4	6	10	15	22	35	54	87
>120-180	0.6	1	1.2	2	3.5	5	8	12	18	25	40	63	100
>180-250	0.8	1.2	2	3	4.5	7	10	14	20	29	46	72	115
>250-315	1.0	1.6	2.5	4	6	8	12	16	23	32	52	81	130
>315-400	1.2	2	3	5	7	9	13	18	25	36	57	89	140
>400-500	1.5	2.5	4	6	8	10	15	20	27	40	63	97	155
应用举例		精密量仪主轴、滚动轴承滚珠和滚柱等		高精密微型轴承内外圈、较精密机床主轴等		一般量仪主轴、一般机床主轴和箱体孔、通用减速器轴颈等		机车传动轴、一般减速器轴颈、凸轮轴等		套筒孔、吊车和起重机滑动轴承轴颈等			

表 16-12　平行度、垂直度与倾斜度公差值及应用举例（GB/T 1182—2008）　　单位：μm

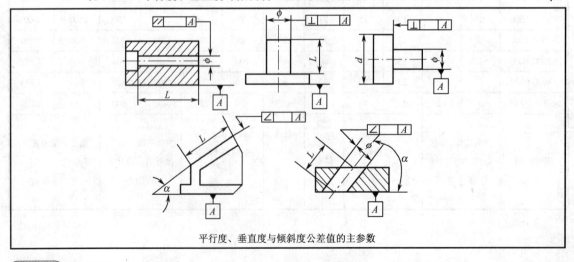

平行度、垂直度与倾斜度公差值的主参数

续表

主参数 L, d（D）（mm）	公差等级											
	1	2	3	4	5	6	7	8	9	10	11	12
≤10	0.4	0.8	1.5	3	5	8	12	20	30	50	80	120
>10-16	0.5	1	2	4	6	10	15	25	40	60	100	150
>16-25	0.6	1.2	2.5	5	8	12	20	30	50	80	120	200
>25-40	0.8	1.5	3	6	10	15	25	40	60	100	150	250
>40-63	1	2	4	8	12	20	30	50	80	120	200	300
>63-100	1.2	2.5	5	10	15	25	40	60	100	150	250	400
>100-160	1.5	3	6	12	20	30	50	80	120	200	300	500
>160-250	2	4	8	15	25	40	60	100	150	250	400	600
>250-400	2.5	5	10	20	30	50	80	120	200	300	500	800
>400-630	3	6	12	25	40	60	100	150	250	400	600	1000
>630-1000	4	8	15	30	50	80	120	200	300	500	800	1200
>1000-1600	5	10	20	40	60	100	150	250	400	600	1000	1500
>1600-2500	6	12	25	50	80	120	200	300	500	800	1200	2000
>2500-4000	8	15	30	60	100	150	250	400	600	1000	1500	2500
>4000-6300	10	20	40	80	120	200	300	500	800	1200	2000	3000
>6300-10000	12	25	50	100	150	250	400	600	1000	1500	2500	4000
应用举例	平行度	测量仪器和量具的只要基准面和工作面等	精密机床，测量仪器、模具和量具的基准面和工作面；精密机床中重要箱体主轴孔对基准面的要求	普通机床，测量仪器、模具和量具的基准面和工作面，高精度轴承座圈、端盖、挡圈的端面；一般减速器壳体孔端面，重要轴承孔对基准面的要求等		一般机床零件的工作面或基准面，机床一般轴承孔对基准面的要求，变速器箱孔，手动传动装置中的传动轴等			低精度零件，重型机械滚动轴承端盖，柴油发动机和煤气发动机的曲轴孔和轴颈等		零件的非工作面，卷扬机、运输机上用以装减速器的平面等	
	垂直度和斜倾度	测量仪器和量具的只要基准面和工作面等	精密机床导轨、普通机床主要导轨、精密机床主轴轴肩端面等	普通机床导轨，精密机床重要零件，量具量仪的重要端面等		低精度机床主要基准面和工作面，一般导轨，主轴箱体孔，机床轴肩，活塞销孔对活塞中心线等			花键轴轴肩端面，手动卷扬机及传动装置中轴承端面，减速器壳体平面等		农业机械齿轮端面等	

表16-13 同轴度、对称度、圆跳度与全跳动公差值及应用举例（GB/T 1182—2008） 单位：μm

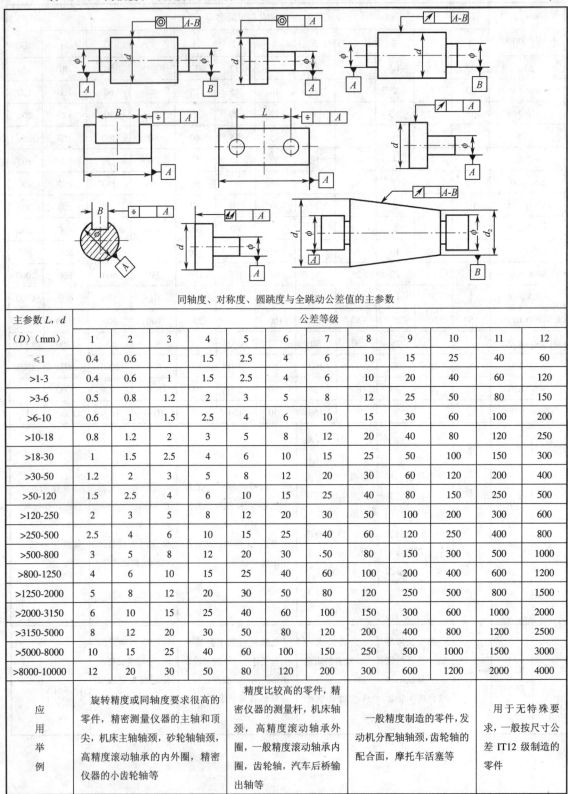

同轴度、对称度、圆跳度与全跳动公差值的主参数

主参数L, d (D)（mm）	公差等级											
	1	2	3	4	5	6	7	8	9	10	11	12
≤1	0.4	0.6	1	1.5	2.5	4	6	10	15	25	40	60
>1-3	0.4	0.6	1	1.5	2.5	4	6	10	20	40	60	120
>3-6	0.5	0.8	1.2	2	3	5	8	12	25	50	80	150
>6-10	0.6	1	1.5	2.5	4	6	10	15	30	60	100	200
>10-18	0.8	1.2	2	3	5	8	12	20	40	80	120	250
>18-30	1	1.5	2.5	4	6	10	15	25	50	100	150	300
>30-50	1.2	2	3	4	8	12	20	30	60	120	200	400
>50-120	1.5	2.5	4	6	10	15	25	40	80	150	250	500
>120-250	2	3	5	8	12	20	30	50	100	200	300	600
>250-500	2.5	4	6	10	15	25	40	60	120	250	400	800
>500-800	3	5	8	12	20	30	50	80	150	300	500	1000
>800-1250	4	6	10	15	25	40	60	100	200	400	600	1200
>1250-2000	5	8	12	20	30	50	80	120	250	500	800	1500
>2000-3150	6	10	15	25	40	60	100	150	300	600	1000	2000
>3150-5000	8	12	20	30	50	80	120	200	400	800	1200	2500
>5000-8000	10	15	25	40	60	100	150	250	500	1000	1500	3000
>8000-10000	12	20	30	50	80	120	200	300	600	1200	2000	4000
应用举例	旋转精度或同轴度要求很高的零件，精密测量仪器的主轴和顶尖，机床主轴轴颈，砂轮轴轴颈，高精度滚动轴承的内外圈，精密仪器的小齿轮轴等				精度比较高的零件，精密仪器的测量杆，机床轴颈，高精度滚动轴承外圈，一般精度滚动轴承内圈，齿轮轴，汽车后桥输出轴等			一般精度制造的零件，发动机分配轴轴颈，齿轮轴的配合面，摩托车活塞等			用于无特殊要求，一般按尺寸公差IT12级制造的零件	

16.3　表面粗糙度

16.3.1　评定表面粗糙度的参数及其数值系列

1. 评定参数

评定参数有轮廓算术平均偏差（R_a）、轮廓最大高度（R_y）、微观不平度十点高度（R_z），其中 R_z 是在取样长度内 5 个最大轮廓峰高的平均值和 5 个最大轮廓谷深的平均值之和。

附加评定参数：轮廓微观不平度的平均间距（S_m）、轮廓单峰平均间距（S）、轮廓支撑长度率（t_p）。

2. 数值系列

粗糙度的数值系列见表 16-14～表 16-16。

表 16-14　R_a、R_y 和 R_z 的数值（GB/T 1031—2009）　　　　单位：μm

R_a	0.012, 0.025, 0.05, 0.1, 0.2, 0.4, 0.8, 1.6, 3.2, 6.3, 12.5, 25, 50, 100
R_y、R_z	0.025, 0.05, 0.1, 0.2, 0.4, 0.8, 1.6, 3.2, 6.3, 12.5, 25, 50, 100, 200, 400, 800, 1600

表 16-15　S_m、S 和 t_p 的数值（GB/T 1031—2009）

S_m、S（mm）	0.006, 0.0125, 0.025, 0.05, 0.1, 0.2, 0.4, 0.8, 1.6, 3.2, 6.3, 12.5
t_p（%）	10, 15, 20, 25, 30, 40, 50, 60, 70, 80, 90

表 16-16　R_a、R_y、R_z、S_m 和 S 的补充系列数值（GB/T 1031—2009）　　　　单位：μm

R_a	0.008, 0.010, 0.016, 0.020, 0.032, 0.040, 0.063, 0.080, 0.125, 0.160, 0.25, 0.32, 0.50, 0.63, 1.00, 1.25, 2.0, 2.5, 4.0, 5.0, 8.0, 10.0, 16.0, 20, 32, 40, 63, 80
R_y、R_z	0.032, 0.040, 0.063, 0.080, 0.125, 0.160, 0.25, 0.32, 0.50, 0.63, 1.00, 1.25, 2.0, 2.5, 4.0, 5.0, 8.0, 10.0, 16.0, 20, 32, 40, 63, 80, 125, 160, 250, 320, 500, 630, 1000, 1250
S_m、S	0.002, 0.003, 0.004, 0.005, 0.008, 0.010, 0.016, 0.020, 0.032, 0.040, 0.063, 0.080, 0.125, 0.160, 0.25, 0.32, 0.50, 0.63, 1.00, 1.25, 2.0, 2.5, 4.0, 5.0, 8.0, 10.0

16.3.2　表面粗糙度的符号及标注方法

1. 表面粗糙度的符号

表面粗糙度符号见表 16-17。

表 16-17　表面粗糙度符号（GB/T 131—2006）

符　号	意义和说明
	基本符号，表示表面可用任何方法得到。当不加注粗糙度参数值或有关说明（例如表面处理、局部热处理状况等）时，仅适用于简化代号标注
	基本符号加一短画，表示表面是用去除材料的方法获得。例如车、铣、钻、磨、剪切、抛光、腐蚀、电火花加工、气割等
	基本符号加一小圆，表示表面是用不去除材料的方法获得。例如铸、锻、冲压变形、热轧、冷轧、粉末冶金等。 或者是用于保持原供应状况的表面（包括保持上道工序的状况）
	在上述三个符号的长边上均可加一横线，用于标注有关参数和说明
	在上述三个符号的长边上均可加 小圆，表示所有表面具有相同的表面粗糙度要求

2. 高度参数的标注方法

表面粗糙度的高度参数标注见表 16-18。

表 16-18　表面粗糙度的高度参数标注（GB/T 131—2006）　　　　单位：μm

代　号	意　义	代　号	意　义
3.2	用任何方法获得的表面粗糙度，R_a 的上限为 3.2μm	3.2	用去除材料方法获得的表面粗糙度，R_a 的上限值为 3.2μm
3.2max	用任何方法获得的表面粗糙度，R_a 的最大值为 3.2μm	3.2max	用去除材料方法获得的表面粗糙度，R_a 的最大值为 3.2μm
R_y3.2	用任何方法获得的表面粗糙度，R_y 的上限为 3.2μm	3.2 1.6	用去除材料方法获得的表面粗糙度，R_a 的上限值为 3.2μm，R_a 的下限值为 1.6μm
R_y3.2max	用任何方法获得的表面粗糙度，R_y 的最大值为 3.2μm	3.2max 1.6min	用去除材料方法获得的表面粗糙度，R_a 的最大值为 3.2μm，R_a 的最小值为 1.6μm
3.2	用不去除材料方法获得的表面粗糙度，R_a 的上限值为 3.2μm	3.2 R_y12.5	用去除材料方法获得的表面粗糙度，R_y 的上限值为 3.2μm，R_y 的下限值为 12.5μm
3.2max	用不去除材料方法获得的表面粗糙度，R_a 的最大值为 3.2μm	R_z3.2 R_z1.6	用去除材料方法获得的表面粗糙度，R_z 的上限值为 3.2μm，下限值为 1.6μm
R_z200	用不去除材料方法获得的表面粗糙度，R_z 的上限值为 200μm	R_z3.2max R_z1.6min	用去除材料方法获得的表面粗糙度，R_z 的最大值为 3.2μm，最小值为 1.6μm

续表

代　号	意　义	代　号	意　义
$R_z200max$ ▽	用不去除材料方法获得的表面粗糙度，R_z 的最大值为 200μm	$R_a3.2max$ $R_y12.5max$ ▽	用去除材料方法获得的表面粗糙度，R_a 的最大值为 3.2μm，R_y 的最大值为 12.5μm

16.3.3　不同加工方法可达到的表面粗糙度（表 16–19）

表 16-19　不同加工方法可达到的表面粗糙度

加工方法		表面粗糙度 R_a（μm）													
		0.012	0.025	0.05	0.1	0.2	0.4	0.8	1.6	3.2	6.3	12.5	25	50	100
砂模铸造													√		
型壳铸造													√		
金属模铸造												√			
离心铸造											√				
精密铸造										√					
蜡模铸造									√						
压力铸造									√						
热轧												√			
模锻											√				
冷轧									√						
挤压									√						
冷拉								√							
锉									√						
刮削									√						
刨削	粗									√					
	半精							√							
	精						√								
插削										√					
钻孔									√						
金刚镗孔					√										
扩孔	粗									√					
	精							√							
镗孔	粗									√					
	半精							√							
	精						√								
铰孔	粗							√							
	半精						√								
	精					√									

加工方法		表面粗糙度 R_a（μm）												
		0.012	0.025	0.05	0.1	0.2	0.4	0.8	1.6	3.2	6.3	12.5	25	50	100
拉削	半精								√						
	精					√									
滚铣	粗											√			
	半精									√					
	精							√							
端面铣	粗										√				
	半精								√						
	精							√							
车外圆	粗											√			
	半精									√					
	精							√							
金刚车				√											
车端面	粗											√			
	半精									√					
	精							√							
磨平面	粗									√					
	半精														
	精			√											
磨外圆	粗									√					
	半精							√							
	精			√											
珩磨	平面					√									
	圆柱			√											
研磨	粗							√							
	半精					√									
	精		√												
抛光	一般						√								
	精		√												
滚压抛光							√								
超精加工	平面			√											
	柱面			√											
化学磨										√					
电解磨						√									
电火花加工										√					

续表

加工方法		表面粗糙度 R_a（μm）													
		0.012	0.025	0.05	0.1	0.2	0.4	0.8	1.6	3.2	6.3	12.5	25	50	100
切割	气割												√		
	锯											√			
	车										√				
	铣											√			
	磨									√					
齿轮及花键加工	刨								√						
	滚								√						
	插								√						
	磨						√								
	剃							√							
螺纹加工	丝锥板牙								√						
	梳铣								√						
	滚						√								
	车									√					
	搓丝								√						
	滚压							√							
	磨							√							
	研磨						√								

第17章 齿轮、蜗杆传动精度

17.1 渐开线圆柱齿轮精度

17.1.1 定义与代号

在 GB/T 10095.1—2008 中规定了单个渐开线圆柱齿轮轮齿同侧齿面的精度，见表 17-1。

表 17-1 轮齿同侧齿面偏差的定义与代号（GB/T 10095.1—2008）

名称	代号	定义	名称	代号	定义
单个齿距偏差	f_{pt}	端平面上，在接近齿高中部的一个与齿轮轴线同心的圆上，实际齿距与理论齿距的代数差	齿廓总偏差	F_a	在计值范围内，包容实际齿廓迹线的两条设计齿廓迹线间的距离
齿距累积偏差	F_{pK}	任意 K 个齿距的实际弧长与理论弧长的代数差	齿廓形状偏差	f_{fa}	在计值范围内，包容实际齿廓迹线的两条与平均齿廓迹线完全相同的曲线间的距离，且两条曲线与平均齿廓迹线的距离为常数
齿距累积总偏差	F_p	齿轮同侧齿面任意弧段（$K=1$ 至 $K=z$）内的最大齿距累积偏差			
螺旋线总偏差	F_β	在计值范围内，包容实际螺旋线迹线的两条设计螺旋线迹线间的距离	齿廓倾斜偏差	f_{Ha}	在计值范围内，两端与平均齿廓迹线相交的两条设计齿廓迹线间的距离
螺旋线形状偏差	$f_{f\beta}$	在计值范围内，包容实际螺旋线迹线的，与平均螺旋线迹线完全相同的两条曲线间的距离，且两条曲线与平均螺旋线迹线的距离为常数	切向综合总偏差	F_i'	被测齿轮与测量齿轮单面啮合检验时，被测齿轮一转内，齿轮分度圆上实际圆周位移与理论圆周位移的最大差值。（在检验过程中，齿轮的同侧齿面处于单面啮合状态。）
螺旋线倾斜偏差	$f_{H\beta}$	在计值范围的两端，与平均螺旋线迹线相交的两条设计螺旋线迹线间的距离	一齿切向综合偏差	f_i'	在一个齿距内的切向综合偏差

在 GB/T 10095.2—2008 中，规定了单个渐开线圆柱齿轮的有关径向综合偏差的精度，见表 17-2。

表 17-2　径向综合偏差与径向跳动的定义与代号（GB/T 10095.2—2008）

名称	代号	定义	名称	代号	定义
径向综合总偏差	F''_i	在径向（双面）综合检验时，产品齿轮的左、右齿面同时与测量齿轮接触，并转过一圈时出现的中心距最大值和最小值之差	径向跳动	F_r	当测头（球形、圆柱形、砧形）相继置于每个齿槽内时，它到齿轮轴线的最大和最小径向距离之差。检查中，测头在近似齿高中部与左右齿面接触
一齿径向综合偏差	f''_i	当产品齿轮啮合一整圈时，对应一个齿锯（360°$/z$）的径向综合偏差值			

17.1.2　等级精度及其选择

GB/T10095.1—2008 规定了从 0 级到 12 级共 13 个精度等级，其中 0 级是最高精度等级，12 级是最低精度等级。GB/T10095.2—2008 规定了从 4 级到 12 级共 9 个精度等级。在技术文件中，如果所要求的齿轮精度等级为 GB/T 10095.1—2008 的某级精度而无其他规定时，则齿距偏差（f_{pt}、F_{pK}、F_p）、齿廓偏差（F_a）、螺旋线偏差（F_β）的允许值均按该精度等级。

GB/T 10095.1—2008 规定可按供需双方协议对工作齿面和非工作齿面规定不同的精度等级，或对不同的偏差项目规定不同的精度等级。

径向综合偏差精度等级不一定与 GB/T 10095.1—2008 中的要素偏差规定相同的精度等级，当文件需叙述齿轮精度要求时，应注明是 GB/T 10095.1—2008 或是 GB/T 10095.2—2008。

表 17-3 所列为各种精度等级齿轮的适用范围，表 17-4 列出了各种机械经常采用的齿轮传动的精度等级，表 17-5 是按德国标准 DIN3960～3967 选择的啮合精度和检验项目，可以作为选择精度等级的参考。

表 17-3　各种精度等级齿轮的适用范围

精度等级	工作条件与适用范围	圆周速度（m/s）		齿面的最后加工
		直齿	斜齿	
5	用于高平稳且低噪声的高速传动的齿轮，精密机构中的齿轮，透平传动的齿轮，检测 8、9 级的测量齿轮，重要的航空、船用齿轮箱齿轮	>20	>40	特精磨的磨齿和桁磨；用精密滚刀滚齿
6	用于高速下平稳工作、需要高效率及低噪声的齿轮、航空、汽车用齿轮，读数装置中的精密齿轮，机床传动链齿轮，机床传动齿轮	≥15	≥30	精密磨齿或剃齿
7	在高速和适度功率或大功率和适当速度下工作的齿轮，机床变速箱进给齿轮，起重机齿轮，汽车以及读数装置中的齿轮	≥10	≥15	精密磨齿或剃齿
8	一般机器中无特殊精度要求的齿轮，机床变速齿轮，汽车制造业中的不重要齿轮、冶金、起重、农业机械中的重要齿轮	≥6	≥10	滚、插齿均可，不用磨齿，必要时剃齿或研齿
9	用于不提精度要求的粗糙工作的齿轮，因结构上考虑、受载低于计算载荷的传动用齿轮、重载低速不重要工作机械的传动力齿轮、农机齿轮	≥2	≥4	不需要特殊的精加工工序

表 17-4　齿轮传动精度等级的选择

适用范围	精度等级	适用范围	精度等级
测量齿轮	3～5	一般用途的减速器	6～9
汽车减速器	3～6	拖拉机	6～9
金属切削机床	3～8	轧钢机	6～10
航空发动机	4～7	矿用铰车	8～10
内燃机与电动车	6～7	起重机械	7～10
轻型汽车	5～8	农业机械	8～11
重型汽车	6～9		

表 17-5　按 DIN3960～3967 选择啮合精度和检验项目

用途	DIN 精度等级	补充	需要检验的误差	其他检验项目	附注
机床主传动与进给机构	6～7		f_{pe} 或 F_i'', f_i''	侧隙	
机床变速齿轮	7～8		f_{pe} 或 F_i'', f_i''		
透平齿轮箱	5～6		F_p, f_p, F_f, F_β, F_t	接触斑点，噪声，侧隙	齿廓修形与齿向修形
船用柴油机齿轮箱	4～7		F_p, f_p, F_f, F_β		
小型工业齿轮箱	6～8	F_β	F_p, f_p, F_f 抽样 F_i'', f_i''		
重型机械的功率传动	6～7	F_β	f_{pe} (F_p)	接触斑点，侧隙	
起重机与运输带的齿轮箱	6～8	F_β	f_{pe} 或 F_i'', f_i''	接触斑点，侧隙	
机车传动	6	F_β	F_p, f_p, F_f, F_β, 或 F_i'', f_i''	接触斑点，噪声，侧隙	齿廓修形与齿向修形
汽车齿轮箱	6～8		F_i'', f_i''	接触斑点，噪声，侧隙	齿廓修形与齿向修形
开式轮传动	8～12	F_β	F_P 或 F_f（样板）	接触斑点	
农业机械	9～10		F_i'', f_i'', 抽样 f_β, $f_{H\beta} f_P F_f, f_{Ha}$		

注：F_f——齿形总误差，f_{Ha}——齿形角误差；f_f——齿形形状误差；f_p——单一周节误差；f_{pe}——基节偏差；$f_{H\beta}$——齿向角误差

17.1.3　极限偏差（表 17-6）

表 17-6（1）　轮齿同侧齿面偏差的允许值（GB/T 10095.1—2008）　　　　　单位：μm

分度圆直径 d（mm）	模数 m（mm）	单个齿距偏差 $\pm f_{pt}$						齿距累积总偏差 F_p						齿廓总偏差 F_a					
		精度等级																	
		4	5	6	7	8	9	4	5	6	7	8	9	4	5	6	7	8	9
5≤d≤20	0.5≤m≤2	3.3	4.7	6.5	9.5	13	19	8	11	16	23	32	45	3.2	4.6	6.5	9	13	18
	2<m≤3.5	3.7	5	7.5	10	15	21	8.5	12	17	23	33	47	4.7	6.5	9.5	13	19	26
20<d≤50	0.5≤m≤2	3.5	5	7	10	14	20	10	14	20	29	41	57	3.6	5	7.5	10	15	21
	2<m≤3.5	3.9	5.5	7.5	11	15	22	10	15	21	30	42	59	5	7	10	14	20	29
	3.5<m≤6	4.3	6	8.5	12	17	24	11	15	22	31	44	62	6	9	12	18	25	35
	6<m≤10	4.9	7	10	14	22	28	12	17	23	33	46	65	7.5	11	15	22	31	43

续表

分度圆直径 d（mm）	模数 m（mm）	单个齿距偏差±f_{pt}						齿距累积总偏差 F_p						齿廓总偏差 F_a					
		精度等级																	
		4	5	6	7	8	9	4	5	6	7	8	9	4	5	6	7	8	9
50<d≤125	0.5≤m≤2	3.8	5.5	7.5	11	15	21	13	18	26	37	52	74	4.1	6	8.5	12	17	23
	2<m≤3.5	4.1	6	8.5	12	17	23	13	19	27	38	53	76	5.5	8	11	16	22	31
	3.5<m≤6	4.6	6.5	9	13	18	26	14	19	28	39	55	78	6.5	9.5	13	19	27	38
	6<m≤10	5	7.5	10	15	21	30	14	20	29	41	58	82	8	12	16	23	33	46
	10<m≤16	6.5	9	13	18	25	35	15	22	31	44	62	88	10	14	20	28	40	56
125<d≤280	0.5≤m≤2	4.2	6	8.5	12	17	24	17	24	35	49	69	98	4.9	7	10	14	20	28
	2<m≤3.5	4.6	6.5	9	13	18	26	18	25	35	50	70	100	6.5	9	13	18	25	36
	3.5<m≤6	5	7	10	14	20	28	18	25	36	51	72	102	7.5	11	15	21	30	42
	6<m≤10	5.5	8	11	16	23	32	19	26	37	53	75	106	9	13	18	25	36	50
	10<m≤16	6.5	9.5	13	19	27	38	20	28	39	56	79	112	11	15	21	30	43	60
280<d≤560	0.5≤m≤2	4.7	6.5	9.5	13	19	27	23	32	46	64	91	129	6	8.5	12	17	23	33
	2<m≤3.5	5	7	10	14	20	29	23	33	46	65	92	131	7.5	10	15	21	29	41
	3.5<m≤6	5.5	8	11	16	22	31	24	33	47	66	94	133	8.5	12	16	24	34	48
	6<m≤10	6	8.5	12	17	25	35	24	34	48	68	97	137	10	14	20	28	40	56
	10<m≤16	7	10	14	20	29	41	25	36	50	71	101	143	12	16	23	53	47	66
	16<m≤25	9	12	18	25	35	50	27	38	54	76	107	151	14	19	27	39	55	78

表 17-6（2）　轮齿同侧齿面偏差的允许值（GB/T 10095.1—2008）　　　　单位：μm

分度圆直径 d（mm）	模数 m（mm）	齿廓形状偏差 $f_{f\alpha}$						齿廓倾斜偏差±$f_{H\alpha}$						f_i/k 的比值					
		精度等级																	
		4	5	6	7	8	9	4	5	6	7	8	9	4	5	6	7	8	9
5≤d≤20	0.5≤m≤2	2.5	3.5	5	7	10	14	2.1	2.9	4.2	6	8.5	12	9.5	14	19	27	38	54
	2<m≤3.5	3.6	5	7	10	14	20	3	4.2	6	8.5	12	17	11	16	23	32	45	64
20<d≤50	0.5≤m≤2	2.8	4	5.5	8	11	16	2.3	3.3	4.6	6.5	9.5	13	10	14	20	29	41	58
	2<m≤3.5	3.9	5.5	8	11	16	22	3.2	4.5	6.5	9	13	18	12	17	24	34	48	68
	3.5<m≤6	4.8	7	9.5	14	19	27	3.9	5.5	8	11	16	22	14	19	27	38	54	77
	6<m≤10	6	8.5	12	17	24	34	4.8	7	9.5	14	19	27	16	22	31	44	63	89
50<d≤125	0.5≤m≤2	3.2	4.5	6.5	9	13	18	2.6	3.7	5.5	7.5	11	15	11	16	22	31	44	62
	2<m≤3.5	4.3	6	8.5	12	17	24	3.5	5	7	10	14	20	13	18	25	36	51	72
	3.5<m≤6	5	7.5	10	14	21	29	4.3	6	8.5	12	17	24	14	20	28	40	57	81
	6<m≤10	6.5	9	13	18	25	36	5	7.5	10	15	21	29	16	23	33	47	66	93
	10<m≤16	7.5	11	15	22	31	44	6.5	9	13	18	25	35	19	27	38	54	77	109
125<d≤280	0.5≤m≤2	3.8	5.5	7.5	11	15	21	3.1	4.4	6	9	12	18	12	17	24	34	49	69
	2<m≤3.5	4.9	7	9.5	14	19	28	4	5.5	8	11	16	23	14	20	28	39	56	79
	3.5<m≤6	6	8	12	16	23	33	4.7	6.5	9.5	13	19	27	15	22	31	44	62	88
	6<m≤10	7	10	14	20	28	39	5.5	8	11	16	23	32	18	25	35	50	70	100
	10<m≤16	8.5	12	17	23	33	47	6.5	9.5	13	19	27	38	20	29	41	58	82	115

分度圆直径 d（mm）	模数 m（mm）	齿廓形状偏差 $f_{f\alpha}$						齿廓倾斜偏差 $\pm f_{H\alpha}$						f_i/k 的比值					
		精度等级																	
		4	5	6	7	8	9	4	5	6	7	8	9	4	5	6	7	8	9
280<d≤560	0.5≤m≤2	4.5	6.5	9	13	18	26	3.7	5.5	7.5	11	15	21	14	19	27	39	54	77
	2<m≤3.5	5.5	8	11	16	22	32	4.6	6.5	9	13	18	26	15	22	31	44	62	87
	3.5<m≤6	6.5	9	13	18	26	37	5.5	7.5	11	15	21	30	17	24	34	48	68	96
	6<m≤10	7.5	11	15	22	31	43	6.5	9	13	18	25	35	19	27	38	54	76	108
	10<m≤16	9	13	18	26	36	51	7.5	10	15	21	29	42	22	31	44	62	88	124
	16<m≤25	11	15	21	30	43	60	8.5	12	17	24	35	49	26	36	51	72	102	144

注：f_i 的公差值由表中值乘以 k 得出。当 $\varepsilon_r<4$ 时，$k=(\varepsilon_r+4/\varepsilon_r)$；当 $\varepsilon_r \geq 4$ 时，$k=0.4$。

表 17-6（3） 轮齿同侧齿面偏差的允许值（GB/T 10095.1—2008） 单位：μm

分度圆直径 d（mm）	齿宽 b（mm）	螺旋线总公差 F_β						螺旋线形状公差 $f_{f\beta}$ 和 螺旋线倾斜极限偏差 $\pm f_{H\beta}$					
		精度等级											
		4	5	6	7	8	9	4	5	6	7	8	9
5≤d≤20	4≤b≤10	4.3	6	8.5	12	17	24	3.1	4.3	6	8.5	12	17
	10<b≤20	4.9	7	9.5	14	19	28	3.5	4.9	7	9.5	14	20
	20<b≤40	5.5	8	11	16	22	31	4	5.5	8	11	16	22
20<d≤50	4≤b≤10	4.5	6.5	9	13	18	25	3.2	4.5	6.5	9	13	18
	10<b≤20	5	7	10	14	20	29	3.6	5	7	10	14	20
	20<b≤40	5.5	8	11	16	23	32	4.1	6	8	10	16	23
	40<b≤80	6.5	9.5	13	19	27	68	4.8	7	9.5	14	19	27
50<d≤125	4≤b≤10	4.7	6.5	9.5	13	19	27	3.4	4.8	6.5	9.5	13	19
	10<b≤20	5.5	7.5	11	15	21	30	3.8	5.5	7.5	11	15	21
	20<b≤40	6	8.5	12	17	24	34	4.3	6	8.5	12	17	24
	40<b≤80	7	10	14	20	28	39	5	7	10	14	20	28
	80<b≤160	8.5	12	17	24	33	47	6	8.5	12	17	24	34
125<d≤280	4≤b≤10	5	7	10	14	20	29	3.6	5	7	10	14	20
	10<b≤20	5.5	8	11	16	22	32	4	5.5	8	11	16	23
	20<b≤40	6.5	9	13	18	25	36	4.5	6.5	9	13	18	25
	40<b≤80	7.5	10	35	21	29	41	5	7.5	10	15	21	29
	80<b≤160	8.5	12	17	25	35	49	6	8.5	12	17	25	35
	160<b≤250	10	14	20	29	41	58	7.5	10	15	21	29	41
	250<b≤400	12	17	24	34	47	67	8.5	12	17	24	34	48
280<d≤560	10<b≤20	6	8.5	12	17	24	34	4.3	6	8.5	12	17	42
	20<b≤40	6.5	9.5	13	19	27	38	4.8	7	9.5	14	19	27
	40<b≤80	7.5	11	15	22	31	44	5.5	8	11	16	22	31
	80<b≤160	9	13	18	26	36	52	6.5	9	13	18	26	37
	160<b≤250	11	15	21	30	43	60	7.5	11	15	22	30	43

续表

分度圆直径 d（mm）	齿宽 b（mm）	螺旋线总公差 F_β						螺旋线形状公差 $f_{f\beta}$ 和 螺旋线倾斜极限偏差 $\pm f_{H\beta}$					
		精度等级						精度等级					
		4	5	6	7	8	9	4	5	6	7	8	9
280<d≤560	250<b≤400	12	17	25	35	49	70	9	12	18	25	35	50
	400<b≤650	14	20	29	41	58	82	10	15	21	29	41	58
560<d≤1000	10≤b≤20	6.5	9.5	13	19	26	37	4.7	6.5	9.5	13	19	26
	20≤b≤40	7.5	10	15	21	29	41	5	7.5	10	15	21	29
	40<b≤80	8.5	12	17	23	33	47	6	8.5	12	17	23	33
	80<b≤160	9.5	14	19	27	39	55	7	9.5	14	19	27	39
	160<b≤250	11	16	22	32	45	63	8	11	16	23	32	45
	250<b≤400	13	18	26	36	51	73	9	13	18	26	36	52
	400<b≤650	15	21	30	42	60	85	11	15	21	30	43	60

表 17-6（4）　径向综合偏差与径向跳动的允许值（GB/T 10095.2—2008 摘录）　单位：μm

分度圆直径 d（mm）	模数 m_n（mm）	径向综合总偏差 f_i''						一齿径向综合偏差 f_i''						分度圆直径 d（mm）	模数 m_n（mm）	径向跳动偏差 F_r					
		精度等级						精度等级								精度等级					
		4	5	6	7	8	9	4	5	6	7	8	9			4	5	6	7	8	9
5≤d≤20	0.2≤m_n≤0.5	7.5	11	15	21	30	42	1	2	2.5	3.5	5	7	5≤d≤20	0.5≤m_n≤2.0	6.5	9	13	18	25	36
	0.5<m_n≤0.8	8	12	16	23	33	46	2	2.5	4	5.5	7.5	11		2.0<m_n≤3.5	6.5	9.5	13	19	27	38
	0.8<m_n≤1.0	9	12	18	25	35	50	2.5	3.5	5	7	10	14	20<d≤50	0.5≤m_n≤2.0	8	11	16	23	32	46
20<d≤50	0.2≤m_n≤0.5	9	13	19	26	37	52	1.5	2	2.5	3.5	5	7		2.0<m_n≤3.5	8.5	12	17	25	35	49
	0.5<m_n≤0.8	10	14	20	28	40	56	2	2.5	4	5.5	7.5	11		3.5<m_n≤6.0	8.5	12	18	25	35	49
	0.8<m_n≤1.0	11	15	21	30	42	60	2.5	3.5	5	7	10	14	50<d≤125	0.5≤m_n≤2.0	10	14	20	29	42	59
	1.0<m_n≤1.5	11	16	23	32	45	64	3	4.5	6.5	9	13	18		2.0<m_n≤3.5	11	15	21	30	43	61
	1.5<m_n≤2.5	13	18	26	37	52	73	4.5	6.5	9.5	13	19	26		3.5<m_n≤6.0	11	16	22	31	44	62
50<d≤125	0.5<m_n≤0.8	12	17	25	35	49	70	2	2.5	4	5.5	8	11		6.0<m_n≤10	12	16	23	33	46	65
	0.8<m_n≤1.0	13	18	26	36	52	73	2.5	3.5	5	7	10	14	125<d≤280	0.5≤m_n≤2.0	14	19	28	39	55	78
	1.0<m_n≤1.5	14	19	27	39	55	77	3	4.5	6.5	9	13	18		2.0<m_n≤3.5	14	20	28	40	56	80
50<d≤125	1.5<m_n≤2.5	15	22	31	43	61	86	4.5	6.5	9.5	13	19	26		3.5<m_n≤6.0	14	20	29	41	58	82
	2.5<m_n≤4.0	18	25	36	51	72	102	7	10	14	20	29	41		6.0<m_n≤10	15	21	30	42	60	85
125<d≤280	0.5<m_n≤0.8	16	22	31	44	63	89	2	3	4	5.5	8	11		10<m_n≤16	16	24	32	45	63	89
	0.8<m_n≤1.0	16	23	33	46	65	92	2.5	3.5	5	7	10	14	280<d≤560	2.0<m_n≤3.5	18	26	37	52	74	105
	1.0<m_n≤1.5	17	24	34	48	68	97	3	4.5	6.5	9	13	18		3.5<m_n≤6.0	19	27	38	53	75	106
	1.5<m_n≤2.5	19	26	37	53	75	106	4.5	6.5	9.5	13	19	27		6.0<m_n≤10	19	28	39	55	77	109
	2.5<m_n≤4.0	21	30	43	61	86	121	7.5	10	15	21	29	41		10<m_n≤16	20	29	40	57	81	114
280<d≤560	0.8<m_n≤1.0	21	29	42	59	83	117	2.5	3.5	5	7.5	10	15		16<m_n≤25	21	30	43	61	86	121
	1.0<m_n≤1.5	22	30	43	61	86	125	3.5	4.5	6.5	9	13	18	560<d≤1000	2.0<m_n≤3.5	24	34	48	67	95	134
	1.5<m_n≤2.5	23	33	46	65	92	131	5	6.5	9.5	13	19	27		3.5<m_n≤6.0	24	35	49	68	96	136
	2.5<m_n≤4.0	26	37	52	73	104	146	7.5	10	15	21	29	41		6.0<m_n≤10	25	35	49	70	98	139
	4.0<m_n≤6.0	30	42	60	84	119	169	11	15	22	31	44	62		10<m_n≤16	25	36	51	72	102	144

17.2 圆锥齿轮精度

17.2.1 锥齿轮、齿轮副误差及侧隙的定义和代号

国家标准 GB／T11365—1989《锥齿轮和准双曲面齿轮精度》规定了锥齿轮及齿轮副的误差、定义、代号、精度等级、齿坯要求、检验与公差、侧隙和图样标注，表 17-7 摘录了部分内容。该标准适用于中点法向模数 $m_n \geq 1$mm，中点分度圆直径<400mm 的直齿、斜齿、曲线齿锥齿轮和准双曲面齿轮及其齿轮副。

表 17-7 锥齿轮、齿轮副误差及侧隙的定义和代号

公差组		名　称	代　号	定　义
I	齿轮	切向综合误差 切向综合公差	$\Delta F_i'$ F_i'	被测齿轮与理想精确测量齿轮按规定的安装位置单面啮合时，被测齿轮一转内，实际转角与理论转角之差的总幅度值，以齿宽中点分度圆弧长计
		轴交角综合误差 轴交角综合公差	$\Delta F_{i\Sigma}''$ $F_{i\Sigma}''$	被测齿轮与理想精确的测量齿轮在分锥顶点重合的条件下双面啮合时，被测齿轮一转内，齿轮副轴交角的最大变动量。以齿宽中点处线值计
		齿距累积误差 齿距累积公差	ΔF_p F_p	在中点分度圆上任意两个同侧齿面间实际弧长与公称弧长之差的最大绝对值
		k 个齿距累积误差 k 个齿距累积公差	ΔF_{pk} F_{pk}	在中点分度圆上，k 个齿距实际弧长与公称弧长之差的最大绝对值。k 为 2 到小于 $Z/2$ 的整数
		齿圈跳动 齿圈跳动公差	Δf_r f_r	在齿轮一转范围内，测头在齿槽内与齿高中部双面接触，沿分锥法向相对齿轮轴线的最大变动量
	齿轮副	齿轮副切向综合误差 齿轮副切向综合公差	$\Delta F_{ic}'$ F_{ic}'	齿轮副按规定的安装位置单面啮合时，在转动整周期内，一个齿轮相对于另一个齿轮的实际转角与理想转角之差的总幅度值。以齿宽中点分度圆弧长计
		齿轮副轴交角综合误差 齿轮副轴交角综合公差	$\Delta F_{i\Sigma c}''$ $F_{i\Sigma c}''$	测齿轮在分锥顶点重合的条件下双面啮合时，在传动的整周期内，轴交角的最大变动量。以齿宽中点处线值计
		齿轮副侧隙变动量 齿轮副侧隙变动公差	ΔF_{vj} F_{vj}	齿轮副按规定的位置安装后，在转动的整周期内，法向侧隙的最大量与最小量之差
		齿轮副轴交角偏差 齿轮副轴交角极限偏差	ΔF_s F_s	齿轮副实际轴间距与公称轴间距之差
		齿轮副的侧隙 圆周侧隙 法向侧隙	j_t j_n	圆周侧隙：装配好的齿轮副，当一个齿轮固定时，另一个齿轮从工作齿面接触到非工作齿面所转过的齿宽中点分度弧长 法向侧隙：装配好的齿轮副，当工作齿面接触时，非工作齿面之间的最小距离。齿宽中点计算
II	齿轮	一齿切向综合误差 一齿切向综合公差	$\Delta f_i'$ f_i'	被测齿轮与理想精确测量齿轮按规定的安装位置单面啮合时，被测齿轮一齿距角内，实际转角与理论转角之差的最大幅度值，以齿宽中点分度圆弧长计

公差组		名 称	代 号	定 义
II	齿轮	一齿轴交角综合误差 一齿轴交角综合公差	$\Delta f_{i\Sigma}''$ $f_{i\Sigma}''$	被测齿轮与理想精确的测量齿轮在分锥顶点重合的条件下双面啮合时,被测齿轮一齿距角内,齿轮副轴交角的最大变动量。以齿宽中点处线值计
		齿距偏差 齿距极限偏差 上偏差 下偏差	Δf_{pt} $+\Delta f_{pt}$ $-f_{pt}$	在分度圆上,实际齿距与公称齿距之差
		齿厚偏差 齿厚极限偏差 上偏差 下偏差 齿厚公差	ΔE_s E_{ss} E_{si} T_s	齿宽中点法向弦齿厚实际值与理想值之差
		齿形相对误差 齿形相对误差的公差	Δf_c f_c	齿轮绕工艺轴线旋转时,各轮齿实际齿面相对于基准实际齿面传递运动的转角之差。以齿宽中点处线值计
	齿轮副	齿轮副的一齿切向综合误差 齿轮副的一齿切向综合公差	$\Delta f_{ic}'$ f_{ic}'	齿轮副按规定的安装位置单面啮合时,在一齿距角内,一个齿轮相对于另一个齿轮的实际转角与理想转角之差的最大值。在整周期内取值,以齿宽中点分度圆弧长计
		齿轮副一齿轴交角综合误差 齿轮副一齿轴交角综合公差	$\Delta f_{i\Sigma c}''$ $f_{i\Sigma c}''$	测齿轮在分锥顶点重合的条件下双面啮合时,在一齿距角内,轴交角的最大变动量。在整周期内取值,以齿宽中点处线值计
		齿轮副周期误差 齿轮副周期误差的公差	$\Delta f_{zkc}'$ f_{zkc}'	齿轮副按规定的安装位置单面啮合时,在大轮一转范围内,二次(包括二次)以上各次谐波的总幅度值
		齿轮副齿频周期误差 齿轮副齿频周期误差的公差	$\Delta f_{zzc}'$ f_{zzc}'	齿轮副规定的安装位置单面啮合时,以齿数为频率的谐波的总幅度值
III	齿轮 齿轮副	接触斑点		装配好的齿轮副,在轻微的制动下运转后,在齿轮工作面上得到的接触痕迹 接触点包括形状、位置、大小三个方面的要求 接触痕迹的大小用百分数计算 沿齿长方向—接触痕迹的长度 b'' 与工作长度 b' 之比的百分数,即 $\dfrac{b''}{b'}\times100\%$ 沿齿高方向—接触痕迹的高度 h'' 与工作高度 h' 之比的百分数,即 $\dfrac{h''}{h'}\times100\%$
安装精度	齿轮 齿轮副	齿圈轴向位移极限偏差 齿轮副轴间距极限偏差 齿轮副轴交角极限偏差	f_{AM} f_a E_Σ	4～12 级当齿轮副安装在实际位置上时检验

注: 1. 当两齿轮的齿数比为不大于 3 的整数且采用选配时,应将 F'_{ic} 值压缩 25% 或更多;

    2. f_{AM} 属于第 II 公差组时,f_a 属于第 III 公差组。

17.2.2　精度等级

GBT11365—1989 对渐开线锥齿轮及齿轮副规定 12 个精度等级。第 1 级的精度最高，第 12 级的精度最低。

按照误差的特性及它们对传动特性的影响，将锥齿轮和齿轮副的公差项目分成三个公差组，见表 17-8，根据使用要求，允许各公差组用不同的精度等级。但对齿轮副中大、小齿轮的同一公差组，应规定同精度等级。

表 17-8　锥齿轮各项公差的分组

公差组	检验对象	公差与极限偏差项目	误差特性	对运动性能的影响
I	齿轮 齿轮副	F_i''、F_{iz}''、F_p、F_{pk}、F_r F_{ic}''、$F_{i\Sigma c}''$、F_{vj}	以齿轮一转为周期的误差	传递运动的准确性
II	齿轮 齿轮副	f_i'、f_{iz}'、f_{zk}、f_{pt}、f_c f_{ic}'、$f_{i\Sigma c}'$、f_{zkc}''、f_{zzc}''、f_{AM}	在齿轮一周内，多次周期的重复出现的误差	传动的平稳性
III	齿轮 齿轮副	接触斑点 接触斑点 f_a	齿向线的误差	载荷分布的均匀性

齿轮精度选择应根据传动用途、使用条件、传递的功率、圆周速度以及其他技术要求决定。锥齿轮第 II 公差组的精度主要根据锥齿轮平均直径的圆周速度决定，如表 17-9 所示。

表 17-9　锥齿轮第 II 公差组精度等级与圆周速度的关系

第 II 公差组	直　齿		非　直　齿	
	齿面 HBW≤350	齿面 HBW>350	齿面 HBW≤350	齿面 HBW>350
	圆周速度（m/s）≤			
7	7	6	16	13
8	4	3	9	7
9	3	2.5	6	5

17.2.3　公差组与检验项目

标准中规定了锥齿轮和齿轮副的各公差组的检验组。根据齿轮的工作要求和生产规模，在各公差组中，任选一个检验组评定和验收齿轮和齿轮副的精度等级。锥齿轮和齿轮副的公差组及各检验组的应用见表 17-10，推荐的锥齿轮和齿轮副的检验项目见表 17-11。

表 17-10　锥齿轮和齿轮副的公差组及各检验组的应用

公差组		公差与极限偏差项目			检验组	适用精度范围
		名称	代号	数值		
I	齿轮	切向综合公差	F_i'	$F_p+1.15f_c$	$\Delta F_i'$	4～8 级
		轴交角综合公差	$F_{i\Sigma}''$	$0.7F_{i\Sigma C}''$	$\Delta F_{i\Sigma}''$	7～12 级直齿，9～12 级非直齿
		齿距累积公差	F_p		ΔF_p	7～8 级
		k 个齿距累积公差	F_{pk}	见表 17-13	ΔF_p 与 ΔF_{pk}	4～6 级
		齿圈跳到公差	F_r		ΔF_r	7～12 级，对 7、8 级 $d_m^①$>1600mm

公差组		公差与极限偏差项目			检验组	适用精度范围
		名称	代号	数值		
	齿轮副	齿轮副切向综合公差	F_{ic}'	$F_{i1}'+F_{iz}'$ [②]	$\Delta F_{ic}'$	4～8 级
		齿轮副轴交角综合公差	$F_{i\Sigma C}^N$	见表 17-13	$\Delta F_{i\Sigma C}^N$	7～12 级直齿，9～12 级非直齿
		齿轮副侧隙变动公差	F_{vj}		ΔF_{vj}^N	9～12 级
II	齿轮	一齿切向综合公差	f_i'	0.8 $(f_{pt}+1.15f_c)$	$\Delta f_i'$	4～8 级
		一齿轴交角综合公差	$f_{i\Sigma}'$	$0.7 f_{i\Sigma c}'$	$\Delta f_{i\Sigma}'$	7～12 级直齿，9～12 级非直齿
		周期误差的公差	f_{zk}'	见表 17-18	$\Delta f_{zk}'$	4～8 级，纵向重合度 ε_β>界限值[③]
		齿距极限偏差	$\pm f_{pt}$	见表 17-12	Δf_{pt}	7～12 级
		齿形相对误差的公差	f_c		Δf_{pt} 与 Δf_c	4～6 级
	齿轮副	齿轮副一齿切向综合公差	F_{ic}'	$f_{i1}+f_{i2}$	$\Delta f_{ic}'$	4～8 级
		齿轮副一轴交角综合公差	$f_{i\Sigma c}'$	见表 17-17	$\Delta f_{i\Sigma c}'$	7～12 级直齿，9～12 级非直齿
		齿轮副周期误差的公差	f_{zkc}'	见表 17-18	$\Delta f_{zkc}'$	4～8 级，纵向重合度 ε_β>界限值[③]
		齿轮副齿频周期误差的公差	f_{zzc}'	见表 17-19	$\Delta f_{zzc}'$	4～8 级，纵向重合度 ε_β<界限值[③]
III	齿轮 齿轮副	接触斑点		见表 17-14	接触斑点	4～12 级
安装精度	齿轮副	齿圈轴向位移极限偏差	$\pm \Delta f_{AM}$ [④]	见表 17-15	Δf_{AM}、Δf_a 和 ΔE_Σ	4～12 级。当齿轮副安装在实际装置上时检验
		齿轮副轴间距极限偏差	$\pm f_a$ [④]	见表 17-16		
		齿轮副轴轴交角极限偏差	$\pm E_\Sigma$			

注：① d_m 中点分度圆直径.

② 当两齿轮的齿数比为不大于 3 的整数且采用选配时，应将 F_{ic}' 值压缩 25% 或更多。

③ 界限值：对第III公差组精度等级 4～5 级，ε_β 为 1.35；6～7 级，ε_β 为 1.55；8 级，ε_β 为 2.0。

④ $\pm f_{AM}$ 属第II公差组，$\pm f_a$ 属第III公差组。

表 17-11　推荐的锥齿轮和齿轮副的检验项目

	公差组	检验对象	精度等级		
			7	8	9
齿轮	第 I 公差组	直齿	F_i'、$F_{i\Sigma}''$、F_p		$F_{i\Sigma}''$
		斜齿、曲齿	F_i'、F_p		$F_{i\Sigma}''$
	第 II 公差组	直齿	f_i'、$f_{i\Sigma}''$、f_{zk}'、f_{pt}		
		斜齿、曲齿	f_i'、f_{zk}'、f_{pt}		$\Delta f_{i\Sigma}''$
	第III公差组	直、斜、曲齿	接触斑点		
	侧隙	直、斜、曲齿	E_{ss} 及 E_{si}（或 E_{ss} 及 T_s）		
齿轮副	第 I 公差组	直齿	F_{ic}'、$f_{i\Sigma c}''$		$f_{i\Sigma c}''$、F_{vj}
		斜齿、曲齿	F_{ic}'		$F_{i\Sigma c}''$、F_{vj}
	第 II 公差组	直齿	f_{ic}'、$f_{i\Sigma c}''$、f_{zkc}'、f_{zzc}'		$f_{i\Sigma c}''$
		斜齿、曲齿	f_{ic}'、f_{zkc}'、f_{zzc}'		

	公差组	检验对象	精 度 等 级		
			7	8	9
齿轮副	第Ⅲ公差组	直、斜、曲齿	接触斑点		
	侧隙	直、斜、曲齿	j_{nmin} 及 j_{nmax}		
	安全误差	直、斜、曲齿	f_{AM}、f_a、E_Σ		

注：有些误差的公差是根据另一些公差计算的，如 $F_{ic}'=F_{il}'+F_{i2}'$；$F_i'=F_p+1.15f_c$；$F_{ic}''=f_{il}''+f_{i2}''$；$F_{i\Sigma}''=0.7F_{i\Sigma c}''$；$F_{i\Sigma}'=0.7f_{i\Sigma c}''$；$f_i'=0.8(f_{pt}+1.15f_c)$。

其他误差的公差值见表 17-12～表 17-19。

表 17-12 锥齿轮的 $\pm f_{pt}$ 和齿轮副的 $F_{i\Sigma c}'$　　　　单位：μm

中点分度圆直径（mm）		中点法向模数（mm）	齿距极限偏差 $\pm f_{pt}$		
			第Ⅱ组精度等级		
			7	8	9
—	125	≥1～3.5	14	20	28
		>3.5～6.3	18	25	36
		>6.3～10	20	28	40
125	400	≥1～3.5	16	22	32
		>35～6.3	20	28	40
		>6.3～10	22	32	45

表 17-13 锥齿轮的 F_p、F_{pK}、F_r 和齿轮副的 $F_{i\Sigma c}''$、F_{vj} 值　　　　单位：μm

齿距累积公差 F_p k 个齿距累积公差 F_{pk}[①]						中点分度圆直径（mm）		中点法向模数（mm）	齿圈跳到公差 F_r				齿轮副轴交角综合公差 $F_{i\Sigma c}''$			齿轮副侧隙变动公差 F_{vj}[②]		
L（mm）		精度等级							精度等级									
大于	到	6	7	8	9	10	大于	到		7	8	9	10	7	8	9	10	9	10
—	11.2	11	16	22	32	45	—	125	≥1～3.5	36	45	56	71	67	85	110	130	75	90
									>3.5～6.3	40	50	63	80	75	95	120	150	80	100
11.2	20	16	22	32	45	63			>6.3～10	45	56	71	90	80	105	130	170	90	120
									>10～16	50	63	80	100	100	120	150	190	105	130
20	32	20	28	40	56	80	125	400	≥1～3.5	50	63	80	100	100	125	160	190	110	140
32	50	22	32	45	63	90			>3.5～6.3	56	71	90	112	105	130	170	200	120	150
50	80	25	36	50	71	100			>6.3～10	63	80	100	125	120	150	180	220	130	160
									>10～16	71	90	112	140	130	160	200	250	140	170
80	160	32	45	63	90	125	400	800	≥1～3.5	63	80	100	125	130	160	200	260	140	180
160	315	45	63	90	125	180			>3.5～6.3	71	90	112	140	140	170	220	280	150	190
315	630	63	90	125	180	250			>6.3～10	80	100	125	160	150	190	240	300	160	200
									>10～16	90	112	140	180	160	200	260	320	180	220

续表

齿距累积公差 F_p k个齿距累积公差 F_{pk}①							中点分度圆直径（mm）		中点法向模数（mm）	齿圈跳到公差 F_r				齿轮副轴交角综合公差 $F''_{i\Sigma C}$				齿轮副侧隙变动公差 F_{vj}②	
L（mm）		精度等级								精度等级									
大于	到	6	7	8	9	10	大于	到		7	8	9	10	7	8	9	10	9	10
630	1000	80	112	160	224	315	800	1600	≥1~3.5	—	—	—	—	150	180	240	280	—	—
1000	1600	100	140	200	280	400			>3.5~6.3	80	100	125	160	160	200	250	320	170	220
1600	2500	1120	160	224	315	450			>6.3~10	90	112	140	180	180	220	280	360	200	250
									>10~16	100	125	160	200	200	250	320	400	220	270

注：① F_p、F_{pk}按中点分度圆弧度长 L（mm）查表。查 F_p 时，取 $L=\pi d_m/2=\pi m_n z/2\cos\beta$，式中 β 为锥齿轮螺旋角，d_m 为齿宽中点分度圆直径，m_n 为中点法向模数；查 F_{pk} 时，$L=k\pi m_n/\cos\beta$（没有特殊要求时，k 值取 $Z/6$ 或最接近的整齿数）。

② F_{vj} 取大小轮中点分度圆直径之和的一半作为查表直径。对于齿数比为整数且不大于 3（1、2、3）的齿轮副，当采用选配时可将 F_{vj} 值缩小 25% 或更多。

表 17-14　接触斑点

精度等级	6，7	8，9	10	
沿齿长方向（%）	50~70	35~65	25~55	对齿面修行的齿轮，在齿面大端、小端和齿顶边缘处不允许出现接触斑点；对齿面不修行的齿轮，其接触斑点大小不小于表中平均值
沿齿高方向（%）	55~75	40~70	30~60	

表 17-15　锥齿轮副检验安装误差项目±f_{AM}值　　　　单位：μm

中点锥距（mm）		分锥角（°）		安装距极限偏差±f_{AM} 精度等级								
				7			8			9		
				中点法向模数（mm）								
大于	到	大于	到	≥1~3.5	>3.5~6.3	>6.3~10	≥1~3.5	>3.5~6.3	>6.3~10	≥1~3.5	>3.5~6.3	>6.3~10
—	50	—	20	20	11	—	28	16	—	40	22	—
		20	45	17	9.5	—	24	13	—	34	19	—
		45	—	71	4	—	10	5.6	—	14	8	—
50	100	—	20	67	38	24	95	53	34	140	75	50
		20	45	56	32	21	80	45	30	120	63	42
		45	—	24	13	8.5	34	17	12	48	26	17
100	200	—	20	150	80	53	200	120	75	300	160	105
		20	45	130	71	45	180	100	63	260	140	90
		45	—	53	30	19	75	40	26	105	60	38
200	400	—	20	340	180	120	480	250	170	670	360	240
		20	45	280	150	100	400	210	140	560	300	200
		45	—	120	63	40	170	90	60	240	130	85

表 17-16　锥齿轮副检验安装误差项目±f_a、±E_Σ值　　　　单位：μm

中点锥距（mm）		轴间距极限偏差±f_a			轴交角极限偏差±E_Σ				
		精度等级			小轮分锥角/（°）		最小法向间隙种类		
大于	到	7	8	9	大于	到	d	c	b
	50	18	28	36	—	15	11	18	30
					15	25	16	26	42
					25	—	19	30	50
50	100	20	30	45	—	15	16	26	42
					15	25	19	30	50
					25	-	22	32	60
100	200	25	36	55	—	15	19	30	50
					15	25	26	45	71
					25	—	32	50	80
200	400	30	45	75	—	15	22	32	60
					12	25	36	56	90
					25	—	40	63	100

注：1. 表中±f_a值用于无纵向运行的齿轮副。

　　2. 表中±E_Σ值的公差带位置相对于零点，可以不对称或取在一侧。

　　3. 表中±E_Σ值用于α=20°的正交齿轮副。

表 17-17　f_c及$f''_{i\Sigma c}$公差值　　　　单位：μm

中点分度圆直径（mm）		中点法向模数（mm）	齿行相对误差的公差f_c		齿轮副一轴交角综合公差$f''_{i\Sigma c}$		
			精度等级				
大于	到		7	8	7	8	9
---	125	≥1～3.5	8	10	28	40	53
		>3.5～6.3	9	13	36	50	60
		>6.3～10	11	17	40	56	71
125	400	≥1～3.5	9	13	32	45	60
		>3.5～6.3	11	15	36	56	67
		>6.3～10	13	19	45	63	80

表 17-18　齿轮副周期误差的公差f'_{zkc}值　　　　单位：μm

精度等级	中点分度圆直径（mm）		中点法向模数（mm）	齿轮在一转（齿轮副在大轮一转）内的周期数								
	大于	到		≥2～4	>4～8	>8～16	>16～32	>32～63	>63～125	>125～250	>250～500	>500
7	—	125	≥1～6.3	17	13	10	8	6	5.3	4.5	4.2	4
			>6.3～10	21	15	11	9	7.1	6	5.3	5	4.5
	125	400	≥1～6.3	25	18	13	10	9	7.5	6.7	6	5.6
			>6.3～10	28	20	16	12	10	8	7.5	6.7	6.3

续表

精度等级	中点分度圆直径（mm）		中点法向模数（mm）	齿轮在一转（齿轮副在大轮一转）内的周期数								
	大于	到		≥2~4	>4~8	>8~16	>16~32	>32~63	>63~125	>125~250	>250~500	>500
8	—	125	≥1~6.3	25	18	13	10	8.5	7.5	6.7	6	5.6
			>6.3~10	28	21	16	12	10	8.5	7.5	7	6.7
	125	400	≥1~6.3	36	26	19	15	12	10	9	8.5	8
			>6.3~10	40	30	22	17	14	12	10.5	10	8.5

表 17-19 齿轮副齿频周期误差的公差 f'_{zzc} 值 单位：μm

中点法向模数（mm）	精 度 等 级							
	7				8			
	齿 数							
	>16	>16~32	>32~63	>63~125	>16	>16~32	>32~63	>63~125
≥1~3.5	15	16	17	18	22	24	24	25
>3.5~6.3	18	19	20	22	28	28	30	32
>6.3~10	22	24	24	26	32	34	36	38

17.2.4 齿轮副侧隙

GB/T11365—1989 规定齿轮副的最小法向侧隙种类有 a、b、c、d、e 与 h 六种。最小法向侧隙以 a 为最大，h 为零。最小法向侧隙种类与精度等级无关，最小法向侧隙 j_{nmin} 值可查表 17-20。齿轮的法向侧隙公差种类有 A、B、C、D 和 H 五种。法向侧隙公差种类与精度等级有关。一般情况下，推荐法向侧隙公差种类与最小法向侧隙种类的对应关系如图 17-1 所示。允许不同种类的法向侧隙公差和最小法向侧隙组合。

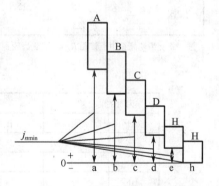

图 17-1 最小法向侧隙种类

当最小法向侧隙种类确定以后，按表 17-21 查出齿厚公差 T_s，按表 17-23 查取齿厚上偏差 E_{ss} 按表 17-16 查取轴交角极限偏差 E_Z，最大法向侧隙 j_{nmax} 按下式计算：

$$j_{nmax} = (|E_{ss_1} + E_{ss_2}| + T_{s_1} + T_{s_2} + E_{s\Delta1} + E_{s\Delta2})\cos\alpha_n$$

式中 $E_{S\Delta}$ 为制造误差的补偿部分，其值由表 17-22 查取。

齿厚公差 T_s 按表 17-21 的规定。

表 17-20　最小法向侧隙 j_{nmin} 值　　　　　　　　　　单位：μm

中点锥距（mm）		小轮分锥角（°）		最小法向侧隙种类					
小于	到	大于	到	h	e	d	c	b	a
—	50	—	15	0	15	22	36	58	90
		15	25	0	21	33	52	84	130
		25	—	0	25	39	62	100	160
50	100	—	15	0	21	33	52	84	130
		15	25	0	25	39	62	100	160
		25	—	0	30	46	74	120	190
100	200	—	15	0	25	39	62	100	160
		15	25	0	35	54	87	140	220
		25	—	0	40	63	100	160	250
200	400	—	15	0	30	46	74	120	190
		15	25	0	46	72	115	185	290
		25	—	0	52	81	130	210	320
400	800	—	15	0	40	63	100	160	250
		15	25	0	57	89	140	230	360
		25	—	0	70	110	175	280	440
800	1600	—	15	0	52	81	130	210	320
		15	25	0	80	125	200	320	500
		25	—	0	105	165	260	420	660
1600	—	—	15	0	70	110	175	280	440
		15	25	0	125	195	310	500	780
		25	—	0	175	280	440	710	1100

注：正交齿轮副按中点锥距 R，非正交齿轮副按下式计算出的 R'：$R'=R（\sin2\delta_1+\sin2\delta_2）/2$，式中 δ_1、δ_2 为大、小轮分锥角。

表 17-21　齿厚公差 T_s　　　　　　　　　　单位：μm

齿圈跳动公差 F_r		法向侧隙公差种类				
大于	到	H	D	C	B	A
—	8	21	25	30	40	52
8	10	22	28	34	45	55
10	12	24	30	36	48	60
12	16	26	32	40	52	65
16	20	28	36	45	58	75
20	25	32	42	52	65	85
25	32	38	48	60	75	95
32	40	42	55	70	85	110
50	60	60	75	95	120	150
60	80	70	90	110	130	180
80	100	90	11	140	170	220

续表

齿圈跳动公差 F_r		法向侧隙公差种类				
100	125	110	130	170	200	260
125	160	130	160	200	250	320
160	200	160	200	260	320	400
250	320	240	300	400	480	630
320	400	300	380	500	600	750
400	500	380	480	600	750	950
500	630	450	500	750	950	1180

表 17-22 最大法向侧隙（$j_{n\max}$）的制造误差补偿部分 $E_{s\Delta}$ 值　　　　单位：μm

第 II 公差组	中点法向模数（mm）	中点分度圆直径（mm）											
		≤125			>125～400			>400～800			>800～1600		
		分锥角（°）											
		≤20	>20～45	>45	≤20	>20～45	>45	≤20	>20～45	>45	≤20	>20～45	>45
6	1～3.5	18	18	20	25	28	28	32	45	40	—	—	—
	>3.5～6.3	20	20	22	28	28	28	34	50	40	67	75	72
	>6.3～10	22	22	25	32	32	30	36	50	45	72	80	75
	>10～16	25	25	28	32	34	32	45	55	50	72	90	75
7	1～3.5	20	20	22	28	32	30	36	50	45	—	—	—
	>3.5～6.3	22	22	25	32	32	32	38	55	45	75	85	80
	>6.3～10	25	25	28	36	36	34	40	55	50	80	90	85
	>10～16	28	28	30	36	38	36	48	60	55	80	100	85
8	1～3.5	22	22	24	30	36	32	40	55	50	—	—	—
	>3.5～6.3	24	24	28	36	36	32	42	60	50	80	90	85
	>6.3～10	28	28	30	40	40	38	45	60	55	85	100	95
	>10～16	30	30	32	40	42	40	55	65	60	85	110	95
9	1～3.5	24	24	25	32	38	36	45	65	55	—	—	—
	>3.5～6.3	25	25	30	38	38	36	45	65	55	90	100	95
	>6.3～10	30	30	32	45	45	40	48	65	60	95	11	100
	>10～16	32	32	36	45	45	45	48	70	65	95	120	100
10	1～3.5	25	25	28	36	42	40	48	65	60	—	—	—
	>3.5～6.3	28	28	32	42	42	40	50	70	60	95	110	105
	>6.3～10	32	32	36	48	48	45	50	70	65	105	115	110
	>10～16	36	36	40	48	50	48	60	80	70	105	130	110

表 17-23　齿厚上偏差 E_{ss}　　　　　　　　　　单位：μm

基本值												系数					
中点法向模数（mm）	中点分度圆直径（mm）											最小法向侧隙种类	第Ⅱ公差组精度等级				
	≤125			>125～400			>400～800			>800～1600				6	7	8	9	10
	分锥角（°）												h	0.9	1.0	—	—	—
	≤20	>20～45	>45	≤20	>20～45	>45	≤20	>20～45	>45	≤20	>20～45	>45	e	1.45	1.6	—	—	—
1～3.5	−20	−20	−22	−28	−32	−30	−36	−50	−45	—	—	—	d	1.8	2.0	2.2	—
>3.5～6.3	−22	−22	−25	−32	−32	−30	−38	−55	−45	−75	−85	−80	c	2.4	2.7	3.0	3.2	—
>6.3～10	−25	−25	−28	−36	−36	−34	−40	−55	−50	−80	−90	−85	b	3.4	3.8	4.2	4.6	4.9
>10～16	−28	−28	−30	−36	−38	−36	−48	−60	−55	−80	−100	−85	a	5.0	5.5	6.0	6.6	7.0

注：1. 各最小法向侧隙种类和各精度等级齿轮的 E_{ss} 值，由基本值栏查出的数值乘以系数得到。

2. 当轴交角公差带相对于零线不对称时，E_{ss} 数值修正如下：

增大轴交角上偏差时 E_{ss} 加上 $(E_{\Sigma S}-|E_{\Sigma i}|) \tan\alpha$

减小轴交角上偏差时，E_{ss} 减去 $(|E_{\Sigma i}| - |E_{\Sigma i}|) \tan\alpha$

式中，$E_{\Sigma i}$ 为修正后的轴交角上偏差；E_{ss} 为修正后的轴交角下偏差；α 为齿形角。

3. 允许把大、小轮齿后上偏差（E_{ss1}、E_{ss2}）之和重新分配在两个齿轮上。

17.2.5　图样标注

在齿轮工作图上应标注齿轮的精度等级和最小法向侧隙种类及法向侧隙公差种类的数字（字母）代号。

标注示例：

（1）齿轮的三个公差组精度同为 7 级，最小法向侧隙种类为 b，法向侧隙公差种类为 B：

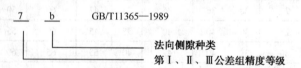

（2）齿轮的三个公差组精度同为 8 级，最小法向侧隙为 100μm，法向侧隙公差种类为 B：

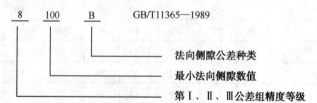

（3）齿轮第Ⅰ公差组精度等级为 8 级，第Ⅱ、Ⅲ公差组精度等级为 7 级，最小法向侧隙种类为 c，法向侧隙公差种类为 B：

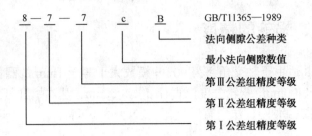

17.2.6 锥齿轮的齿坯公差

锥齿轮毛坯上要注明：齿坯顶锥母线跳动公差、基准端面跳动公差、轴径或孔径尺寸公差、外径尺寸公差、外径尺寸极限偏差、齿坯轮冠距和顶锥角极限偏差。其值可查表 17-24～表 17-26。

表 17-24　齿坯顶锥母线跳动和基准端面跳动公差值　　　　　　单位：μm

项　　　目		尺寸范围		精度等级			
		大于	到	4	5～6	7～8	9～12
顶锥母线跳动公差	外径（mm）	30	50	12	20	30	60
		50	120	15	25	40	80
		120	250	20	30	50	100
		250	500	25	40	60	120
基准端面跳动公差	基准端直径（mm）	30	50	5	8	12	20
		50	120	6	10	15	25
		120	250	8	12	20	30
		250	500	10	15	25	40

注：当 3 个公差精度等级不同时，按最高的精度等级查取公差值。

表 17-25　齿坯尺寸公差

精度等级	5	6	7	8	9	10
轴径尺寸公差	IT5		IT6		IT7	
孔径尺寸公差	IT6		IT7		IT8	
外径尺寸极限偏差	0 -IT8				0 -IT9	

表 17-26　齿坯轮冠距和顶锥角极限偏差

中点法向模数（mm）	齿冠距极限偏差（mm）	顶锥极限偏差（mm）
≤1.2	0 -50	+15 0
>1.2～10	0 -75	+8 0
>10	0 -100	+8 0

17.3 圆柱蜗杆、蜗轮的精度

GB/T10089—1988 适用于轴交角 Σ 为 90°，模数大于等于 1mm 的圆柱蜗杆、蜗轮及传动。其蜗杆分度圆直径 $d_1 \leqslant 400$mm，蜗轮分度圆直径 $d_2 \leqslant 4000$mm。基本蜗杆可为阿基米得蜗杆（ZA 蜗杆）、渐开线蜗杆（ZI 蜗杆）、法向直廓蜗杆（ZN 蜗杆）等。

17.3.1 蜗杆、蜗轮、蜗杆副术语定义和代号

蜗杆、蜗轮、蜗杆副术语定义和代号见表 17-27。

表 17-27 术语定义和代号

名　称	代　号	定　义
蜗杆螺旋线误差 蜗杆螺旋线公差	Δf_{hL} f_{hL}	在蜗杆轮齿的工作齿宽范围（两端不完整齿部分应除外）内，蜗杆分度圆柱面上，包容实际螺旋线的最近两条公称螺旋线间的法向距离
蜗杆一转螺旋线误差 蜗杆一转螺旋线公差	Δf_h f_h	在蜗杆轮齿的一转范围内，蜗杆分度圆柱面上，包容实际螺旋线的最近两条公称螺旋线间的法向距离在蜗杆轴向截面
蜗杆轴向齿距偏差 蜗杆轴向齿距极限偏差　　上偏差 　　　　　　　　　　　　下偏差	Δf_{px} $+f_{px}$ $-f_{px}$	在蜗杆轴向截面上实际齿距与公称齿距之差
蜗杆轴向齿距累积误差 蜗杆轴向齿距累积公差	f_{pxl} f_{pxl}	在蜗杆轴向截面上的工作齿宽范围（两端不完整齿部分应除外）内，任意两个同侧齿面间实际轴向距离与公称轴向距离之差的最大绝对值
蜗杆齿形误差 蜗杆齿形公差	Δf_{f1} f_{f1}	在蜗杆轮齿给定截面上的齿形工作部分内，包容实际齿形且距离为最小的两条设计齿形间的法向距离 当两条设计齿形线为非等距离的曲线时，应在靠近齿体内的设计齿形线的法线上确定其两者间的法向距离
蜗杆齿槽径向跳动 蜗杆齿槽径向跳动公差	f_r f_r	在蜗杆轮齿的一转范围内，测头在齿槽内与齿高中部的齿面双面接触，其测头相对于蜗杆轴线的径向最大变动量
蜗杆齿厚偏差 蜗杆齿厚极限偏差 上偏差 下偏差 蜗杆齿厚公差	ΔE_{s1} E_{s1} E_{ss1} E_{si1} T_{s1}	在蜗杆分度圆柱上，法向齿厚的实际值与公称值之差
蜗轮切向综合误差 蜗轮切向综合公差	$\Delta F_i'$ F_i'	被测蜗杆与理想精确的测量蜗杆在公称轴线位置上单面啮合时，在被测蜗轮一转范围内实际转角与理论转角之差的总幅度值。以分度圆弧长计
蜗轮一齿切向综合误差 蜗轮一齿切向综合公差	$\Delta f_i'$ f_i'	被测蜗杆与理想精确的测量蜗杆在公称轴线位置上单面啮合时，在被测蜗轮一齿距角范围内实际转角与理论转角之差的最大幅度值。以分度圆弧长计
蜗轮径向综合误差 蜗轮径向综合公差	$\Delta F_i''$ F_i''	被测蜗轮与理想精确的测量蜗杆双面啮合时，在被测蜗轮一转范围内，双啮中心距的最大变动量
蜗轮一齿径向综合误差 蜗轮一齿径向综合公差	$\Delta f_i''$ f_i''	被测蜗轮与理想精确的测量蜗杆双面啮合时，在被测蜗轮一齿距角范围内双啮中心距的最大变动量

名　称	代　号	定　义
蜗轮齿距累积误差 蜗轮齿距累积公差	ΔF_p F_p	在蜗轮分度圆上，任意两个同侧齿面间的实际弧长与公称弧长之差的最大绝对值
蜗轮 k 个齿距累积误差 蜗轮 k 个齿距累积公差	ΔF_{pk} F_{pk}	在蜗轮分度圆上，k 个齿距内同侧齿面间的实际弧长与公称弧长之差的最大绝对值。k 为 2 到小于 Z2/2 的整数
蜗轮齿圈径向跳动 蜗轮齿圈径向跳动公差	ΔF_r F_r	在齿轮一转范围内，测头在靠近中间平面的齿槽内与齿高中部的齿面双面接触，其测头相当于蜗轮轴线径向距离的最大变动量
蜗轮齿距偏差 蜗轮齿距极限偏差	Δf_{pt} f_{pt}	在蜗轮分度圆上，实际齿距与公称齿距之差 用相对法测量时，公称齿距是指所有实际齿距的平均值
蜗轮齿形误差 蜗轮齿形公差	Δf_{f2} f_{f2}	在蜗轮轮齿给定截面上的齿形工作部分内，包容实际齿形且距离为最小的两条设计齿形间的法向距离 当两条设计齿形线为非等距离的曲线时，应在靠近齿体内的设计齿形线的法线上确定其两者间的法向距离
蜗轮齿厚偏差 蜗轮齿厚极限偏差　上偏差 　　　　　　　　下偏差 蜗轮齿厚公差	ΔE_{s2} E_{ss2} E_{si2} T_{s2}	在蜗轮中间平面上，分度圆齿厚的实际值与公称值之差
蜗杆副的切向综合误差 蜗杆副切向综合公差	$\Delta F_i'$ F_i'	安装好的蜗杆副啮合传动时，在蜗轮和蜗杆相对位置变化的一个整周期内，蜗轮的实际转角与理论转角之差的总幅度值。以蜗轮分度圆弧长计值
蜗杆副的一齿切向综合误差 蜗杆副的一齿切向综合公差	$\Delta f_{ic}'$ f_{ic}'	安装好的蜗杆副啮合传动时，在蜗轮一转范围内多次重复出现的周期性转角误差的最大幅度值。以蜗轮分度圆弧长计值
蜗杆副的中心距偏差 蜗杆副的中心距极限偏差　　上偏差 　　　　　　　　　　　下偏差	Δf_a $+f_a$ f_a	在安装好的蜗杆副中间平面内，实际中心距与公称中心距之差
蜗杆副的中间平面偏移 蜗杆副的中间平面极限偏差　上偏差 　　　　　　　　　　　下偏差	Δf_x $+f_x$ f_x	在安装好的蜗杆副中，蜗轮中间平面与传动中间平面之间的距离
蜗杆副的轴交角偏差 蜗杆副的轴交角极限偏差　上偏差 　　　　　　　　　　下偏差	Δf_Σ $+f_\Sigma$ f_Σ	在安装好的蜗杆副中，实际轴交角与公称轴交角之差 偏差值按蜗轮齿宽确定，以其线形值计
蜗杆副的侧隙 最小圆周侧隙 最大圆周侧隙 最小法向侧隙 最大法向侧隙	j j_{tmin} j_{tmax} j_{nmin} j_{nmax}	在安装好的蜗杆副中，蜗杆固定不动时，蜗轮从工作齿面接触到非工作齿面接触所转过的分度圆弧长 在安装好的蜗杆副中，蜗杆和蜗轮的工作齿面接触时，而非工作齿面间的最小距离

名　称	代　号	定　义
蜗杆的接触斑点		安装好的蜗杆副，在轻微力的制动下，蜗杆与蜗轮啮合运转后，在蜗轮齿面上分布的接触痕迹。接触斑点以接触面积大小、形状和分布位置表示 接触面积大小按接触痕迹的百分比计算确定： 沿齿长方向——接触痕迹的长度 b'' 与工作长度 b' 之比的百分数，即 $\dfrac{b''}{b'} \times 100\%$ 沿齿高方向——接触痕迹的平均高度 h'' 与工作高度 h' 之比的百分数，即 $\dfrac{h''}{h'} \times 100\%$ 接触形状以齿面接触痕迹总的几何形状的状态确定 接触位置以接触痕迹离齿面啮入、啮出端或齿顶、齿根的位置确定

注：1. 允许在蜗杆分度圆柱的同轴圆柱面上检验。

　　2. 允许在靠近中间平面的齿高中部进行检验。

　　3. 在确定接触痕迹长度 b'' 时，应扣除超过数量的断开部分。

17.3.2　精度等级和公差组

与齿轮相同，蜗杆、蜗轮和蜗杆传动也规定 12 个精度等级，第 1 级的精度最高，第 12 级的精度最低。按照公差的特性对传动性能的主要保证作用，将蜗杆、蜗轮和蜗杆传动的公差（或极限偏差）分为三个公差组（表 17-28）。

表 17-28　推荐的蜗杆、蜗轮及其传动的公差组

公差组	蜗杆		蜗轮		传动	
	公差及极限偏差项目					
	名称	代号	名称	代号	名称	代号
I	—	—	蜗轮切向综合公差	F'_i	蜗杆副的切向综合公差	F'_{ic}
			蜗轮径向综合公差	F''_i		
			蜗轮齿距累积公差	F_p		
			蜗轮 k 个齿距累积公差	F_{pk}		
			蜗轮齿圈径向跳到公差	F_r		
II	蜗杆一转螺旋线公差	f_h	蜗轮一齿切向综合公差	f_i	蜗杆副的一齿切向综合公差	
	蜗杆螺旋线公差	f_{hL}	蜗轮一齿径向综合公差	f'_i		
	蜗杆轴向齿距极限偏差	$\pm f_{px}$	蜗轮齿距极限偏差	$\pm f_{pt}$		
	蜗杆轴向齿距累积公差	f_{pxL}				
	蜗杆齿槽径向跳到公差	f_r				
III	蜗杆齿形公差	f_{f1}	蜗轮齿形公差	f_{f2}	接触斑点	
					蜗杆副的中心距极限偏差	$\pm f_a$
					蜗杆副的中间平面极限偏差	$\pm f_x$
					蜗杆副的轴交角极限偏差	$\pm f_\Sigma$

根据使用要求不同，允许各公差组选用不同的精度等级组合，但在同一公差组中，各项公差与极限偏差应保持相同的精度等级。蜗杆与配对蜗轮的精度等级一般取成相同，也允许取成不相同。对有特殊要求的蜗杆传动，除 F_r、F''_i、f'_i、f_r 项目外，其蜗杆、蜗轮左右齿面的精度

等级也可取成不相同。

表 17-29 列出了 7～9 级精度蜗杆传动的加工方法及应用范围，供选择精度等级时参考。

表 17-29　蜗杆传动的加工方法及应用

精度等级		7	8	9
蜗轮圆周速度		≤7.5（m/s）	≤3（m/s）	≤1.5（m/s）
加工方法	蜗杆	渗碳淬火或淬火后磨削	淬火磨削或车削、铣削	车削或铣削
	蜗轮	滚削或飞刀加工后珩磨（或加载配对跑合）	滚削或飞刀加工后加载配对跑合	滚削或飞刀加工
应用范围		中等精度工业运转机构的动力传动。如机床进给、操纵机构，电梯拽引装置	每天工作时间不长的一般动力传动。如起重运输机械减速器，纺织机械传动装置	低速传动或手动机构。如舞台升降装置，塑料蜗杆传动

17.3.3　蜗杆、蜗轮及传动的公差

本标准规定的公差值以蜗杆、蜗轮的工作轴线为测量的基准轴线。当实际测量基准不符合本规定时，应从测量结果中消除基准不同所带来的影响。蜗杆、蜗轮及传动的公差见表 17-30～表 17-34。

表 17-30　蜗杆的公差和极限偏差 f_h、f_{hL}、f_{px}、f_{pxL}、f_{f1}、f_r 值

名称代号	模数 m（mm）	精度等级 6	7	8	9	10	名称代号	分度圆直径 d_1（mm）	模数 m（mm）	精度等级 6	7	8	9	10
蜗杆一转螺旋线公差 f_h	1～3.5	11	14	—	—	—	蜗杆齿槽径向跳动公差 f_r	≤10	1～3.5	11	14	20	28	40
	>3.5～6.3	14	20	—	—	—								
	>6.3～10	18	25	—	—	—		>10～18	1～3.5	12	15	21	29	41
	>10～16	24	32	—	—	—								
	>16～25	32	45	—	—	—								
蜗杆螺旋线公差 f_{hl}	1～3.5	22	32	—	—	—		>18～31.5	1～6.3	12	16	22	30	42
	>3.5～6.3	28	40	—	—	—								
	>6.3～10	36	50	—	—	—		>31.5～50	1～10	13	17	23	32	45
	>10～16	45	63	—	—	—								
	>16～25	63	90	—	—	—		>50～80	1～16	14	18	25	36	48
蜗杆轴向齿距极限偏差 $\pm f_{px}$	1～3.5	7.5	11	14	20	28								
	>3.5～6.3	9	14	20	25	36		>80～125	1～16	16	20	28	40	56
	>6.3～10	12	17	25	32	48								
	>10～16	16	22	32	46	63								
	>16～25	22	32	45	63	85								
蜗杆轴向齿距累积公差 f_{pxK}	1～3.5	13	18	25	36	—		>125～180	1～25	18	25	32	45	63
	>3.5～6.3	16	24	34	48	—								

续表

名称代号	模数 m (mm)	6	7	8	9	10	名称代号	分度圆直径 d_1 (mm)	模数 m (mm)	6	7	8	9	10
蜗杆轴向齿距累积公差 f_{pxK}	>6.3~10	21	32	45	63	—	蜗杆齿槽径向跳动公差 f_r	>180~250	1~25	22	28	40	53	75
	>10~16	28	40	56	80	—								
	>16~25	40	53	75	100	—		>250~315	1~25	25	32	45	63	90
蜗杆齿形公差 f_{f1}	1~3.5	11	16	22	32	45								
	>3.5~6.3	14	22	32	45	60								
	>6.3~10	19	28	40	53	75								
	>10~16	25	36	53	75	100		>315~400	1~25	28	36	53	71	100
	>16~25	36	53	75	100	140								

注：当基准蜗杆齿形角 α 不等于 120° 时，本标准规定的 f_r 值乘以系数 $\sin 20°/\sin\alpha$。

表 17-31　蜗轮的 F_P、F_{PK}、$\pm f_{pt}$、f_{f2} 值　　　　单位：μm

蜗轮齿距累积公差 F_p 和 k 个齿距累积公差 F_{pk}						分度圆直径 d_2 (mm)	模数 m (mm)	蜗轮齿距极限偏差 $\pm f_{pt}$					蜗轮齿形公差 f_{f2}				
分度圆弧长 L(mm)	精度等级							精度等级					精度等级				
	6	7	8	9	10			6	7	8	9	10	6	7	8	9	10
≤11.2	11	16	22	32	45	≤125	1~3.5	10	14	20	28	40	8	11	14	22	36
>11.2~20	16	22	32	45	63		>3.5~6.3	13	18	25	36	50	10	14	20	32	50
>20~32	20	28	40	56	80		>6.3~10	10	14	20	28	56	12	17	22	36	56
>32~50	22	32	45	63	90	>125~400	1~3.5	11	16	22	32	45	9	13	18	28	45
>50~80	25	36	50	71	100		>3.5~6.3	10	14	20	28	56	11	16	22	36	56
>80~160	32	45	63	90	125		>6.3~10	16	22	32	45	63	13	19	28	45	71
>160~315	45	63	90	125	180		>10~16	18	25	32	50	71	16	22	32	50	80
>315~630	63	90	125	180	250	>400~800	1~3.5	13	18	25	36	50	12	17	25	40	63
>630~1000	80	112	160	224	315		>3.5~6.3	10	14	20	28	56	14	20	28	45	71
>1000~1600	100	140	200	280	400		>6.3~10	18	25	36	50	71	16	24	36	56	90
>1600~2500	112	160	224	315	450		>10~16	20	28	40	56	80	18	26	40	63	100
							>16~25	25	36	50	71	100	24	26	56	90	140
						>800~1600	1~3.5	10	14	20	28	56	17	24	36	56	90
							>3.5~6.3	16	22	32	45	63	18	28	40	63	100
							>6.3~10	18	25	36	50	71	20	30	45	71	112
							>10~16	20	28	40	56	80	22	34	50	80	125
							>16~25	25	36	50	71	100	28	42	63	100	160

注：1. 查 F_p 时，取 $L=\frac{1}{2}\pi d_2=\frac{1}{2}\pi m z_2$；查 F_{pk} 时，取 $L=K\pi m$（K 为 2 到小于 $Z_2/2$ 的整数，Z_2 为从动齿轮的齿数）。

2. 除特殊情况外，对于 F_{pk}，K 值规定取为小于 $Z_2/6$ 的最大整数。

表 17-32　蜗轮的 F_r、F_i''、f_i''值　　　　　　　　　　单位：μm

分度圆直径 d_2 (mm)	模数 m (mm)	蜗轮齿圈径向跳动公差 F_r					蜗轮径向综合公差 F_i''					蜗轮一齿径向综合公差 f_i''				
		精度等级														
		6	7	8	9	10	6	7	8	9	10	6	7	8	9	10
≤125	1~3.5	28	40	53	60	80	—	56	71	90	112	—	20	28	36	45
	>3.5~6.3	36	50	63	80	100	—	71	90	112	140	—	25	36	45	56
	>6.3~10	40	56	71	90	112	—	80	100	125	160	—	28	40	50	63
>125~400	1~3.5	32	45	56	71	90	—	63	80	100	125	—	22	32	40	50
	>3.5~6.3	40	56	71	90	112	—	80	100	125	160	—	28	40	50	63
	>6.3~10	45	63	80	100	125	—	90	112	140	180	—	32	45	56	71
	>10~16	50	71	90	112	140	—	100	125	160	200	—	36	50	63	80
>400~800	1~3.5	45	63	80	100	125	—	90	112	140	180	—	25	36	45	56
	>3.5~6.3	50	71	90	112	140	—	100	125	160	200	—	28	40	50	63
	>6.3~10	56	80	100	125	160	—	112	140	180	224	—	32	45	56	71
	>10~16	71	100	125	160	200	—	140	180	224	280	—	40	56	71	90
	>16~25	90	125	160	200	250	—	180	224	280	355	—	50	71	90	112
>800~1600	1~3.5	50	71	90	112	140	—	100	125	160	200	—	28	40	50	63
	>3.5~6.3	56	80	100	125	160	—	112	140	180	224	—	32	45	56	71
	>6.3~10	63	90	112	140	180	—	125	160	200	250	—	36	50	63	80
	>10~16	71	100	125	160	200	—	140	180	224	280	—	40	56	71	90
	>16~25	90	125	160	200	250	—	180	224	280	355	—	50	71	90	112

注：当基准蜗杆齿形角 α 不等于 20° 时，本标准规定的公差值乘以系数 sin20°/sinα。

表 17-33　蜗杆副接触斑点的要求

精度等级	接触面积的百分比（%）		接触形状	接触位置
	沿齿高不小于	沿齿长不小于		
5 和 6	65	60	接触斑点在齿高方向无断缺，不允许成带状条纹	接触斑点痕迹的分布位置趋近齿面中部，允许略偏于啮入端。在齿顶和啮入、啮出端的棱边处不允许接触
7 和 8	55	50	不作要求	接触斑点痕迹应偏于啮出端，但不允许在齿顶和啮入、啮出端的棱边接触
9 和 10	45	40		

表 17-34　蜗杆副的 ±f_a、±f_x、±f_Σ值　　　　　　　　　　单位：μm

传动中心距 a (mm)	蜗杆副中心距极限偏差±f_a			蜗杆副中间平面极限偏移±f_x		
	精度等级					
	6	7、8	9、10	6	7、8	9、10
≤30	17	26	42	14	21	34
>30~50	20	31	50	16	25	40
>50~80	23	37	60	18.5	30	48
>80~120	27	44	70	22	36	56
>120~180	32	50	80	27	40	64
>180~250	36	58	92	29	47	74

蜗轮齿宽 b_2 (mm)	蜗杆副轴交角极限偏差±f_Σ				
	精度等级				
	6	7	8	9	10
≤30	10	12	17	24	34
>30~50	11	14	19	28	38
>50~80	13	16	22	32	45

续表

传动中心距 a （mm）	蜗杆副中心距极限偏差 $\pm f_a$			蜗杆副中间平面极限偏移 $\pm f_x$			蜗杆副轴交角极限偏差 $\pm f_\Sigma$					
	精度等级						蜗轮齿宽 b_2 （mm）	精度等级				
	6	7、8	9、10	6	7、8	9、10		6	7	8	9	10
>250~315	40	65	105	32	52	85	>80~120	15	19	24	36	53
>315~400	45	70	115	36	56	92						
>400~500	50	78	125	40	63	100	>120~180	17	22	28	42	60
>500~630	55	87	140	44	70	112						
>630~800	62	100	160	50	80	130	>180~250	20	25	32	48	67
>800~1000	70	115	180	56	92	145						
>1000~1250	82	130	210	66	105	170	>250	22	28	36	53	75
>1250~1600	97	155	250	78	125	200						

17.3.4　蜗杆传动的侧隙

GB/T10089—1988 按蜗杆传动的最小法向侧隙大小，将侧隙种类分为 8 种：a、b、c、d、e、f、g 和 h。最小法向侧隙值以 a 为最大，h 为零，其他依次减小（图 17-2）。侧隙种类与精度等级无关。各种侧隙的最小法向侧隙 $j_{n\min}$ 值按表 17-36 规定。

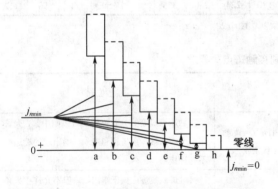

图 17-2　蜗杆副最小法向侧隙种类

表 17-35　齿厚偏差计算公式

齿厚偏差名称		计算公式
蜗杆齿厚	上偏差	$E_{ss1}=-(j_{n\min}/\cos\alpha_n+E_{s\Delta})$
	下偏差	$E_{si1}=E_{ss1}-T_{s1}$
蜗轮齿厚	上偏差	$E_{ss2}=0$
	下偏差	$E_{si2}=-T_{s2}$

传动的最小法向侧隙由蜗杆齿厚的减薄量来保证，最大法向侧隙由蜗杆、蜗轮齿厚公差 T_{s1}、T_{s2} 确定。蜗杆、蜗轮齿厚上偏差和下偏差按表 17-35、表 17-37、表 17-38 确定。

对可调中心距传动或蜗杆、蜗轮不要求互换的传动，允许传动的侧隙规范用最小侧隙 $j_{t\min}$（或 $j_{n\min}$）和最大侧隙 $j_{t\max}$（或 $j_{n\max}$）来规定，具体由设计要求确定，即其蜗轮的齿厚公差可不做规定，蜗杆齿厚的上、下偏差由设计要求确定。

对各种侧隙种类的侧隙规范数值系蜗杆传动在 20℃时的情况，未计入传动发热和传动弹性变形的影响。

表 17-36 蜗杆副的最小法向侧隙 j_{nmin} 值

传动中心距 a（mm）	侧隙种类							
	h	g	f	e	d	c	b	a
≤30	0	9	13	21	33	52	84	130
>30～50	0	11	16	25	39	62	100	160
>50～80	0	13	19	30	46	74	120	190
>80～120	0	15	22	35	54	87	140	220
>120～180	0	18	25	40	63	100	160	250
>180～250	0	20	29	46	72	115	185	290
>250～315	0	23	32	52	81	130	21	320
>315～400	0	25	36	57	89	140	230	360
>400～500	0	27	40	63	97	155	250	400
>500～630	0	30	44	70	110	175	280	440
>630～800	0	35	50	80	125	200	320	500
>800～1000	0	40	56	90	140	230	360	560
>1000～1250	0	46	66	105	165	260	420	660
>1250～1600	0	54	78	125	195	310	500	780

注：传动的最小圆周侧隙 $j_{tmin} \approx j_{nmin}/\cos\gamma' \cos\alpha_n$。式中，$\gamma'$ 为蜗杆节圆柱导程角；α_n 为蜗杆法向齿形角。

表 17-37 蜗杆齿厚上偏差（E_{SS1}）中的误差补偿部分 $E_{s\Delta}$ 值　　　　　　　　单位：μm

第II公差组精度等级	模数 m（mm）	传动中心距 a（mm）												
		≤30	>30～50	>50～80	>80～120	>120～180	>180～250	>250～315	>315～400	>400～500	>500～630	>630～800	>800～1000	>1000～1250	>1250～1600
6	1～3.5	30	30	32	36	40	45	48	50	56	60	65	75	85	100
	>3.5～6.3	32	36	38	40	45	48	50	56	60	63	70	75	90	100
	>6.3～10	42	45	45	48	50	52	56	60	63	68	75	80	90	105
	>10～16	—	—	—	58	60	63	65	68	71	75	80	85	95	110
	>16～25	—	—	—	—	75	78	80	85	85	90	95	100	110	120
7	1～3.5	45	48	50	56	60	71	75	80	85	95	105	120	135	160
	>3.5～6.3	50	56	58	63	68	75	80	85	90	100	110	125	140	160
	>6.3～10	60	63	65	71	75	80	85	90	95	105	115	130	140	165
	>10～16	—	—	—	80	85	90	95	100	105	110	125	135	150	170
	>16～25	—	—	—	115	120	120	125	130	135	145	155	165	185
8	1～3.5	50	56	58	63	68	75	80	85	90	100	110	125	140	160
	>3.5～6.3	68	71	75	78	80	85	90	95	100	110	120	130	145	170
	>6.3～10	80	85	90	90	95	100	100	105	110	120	130	140	150	175
	>10～16	—	—	—	110	115	115	120	125	130	135	140	155	165	185
	>16～25	—	—	—	—	150	155	155	160	160	170	175	180	190	210
9	1～3.5	75	80	90	95	100	110	120	130	140	155	170	190	220	260
	>3.5～6.3	90	95	100	105	110	120	130	140	150	160	180	200	225	260
	>6.3～10	110	115	120	125	130	140	145	155	160	170	190	210	235	270
	>10～16	—	—	—	160	165	170	180	185	190	200	220	230	255	290
	>16～25	—	—	—	—	215	220	225	230	235	245	255	270	290	320

第II公差组精度等级	模数 m (mm)	传动中心距 a (mm)													
		≤30	>30~50	>50~80	>80~120	>120~180	>180~250	>250~315	>315~400	>400~500	>500~630	>630~800	>800~1000	>1000~1250	>1250~1600
10	1~3.5	100	105	110	115	120	130	140	145	155	165	185	200	230	270
	>3.5~6.3	120	125	130	135	140	145	155	160	170	180	200	21	240	280
	>6.3~10	155	160	165	170	175	180	185	190	200	205	220	240	260	290
	>10~16	—	—	—	210	215	220	225	230	235	240	260	270	290	320
	>16~25	—	—	—	—	280	0285	290	295	300	305	310	320	340	370

表 17-38　蜗杆齿厚公差 T_{s2}、蜗杆齿厚公差 T_{s1} 值　　　　单位：µm

分度圆直径 d (mm)	模数 m (mm)	T_{s2}					模数 m (mm)	T_{s1}				
		精度等级						精度等级				
		6	7	8	9	10		6	7	8	9	10
≤125	1~3.5	71	90	110	130	160	1~3.5	36	45	53	67	95
	>3.5~6.3	85	110	130	160	190						
	>6.3~10	90	120	140	170	210	>3.5~6.3	45	56	71	90	130
>125~400	1~3.5	80	100	120	140	170						
	>3.5~6.3	90	120	140	170	210	>6.3~10	60	71	90	110	160
	>6.3~10	100	130	160	190	230						
	>10~16	110	140	170	210	260	>10~16	80	95	120	150	210
	>16~25	130	170	210	260	320						
>400~800	1~3.5	85	110	130	160	190	>16~25	110	130	160	200	280
	>3.5~6.3	90	120	140	170	210						
	>6.3~10	100	130	160	190	230						
	>10~16	120	160	190	230	290						
	>16~25	140	190	230	290	350						
>800~1600	1~3.5	90	120	140	170	210						
	>3.5~6.3	100	130	160	190	230						
	>6.3~10	110	140	170	210	260						
	>10~16	120	160	190	230	290						
	>16~25	140	190	230	290	350						

注：1. 精度等级分别按蜗轮、蜗杆第II公差组确定。

2. 在最小法向侧隙能保证的条件下，T_{s2}公差带允许采用对称分布。

3. 对传动最大法向侧隙 j_{nmax} 无要求时，允许蜗杆齿厚公差 T_{s1} 增大，最大不超过两倍。

17.3.5　齿坯公差和蜗杆、蜗轮的表面粗糙度

齿坯公差见表 17-39，蜗杆、蜗轮的表面粗糙度见表 17-40。

表 17-39　齿坯公差值　　　　　　　　　　　单位：μm

蜗杆、蜗轮齿坯尺寸和形状公差						蜗杆、蜗轮齿坯基准面径向和端面跳动公差			
精度等级		6	7	8	9	10	基准面直径 d	精度等级	
							（mm）	6	7-8	9-10
孔	尺寸公差	IT6	IT7		IT8		≤31.5	4	7	10
	形状公差	IT5	IT6		IT7		>31.5-63	6	10	16
轴	尺寸公差						>63-125	8.5	14	22
	形状公差	IT4	IT5		IT6		>125-400	11	18	28
	作测量基准		IT8		IT9		>400-800	14	22	36
齿顶圆直径	不作测量基准	尺寸公差按 IT11 确定，但不大于 0.1mm					>800-1600	20	32	50

注：1. 当三个公差组的精度等级不同时，按最高精度等级确定公差。

　　2. 当以齿顶圆作为测量基准时，也即为蜗杆、蜗轮的齿坯基准面。

表 17-40　蜗杆、蜗轮的表面粗糙度 R_a 推荐值　　　　　　　　单位：μm

蜗杆					蜗轮				
精度等级		7	8	9	精度等级		7	8	9
R_a	齿面	0.8	1.6	3.2	R_a	齿面	0.8	1.6	3.2
	顶圆	1.6	1.6	3.2		顶圆	3.2	3.2	6.3

17.3.6　图样标注

在蜗杆、蜗轮工作图上，应分别标注精度等级、齿厚极限偏差或相应的侧隙种类代号和现行标准代号。对传动副，应标出相应的精度等级、侧隙种类代号和现行标准代号。

标注示例：

（1）蜗杆的第Ⅱ、Ⅲ公差组的精度为 8 级，齿厚极限偏差为标准值，相配的侧隙种类为 c，则标注为：

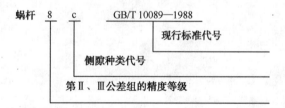

若蜗杆齿厚极限偏差为非标准值，如上偏差为-0.27，下偏差为-0.40，则标注为：

$$蜗杆 8 \begin{pmatrix} -0.27 \\ -0.40 \end{pmatrix} GB/T\ 10089—1988$$

（2）蜗杆的第Ⅰ公差组的精度为 7 级，第Ⅱ、Ⅲ公差组的精度为 8 级，齿厚极限偏差为标准值，相配的侧隙种类为 c，则标注为：

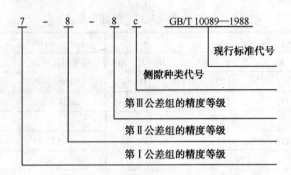

若蜗轮的三个公差组的精度同为 8 级，其他同上，则标注为：8c GB/T 10089—1988。

若蜗轮齿厚无公差要求，则标注为：7-8-8 GB/T 10089—1998。

（3）传动的第Ⅰ公差组的精度为 7 级，第Ⅱ、Ⅲ公差组的精度为 8 级，侧隙种类为 c，则标注为：

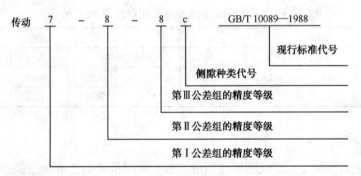

若传动的三个公差组的精度同为 8 级，侧隙种类为 c，则标注为：传动 8c GB/T 10089—1998。

若侧隙为非标准值时，如 $j_{tmin}=0.03mm$，$j_{max}=0.06mm$，则标注为：

$$传动\ 7\text{-}8\text{-}8 \binom{0.03}{0.06}t\quad GB/T\ 10089\text{—}1988$$

第18章 润滑与密封

减速器中齿轮、蜗轮、蜗杆等传动件以及轴承在工作时都需要良好的润滑。除少数低速($v<0.5m/s$)小型减速器采用脂润滑外，绝大多数减速器的齿轮都采用油润滑，轴承可以采用油或脂润滑。

18.1 润滑剂

润滑剂包括润滑油和润滑脂。润滑油与润滑脂的品种牌号很多，要合理选择必须要考虑很多因素，主要根据运动速度、工作负荷和工作温度等因素作为选择的依据，见表 18-1 和表 18-2。

表 18-1 常用润滑油的性质和用途

名称	黏度等级或牌号	倾点≤℃	闪点（开口）≥℃	主要用途
工业闭式齿轮油 （GB5903—1995）	68	-8	180	适用于齿面接触应力小于 1.1×10^9 Pa 的齿轮润滑，如冶金、矿山、化纤、化肥等工业的闭式齿轮装置
	100			
	150			
	220		200	
	320			
	460			
	680	-5	220	
普通开式齿轮油 （SH0363—1992）	68	-	200	主要用于润滑开式工业用齿轮箱、半封闭式齿轮箱和低速重载荷齿轮箱等齿轮传动装置
	100			
	150			
	220		210	
	320			
蜗轮蜗杆油 （SH/T0094—1991）	220	-6	90	适用于滑动速度大的场合，如铜、钢蜗轮传动装置
	320			
	460			
	680			
	1000			

名称	黏度等级或牌号	倾点≤℃	闪点（开口）≥℃	主要用途
L-AN 全损耗系统用油 （GB443—1989）	5	−5	80	对润滑油无特殊要求的锭子轴承、齿轮和其他低载荷机械 不适合于循环润滑系统
	7		110	
	10		130	
	15		150	
	22			
	32			
	46		160	
	68			
	100		180	
	105			

表 18-2　常用润滑脂的性质和用途

名称与牌号	代号	滴点（℃）（不低于）	工作锥入度（0.1mm）	特性及主要用途
钙基润滑脂 （GB/T 491—2008）	1 号	80	310～340	温度小于 55℃：轻载荷和有自动给脂的轴承以及汽车底盘和气温较低地区的小型机械
	2 号	85	265～295	中小型滚动轴承，以及冶金、运输、采矿设备中温度不高于 55% 的轻载荷、高速机械的摩擦部位
	3 号	90	220～250	中型电机的滚动轴承，发电机及其他温度在 60℃ 以下中等载荷中转速的机械摩擦部位
	4 号	95	175～205	汽车、水泵的轴承、重载荷自动机械的轴承，发电机、纺织机及其他 60℃ 以下重载荷、低速的机械
钠基润滑脂 （GB 492—1989）	2 号	160	265～295	适用于-10～110℃温度范围内一般中等载荷机械设备的润滑，不适用于与水相接触的润滑部位
	3 号		220～250	
钙钠基润滑脂 （SH/T 0368—1992）	2 号	120	250～290	耐溶、耐水、温度为 80～100℃（低温下不适用）。铁路机车和列车，小型电机和发电机以及其他高温轴承
	3 号	135	200～240	
滚动轴承润滑脂 （SH/T 0368—1992）		120	250～290	用于机车汽车电极及其他机械的滚动轴承润滑

18.2　润滑装置

18.2.1　间歇式润滑常用的润滑装置

常用润滑方式有间歇式润滑和连续式润滑，间歇式润滑常用的润滑装置有 4 种，见表 18-3～表 18-6。

表 18-3　直通式压注油杯（JB/T7940.1—1995）　　　　　　　单位：mm

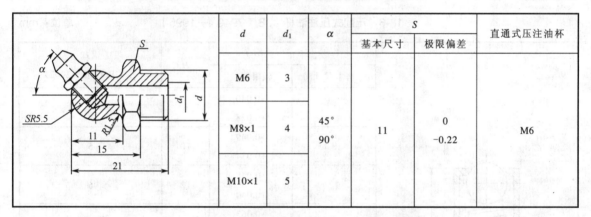

d	H	h	h_1	S		钢球（按 GB/T308—2002）
				基本尺寸	极限偏差	
M6	13	8	6	8		
M8×1	16	9	6.5	10	0 -0.22	3
M10×1	18	10	7	11		

表 18-4　接头式压注油杯（JB/T7940.2—1995）　　　　　　　单位：mm

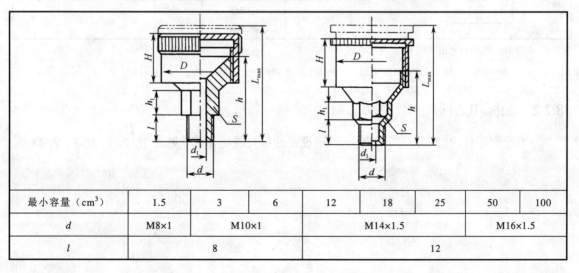

d	d_1	α	S		直通式压注油杯
			基本尺寸	极限偏差	
M6	3				
M8×1	4	45° 90°	11	0 -0.22	M6
M10×1	5				

表 18-5　旋盖式油杯（JB/T 7940.3—1995）　　　　　　　单位：mm

最小容量（cm³）	1.5	3	6	12	18	25	50	100
d	M8×1	M10×1			M14×1.5		M16×1.5	
l		8			12			

最小容量（cm³）		1.5	3	6	12	18	25	50	100
H		14	15	17	20	22	24	30	38
h		22	23	26	30	32	34	44	52
h_1		7	8				10		
d_1		3	4				5		
D	A 型	16	20	26	32	36	41	51	68
	B 型	18	22	28	34	40	44	54	68
L		33	35	40	47	50	55	70	85
S	基本尺寸	10	13			18		21	
	极限偏差	0 −0.22	0 −0.27					0 −0.33	

注：标记最小容量 25cm³，A 型旋盖式油杯标记为：油杯 A25（JB/T 7940.3—1995）。

表 18-6　压配式压注油杯（JB/T 7940.4—1995）　　　　单位：mm

d		H	钢球 （按 GB/T308—2002）
基本尺寸	极限偏差		
6	+0.040 +0.028	6	4
8	+0.049 +0.034	10	5
10	+0.058 +0.040	12	6
16	+0.063 +0.045	20	11
25	+0.085 +0.064	30	13

注：1. 与 d 相配孔的极限偏差按 H8。

2. 标记 d=6mm，压配式压注油杯标记为：油杯 6（JB/T 7940.4—1995）

18.2.2　油标和油标尺

为了检查箱体内油面高度，在箱座一侧设置油标尺或指示器，见表 18-7、表 18-8、表 18-9。

表 18-7 油标尺 単位：mm

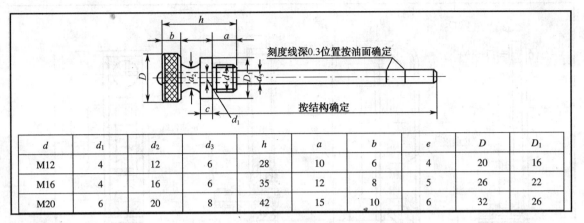

刻度线深0.3位置按油面确定

按结构确定

d	d_1	d_2	d_3	h	a	b	e	D	D_1
M12	4	12	6	28	10	6	4	20	16
M16	4	16	6	35	12	8	5	26	22
M20	6	20	8	42	15	10	6	32	26

表 18-8 压配式圆形油标（JB/T 7941.1—1995） 単位：mm

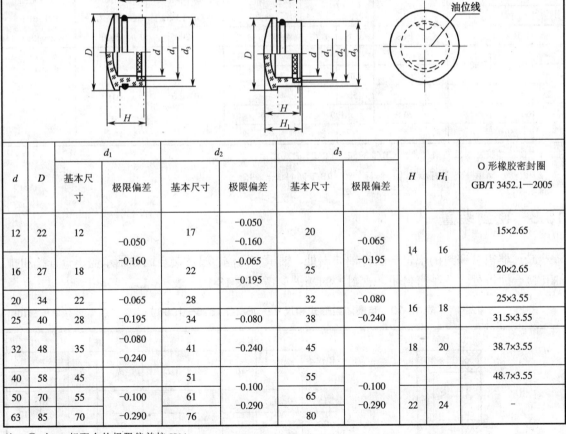

d	D	d_1		d_2		d_3		H	H_1	O 形橡胶密封圈 GB/T 3452.1—2005
		基本尺寸	极限偏差	基本尺寸	极限偏差	基本尺寸	极限偏差			
12	22	12	−0.050 −0.160	17	−0.050 −0.160	20	−0.065 −0.195	14	16	15×2.65
16	27	18		22	−0.065 −0.195	25				20×2.65
20	34	22	−0.065 −0.195	28		32	−0.080 −0.240	16	18	25×3.55
25	40	28		34	−0.080 −0.240	38				31.5×3.55
32	48	35	−0.080 −0.240	41	−0.240	45		18	20	38.7×3.55
40	58	45		51		55				48.7×3.55
50	70	55	−0.100 −0.290	61	−0.100 −0.290	65	−0.100 −0.290	22	24	
63	85	70		76		80				−

注：① 与 d_1 相配合的极限偏差按 H11。

② A 型用 O 形橡胶密封圈沟槽尺寸按 GB/T3452.3—2005，B 型用密封圈由制造厂设计选用。

③ 标记视孔 $d=32$，A 型压配式圆形油标标记为：油标 A32（JB/T 7941.1—1995）。

表 18-9　长形油标（JB/T 7941.3—1995）　　　　　　　单位：mm

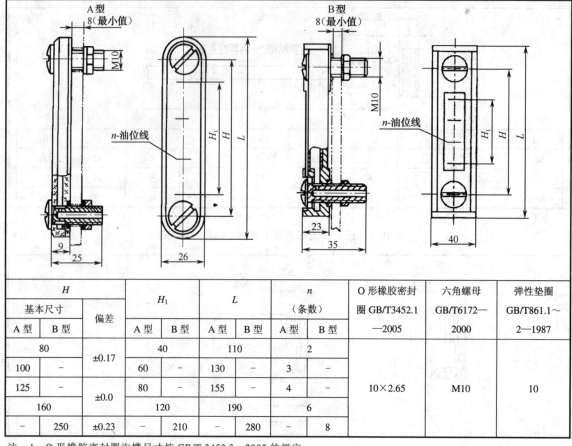

H			H_1		L		n（条数）		O 形橡胶密封圈 GB/T3452.1—2005	六角螺母 GB/T6172—2000	弹性垫圈 GB/T861.1~2—1987
基本尺寸		偏差	A 型	B 型	A 型	B 型	A 型	B 型			
A 型	B 型										
80		±0.17	40		110		2				
100	–		60	–	130		3	–			
125	–	±0.0	80	–	155		4	–	10×2.65	M10	10
160			120		190		6				
–	250	±0.23	–	210	–	280	–	8			

注：1. O 形橡胶密封圈沟槽尺寸按 GB/T 3452.3—2005 的规定。

　　2. $H=80$，A 型长形油标标记为：油标 A80（JB/T 7941.3—1995）。

18.3　密封装置

　　减速器需要密封的部位一般有轴伸出处、轴承室内侧、箱体接合面和轴承盖、检查孔和排油孔接合面等处。几种密封闭、密封槽的相关参考见表 18-10～表 18-13。

表 18-10　毡圈油封形式和尺寸（JB/ZQ 4606—1986）　　　　　　　单位：mm

轴径 d	毡圈			槽				
	D	d_1	B_1	D_0	d_0	b	B_{min}	
							钢	铸铁
15	29	14	6	28	16	5	10	12
20	33	19		32	21			
25	39	24	7	38	26	6	12	15
30	45	29		44	31			
35	49	34		48	36			

续表

标记示例：

毡圈 40 JB/ZQ 4606—1986

（d=40 的毡圈）材料：半粗羊毛毡

装毡圈的沟槽尺寸

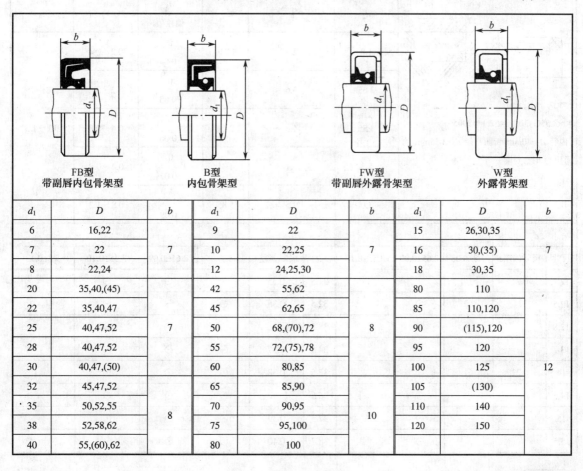

40	53	39		52	41			
45	61	44		60	46			
50	69	49		68	51			
55	74	53		72	56			
60	80	58	8	78	61	7		
65	84	63		82	66			
70	90	68		88	71			
75	94	73		92	77			
80	102	78		100	82			
85	107	83	9	105	87			
90	112	88		110	92			
95	117	93		115	97	8	15	18
100	122	98	10	120	102			

表 18-11 旋转轴唇形密封圈（GB/T 13871.1—2007） 单位：mm

FB型 带副唇内包骨架型　　B型 内包骨架型　　FW型 带副唇外露骨架型　　W型 外露骨架型

d_1	D	b	d_1	D	b	d_1	D	b
6	16,22		9	22		15	26,30,35	
7	22	7	10	22,25	7	16	30,(35)	7
8	22,24		12	24,25,30		18	30,35	
20	35,40,(45)		42	55,62		80	110	
22	35,40,47		45	62,65		85	110,120	
25	40,47,52	7	50	68,(70),72	8	90	(115),120	
28	40,47,52		55	72,(75),78		95	120	
30	40,47,(50)		60	80,85		100	125	12
32	45,47,52		65	85,90		105	(130)	
35	50,52,55	8	70	90,95	10	110	140	
38	52,58,62		75	95,100		120	150	
40	55,(60),62		80	100				

表 18-12　油沟式密封槽　　　　　　　　　　　　单位：mm

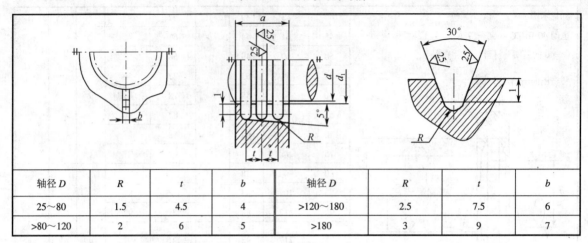

轴径 D	R	t	b	轴径 D	R	t	b
25～80	1.5	4.5	4	>120～180	2.5	7.5	6
>80～120	2	6	5	>180	3	9	7

表 18-13　通用 O 形橡胶密封圈（代号 G）的形式、尺寸及公差（GB/T3452.1—2005）和
O 形密封圈轴向沟槽尺寸（GB/T3452.3—2005）　　　　　单位：mm

标记示例：

40×3.55G GB/T3452.1—2005

（内径 d_1=40mm 断面直径 d_2=3.55mm 的通用 O 形密封圈）

沟槽尺寸(GB/T3452.3—2005)					
d_2	$b^{+0.025}_0$	$h^{+0.10}_0$	d_3 偏差值	r_1	r_2
1.8	2.4	1.312	0 / -0.04	0.2～0.4	0.1～1.3
2.65	3.6	2.0	0 / -0.05	0.2～0.4	
3.55	4.8	2.19	0 / -0.06	0.4～0.8	
5.3	7.1	4.31	0 / -0.07	0.4～0.8	
7.0	9.5	5.85	0 / -0.09	0.8～1.2	

	d_1	d_2				d_1	d_2			
尺寸	极限偏差±	1.8±0.08	2.65±0.09	3.55±0.10	尺寸	极限偏差±	1.8±0.08	2.65±0.09	3.55±0.10	5.3±0.13
12.1	0.21				31.5	0.35	⊙	⊙	⊙	⊙
12.5		⊙	⊙		32.5	0.36	⊙	⊙	⊙	
12.8					33.5		⊙	⊙	⊙	
13.2		⊙	⊙		34.5	0.37	⊙	⊙	⊙	
14	0.22	⊙	⊙		35.5	0.38	⊙	⊙	⊙	
14.5		⊙	⊙		36.5		⊙	⊙	⊙	
15		⊙	⊙		37.5	0.39	⊙	⊙	⊙	
15.5			⊙		38.7	0.40	⊙	⊙	⊙	

d_1 尺寸	极限偏差±	\(d_2\) 1.8±0.08	2.65±0.09	3.55±0.10	d_1 尺寸	极限偏差±	\(d_2\) 1.8±0.08	2.65±0.09	3.55±0.10	5.3±0.13
16	0.23	⊙	⊙		40	0.41	⊙	⊙	⊙	⊙
17	0.24	⊙	⊙		41.2	0.42	⊙	⊙	⊙	⊙
18	0.25	⊙	⊙	⊙	42.5	0.43	⊙	⊙	⊙	⊙
19		⊙	⊙	⊙	43.7	0.44	⊙	⊙	⊙	⊙
20	0.26	⊙	⊙	⊙	45		⊙	⊙	⊙	⊙
21.2	0.27	⊙	⊙	⊙	46.2	0.45		⊙	⊙	⊙
22.4	0.28	⊙	⊙	⊙	47.5	0.46	⊙	⊙	⊙	⊙
23	0.29		⊙	⊙	48.7	0.47		⊙	⊙	⊙
23.6		⊙	⊙	⊙	50	0.48	⊙	⊙	⊙	⊙
24.3	0.30		⊙	⊙	51.5	0.49		⊙	⊙	⊙
25		⊙	⊙	⊙	53	0.50		⊙	⊙	⊙
25.8	0.32		⊙	⊙	54.5	0.51		⊙	⊙	⊙
26.5		⊙	⊙	⊙	56	0.52		⊙	⊙	⊙
27.3	0.32		⊙	⊙	58	0.54		⊙	⊙	⊙
28			⊙	⊙	60	0.55		⊙	⊙	⊙
29	0.33		⊙	⊙	61.5	0.56		⊙	⊙	⊙
30	0.34	⊙	⊙	⊙	63	0.57		⊙	⊙	⊙

d_1 尺寸	极限偏差±	\(d_2\) 1.8±0.08	2.65±0.09	3.55±0.10	5.3±0.13	d_1 尺寸	极限偏差±	1.8±0.08	2.65±0.09	3.55±0.10	5.3±0±13	7±0±15
65	0.58		⊙	⊙	⊙	85	0.72		⊙	⊙	⊙	
67	0.60		⊙	⊙	⊙	87.5	0.74			⊙	⊙	
69	0.61		⊙	⊙	⊙	90	0.76		⊙	⊙	⊙	
71	0.63		⊙	⊙	⊙	92.5	0.77			⊙	⊙	
73	0.64		⊙	⊙	⊙	95	0.79		⊙	⊙	⊙	
75	0.65		⊙	⊙	⊙	97.5	0.81			⊙	⊙	
77.5	0.67			⊙	⊙	100	0.82		⊙	⊙	⊙	
80	0.69		⊙	⊙	⊙	103	0.85			⊙	⊙	
82.5	0.71			⊙	⊙	106	0.87			⊙	⊙	

续表

d_1		d_2				
尺寸	极限偏差±	1.8±0.08	2.65±0.09	3.55±0.10	5.3±0.13	7±0.15
109	0.89			⊙	⊙	⊙
112	0.91		⊙	⊙	⊙	⊙
115	0.93			⊙	⊙	⊙
118	0.95		⊙	⊙	⊙	⊙
122	0.97			⊙	⊙	⊙
125	0.99		⊙	⊙	⊙	⊙
128	1.01			⊙	⊙	⊙
132	1.04		⊙	⊙	⊙	⊙
136	1.07			⊙	⊙	⊙
140	1.09		⊙	⊙	⊙	⊙
142.5	1.11			⊙	⊙	⊙
145	1.13		⊙	⊙	⊙	⊙

d_1		d_2			
尺寸	极限偏差±	2.65±0.09	3.55±0.10	5.3±013	7±0.15
147.5	1.14		⊙	⊙	⊙
150	1.16	⊙	⊙	⊙	⊙
152.5	1.18		⊙	⊙	⊙
155	1.19		⊙	⊙	⊙
157.5	1.21				
160	1.23		⊙	⊙	
162.5	1.24				
165	1.26		⊙	⊙	⊙
167.5	1.28				
170	1.29		⊙	⊙	⊙
172.5	1.31				

注：⊙为可选规格。

第 19 章　减速器装配图

单级圆柱齿轮减速器装配工作图，如插图 1 所示；

二级减速器（展开式）装配工作图，如插图 2 所示；

二级减速器（同轴式）装配工作图，如图 19-1 所示；

二级减速器（分流式）结构图，如插图 3 所示；

单级圆锥齿轮减速器装配工作图，如插图 4 所示；

二级圆锥圆柱齿轮减速器结构图，如插图 5 所示；

蜗杆减速器结构图，如图 19-2 所示。

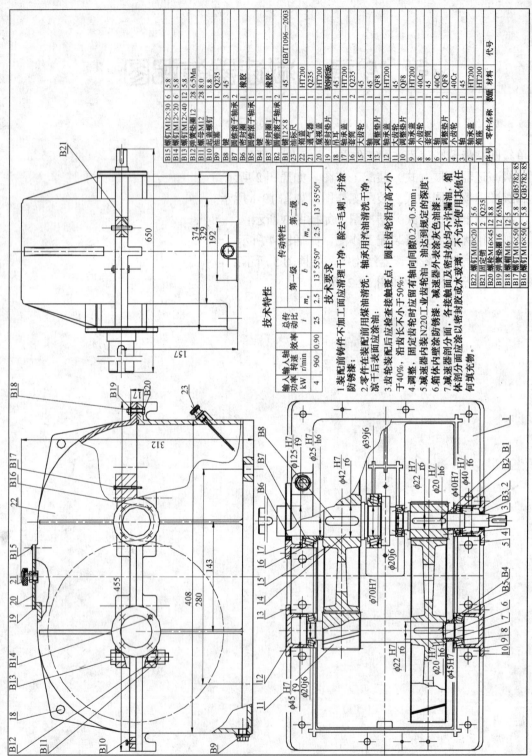

技术特性

输入功率 kW	输入轴转速 r/min	总传动比 i	效率	传动特性				
				第一级			第一级	
				m_n	b		m_n	b
4	960	25	0.90	2.5	13°55′50″		2.5	13°55′50″

技术要求

1. 装配前铸件不应加工面应清理干净，除去毛刺，并涂防锈漆；

2. 零件在装配前应用煤油清洗，轴承用汽油清洗干净，晾干后表面应涂油；

3. 齿轮安装配后应检查接触斑点，沿齿高不小于40%，沿齿长不小于50%；

4. 调整、固定齿轮时应留有轴向间隙0.2～0.5mm；

5. 减速器内装N220工业齿轮油，油达到规定的深度；

6. 箱体内壁涂防锈漆，减速器外表涂灰色油漆；

7. 减速器剖分面、各接触面及密封处均不许漏油，箱体剖分面涂以密封胶或水玻璃，不允许使用其他任何填充物。

图19-1 二级减速器（同轴式）装配工作图

B22	螺钉M10×20	2	5.6		
B21	固定销	2	Q235		
B20	螺栓M16×45	12	8.8		
B19	弹簧垫圈16	12	65Mn		
B18	螺帽M16	12	5		
B17	螺钉M16×50	6	5.8	GB5782-85
B16	螺钉M16×50	6	5.8	GB5782-85

B15	螺钉M12×30	6	5.8		
B14	螺钉M12×20	6	5.8		
B13	螺钉M12×40	12	5.8		
B12	油道垫圈12	28	6.5Mn		
B11	螺母M12	28	8.0		
B10	起盖螺钉	1	8.8		
B9	油塞	1	Q235		
B8	键	3	45		
B7	圆锥滚子轴承	2			
B6	密封毡圈		橡胶		
B5	密封毡圈	2			
B4			橡胶		
B3	密封毡圈	1			
B2	键12×6	1	45		GB/T1096-2003
B1	键				
23	油标尺				
22	箱盖	1	HT200		
21	通气器	1	Q235		
20	窥视板盖	1	HT200		
19	密封垫片	2	软钢纸板		
18	吊耳	2	45		
17	轴封盖	2	HT200		
16	套筒	1	Q235		
15	大齿轮	1	45		
14	调整垫片	2	QF8		
13	轴承盖	1	HT200		
11	大齿轮	2	45		
10	调整垫片	2	QF8		
9	小齿轮	1	40Cr		
8	轴承盖	2	HT200		
6	轴	1	40Cr		
5	调整垫片	2	QF8		
4	小齿轮	1	40Cr		
3	轴	1	45		
1	轴承盖		HT200		
序号	零件名称	数量	材料		代号

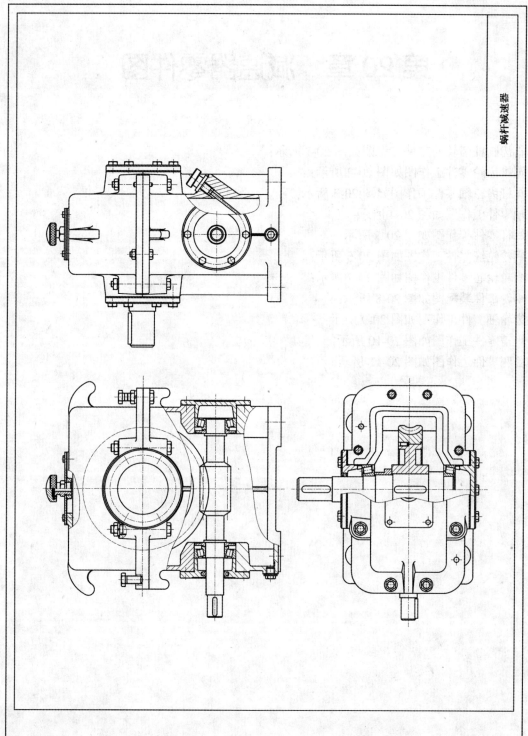

蜗杆减速器

图19-2　蜗杆减速器结构图

第20章　减速器零件图

斜齿圆柱齿轮的零件工作图如图 20-1 所示；

圆锥齿轮零件工作图如图 20-2 所示；

圆锥齿轮轴零件工作图如图 20-3 所示；

轴零件工作图如图 20-4 所示；

蜗杆零件工作图如图 20-5 所示；

蜗轮轮缘零件工作图如图 20-6 所示；

蜗轮轮芯零件工作图如图 20-7 所示；

蜗轮部件装配图如图 20-8 所示；

齿轮轴零件工作图如图 20-9 所示；

箱盖零件工作图如图 20-10 所示；

箱座零件工作图如图 20-11 所示。

法向模数	m_n	2
齿数	z	152
齿形角	α	20°
齿顶高系数	h_a^*	1
顶隙系数	C^*	0.25
螺旋角	β	10.3°
旋向		右旋
精度等级		8级
齿轮副中心距及其 极限偏差	$a\pm f_a$	202±0.04
公差组	项目 代号	公差极限偏差
I	f_p	0.112
II	$\pm f_{pt}$	0.018
II	f_f	0.017
III	f_β	0.016

技术要求

1. 正火处理,硬度为:162~217HBS;
2. 未注倒角1.5×45°;
3. 未注倒角R3~R5。

标题栏

其余: √

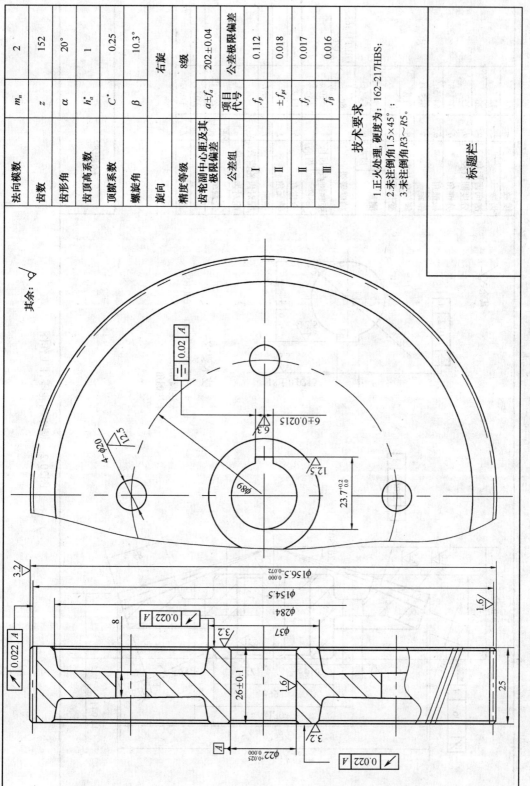

图20-1　斜齿圆柱齿轮零件工作图

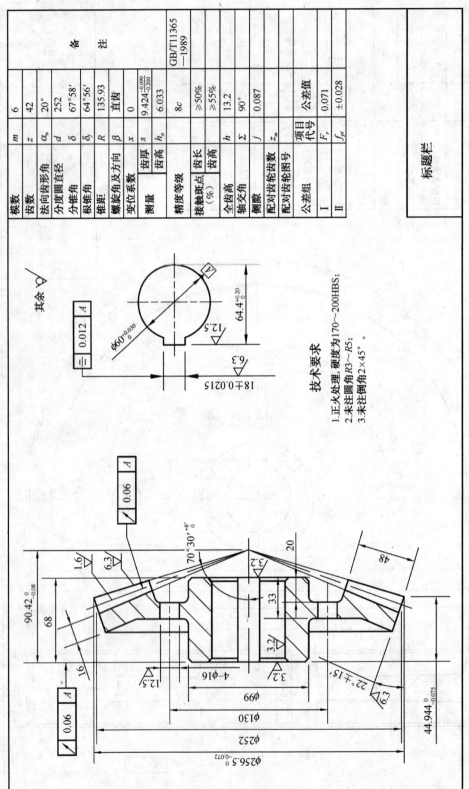

备注					
模数	m	6			
齿数	z	42			
法向齿形角	α_n	20°			
分度圆直径	d	252			
分锥角	δ	67°58'			
根锥角	δ_f	64°56'			
锥距	R	135.93			
螺旋角及方向	β	直齿			
变位系数	x	0			
测量	齿厚	s	$9.424^{+0.090}_{-0.200}$		
	齿高	h_a	6.033		
精度等级			8c		GB/T11365—1989
接触斑点（%）	齿长		≥50%		
	齿高		≥55%		
全齿高	h	13.2			
轴交角	Σ	90°			
侧隙	j	0.087			
配对齿轮齿数	z_m				
配对齿轮图号					
公差组	项目	代号	公差值		
I	F_r	0.071			
II	f_{pt}	±0.028			

标题栏

其余 √

$\boxed{=\ 0.012\ |\ A}$

$\phi 60^{+0.030}_{0}$

$64.4^{+0.20}_{0}$

12.5

6.3

18 ± 0.0215

技术要求

1.正火处理，硬度为170～200HBS；
2.未注圆角R3～R5；
3.未注倒角2×45°。

$\boxed{\diagup\ 0.06\ |\ A}$

$70°30'^{+8'}_{0}$

3.2

20

$90.42^{0}_{-0.08}$

68

1.6

6.3

33

48

$\boxed{A\ |\ 0.06}$

16

12.5

3.2

$4-\phi16$

3.2

$\phi99$

$\phi130$

$22°\mp15'$

6.3

$44.944^{0}_{-0.075}$

$\phi252$

$\phi256.5^{0}_{-0.072}$

图20-2　圆锥齿轮零件工作图

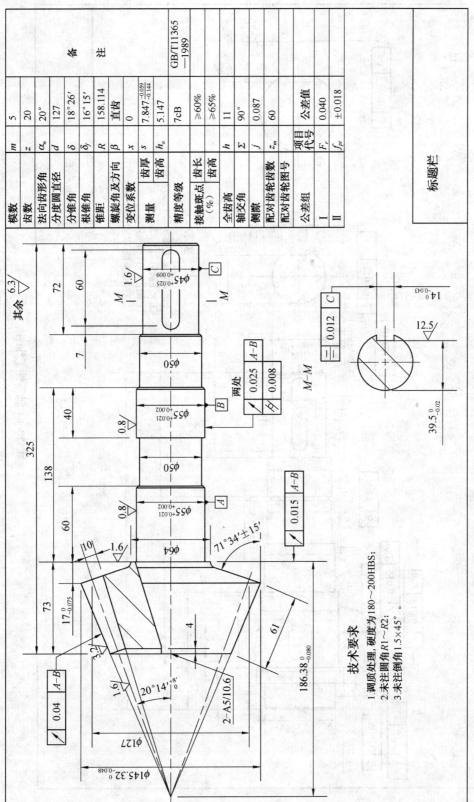

备注						项目 代号		公差值
模数	m	5						
齿数	z	20						
法向齿形角	α_n	20°						
分度圆直径	d	127						
分锥角	δ	18°26'						
根锥角	δ_f	16°15'						
锥距	R	158.114						
螺旋角及方向	β	0　直齿						
变位系数	x	0						
测量	齿厚	s	$7.847^{-0.059}_{-0.144}$					
	齿高	h_a	5.147						
精度等级		7cB						GB/T11365 —1989
接触斑点 (%)	齿长		≥60%					
	齿高		≥65%					
全齿高	h	11						
轴交角	Σ	90°						
侧隙	j	0.087						
配对齿轮齿数	z_m	60						
配对齿轮图号								
公差组		项目 代号						公差值
I		F_r						0.040
II		f_{pt}						±0.018

标题栏

图20-3　圆锥齿轮轴零件工作

技术要求

1.调质处理, 硬度为180～200HBS;

2.未注圆角R1～R2;

3.未注倒角1.5×45°。

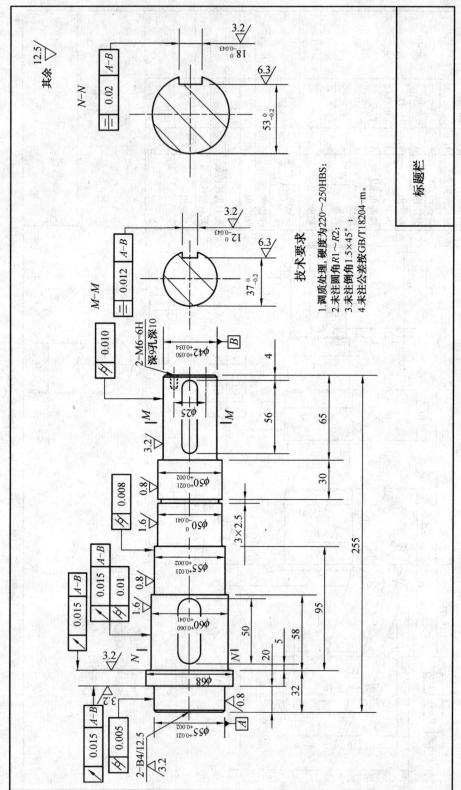

技术要求

1. 调质处理,硬度为220~250HBS;
2. 未注圆角R1~R2;
3. 未注倒角1.5×45°;
4. 未注公差按GB/T18204-m。

图20-4 轴零件工作图

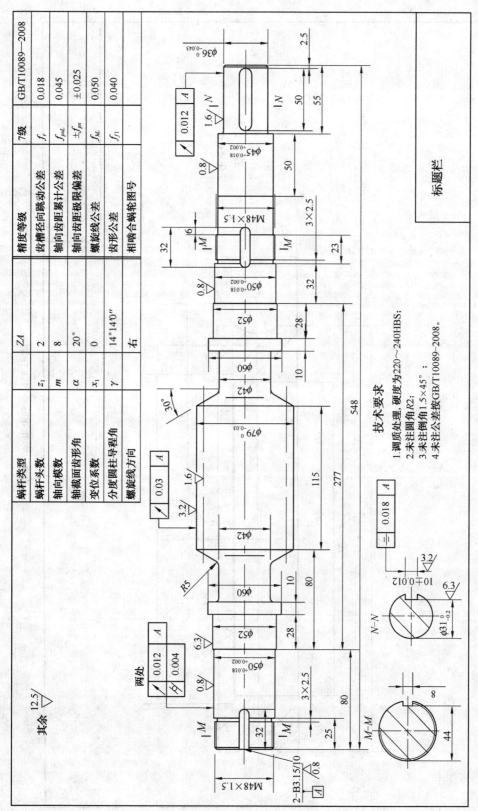

蜗杆类型		ZA	
蜗杆头数	z_1	2	
轴向模数	m	8	
轴截面齿形角	α	20°	
变位系数	x_1	0	
分度圆柱导程角	γ	14°14′0″	
螺旋线方向		右	

精度等级	7级	GB/T10089—2008
齿槽径向跳动公差	f_r	0.018
轴向齿距累计公差	$f_{p z L}$	0.045
轴向齿距极限偏差	$\pm f_{p x}$	±0.025
螺旋线公差	$f_{h L}$	0.050
齿形公差	$f_{f 1}$	0.040
相啮合蜗轮图号		

技术要求

1. 调质处理, 硬度为220～240HBS;
2. 未注圆角R2;
3. 未注倒角1.5×45°;
4. 未注公差按GB/T10089—2008。

标题栏

图20-5 蜗杆零件工作图

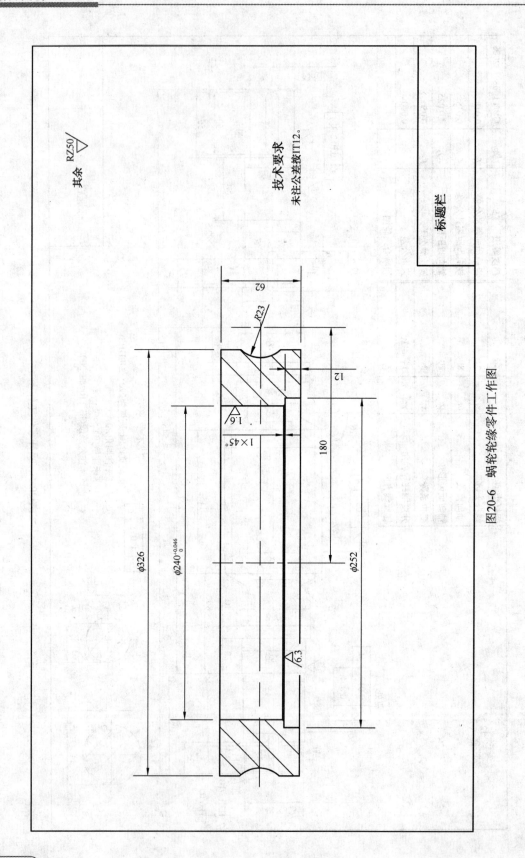

图20-6 蜗轮轮缘零件工作图

技术要求
未注公差按IT12。

标题栏

其余 RZ50

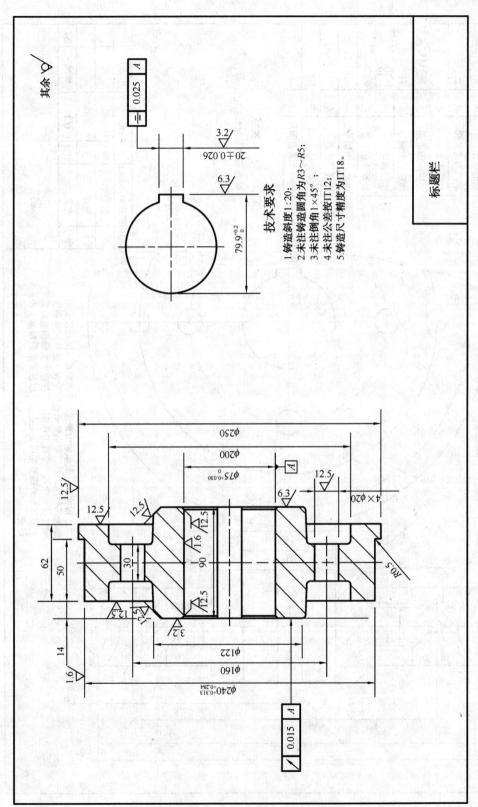

技术要求
1.铸造斜度1:20；
2.未注铸造圆角为R3~R5；
3.未注倒角1×45°；
4.未注公差按IT12；
5.铸造尺寸精度为IT18。

标题栏

其余 ▽

图20-7　蜗轮轮芯零件工作图

蜗杆类型		ZA
齿数	z_2	37
端面模数	m	8
轴截面齿形角	α	20°
变位系数	x_2	0
分度圆螺旋角	γ	14°14′0″
螺旋线方向		右
精度等级		7级 GB/T10089 —1988
齿距累积公差	F_p	0.028
齿距极限偏差	$\pm f_{pt}$	±0.022
螺旋线公差	f_{hL}	0.050
齿形公差	f_{f1}	0.050
相啮合蜗杆图号		

技术要求

装配后精车和车制轮齿。

3	螺栓M10×40	6	8.8		GB/T5783 —2000	
2	轮芯	1	HT200			
1	轮缘	1	ZCuSn10P1			
序号	名称	数量	材料		标准	备注

标题栏

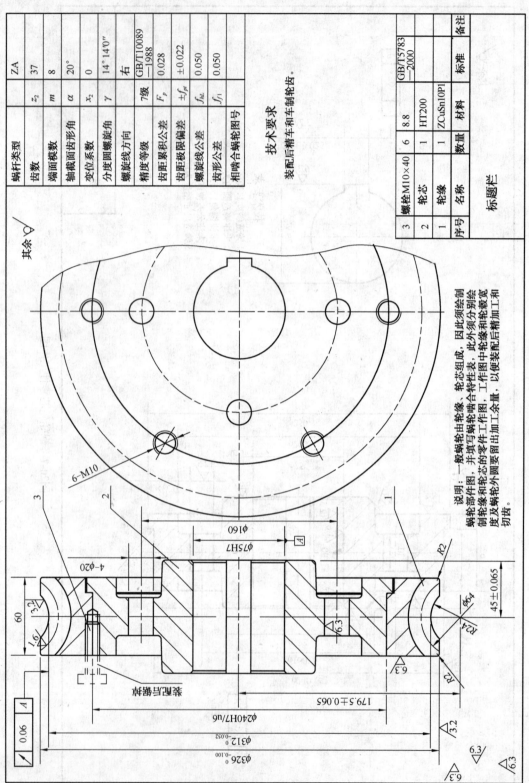

说明：一般蜗轮部件绘制蜗轮部件图，并填写蜗轮蜗杆啮合特性表，此外须分别绘制轮缘和轮芯的零件工作图，工作图中轮缘和轮毂宽度及蜗轮外圆要留出加工余量，以便装配后精车和车制齿。

图20-8 蜗轮部件装配图

6-M10

其余 ∨

$4-\phi20$

6-M10

60

$\phi160$

$\phi75H7$

45±0.065

179.5±0.065

$\phi240H7/u6$

$\phi312^{0}_{-0.052}$

$\phi326^{0}_{-0.100}$

0.06 A

R2

装配压紧后

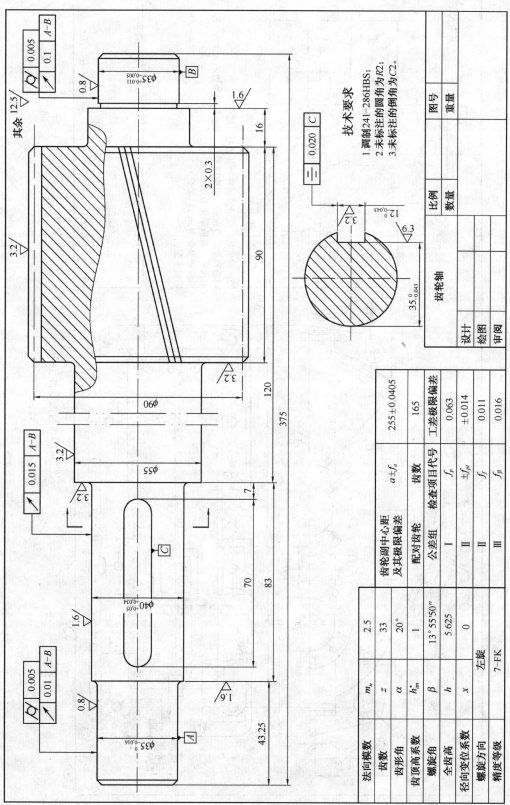

技术要求
1. 调制241~286HBS；
2. 未标注的圆角为R2；
3. 未标注的倒角为C2。

	图号	
	重量	
比例		
数量		
	齿轮轴	
设计		绘图	审阅

图20-9　齿轮轴零件工作图

齿轮副中心距 及其极限偏差		$a \pm f_a$	255±0.0405
配对齿轮		齿数	165
公差组	检查项目代号		工差极限偏差
I	f_p		0.063
II	$\pm f_{pt}$		±0.014
II	f_f		0.011
III	f_β		0.016

法向模数	m_n	2.5
齿数	z	33
齿形角	α	20°
齿顶高系数	h_{an}^*	1
螺旋角	β	13°55′50″
全齿高	h	5.625
径向变位系数	x	0
螺旋方向		左旋
精度等级		7-FK

其余 12.5

$\phi35^{+0.011}_{-0.005}$

$\phi90$

$\phi55$

$\phi40^{+0.05}_{+0.034}$

$\phi35^{0}_{-0.016}$

$35^{0}_{-0.043}$

$12^{0}_{-0.043}$

375
120
90
16
70
83
7
43.25

2×0.3

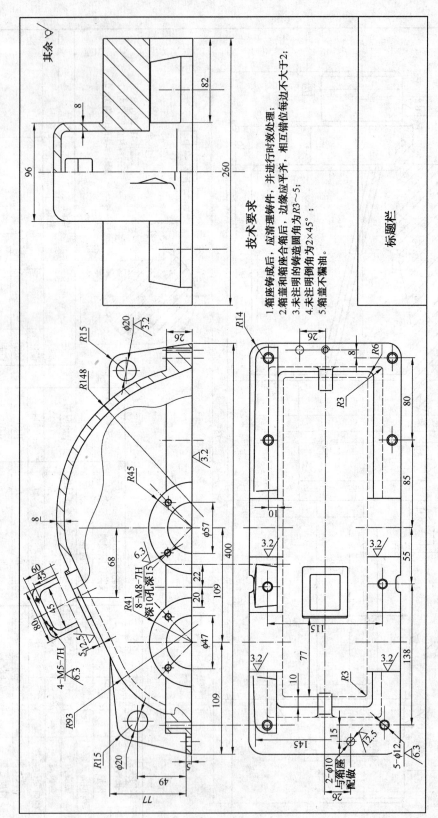

技术要求
1.箱座铸成后，应清理铸件，并进行时效处理；
2.箱盖和箱座合箱后，边缘应平齐，相互错位每边不大于2；
3.未注明的铸造圆角为R3~5；
4.未注明倒角为2×45°；
5.箱盖不漏油。

标题栏

图20-10 箱盖零件工作图

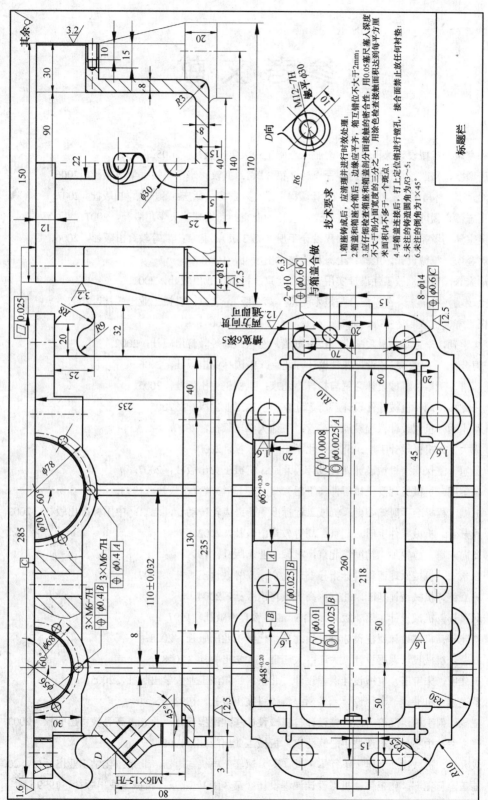

技术要求

1.箱座铸成后,应清理并进行时效处理;
2.箱盖和箱座合箱后,边缘应平齐,箱互错位不大于2mm;
3.应仔细检查箱座和箱盖剖分面接触的密合性,用0.05毫尺塞入深度不大于剖分面宽度的三分之一,用涂色检查接触面积达到每平方厘米面积内不多于一个接触点;
4.与箱盖连接后,打上定位销进行镗孔;
5.未注的铸造圆角为R3~5;
6.未注的倒角为1×45°

图20-11 箱座零件工作图

参 考 文 献

[1] 朱家诚. 机械设计课程设计. 合肥：合肥工业大学出版社，2005.

[2] 唐增宝，常建娥. 机械设计课程设计（第3版）. 武汉：华中科技大学出版社，2006.

[3] 周元康，林昌华，张海兵. 机械设计课程设计（第2版）. 重庆：重庆大学出版社，2007.

[4] 王志伟，孟玲琴. 机械设计基础课程设计. 北京：北京理工大学出版社，2007.

[5] 吴宗泽，罗圣国. 机械设计课程设计手册（第3版）. 北京：高等教育出版社，2006.

[6] 唐金松. 机械设计. 上海：上海科学技术出版社，1994.

[7] 胡家秀. 简明机械零件设计实用手册. 北京：机械工业出版社，2001.

[8] 徐茂功，桂定一. 公差配合与技术测量（第2版）. 北京：机械工业出版社，2007.

[9] 倪森寿. 机械制造基础. 北京：高等教育出版社，2004.

[10] 沈学勤，李世雄. 极限配合与技术测量. 北京：高等教育出版社，2002.

[11] 银金光，王洪. 机械设计课程设计. 北京：中国林业出版社，2006.

[12] 邢琳，王潍. 机械设计习题与指导. 北京：机械工业出版社，2005.

[13] 朱龙根. 简明机械零件设计手册. 北京：机械工业出版社，2005.

[14] 路永明. 机械设计课程设计. 东营：石油大学出版社，2000.

[15] 成大龙. 机械设计手册. 北京：化学工业出版社，2000.

[16] 王旭，王保森. 机械设计课程设计. 北京：机械工业出版社，2007.

[17] 杨黎明. 机械原理及机械零件（下册）. 北京：高等教育出版社，1993.

[18] 机械工程标准手册编委会. 机械工程标准手册：齿轮传动卷. 北京：中国标准出版社，2003.

[19] 周开勤. 机械零件手册. 北京：高等教育出版社，2002.

[20] 商向东等. 齿轮加工精度. 北京：机械工业出版社，1999.

[21] 张永安. 机械原理课程设计指导书. 北京：高等教育出版社，1997.

[22] 陈立德. 机械设计基础. 北京：高等教育出版社，2004.

[23] 邱宣怀. 机械设计（第4版）. 北京：高等教育出版社，1997.

[24] 刘建华. 机械设计课程设计指导. 北京：化学工业出版社，2008.

[25] 刘莹. 机械设计课程设计. 大连：大连理工大学出版社，2008.

[26] 王连明，宋宝玉. 机械设计课程设计. 北京：哈尔滨工业大学出版社，2005.

[27] 罗述洁. 机械设计课程设计. 贵州：贵州科技出版社，1993.

[28] 王昆，何小柏，汪信远. 机械设计与机械设计基础课程设计. 北京：高等教育出版社，2003.

[29] 张金兰. 中小型电机选型手册. 北京：机械工业出版社，1998.

[30] 成大先. 机械设计手册·单行本·减（变）速器·电机与电器. 北京：化学工业出版社，2004.

[31] 陆玉，何在洲，佟延伟. 机械设计课程设计（第3版）. 北京：机械工业出版社，1999.

[32] 任济生，唐道武，马克新. 机械设计基础课程设计. 徐州：中国矿业大学出版社，2008.

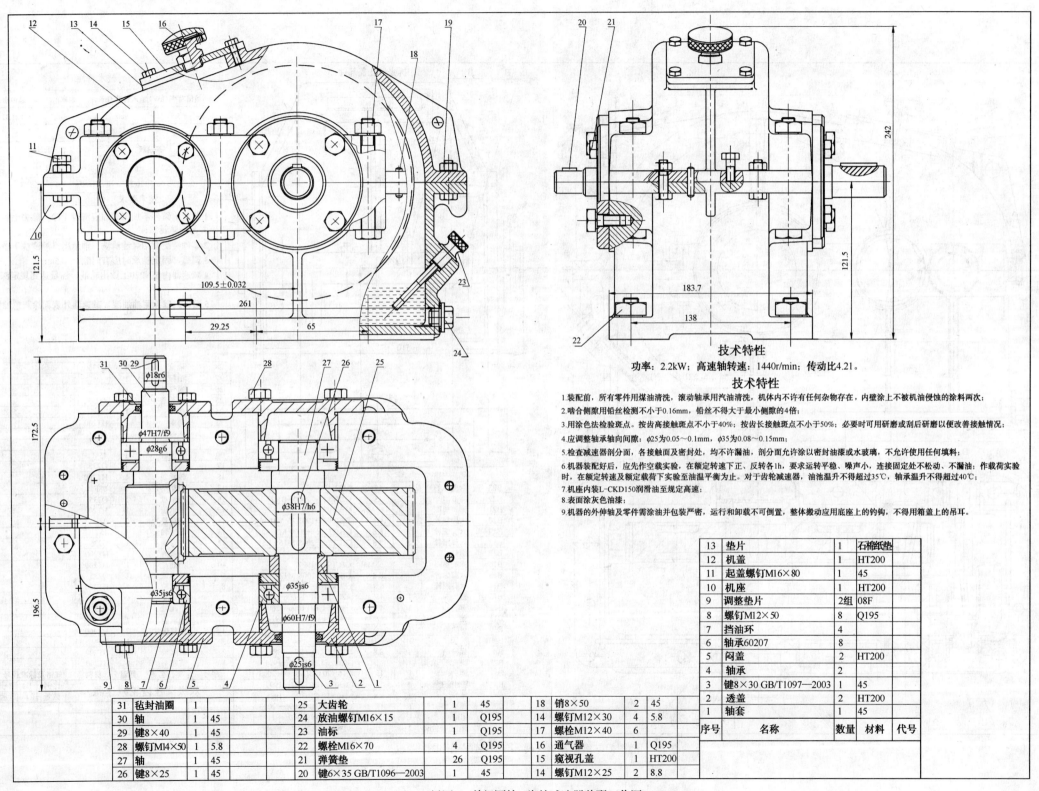

技术特性

功率: 2.2kW; 高速轴转速: 1440r/min; 传动比4.21。

技术特性

1.装配前, 所有零件用煤油清洗, 滚动轴承用汽油清洗, 机体内不许有任何杂物存在, 内壁涂上不被机油侵蚀的涂料两次;

2.啮合侧隙用铅丝检测不小于0.16mm, 铅丝不得大于最小侧隙的4倍;

3.用涂色法检验斑点。按齿高接触斑点不小于40%; 按齿长接触斑点不小于50%; 必要时可用研磨或刮后研磨以便改善接触情况;

4.应调整轴承轴向间隙。φ25为0.05～0.1mm, φ35为0.08～0.15mm;

5.检查减速器剖分面, 各接触面及密封处, 均不许漏油, 剖分面允许涂以密封油漆或水玻璃, 不允许使用任何填料;

6.机器装配好后, 应先作空载实验, 在额定转速下正、反转各1h, 要求运转平稳、噪声小, 连接固定处不松动、不漏油; 作载荷实验时, 在额定转速及额定载荷下实验至油温平衡为止。对于齿轮减速器, 油池温升不得超过35℃, 轴承温升不得超过40℃;

7.机座内装L-CKD150润滑油至规定高速;

8.表面涂灰色油漆;

9.机器的外伸轴及零件需涂油并包装严密, 运行和卸载不可倒置, 整体搬动应用底座上的钓钩, 不得用箱盖上的吊耳。

13	垫片	1	石棉纸垫
12	机盖	1	HT200
11	起盖螺钉M16×80	1	45
10	机座	1	HT200
9	调整垫片	2组	08F
8	螺钉M12×50	8	Q195
7	挡油环	4	
6	轴承60207	8	
5	闷盖	2	HT200
4	轴承	2	
3	键8×30 GB/T1097—2003	1	45
2	透盖	2	HT200
1	轴套	1	45
序号	名称	数量	材料	代号

31	毡封油圈	1		25	大齿轮	1	45	18	销8×50	2	45
30	轴	1	45	24	放油螺钉M16×15	1	Q195	14	螺钉M12×30	4	5.8
29	键8×40	1	45	23	油标	1	Q195	17	螺栓M12×40	6	
28	螺钉M14×50	1	5.8	22	螺栓M16×70	4	Q195	16	通气器	1	Q195
27	轴	1	45	21	弹簧垫	26	Q195	15	窥视孔盖	1	HT200
26	键8×25	1	45	20	键6×35 GB/T1096—2003	2		14	螺钉M12×25	2	8.8

插图1 单级圆柱 齿轮减速器装配工作图

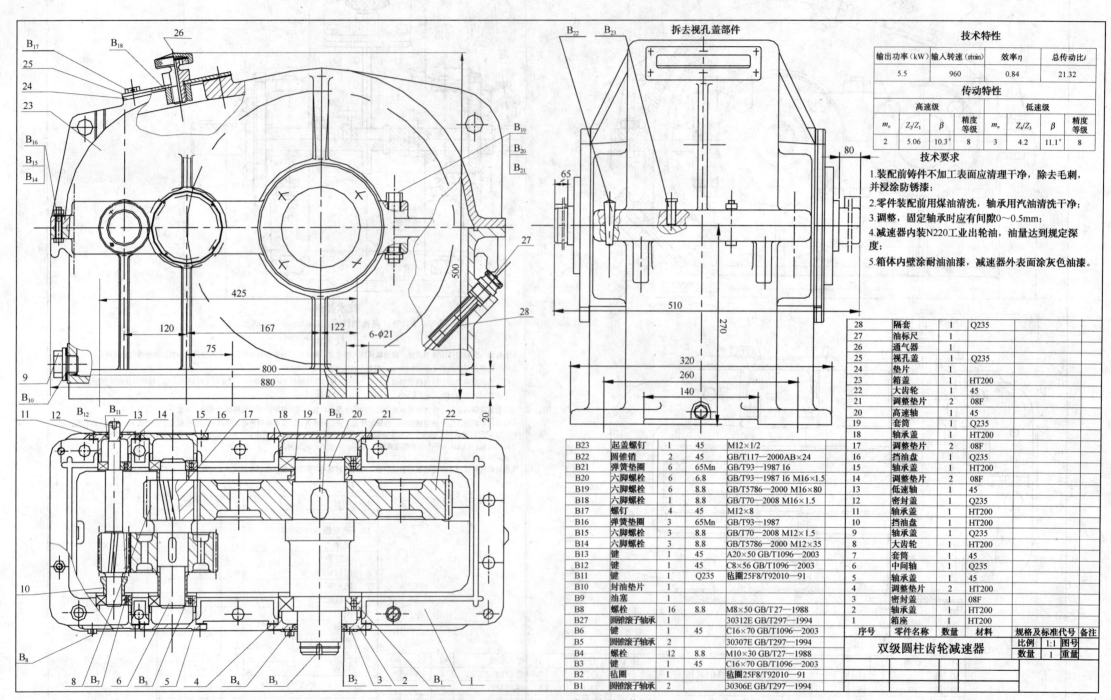

拆去视孔盖部件

技术特性

输出功率（kW）	输入转速（r/min）	效率η	总传动比i
5.5	960	0.84	21.32

传动特性

	高速级				低速级		
m_n	Z_2/Z_1	β	精度等级	m_n	Z_4/Z_3	β	精度等级
2	5.06	10.3°	8	3	4.2	11.1°	8

技术要求

1. 装配前铸件不加工表面应清理干净，除去毛刺，并浸涂防锈漆；
2. 零件装配前用煤油清洗，轴承用汽油清洗干净；
3. 调整，固定轴承时应有间隙0～0.5mm；
4. 减速器内装N220工业出轮油，油量达到规定深度；
5. 箱体内壁涂耐油油漆，减速器外表面涂灰色油漆。

28	隔套	1	Q235		
27	油标尺	1			
26	通气器	1			
25	视孔盖	1	Q235		
24	垫片	1			
23	箱盖	1	HT200		
22	大齿轮	1	45		
21	调整垫片	2	08F		
20	高速轴	1	45		
19	套筒	1	Q235		
18	轴承盖	1	HT200		
17	调整垫片	2	08F		
16	挡油盘	2	Q235		
15	轴承盖	1	HT200		
14	调整垫片	2	08F		
13	低速轴	1	45		
12	密封盖	1	Q235		
11	轴承盖	1	HT200		
10	挡油盘	1	HT200		
9	轴承盖	1	Q235		
8	大齿轮	1	HT200		
7	套筒	1	45		
6	中间轴	1	Q235		
5	轴承盖	1	45		
4	调整垫片	2	HT200		
3	密封盖	1	08F		
2	轴承盖	1	HT200		
1	箱座	1	HT200		
序号	零件名称	数量	材料	规格及标准代号	备注

双级圆柱齿轮减速器

比例	1:1	图号	
数量	1	重量	

B23	起盖螺钉	1	45	M12×1/2	
B22	圆锥销	2	45	GB/T117—2000AB×24	
B21	弹簧垫圈	6	65Mn	GB/T93—1987 16	
B20	六脚螺栓	6	6.8	GB/T93—1987 16 M16×1.5	
B19	六脚螺栓	6	8.8	GB/T5786—2000 M16×80	
B18	六脚螺栓	1	8.8	GB/T70—2008 M16×1.5	
B17	螺钉	4		M12×8	
B16	弹簧垫圈	3	65Mn	GB/T93—1987	
B15	六脚螺栓	3	8.8	GB/T70—2008 M12×1.5	
B14	六脚螺栓	3	8.8	GB/T5786—2000 M12×35	
B13	键	1	45	A20×50 GB/T1096—2003	
B12	键	1	45	C8×56 GB/T1096—2003	
B11	封油垫片	1	Q235	毡圈25F8/T92010—91	
B10	油塞	1			
B9	油塞	1			
B8	螺栓	16	8.8	M8×50 GB/T27—1988	
B7	圆锥滚子轴承	1		30312E GB/T297—1994	
B6	键	1	45	C16×70 GB/T1096—2003	
B5	圆锥滚子轴承	2		30307E GB/T297—1994	
B4	螺栓	12	8.8	M10×30 GB/T27—1988	
B3	键	1	45	C16×70 GB/T1096—2003	
B2	毡圈	1		毡圈25F8/T92010—91	
B1	圆锥滚子轴承	2		30306E GB/T297—1994	

插图2 二级减速器（展开式）装配工作图

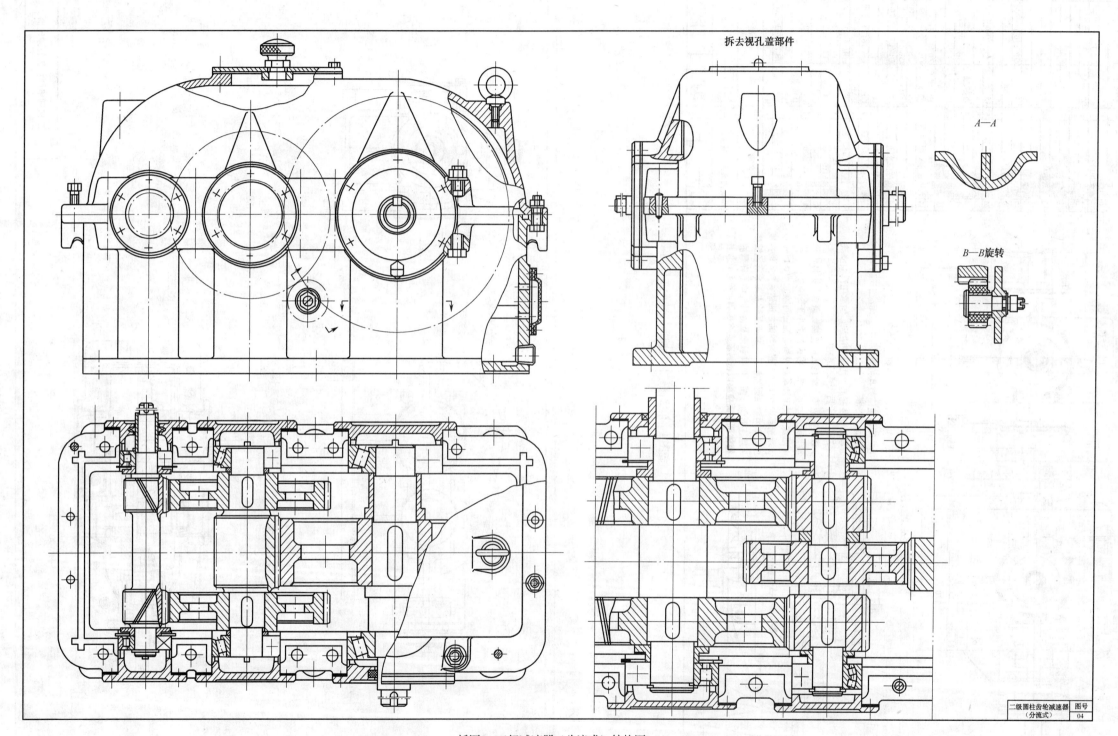

$A—A$

$B—B$旋转

二级圆柱齿轮减速器 （分流式）	图号
	04

插图3　二级减速器（分流式）结构图

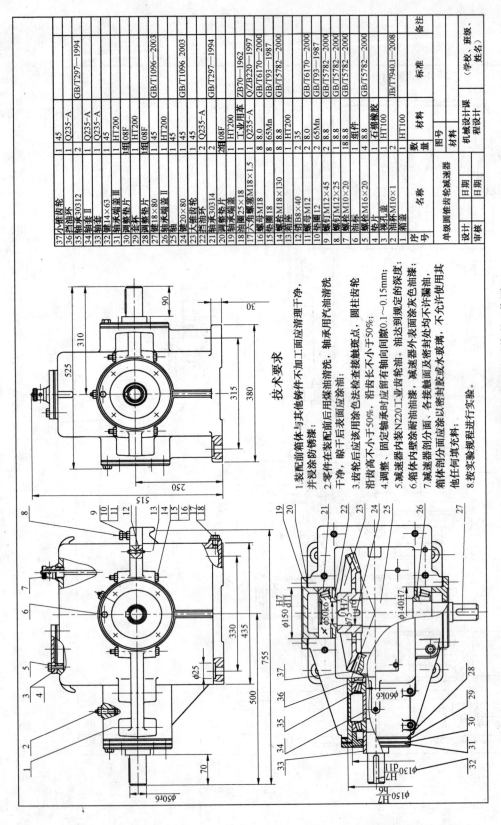

序号	名称	数量	材料	标准	备注
37	小锥齿轮	1	45		
36	挡油环	1	Q235-A	GB/T297—1994	
35	轴承30312	2	Q235-A		
34	轴套 Ⅱ	1	Q235-A		
33	轴套	1	45		
32	键14×63	1	45		
31	轴承端盖Ⅲ	组	HT200		
30	调整垫片	1	08F	GB/T1096—2003	
29	套杯	1	HT200		
28	键18×80	1	45	GB/T1096 2003	
27	轴	1	45		
26	轴承端盖Ⅱ	1	HT200		
25	轴	1	45		
24	键20×80	1	45	GB/T297—1994	
23	大锥齿轮	2	Q235-A		
22	挡油环	2	08F		
21	轴承端盖	1	HT200	ZB70—1962	
20	轴承端盖 Ⅰ	1	工业用革	Q/ZB220—1997	
19	调整垫片	1	08F	GB/T6170—2000	
18	六角螺塞M18×1.5	1	Q235-A	GB/T93—1987	
17	螺母M18	8	8.0	GB/T5782—2000	
16	垫片	8	65Mn		
15	螺栓M18×130	8	8.8	HT200	
14	箱盖	1	HT200		
13	箱体	2	35		
12	销B8×40	2	65Mn	GB/T6170—2000	
11	螺母M12	2	8.0	GB/T93—1987	
10	垫片12	2	8.8	GB/T5782—2000	
9	螺钉M12×45	2	8.8	GB/T5782—2000	
8	螺钉M12×25	1	8.8	GB/T5782—2000	
7	螺栓M10×20	18	8.8		
6	视孔盖	4	组件	GB/T5782—2000	
5	螺栓M16×20	1	8.8		
4	垫片	1	石棉橡胶		
3	通气器	1			
2	油标M10×1	2	HT100	JB/T7940.1—2008	
1	箱座		HT100		

单级圆锥齿轮减速器		图号			
		材料			
设计	日期	机械设计课 程设计		（学校、班级、 姓名）	
审核	日期				

技术要求

1. 装配前箱体与其他转件不加工面应清理干净，
并涂底漆防锈蚀。
2. 零件在装配前应用煤油清洗，轴承用汽油清洗
干净，啮合后表面应涂油。
3. 齿轮啮合应按色法检查接触斑点，圆柱齿轮
沿齿高不应小于50%，沿齿长不小于50%；
圆锥齿轮沿齿高不小于50%，沿齿长不小于50%。
4. 调整、固定轴承时应留有轴向间隙0.1～0.15mm；
5. 减速器内装N20工业齿轮油，油达到规定的深度。
6. 箱体内壁涂耐蚀油漆、减速器外表面涂灰色油漆。
7. 减速器剖分面、各接触面及密封处均不许漏油，
箱体剖分面应涂以密封胶或水玻璃、不允许使用其
他任何填充料；
8. 按实验规程进行实验。

插图 4　单级圆锥齿轮减速器装配工作图

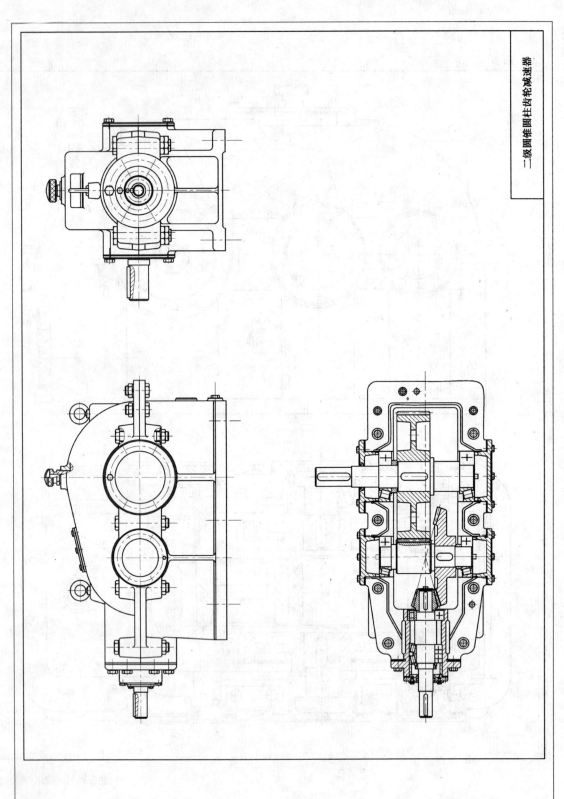

插图 5　二级圆锥圆柱齿轮减速器结构图

二级圆锥圆柱齿轮减速器